Max Knies

Grundriss der Augenheilkunde

unter besonderer Berücksichtigung der Bedürfnisse der Studierenden und

praktischen Ärzte

Max Knies

Grundriss der Augenheilkunde
unter besonderer Berücksichtigung der Bedürfnisse der Studierenden und praktischen Ärzte

ISBN/EAN: 9783743649781

Hergestellt in Europa, USA, Kanada, Australien, Japan

Cover: Foto ©berggeist007 / pixelio.de

Weitere Bücher finden Sie auf **www.hansebooks.com**

GRUNDRISS

DER

AUGENHEILKUNDE.

GRUNDRISS

DER

AUGENHEILKUNDE

UNTER BESONDERER BERÜCKSICHTIGUNG

DER

BEDÜRFNISSE DER STUDIRENDEN

UND PRACTISCHEN ÄRZTE.

VON

DR. MAX KNIES,

DOCENT DER AUGENHEILKUNDE AN DER UNIVERSITÄT ZU FREIBURG I. B.

Mit 30 Figuren im Texte.

WIESBADEN.

VERLAG VON J. F. BERGMANN.

1888.

Buchdruckerei von Carl Ritter in Wiesbaden

HERRN GEHEIMEN RATH

Dr. OTTO BECKER,

PROFESSOR DER AUGENHEILKUNDE AN DER UNIVERSITÄT HEIDELBERG

IN DANKBARKEIT UND VEREHRUNG

DER VERFASSER.

VORWORT.

Die Absicht bei Abfassung des vorliegenden Grundrisses der Augenheilkunde war, den Stoff zu bieten, welcher dem Studirenden und dem praktischen Arzte nothwendigerweise zu eigen sein sollte, und zwar in möglichst knapper und prägnanter Form und mit Vermeidung alles Unnöthigen, ohne doch durch allzu grosse Kürze undeutlich zu werden.

Besonderer Werth wurde gelegt auf das *Aufstellen möglichst präciser Krankheitsbilder*, auf den *Zusammenhang der Augenkrankheiten mit den übrigen Erkrankungen des menschlichen Körpers* und auf die *Therapie*. Bezüglich letzterer bin ich — wie Fachgenossen erkennen werden, auch ohne dass ich besonders darauf aufmerksam mache — in der Hauptsache den Grundsätzen gefolgt, welche unter Horner's Leitung in der Züricher Klinik mafsgebend waren.

Die mehr theoretischen Ausführungen — bei den sogenannten brennenden Fragen meist ziemlich eingehend —, sowie eine kurze Mittheilung der wichtigsten anatomischen und physiologischen Thatsachen zu Beginn der einzelnen Capitel wurden, der Uebersichtlichkeit wegen, in kleinerem Druck ausgeführt.

Der Aufstellung eines *möglichst vollständigen Sachregisters*, namentlich auch zum leichteren Auffinden der bei Allgemeinleiden vorkommenden Augenaffectionen, wurde eine besondere Sorgfalt zugewandt.

Während des Druckes hat mir mein früherer Lehrer, Herr Professor Otto Becker in Heidelberg, der mir erlaubte, ihm die Correcturbogen zusenden zu lassen, vielfach mit seinem bewährten Rathe beigestanden, wofür ich demselben meinen herzlichsten Dank ausspreche.

Freiburg i. B., im März 1888.

Der Verfasser.

Inhalts-Verzeichniss.

Seite.

I. Einleitung 1

Mydriatica, Miotica, locale Anaesthetica 2. Augentropfen, Augenwasser, Ueberschläge, Einstäuben 3. Augensalben, Alcaloidpapiere
und —gelatineplättchen. Umklappen des oberen Lides 5. Blutentziehungen. Augenoperationen, Antisepsis, allgemeine und locale
Narcose. Instrumentarium 6. Verbände 9. Krankenuntersuchung 10.

II. Optische Functionen des Auges und deren Prüfung . . . 11

1. Normales Auge 11:

Brechende Medien und Dimensionen 11. Refraction. Emmetropie
und Ametropie 12. Grad der Ametropie, Zolllinsen und Dioptrien 13.
Refraction und Accommodation. Bestimmung der Refraction 14. Sehschärfe, Gesichtswinkel, Sehproben 15. Bestimmung der Sehschärfe 16.

Brillenkasten 17. Augenspiegel 18, aufrechtes Bild 19, umgekehrtes Bild 21. Untersuchung im durchfallenden Licht. Seitliche
Beleuchtung 24.

Bestimmung der Accommodation 25. Fernpunkt und Nahepunkt 26. Optometer 27.

Emmetropie: Wachsthum des Auges 27. Presbyopie 29.
Relative Accommodationsbreite. Adduction und Abduction 30.
Augendistanz 31. Winkel α 32.

2. Refractionsanomalien 32:

Hypermetropie: Ursachen. Winkel α 32. Asthenopia accommodativa. Absolute, relative, facultative Hypermetropie. Bestimmung
der Hypermetropie. Manifeste, latente, totale Hypermetropie 33.
Therapie der Hypermetropie 34. Aphakie 35.

Myopie: Ursachen 35. Winkel α. Progressive und stationäre
Myopie 36. Ererbte Disposition. Sehstörung. Asthenopia muscularis 37. Therapie 38.

Gegenüberstellung von Hypermetropie und Myopie 39.

Astigmatismus: Regelmässiger und unregelmässiger. Cy-
lindergläser. Hornhaut- und Linsen-Astigmatismus. Formen des
Astigmatismus 40. Sehen bei Astigmatismus. Bestimmung 41.
Cylinderbrillen. Bicylinder 42.

Anisometropie 43.

Diplopia und Polyopia monocularis 44.

3. Anomalien der Augenmuskeln 44:

Innere und äussere Augenmuskeln Accommodationslähmung 48. Accommodationskrampf. Pupillenlähmung und
-krämpfe. Reflectorische Pupillenstarre 49. Lähmung des Dilatator.
Mydriasis und Miosis 50.

Lähmung der äusseren Muskeln: Doppelbilder. Beweg-
lichkeitsbeschränkung 51. Blickfeldmessung. Diagnose der einzelnen
Lähmungen 52. Secundäre Ablenkung. Secundäre Contractur. Behand-
lung 53. Angeborenes Fehlen von Muskeln 54.
Krämpfe der äusseren Augenmuskeln: Conjugirte
Deviation. Insufficienz. Schielen. Alternirendes und concomitirendes
Schielen 54. Einwärtsschielen 55. Auswärtsschielen 57 Rück-
lagerung 58. Vorlagerung 58. Nystagmus 59.

4. Lichtsinnmessung 59:
Nacht- und Tagblindheit 59.

5. Gesichtsfeld 59:
Bestimmung desselben 59. Positive und negative Scotome 61.
Halbblindheit 61.

6. Farbenprüfung 62:
Normaler Farbensinn. Kalte und warme Farben. Complementäre
Farben. Untersuchung auf Grundempfindungen. Farbenschwäche 62.
Grün-, Roth- und Violettblindheit 63. Totale Farbenblindheit 64.
Theoretisches 65.

Simulation und Dissimulation 65.

Tonometrie 66.

III. Erkrankungen der Augenlider . . . .
Anatomisches 67. Eczem 68. Blepharitis ciliaris 70. Seborrhoe 71. Acne vulgaris (Hordeolum) 73. Acne rosacea (Chalazium) 74.
Atherome 75. Dermoide. Milien. Epithelbläschen am Lidrand.
Herpes febrilis und zoster 76. Erysipel. Abscesse. Pustula maligna.
Noma 77 Variola. Warzen. Geschwülste 78. Lupus. Xanthelasma 79. Lidoedem. Ptosis adiposa 81. Ptosis-Operation. Lagophthalmus 82. Blepharospasmus. Nictitatio 83. Supraorbitalneuralgie.
Epicanthus 84. Colobom. Entropium congenitum. Verletzungen
und Verbrennungen 85. Entropiumoperation. Blepharophimose
und Canthoplastik 88. Flarer's, Jaesche-Arlt's, Snellen's
Operation 89. Ectropium und dessen Operation 90. Blepharoplastik. Ankyloblepharon und Symblepharon 91.

IV. Erkrankungen der Thränenorgane . . . .
Anatomie. Thränendrüsenentzündung, Thränendrüsenfistel 92. Ge-
schwülste der Thränendrüse. Fehlen und Mehrfachsein der Thränen-
punkte. Concretionen im Thränenröhrchen, Verschluss und Eversion
der Thränenpunkte. Angeborene Thränenfistel 93. Dacryocystitis 94.
Dacryocystoblennorrhoe. Atonie des Thränensacks 95. Sondiren 96,
Ausspritzen. Exstirpation und Verödung des Thränensacks 98.
Dacryostenose. Thränenträufeln 99. Verletzungen 100.

V. Erkrankungen der Bindehaut . . . .
Anatomie 100. Conjunctivalhyperaemie 101. Conjunctival-
catarrh 102. Blennorrhoea neonatorum 106 und Conjunctivitis gonorr-
hoica 111. Croup 114. Diphtheritis 115. Follikel 117; Follicular-
catarrh 118 und Follicularblennorrhoe 119. Frühjahrscatarrh 127.
Eczem 129. Variola. Pemphigus. Pinguecula 131. Blutungen 132.
Chemosis. Pigmentirungen. Geschwülste 133. Amyloid 134. Cysten.
Infarcte. Sarcome. Cancroide 135.

Traumatische Conjunctivitis. **Fremdkörper 136.** Verbrennungen und Aetzungen 137. Symblepharon 139.
Karunkel. Entzündung, Hypertrophie, Geschwülste 140.

VI. Erkrankungen der Hornhaut   141

Anatomie, Corneascleralrand, Ernährungsverhältnisse 141. Greisenbogen; Drusenbildungen 143. Eczem 147; büschelförmige Keratitis 151. Herpes febrilis **151** und zoster 153. Variola. Keratitis acnosa und luposa 154.
Verletzungen 155; Pterygium 158; Fremdkörper **160. Ulcus** serpens 162; **ulcus rodens** 165; neuroparalytische Keratitis 166. Xerosis **corneae. Keratitis** bei B a s e d o w'scher **Krankheit und** Facialislähmung 167.
Folgezustände nach Hornhauterkrankungen: **Flecken 167.** optische Iridectomie 168, Tätowirung 169; Schwielenbildung, **Abrasio corneae;** Bleiincrustationen **170;** Pannus; Irisprolaps und **Hornhautstaphylom** 171, Staphylomoperation 172; Pterygium traumaticum 173.
Keratitis parenchymatosa 173. Hornhautveränderungen bei Iritis, Iritis serosa, erhöhtem Augendruck. Gürtelförmige Keratitis 178.
Megalocornea; Keratoglobus, Buphthalmus 179. **Keratoconus.** Geschwülste; Lepra 181.

VII. Erkrankungen der Sclera   181

Anatomie 181. Scleritis 182. Sclerosirende Keratitis 183. Secundäre Scleritis. Complicationen 184. Myositis musculi recti. Staphylome 185. Geschwülste 186. Verletzungen **187.**

VIII. Erkrankungen des Uvealtractus   188

Anatomie 188. Stoffwechsel. Normaler Spiegelbefund 191.
Altersveränderungen 191. Drusenbildungen. Angeborene Anomalien: Albinismus 192, Colobom 193. Microphthalmus, Anophthalmus. Membrana pupillaris perseverans 195.
Acute und chronische plastische I r i t i s 196, Iritis specifica und **Gumma iridis** 200. Iritis serosa 204.
Cyclitis nach Recurrens, schrumpfende Cyclitis **206.**
G l a u c o m a acutum 208; **Prodromalerscheinungen.** Glaucoma **subacutum** und chronicum 209; Excavation 210. Glaucoma simplex. **Glaucoma absolutum,** bandförmige Keratitis und Blasenbildung auf der **Hornhaut 211.** Secundärglaucom. Therapie: Miotica **212, Iri**dectomie 213, Sclerotomie **215.** Pathologische Anatomie und Theorien 215. **Essentielle Phthisis 219.**
Erkrankungen der **C h o r o i d e a 219 : Choroiditis** disseminata 221. Choroiditis diffusa (Myopie **223), Rarefication des** Pigmentes **und** Choroidalatrophie 224; Complicationen 225; Therapie 227; **Theo**retisches 228. Choroiditis bei Meningitis und Pyaemie 230.
V e r l e t z u n g e n 230: Accommodationslähmung und Mydriasis. Dialyse der Iris; Hyphaema. Hämophthalmus. Choroidalruptur 231. Wunden der Uvea und Sclera 232; Panophthalmie 233, schrumpfende Cyclitis, sympathische Ophthalmie 234; Neurotomia optico-ciliaris. Exenteratio **bulbi,** Theoretisches 235. Fremdkörper **im Auge 236.** Abscesse und Cysten der Iris. Verbrennung der Choroidea 237.
G e s c h w ü l s t e : Melanom. Lymphom. Gumma 237. **Tuberkel.** Sarcome 238.

Seite.

IX. Erkrankungen der Netzhaut und des Sehnerven 239

Anatomie: Schichten der Netzhaut, Netzhautgefässe, Faserverlauf
in Netzhaut und Sehnerv 239; Chiasma; Sehcentrum. Sehnerven
scheiden und -Scheidenräume. Sehpurpur. Normaler Spiegelbefund
von Netzhaut und Sehnerv 240: Physiologische Excavation, Venenpuls 241.

Cystoide Degeneration der Netzhauperipherie im Alter. Colobom
des Sehnerven 241; Markhaltige Nervenfasern 242.

Netzhaut: Hyperaemie. Anaemie. Abnorme Pulserschein-
ungen 242. Atherom. Netzhautblutungen 243. Embolie der Arteria
centralis retinae. Pyaemische Retinitis. Retinitis 244; Sehstörung
dabei; Torpor retinae 245. Retinitis albuminurica, diabetica,
leukaemica 246, specifica, proliferans. Retinitis pigmentosa 247.
Netzhautablösung 249. Traumen der Netzhaut. Blitzschlag.
Gliom 251.

Sehnerv: Stauungspapille 253, Ampulle. Neuritis 254. Stauungsneuritis 255. Intoxicationsamblyopie 256. Retrobulbäre Neuritis.
Sehnervenblutungen 257. Sehstörungen nach Blutverlusten, Erbrechen, Chinin und Natrium salicylicum. Gelbe, weisse und
graue Atrophie 258; Tabes dorsalis 260. Verletzungen des Sehnerven.
Drusenbildungen und Geschwülste des Sehnerven 261.

Centrale Sehstörungen 261: Hallucinationen. Halbblindheit 262. Seelenblindheit. Erblindungen ohne Befund. Flimmerscotom 264. Amblyopie aus Nichtgebrauch 266. Mangelnde Fusion 267.

X. Erkrankungen des Glaskörpers und der Linse 268

Glaskörper: Anatomie 268. Verflüssigung. Ablösung. Schrumpfung 269. Gefässbildung. Arteria hyaloidea persistens. Trübungen.
Synchysis scintillans. Blutungen 270. Fliegende Mücken. Behandlung der Glaskörpertrübungen. Fremdkörper 271. Cysticercus 272.

Linse: Anatomie 272. Colobom. Ectopie und Luxation 274.
Grauer Staar: Traumatischer Staar und Fremdkörper in der Linse 276;
einfache Linearextraction 278. Staar bei Glasbläsern und Blitzschlag. Vordere Polarcataract 279. Angewachsener Staar. Hintere
Polarcataract 280. Hintere Corticalcataract. Gitterstaar. Punktstaar 281. Schichtstaar, Spindelstaar. Kernstaar 282. Angeborener
Staar Cataracta arida siliquata. Greisenstaar 284; Milchstaar;
Morgagni'scher Staar; überreifer und Kapselstaar 286. Cataracta
nigra 287. Diabetischer Staar 288.

Discission. Extraction 289. Nachstaar 298.

XI. Erkrankungen der Orbita 299

Anatomie 299. Verletzungen; Emphysem der Lider und der Orbita.
Empyem der Stirnhöhlen. Caries und Periostitis 300. Exophthal-
mus 301. Blutungen, Abscesse, Fremdkörper. Erysipel. Thrombose.
Basedow'sche Krankheit 302. Geschwülste in der Orbita 303;
Geschwülste der Thränendrüse und des Sehnerven 304. Anophthalmus
congenitus. Wachsthum der Orbita 305.

I. Einleitung.

Die Augenheilkunde ist ursprünglich ein Zweig der Chirurgie gewesen, der sich allmälig als sogenannte „Specialität" selbstständig gemacht hat. Seitdem in den fünfziger Jahren Helmholtz den Augenspiegel entdeckte, Graefe, Donders, Arlt u. a. m. unsere Kenntnisse von den Erkrankungen und Functionsfehlern des Auges in ungeahnter Weise erweiterten und deren Behandlung vervollkommneten, machte sich immer mehr das Bedürfniss geltend, auch in Deutschland die Augenheilkunde gesondert zu lehren.

Es ist ein recht manchfaltiges Gebiet, welches unsere Wissenschaft umfasst: Der gesammte Inhalt der Orbita und deren Wandungen, die Augenlider und ihre Umgebung, die Thränenwege bis zur Nase und der Verlauf der Augen- und Augenmuskelnerven bis zu ihren centralsten Endigungen in der Hirnrinde. Daher auch die zahlreichen Berührungspunkte mit Chirurgie und innerer Medicin; nur derjenige, der sich dieses Zusammenhanges stets bewusst bleibt, wird ein guter Augenarzt sein. Wegen der Durchsichtigkeit vieler seiner Theile und wegen der leichten Zugänglichkeit war das Auge von jeher ein Lieblingsgegenstand für experimentelle Untersuchungen, und ein grosser Theil unserer Pathologie fusst auf den Ergebnissen von Experimenten an den Augen.

Im Allgemeinen gelten auch für die Augenheilkunde die Grundsätze der Chirurgie und inneren Medicin, nur vielfach modificirt wegen der Zartheit und leichten Verletzlichkeit der Gewebe des Auges; diese können schwer geschädigt werden durch Eingriffe, die an anderen Orten völlig unbedenklich sind.

Es ist durchaus nöthig, mit den eigenthümlichen Functionen des Sehorgans und deren Prüfung zu beginnen, da Störungen der Functionen die Gewebserkrankungen des Auges auf Schritt und Tritt begleiten. Zweckmässig werden aber vorher einige der Augenheilkunde eigenthümliche Arzneimittel und deren Anwendungsweise besprochen, woran sich — um Wiederholungen zu vermeiden — eine Reihe allgemeiner Regeln anschliessen wird, auf die wir überall zu achten haben.

Zuerst wären mehrere **Alcaloide** zu erwähnen, die am Auge eine specifische Wirkung ausüben. Nach ihren Haupteigenschaften unterscheiden wir pupillenerweiternde (**Mydriatica**), pupillenverengernde (**Miotica**) und unempfindlich machende Mittel (locale **Anaesthetica**). Als **pupillenerweiternd** sind anzuführen: **Atropin** (Atropa Belladonna), **Homatropin** (ein künstlich dargestellter Abkömmling des Atropins), **Daturin** (Datura Stramonium), **Hyoscyamin** und **Hyoscin** (Hyoscyamus niger), **Duboisin** (Duboisia myoporoides) und **Cocain** (Erythroxylon Coca). Alle diese Mittel wirken mehr oder weniger auch auf den Ciliarmuskel und lähmen die Accommodation. Die Wirkung des Cocain dauert nur einige Stunden, die des Homatropin etwa einen Tag; von allen andern genügt ein Tropfen einer $\frac{1}{2} \%$ Lösung, um bei einem gesunden Auge Sphincter iridis und Ciliarmuskel auf 6—10 Tage zu lähmen. Letztere werden wir demnach anwenden, wo wir eine kräftige, lange dauernde Wirkung ausüben wollen, erstere beide, wo es nur einer vorübergehenden Pupillenerweiterung bedarf, wie zu Untersuchungszwecken. Alle Mydriatica bewirken Hyperaemie des Augengrundes und der Netzhaut.

Pupillenverengernd wirken **Eserin** oder **Physostigmin** (Physostigma venenosum), **Pilocarpin** (das Alcaloid der Jaborandiblätter) und **Morphin**, die beiden ersten stark, letzteres etwas schwächer. Die Wirkung beginnt nach 15—20 Minuten und dauert etwa 4—6 Stunden an; neben Pupillenverengerung bewirken alle drei auch Zusammenziehung des Ciliarmuskels: Accommodationskrampf, welcher aber individuell sehr verschieden ausfällt. Derselbe wird häufig als zuckendes Gefühl im Auge empfunden; zuweilen kommen bei Eserin auch Zuckungen im orbicularis palpebrarum vor. Bei empfindlichen Leuten ist beides direct schmerzhaft und kann heftiges Kopfweh verursachen. Eserin ist das meist angewandte Mioticum, Pilocarpin hat nichts vor demselben voraus. Morphium hat den Vortheil, überall zur Hand zu sein; man kann die gewöhnliche Lösung benutzen, die zu subcutanen Einspritzungen gebraucht wird. Die weniger gebräuchlichen Alcaloide wendet man nur da an, wo aus irgend einem Grunde Eserin oder Atropin schlecht vertragen wird.

Als **Anaestheticum** kommt gegenwärtig hauptsächlich das **Cocain** in Frage, welches schon in 1% iger Lösung Bindehaut und Hornhaut gegen Berührung und Schmerz vollkommen unempfindlich macht; die Wirkung ist aber in $\frac{1}{2}$ bis 2 Stunden vorüber. Soll sie sich auch auf die tieferen Theile des Auges erstrecken, so muss man stärkere Lösungen nehmen und wiederholt einträufeln. Es zeigt sich dann auch deutlich ein Blasserwerden des **Auges** und eine leichte Erweiterung der Lidspalte durch Reizung glatter Muskelfasern, die vom Lidknorpel gegen den Rand der Orbita verlaufen (Müller'scher Muskel). Da Cocain gleichzeitig auch die Pupille erweitert, so verbindet man es zweckmässig mit gleichen Theilen Morphin, wo aus irgend einem Grunde diese Wirkung vermieden werden **soll.** Das in neuester Zeit empfohlene Stenocarpin, welches energischer pupillenerweiternd, **aber** weniger anaesthesirend, als Cocain wirkt, soll ein Gemenge von Atropin und Cocain sein.

Alle genannten Alcaloide werden **am besten in Form** von „**Augentropfen**" in den Bindehautsack **eingeträufelt.** Man verschreibt sie in Mengen von 6.0—10.0 und lässt **bei mehr Bedarf** lieber repetiren. Am besten nimmt man **zur Lösung** 3% Borsäure. **Zum** Einträufeln bedient man sich eines Glasstabes. Pinsels **oder eines der zahlreichen** Tropfgläschen, die aber sorgfältig rein zu halten sind. **Wird das Einträufeln** dem Patienten oder dessen Angehörigen überlassen, **so** versichere man sich, dass die Tropfen auch wirklich in den Conjunctivalsack gebracht werden und lasse es sich eventuell vormachen. Bringt man bei horizontaler Lage des Patienten einige Tropfen der Lösung auf den inneren Augenwinkel, **und** lässt dann die Augen öffnen, **so** fliesst die Flüssigkeit von selbst in **den** Conjunctivalsack. Dies **ist** namentlich bei Kindern die schonendste Methode. Fliessen die Augen stark, so müssen sie unmittelbar vorher gut abgetrocknet werden.

Alle genannten Alcaloide sind heftige Gifte. **Man** bedenke, dass ein Tropfen 1%iger Atropinlösung die **halbe** Maximaldosis für einen Erwachsenen enthält. Kommt, z. B. bei leicht durchgängigen Thränenwegen, die eingeträufelte Lösung in Thränensack und Nase, so wird sie **resorbirt und** macht **Vergiftungserscheinungen. Bei der** am häufigsten beobachteten Atropinvergiftung treten zuerst bitterer Geschmack, **Kratzen** im Hals und Schluckbeschwerden auf; weiterhin geröthetes Gesicht, beschleunigter Puls, Urinbeschwerden und Gesichtshallucinationen. Es ist zu beachten, dass diese Erscheinungen schon nach wenigen Tropfen auftreten können. Eine tüchtige Morphiuminjection ist das beste Heilmittel. **In mehr** chronischen Formen werden neben Gesichtsröthe und beschleunigtem Puls hauptsächlich Verdauungsstörungen beobachtet, die nicht eher weichen, als bis das Mittel ausgesetzt wird. Aehnliche Erscheinungen treten auch bei den andern Alcaloiden auf, doch verhalten sich die einzelnen Individuen bezüglich des Auftretens von Vergiftungserscheinungen sehr verschieden. Mehr als 6—8 Tropfen im Tage sollten auch einem Erwachsenen nicht eingeträufelt werden.

Früher beobachtete man nicht selten während der Anwendung der verschiedenen Alcaloide catarrhalische Erkrankungen der Conjunctiva mit Entwickelung von Follikeln in derselben, sowie Eczem und Erythem der Lider. Sie werden am besten vermieden, wenn man die Mittel, wie oben angegeben, in aseptischer Lösung anwendet und nicht zu lange aufbewahren lässt.

Auch Adstringentia können als „Augentropfen" in der Menge von 15—25,0 verschrieben werden, und werden auf die gleiche Weise in den Conjunctivalsack eingebracht. Meist kommen sie in Form eines **Augenwassers** (Collyrium) zur Anwendung, das zu etwa 80 bis 100,0 verordnet wird. Man lässt entweder, wie oben angegeben, etwas Flüssigkeit in den innern Augenwinkel bringen und dann die Augen öffnen, oder man legt völlig durchnässte Compressen einige Minuten auf die Augen und lässt darunter einigemale blinzeln, oder man giesst etwa einen Theelöffel voll in die hohle Hand, taucht das Auge hinein und lässt ebenfalls blinzeln, bis etwas in den Conjunctival- sack gelangt ist. Hat die Anwendung des Augenwassers Schmerzen gemacht, so kann der Patient einige Minuten lang sich mit geschlossenen Augen ruhig hinlegen, bis dieselben vorüber sind; dies wird aber nur bei sehr empfindlichen Leuten nöthig sein.

Zur Anwendung der Kälte werden in Eiswasser getauchte oder unmittelbar auf einem Eisblock liegende Compressen leicht ausge- drückt und auf die geschlossenen Augen gelegt. Sie müssen aber mindestens alle Minute gewechselt werden, wenn wirklich eine Kältewirkung erzielt werden soll. Es gibt auch besondere Augen- eisbeutel für ein oder beide Augen, die aber nur bei Erwachsenen gut anwendbar sind.

Zu warmen Ueberschlägen benutzt man Chamillenthee, oder eine antiseptische Lösung mit heissem Wasser halb und halb. Auch hier müssen die Compressen sehr fleissig gewechselt werden, wenn die Wärme wirken soll. Sehr geeignet sind Cataplasmen in Form von etwa 8 cm langen und 6 cm breiten Säckchen, die mit der Cataplasmen- masse (Leinsamenmehl mit heissem Wasser angerührt) gefüllt werden. Wenn man dieselben auf eine mit heissem Wasser gefüllte Bettflasche legt und das Ganze in eine wollene Decke einwickelt, so lassen sie sich eine bis zwei Stunden lang genügend warm halten. Die Säckchen werden so heiss, als es vertragen wird, aufgebunden und mit Gutta- perchapapier überdeckt; sie können dann mehrere Minuten liegen bleiben, bis ein Wechsel nöthig wird.

Zur Anwendung **trockener Wärme** dienen ähnliche Säckchen, die mit Species aromaticae gefüllt und möglichst heiss auf die Augen gebunden werden. (Kräutersäckchen.)

Bleiwasser wird am besten im Augenblicke des Gebrauches frisch angefertigt; von Acet. plumb., Aq. amygdal. amar. āā 25,0 lässt man 30 Tropfen in eine grosse Tasse voll **warmen** oder kalten Wassers giessen, gut umrühren und damit Umschläge machen.

Einige Medicamente, wie Jodoform, Jodol, Calomel vapore paratum werden häufig in Form feinster **Pulver mit einem nicht zu** kleinen Pinsel ins **Auge eingestäubt**. Während man mit Daumen und Zeigefinger der linken Hand die Augenlider geöffnet **erhält, fasst man den** Pinsel mit Daumen und Mittelfinger der rechten Hand und stäubt das Pulver durch Anschlagen mit dem Zeigefinger in den Conjunctivalsack.

Als Constituens für **Augensalben**, die in den **Conjunctivalsack** eingebracht werden sollen, lässt sich verwenden Ung. leniens, Ung. Glycerini, **Vaselin**, Lanolin, Mollin. Man verschreibt sie in Mengen von 10,0, lässt sie mit **einem Pinsel** oder Glasstäbchen **einbringen** und gut im Conjunctivalsack verreiben. Plumbum aceticum, Cuprum sulfuricum und einige Quecksilberpräparate, namentlich das Hydrargyrum oxydatum flavum, via humida paratum werden in Salbenform angewendet; für Alcaloide ist dies weniger zu empfehlen.

Sehr practisch sind in vielen Fällen die sogenannten **Alcaloidpapiere** und **-gelatineplättchen**; diese sind mit einer Lösung des Alcaloids **getränkt** und dann getrocknet und enthalten eine bestimmte Menge desselben. Man **bringt sie mit einer feinen Pincette hinter das untere Augenlid**. Das Alcaloidpapier **muss nach** einigen **Minuten**, wenn es ausgelaugt ist, wieder entfernt werden, die Gelatineplättchen **lösen sich im Conjunctivalsecret auf**. Namentlich letztere sind **sehr zu empfehlen** und können bequem in der Verbandtasche mitgeführt werden.

Will man die Bindehaut **genau** besichtigen oder Medicamente direct auf dieselbe einwirken **lassen, so** muss man das **obere Lid umklappen**. Man lässt zu dem Zwecke stark nach abwärts sehen, fasst die Wimpern mit Daumen und Zeigefinger der rechten Hand, legt den Daumen der linken Hand an das obere Ende des Lidknorpels und dreht das Augenlid gewissermafsen um letzteren. Ist die Lidspalte weit, so gelingt das Umklappen sehr leicht; ist dagegen das obere Lid verdickt, die Lidspalte eng und fehlen die Wimpern, so **kann es** recht schwierig werden. **Immer** ist nöthig, dass der Patient s t a r k n a c h a b w ä r t s s i e h t. Drückt man mittelst des untern Lides leicht auf das Auge, während das obere Lid umgeklappt ist und der Patient nach unten sieht, so stülpt sich die ganze obere Uebergangsfalte vor und kann genau besichtigt werden. Es ist durchaus nöthig, im Umklappen des oberen Lides eine gewisse Fertigkeit zu erlangen; das Unterlassen dieser einfachen Manipulation bei vorhandenen oder vermutheten Bindehauterkrankungen kann zu den grössten diagnostischen und therapeutischen Missgriffen führen.

Blutentziehungen werden in der Augenheilkunde wenig mehr angewendet. Blutegel können an die Seite der Nase oder an die Schläfe angesetzt werden. Man thut gut, die Stelle recht genau zu bezeichnen. Die Augenlider selbst müssen sorgfältig vermieden werden, weil es sonst sehr beträchtliche Blutunterlaufungen gibt. Die beste Stelle ist in der Mitte zwischen Ohr und äusserem Orbitalrand. Hier wird auch der künstliche Blutegel (Heurteloup) angesetzt, der den natürlichen in allen Fällen vorzuziehen ist. Nachdem die betreffende Stelle gut gereinigt und eventuell rasirt ist, macht man mit einem einem Schröpfschnepper ähnlichen Instrument eine kreisrunde, 1—1$\frac{1}{2}$ mm tiefe Hautwunde. Darüber wird dann eine Glasröhre mit luftdicht schliessendem Stempel aufgesetzt und letzterer langsam, in dem Mafse, wie die Röhre sich mit Blut füllt, ausgezogen. Nachdem ein bis drei Cylinder voll Blut entzogen sind, drückt man das jetzt stark geschwollene runde Hautstückchen mit etwas antiseptischer Watte energisch an Ort und Stelle, und lässt die Watte festkleben, bis sie von selber abfällt. Die kleine Wunde heilt ohne weiteres und eine Nachblutung findet nie statt. Schon nach drei Tagen kann die Procedur von neuem vorgenommen werden.

Soll eine **Augenoperation** vorgenommen werden, so ist vorher auf infectiöse Bindehaut- und Thränensackerkrankungen zu untersuchen, eventuell sind dieselben, wenn möglich, vorher gründlich auszuheilen. Kann letzteres nicht geschehen, so muss man in der Anwendung antiseptischer Vorsichtsmafsregeln doppelt genau sein. Man reinigt die Augenlider und die ganze Umgebung des Auges sorgfältig mit warmem Seifenwasser und nimmt besonders Rücksicht auf die Lidränder und Wimpern, von denen alle Krüstchen und Schüppchen mit peinlichster Genauigkeit entfernt werden müssen. Dann spült man den Conjunctivalsack mit einer antiseptischen Flüssigkeit (Sublimat 0,2 $^0/_{00}$, Borsäure 3,5 $^0/_0$, Salicylsäure 0,3 $^0/_0$, Thymol 0,1 $^0/_0$ u. s. w.) aus und lässt bis zum Beginn der Operation ein in die gleiche Lösung getauchtes Leinwandläppchen auf den geschlossenen Lidern liegen. Die antiseptische Vorbereitung des Operirenden und etwaiger Assistenten geschieht wie bei jeder chirurgischen Operation. Aerztliche Assistenz ist bei Narcose nicht zu entbehren und immer angenehm, doch können fast alle Operationen auch ohne solche ausgeführt werden. Zur **Desinfection** der Instrumente benutze man 5 % Carbolsäure und lasse sie dann in $1^1/_2 - 2$ % Lösung liegen; alle anderen **Antiseptica** greifen dieselben mehr oder weniger rasch an.

Allgemeine **Narcose** ist nicht oft nöthig und bei Operationen mit Eröffnung des Auges womöglich zu vermeiden. Wird sie doch angewandt, so muss sie sehr tief sein. Dagegen kann ein sehr ausgedehnter Gebrauch von der örtlichen Narcose durch Cocain gemacht werden. Bei allen **Operationen** an Lidern, Thränensack, Bindehaut, Hornhaut und an den äusseren Augenmuskeln darf man ad maximum cocainisiren und 6—8 Tropfen einer 2 % igen Lösung binnen $^1/_4$ Stunde einträufeln. Bei Operationen an der Iris, also auch bei Staaroperationen, ist volle Cocainwirkung nicht wünschenswerth, weil dann die gelähmte und unempfindliche Iris künstlich zurückgebracht werden muss. Hier träufelt man am besten nur ein bis zwei Minuten vorher einige **Tropfen** ein, um die Bindehaut und Hornhaut oberflächlich unempfindlich zu machen. Bei der kurzen **Dauer** der meisten innern Augenoperationen ist dies genügend.

Zum Auseinanderhalten der Lider dienen zwei Desmarres'sche **Lidhalter** (Fig. 1) oder der Sperrelevateur (Fig. 2). Zum Festhalten des Auges wird die **Conjunctiva** dicht an der Hornhaut mit einer ge-

 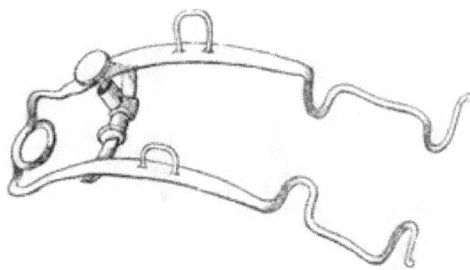

Fig. 1.   Fig. 2.

zahnten Schliesspincette gefasst. Um Lidoperationen blutlos zu machen, dient die Knapp'sche Lidklemme (Fig. 3). Ausserdem gehören zum **Instrumentarium** einige Graefe'sche (Fig. 4 a) und ein bis zwei Beer'sche Staarmesser b, mehrere krumme Lanzen c, zwei Discissions-

nadeln d. Cystitom f und Kautschuklöffel g. Punctionslanze h und flache
Sonde i: (f und g. sowie h und i sind gewöhnlich am gleichen Stiel
befestigt), zwei Schielhaken k. ein Weber'sches
Messer l zum Spalten der Thränenkanälchen, eine
conische Sonde zur Erweiterung der Thränenpunkte,
Sonden und eine Hohlsonde für den Thränengang.
eine Cilienpincette und ein Instrument zum Entfernen fremder Körper von der Hornhaut, am besten
ein kleiner Hohlmeisel. Dazu kämen noch feine
gerade und gebogene Pincetten, gerade und auf die
Fläche gebogene Scheeren von verschiedener Fein-
heit, feine stark gekrümmte Nadeln u. dgl.

Alle Instrumente müssen von bester Qualität
sein und unmittelbar vor dem Gebrauche auf ihre
Schärfe geprüft werden. wozu eine kleine mit feinstem
Probirleder überspannte Trommel dient.

Sind ausser den nöthigen Instrumenten noch
ein Brillenkasten mit Sehproben, ein Refractionsaugenspiegel und Wollproben zur Prüfung auf Farbenblindheit vorhanden, so wird der Arzt für alle gewöhnlichen Vorkommnisse einge-

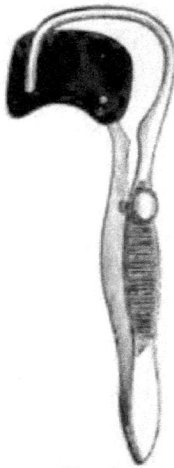

Fig. 3.

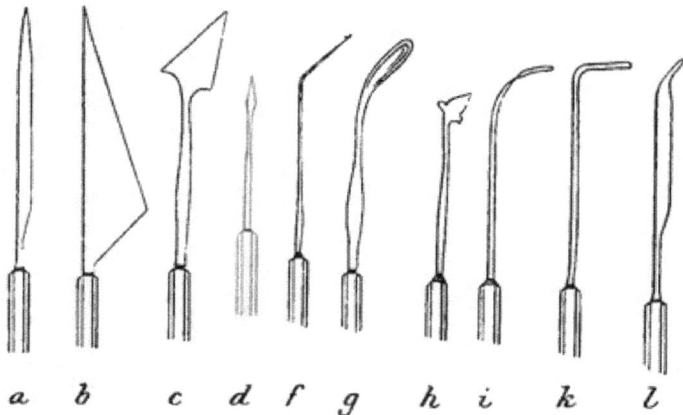

a   b   c   d   f   g   h   i   k   l

Fig. 4.

richtet sein. In der Verbandtasche wären dem allgemein üblichen Inhalt
zuzufügen einige feine stark gekrümmte Nadeln, eine conische und einige
Thränensacksonden von verschiedener Dicke, eine Cilienpincette, ein
Fremdkörperinstrument, ein Desmarres'scher Lidhalter, eine feine Pincette

und eine feine spitze Scheere, sowie einige Glasperlen. Als Nadelhalter kann jede Unterbindungspincette dienen.

Zu **Augenverbänden** benutzt man drei **Meter** lange. 3—4 cm breite Binden von **Flanell** oder Calico. Man befestigt sie zuerst durch anderthalb Touren um die **Stirne** und legt sie so an, dass sie über das kranke Auge von unten nach **oben geführt** werden. Einen gut liegenden Verband zu machen, will gelernt sein, namentlich bei abnormen Kopfformen; bei unruhigen Kindern müssen die einzelnen Touren au verschiedenen Stellen noch besonders zusammengeheftet werden. Unmittelbar auf die geschlossenen Lider **kommt** ein ovales Gazeläppchen oder ein Stück Borlint und darüber legt man die Verbandwatte in kleinen Flocken in der Art, dass sie mehr um das **Auge** herum als direct auf dasselbe zu liegen kommt. Namentlich ist der innere Augenwinkel gut auszupolstern. Wenn die Watte richtig vertheilt ist. so darf die aufgelegte **Hand** den Augapfel nicht durchfühlen. **Dies** ist um so wichtiger, je stärker die Binde angezogen werden **muss**; sonst bilden sich unter dem Verband **D r u c k f a l t e n d e r H o r n h a u t**, die senkrecht auf die Richtung des Bindenzuges stehen. **Auf der** Höhe derselben scheuert sich das Epithel ab, und die Affection kann so schmerzhaft sein, dass sie zum Aufgeben des Verbandes **nöthigt**. Ein fest anliegender Verband verursacht bei alten Leuten nicht gerade selten oberflächliche **H a u t g a n g r a e n**, am häufigsten **auf dem Nasenrücken** über dem Nasenbein. seltener **an der Stirn**. Die betreffenden Stellen müssen gut ausgepolstert, eventuell muss der Verband lockerer angelegt werden.

Je nachdem man den Verband lockerer oder fester anzieht, kann man unterscheiden: **D e c k v e r b a n d, S c h u t z v e r b a n d, D r u c k v e r - b a n d** und **S c h n ü r v e r b a n d**. Bei vernünftigen Patienten kann man auch leichter verbinden. etwa mit einer gestrickten Binde oder dergleichen; im Allgemeinen sei man aber damit vorsichtig. Bei Kindern ist es häufig zweckmässig, die Arme derselben in Röhren von starker Pappe oder Blech zu stecken. Letztere werden im Nacken mit einem Band zusammengebunden und müssen bis nahe zum Handgelenk reichen. Da hierdurch die Beugung im [Ellenbogengelenk ausgeschlossen ist. so können die Kinder nicht mit den Händen an den Verband gelangen.

Häufig. besonders nach grösseren Lidoperationen, kann ein n a s s e r a n t i s e p t i s c h e r Verband Verwendung finden. **Die Verbandwatte** wird in Salicyl- oder Borlösung getaucht, leicht ausgedrückt und auf's

Auge gelegt; darüber kommt eine Calicobinde. Alle paar Stunden lässt man den Verband mit der betreffenden Lösung so lange befeuchten, bis der Patient die Kühlung auf den Lidern fühlt. Ein solcher Verband kann viele Tage liegen bleiben, auch wenn z. B. Blut schon durchgeschlagen wäre. Ist derselbe mit Bor- oder Salicylsäure gesättigt, so genügt Befeuchten mit reinem Wasser.

Bei schweren ansteckenden Erkrankungen eines Auges kann es nöthig werden, das andere durch einen undurchgängigen Schutzverband vor Ansteckung zu bewahren. Das Auge wird sorgfältig gereinigt und mit antiseptischer Lösung ausgewaschen; dann wird ein Gazeläppchen und etwas Watte darüber gelegt, und über das Ganze kommt ein Stück Guttaperchapapier, das allseits etwa einen Centimeter überragt und mit Collodium überall befestigt wird. Legt es sich nicht gut an, so kann man dessen Rand mit Scheerenschnitten einkerben. Der Verband bleibt so lange liegen, bis das Leiden des andern Auges seine Ansteckungsfähigkeit verloren hat. Muss man nachsehen, so löst man die äussere Hälfte des Verbandes vorsichtig ab und klappt sie nach innen. Hat man das Nöthige gesehen, so wird sie wieder mit Collodium festgeklebt.

Bei der Krankenuntersuchung versäume man nie die Inspection à distance. Stellungsanomalien der Augen, Lähmungen u. s. w. werden so oft besser erkannt, als wenn der Patient dem Arzt unmittelbar gegenüber sitzt; die Gangart des Kranken, seine Kopfhaltung und dergleichen kann für die Diagnose von Wichtigkeit sein. Von einer umfangreichen Anamnese wird man in den meisten Fällen absehen können. Nach vollendeter Functionsprüfung und objectiver Untersuchung wird man durch kurze Fragen am raschesten die nothwendigen Dinge erfahren. Bei vermutheten Bindehautleiden versäume man nie das Umklappen der Lider. Kleine Kinder lässt man am besten von der Begleiterin auf den Schooss nehmen und fixirt den Kopf zwischen seinen eigenen Knieen. Wenn die Begleiterin die Hände des Kindes festhält, hat man selbst beide Hände zum Untersuchen frei. Am schonendsten geschieht dann das Oeffnen der Lider mit dem Desmarres'schen Lidhalter.

Man mache es sich zur festen Regel, keine Therapie ohne sichere Diagnose vorzunehmen; letztere ist bei genügender Untersuchung fast in allen Fällen möglich.

II. Optische Functionen des Auges und deren Prüfung.

1. Normales Auge.

Die brechenden Medien des Auges sind Hornhaut, Kammerwasser, Glaskörper und Linse, von denen erstere drei ziemlich genau das Brechungsvermögen des destillirten Wassers: 1,336 etwa $^4/_3$, letztere das einer mittleren Glassorte: 1,455 annähernd $^3/_2$ besitzt. Da aber Lichtbrechung nur da zu Stande kommt, wo zwei ungleich brechende

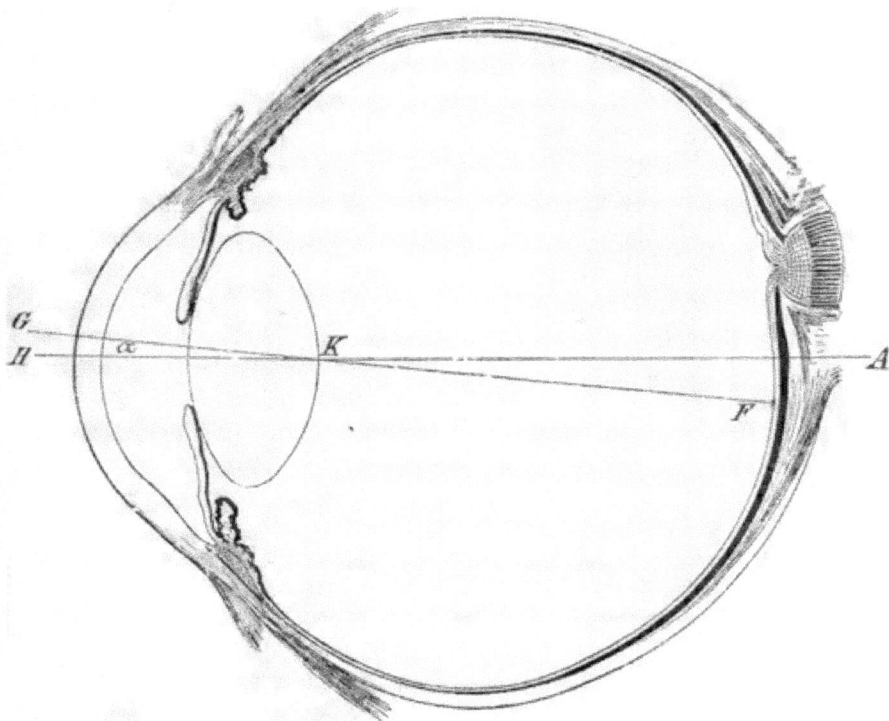

Fig. 5.

Medien an einander grenzen, so kommen optisch nur drei Flächen in Betracht: Die vordere Hornhautfläche mit einem Radius von nahezu 8 Millimeter und vordere und hintere Fläche der Linse, deren erstere im Ruhezustand des Auges etwa einen Radius von 10, deren letztere einen Halbmesser von etwa 6 Millimeter besitzt. Figur 5 gibt diese leicht zu behaltenden Verhältnisse in vierfacher Vergrösserung wieder.

Ausserdem ersehen wir aus derselben, dass die **Dicke der** Hornhaut nahezu einen, die Tiefe der vorderen Kammer etwa drei und die **Dicke** der Linse im normalen **Auge** so ziemlich 4 Millimeter beträgt, so dass der hintere **Pol der** Linse **mit dem** Mittelpunkt der Hornhautkrümmung **nahezu zusammen** fällt. **Fügen wir** hinzu, dass **die** Tiefe des Glaskörpers vom hintern Linsenpol bis zur Netzhaut 15 mm beträgt, so hätten wir alle optisch wirksamen Dimensionen erwähnt. Die Gesammtlänge des optischen Apparates eines normalen Auges vom Hornhautscheitel **bis** zur Fovea centralis der Macula lutea betrüge dann 23 mm; dazu **noch** die Dicke **der** Sclera am hintern Pol nahezu 1 mm, macht als Gesammtlänge des Auges **ca. 24** mm.

Die optischen Verhältnisse eines derartig zusammengesetzten Systems sind ziemlich verwickelt. Hierauf soll desshalb nicht näher eingegangen werden. Von practischer Wichtigkeit **ist** aber der Knotenpunkt (K) und der hintere **Brennpunkt (F).**

Der Knotenpunkt eines Systems ist derjenige Punkt, durch welchen die Lichtstrahlen **ungebrochen** (ohne von ihrem geradlinigen Wege abzuweichen) hindurchgehen; er liegt im normalen Auge etwa 8 mm hinter dem Hornhautscheitel, also ziemlich genau im Krümmungsmittelpunkt **der** Hornhaut und an der **Stelle** des hinteren Linsenpoles. Er wird **auch** als Kreuzungspunkt **der** Richtstrahlen bezeichnet **und** ein grosser Theil des in's Auge einfallenden, regelmässig gebrochenen Lichtes **muss** denselben passiren; **ist** deshalb hier eine Trübung **der** brechenden Medien vorhanden (hintere Polarcataract), so resultirt eine unverhältnissmässig hochgradige Sehstörung.

Eigentlich besitzt das menschliche **Auge zwei** Knotenpunkte: Licht, das vor der Brechung nach dem vordern Knotenpunkt geht, scheint nach derselben, parallel zur ursprünglichen Richtung vom zweiten herzukommen. Da aber beide sehr nahe zusammenliegen, so genügt practisch vollständig die Annahme eines einzigen Knotenpunktes an der angegebenen Stelle: 8 mm hinter dem Hornhautscheitel und 15 mm vor der Fovea centralis.

Der Brennpunkt jedes optischen Systems ist derjenige, in welchem **paralleles** Licht zur Vereinigung kommt. Im normalen Auge fällt derselbe in die lichtempfindliche Schicht der **Netzhaut**, und man bezeichnet diesen Zustand als Emmetropie (im richtigen Maafs Sehen), alle davon abweichenden als Ametropie.

Das Verhalten eines Auges gegenüber **dem** in der Richtung der optischen Axe einfallenden parallelen Licht nennt man seine **Lichtbrechung** oder **Refraction** (R); fällt der Brennpunkt in die Netzhaut, so spricht man, wie schon erwähnt, von emmetropischer Refraction oder von Emmetropie (E). Wird paralleles Licht schon vor der Netz-haut vereinigt, so besteht myopische Refraction, Kurzsichtigkeit. Myopie (= M); kommt es erst hinter derselben zur Vereinigung, so nennt man dies Hypermetropie, Uebersichtigkeit (= H). Kommt endlich bei einem Auge aus irgend einem Grunde paralleles Licht überhaupt nicht in einem Punkt zur Vereinigung, so spricht man von Astigmatismus (von α privativum und στίγμα, Punkt). Myopie. Hypermetropie (Hyperopie) und Astigmatismus sind die drei mög-lichen Refractionsanomalien.

Vergleichen wir den Zustand der Hypermetropie mit Emmetropie, so ergibt sich, dass genau das gleiche Verhalten dann vorhanden ist, wenn wir vor ein emmetropisches Auge ein Concavglas halten. Das emmetropische Auge vereinigt zwar paralleles Licht auf der Netzhaut; ist dasselbe aber divergent, so genügt die Brechkraft desselben nicht, das Bild kann erst hinter der Netzhaut zur Vereinigung kommen. In Bezug auf die Netzhaut also ist das hypermetropische Auge schwächer lichtbrechend, als das emmetropische, und der Grad der Hypermetropie kann durch eine Concavlinse ausgedrückt werden, die dem emmetropi-schen Auge hinzugefügt, den gleichen optischen Effect hätte.

Das umgekehrte gilt von der Myopie. Das kurzsichtige Auge ist in Bezug auf die Netzhaut stärker brechend, als das emmetropische; denn paralleles Licht kommt schon vor derselben zur Vereinigung. Der Grad der Myopie kann durch ein Convexglas ausgedrückt werden, das dem emmetropischen Auge hinzugefügt dieselbe Wirkung hervorbringen würde. Das kurzsichtige Auge hat demnach dem emmetropischen gegen-über eine positive (= E + M), das hypermetropische eine nega-tive (= E — H) Refraction, und es leuchtet sofort ein, dass Myopie durch Concav-, Hypermetropie durch Convexgläser auf Emmetropie corrigirt werden können.

Der Grad der Ametropie wird durch diejenige (Convex- oder Concav-) Glaslinse ausgedrückt, die dem emmetropischen Auge hinzugefügt, d. h. im Knotenpunkte desselben gedacht, die gleiche Refractions-anomalie hervorbringen würde.

Zur Bestimmung der Stärke der Linsen geht man von zweierlei Einheiten aus: früher war allein üblich die Zolllinse, die Linse von 1 Zoll Brennweite (richtiger die biconvexe Linse mit je 1 Zoll Radius ihrer beiden Kugelflächen); gegenwärtig ist fast allgemein als Ein-heit durchgeführt die Linse von 1 Meter Brennweite, die sogenannte Dioptrie (D). Da die Brechkraft einer Linse im umgekehrten Ver-hältniss zu ihrer Brennweite steht: eine Linse von $\frac{1}{3}$ Meter Brennweite ist dreimal so stark, als die von einem Meter Brennweite (= 3,0 D), so ist klar, dass die Zolllinse die bedeutend stärkere Einheit repräsentirt; sie ist etwa 40 mal so stark, als die Dioptrie (= 40,0 D). Will man desshalb Zolllinsen in Dioptrien verwandeln, so hat man mit 40 zu multipliciren, wenn Dioptrien in Zolllinsen, mit 40 zu dividiren.

Hierbei ist zu beachten, dass bei Zolllinsen nicht die übliche Bezeichnung, sondern deren Brechkraft zu Grunde gelegt werden muss. Eine Linse No. 7 alter Benennung bedeutet eine Linse von 7 Zoll Brennweite; deren Brechkraft, die zur Berechnung kommen muss, ist also, mit der Zolllinse verglichen, gleich $1/7$, und dieser Bruch, dessen Zähler = 1, dessen Nenner die No. der Zolllinse (d. h. deren Brennweite) ist, muss angewandt werden. Die Zolllinse No. 7 = $1/7$ muss mit 40 multiplicirt werden, um die Dioptrien zu erhalten = $40/7$ = ca. 5,7 D. Umgekehrt sind 3,5 D = $3,5/40$ Zolllinse = $1/11,4$ ungefähr No. 11½. Im gewöhnlichen Gebrauche werden diese Zahlen natürlich entsprechend abgerundet.

Bei **Bestimmung der Refraction** ist vor Allem darauf Rücksicht zu nehmen, dass im Auge das Verhalten gegen paralleles Licht ein veränderliches ist, und zwar durch die Accommodationsfähigkeit desselben. Vermittelst der Accommodation vermag ein emmetropisches Auge, das in der Ruhe auf paralleles Licht eingestellt ist, sich auch auf näher liegende Gegenstände einzustellen. Dadurch ist optisch das gleiche erreicht, wie wenn das Auge kurzsichtig würde oder wie wenn dem Auge ein Convexglas vorgesetzt worden wäre, dessen Brennpunkt im fixirten Punkte liegt (Fig. 6). Ein solches Glas vereinigt

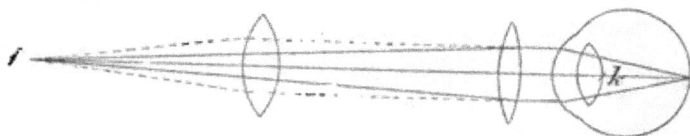

Fig. 6.

paralleles Licht in seinem Brennpunkt; umgekehrt ist klar, dass Licht, das vom Brennpunkte f herkommt, durch dasselbe parallel gemacht werden muss. Das parallele Licht fällt auf das emmetropische Auge und wird von diesem in der Netzhaut vereinigt.

Wollen wir die Refraction eines Auges bestimmen, so müssen wir die Accommodation vollständig ausschliessen können. Durch die Accommodation wird die Refraction des Auges erhöht: sie hat die gleiche Wirkung, wie ein vorgesetztes Convexglas. Unter ihrem Einfluss werden wir desshalb die Myopie zu stark und die Hypermetropie zu schwach finden. Daraus ergibt sich folgender wichtige Satz: Die Refraction eines Auges wird bestimmt durch das stärkste Convex-

glas (Hypermetropie) und das schwächste Concavglas (Myopie).
mit dessen Hülfe paralleles Licht eben noch auf der
Netzhaut zur Vereinigung gebracht werden kann. Da
hierbei die Accommodation bedeutende Fehler verursachen kann, so muss
sie in zweifelhaften Fällen durch Einträufeln von Cocain (0,1 : 6,0) oder
von Homatropin (0,03 : 6,0) vorübergehend gelähmt werden.

Als Quelle für annähernd paralleles Licht genügt es in der Praxis,
Sehproben in 5 bis 6 Meter Entfernung aufzustellen; dieselben bestehen aus Buchstaben (und für solche, die **nicht** lesen können, aus
Zeichen) von verschiedener Grösse. Man sucht **nun das** stärkste Convexglas oder schwächste Concavglas heraus, mit welchem **noch** die kleinst-
möglichen Buchstaben sicher erkannt werden **können.**

Hieraus ergibt sich, dass wir zugleich mit **der** Bestimmung der
Refraction noch etwas anderes festzustellen haben, nämlich die kleinsten
Objecte, welche das Auge auf eine bestimmte Entfernung erkennen kann,
mit andern Worten seine **Sehschärfe.**

Die Bildgrösse eines Objectes auf der Netzhaut wird durch **den** Gesichtswinkel g bedingt, siehe Figur 7. Man erhält denselben, wenn **man** von den

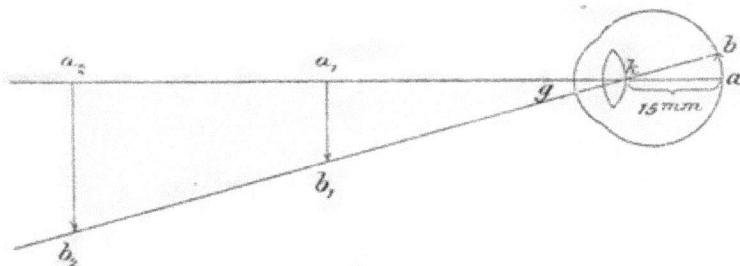

Fig. 7.

Enden des Objectes Strahlen durch den Knotenpunkt des Auges zieht; hierbei wird
gleichzeitig auch die Grösse des Netzhautbildes a b sichtbar, welches verkehrt sein
muss, da die Strahlen, die es zusammensetzen, sich gekreuzt haben. Kennt man
die Entfernung des Objectes vom Knotenpunkte des Auges und die Grösse desselben,
so lässt sich leicht die Bildgrösse auf der Netzhaut berechnen. Die Grösse des
Objectes $a_2 b_2$ verhält sich zur Grösse des Netzhautbildes a b, wie die Entfernung
des Objectes in Millimetern vom Knotenpunkte des Auges a_2 k, zur Entfernung
des letzteren von der Netzhaut k a, welche im normalen Auge 15 Millimeter beträgt.

Man geht nach Donders' Vorgang von der Annahme aus, dass
normale Sehschärfe dann vorhanden ist, wenn Buchstaben unter einem
Gesichtswinkel von 5 Bogenminuten (= $^1/_{12}$ Grad) noch erkannt werden
können. Die meist gebräuchlichen Snellen'schen Sehproben, von

denen Auszüge in jedem Medicinalkalender vorhanden sind, enthalten
Buchstaben, deren einzelne Striche den fünften Theil so breit sind, als
die Buchstabengrösse beträgt, also unter einem Gesichtswinkel von
einer Bogenminute (= $^1/_{60}$ Grad) erscheinen. Ueber jeder Buchstaben-
reihe ist in Metern angegeben, in welcher Entfernung dieselben unter
einem Gesichtswinkel von 5 Bogenminuten gesehen werden, also Snellen
No. 6 in 6 Metern.

Natürlich ist es für die Sehschärfe (S) absolut gleichgiltig, ob
No. 60 in 60, No. 6 in 6 oder No. 1 in 1 m Entfernung erkannt wird;
die Bildgrösse auf der Netzhaut ist in allen diesen Fällen die gleiche.
Zur Angabe der Sehschärfe benutzt man am besten einen Bruch, dessen
Zähler die Entfernung in Metern beträgt, in welcher die Sehproben
aufgestellt sind, und dessen Nenner die kleinste noch erkannte Nummer
angibt. So bedeutet S $^6/_5$, dass Snellen No. 5 noch in 6 m Entfernung erkannt werden konnte, S $^5/_{12}$, dass nur No. 12 auf 5 m erkannt wurde. Es ist vorzuziehen, den Bruch nicht zu reduciren, also
zu schreiben S$^5/_5$ und nicht S 1, da man im ersteren Falle genau weiss,
in welcher Entfernung die Sehprüfung vorgenommen wurde, was in gewissen Fällen nachträglich von Wichtigkeit sein kann.

Die als normal angenommene Sehschärfe wurde von Donders als Durch-
schnittszahl einer grossen Reihe von normalen Augen gefunden. Dabei sind aber
eine Anzahl leicht ametropischer Augen mit inbegriffen, denn die wirklich normale
Sehschärfe ist entschieden grösser, und kann als S $^6/_5$ bis $^6/_4$ angenommen werden; Sehschärfe $^6/_3$ ist noch ziemlich häufig und bei russischen Recruten ist sogar
wiederholt S $^{60}/_{21}$ = 3 gefunden worden.

Naturgemäss kommt bei Bestimmung der Sehschärfe auch noch die Beleuchtung in Betracht, die aber practisch nicht die Rolle spielt, die man a priori erwarten würde. Erheblichere Differenzen kommen nur bei excessiven Beleuchtungs-
anomalien vor, bei sehr heller Beleuchtung oder an sehr dunkeln Tagen. Will
man dieselbe aber in Rechnung bringen, so wird es practisch in den meisten
Fällen genügen, als Zähler des Bruches, der die Sehschärfe bedeutet, nicht die
wirkliche Entfernung in Metern anzugeben, sondern diejenige Snellen'sche
Nummer, die vom Untersuchenden — vorausgesetzt natürlich, dass er selber normale Sehschärfe besitzt — bei der vorhandenen Beleuchtung gerade noch erkannt
werden kann. S $^6/_9$ würde dann bedeuten, dass in einer Entfernung und bei einer
Beleuchtung, in der der Untersuchende noch No. 6 erkannte, vom Untersuchten
nur No. 9 entziffert werden konnte. In praxi begnügt man sich meistens mit einer
ungefähren Beleuchtungsangabe, wie „sehr trüber Tag" oder „sehr helle Beleuchtung" und dergleichen.

Bei stark herabgesetzter Sehschärfe gibt man an, in welcher
Entfernung noch die gespreizten Finger vor einem dunkeln Hintergrunde
richtig gezählt werden können. Man darf annehmen, dass Erkennen
der Finger etwa der Snellen'schen Probe No. 60 entspricht; geschieht

dies richtig in einer Entfernung von 2 m. so beträgt die Sehschärfe ungefähr $^2/_{60} = ^1/_{30}$. Es ist indess vorzuziehen, wenn z. B. das rechte Auge Finger in $1^1/_2$ m noch richtig zu zählen vermag, statt der reducirten Sehschärfe zu notiren: R. Finger in $1^1/_2$ m. Werden auch keine Finger mehr gezählt, so versucht man, ob und in welcher Entfernung Bewegung der ganzen Hand, ob von oben nach unten, von rechts nach links oder im Kreis herum, erkannt wird; ist auch dieses nicht möglich, so gibt man an, in welcher Entfernung das Verdecken und Freilassen einer Kerze im dunkeln Raume noch richtig, prompt und sicher wahrgenommen wird. Ist dieses auch in nächster Nähe nicht mehr sicher anzugeben, so ist es zweifelhaft, ob überhaupt noch Lichtempfindung vorhanden ist. Reagirt dann die Pupille auch auf Einfall concentrirten Lichtes (Lampe und starkes Convexglas) nicht. so kann man ziemlich sicher sein, dass die Angaben über noch vorhandenes Sehvermögen auf Täuschung des Patienten, meist durch subjective Lichterscheinungen, beruhen. Herabgesetzte Sehschärfe wird auch als A m b l y o p i e, völlige Blindheit als A m a u r o s e bezeichnet, namentlich dann, wenn kein objectiver Grund dafür aufzufinden ist; letzteres dürfte aber bei dem gegenwärtigen Stand der Augenheilkunde nur selten vorkommen.

Beim Verdecken e i n e s Auges erweitern sich die Pupillen b e i d e r Augen, wenn ersteres noch Lichtempfindung hat (synergische Pupillenreaction). Wenn desshalb auf Verdecken und Offenlassen eines Auges mit zweifelhafter Lichtempfindung die Pupille des a n d e r e n reagirt, so ist dadurch das Vorhandensein von quantitativer Lichtempfindung bewiesen.

Da, wie oben gesagt, die Sehschärfe gleichzeitig mit der Refraction bestimmt werden muss, so leuchtet ein, dass bei Herabsetzung derselben auch die Refractionsbestimmung immer unsicherer wird, ja ganz unmöglich werden kann. Eine genaue Bestimmung der Refraction setzt normale oder nur mässig verminderte Sehschärfe voraus. Das Werkzeug. das wir dazu bedürfen. ist der Brillenkasten; eine Sammlung der gebräuchlichen Convex- und Concavgläser etwa von 0,25—20,0 Dioptrien, von Cylindergläsern und Prismen, deren Gebrauch wir später noch kennen lernen werden. nebst einigen Probirbrillengestellen und kleinen Hülfsapparaten. Man hat nun, wie schon gesagt, das stärkste Convexoder schwächste Concavglas herauszusuchen, mit dem eben noch beste Sehschärfe für die Ferne vorhanden ist. Näher auf Einzelheiten einzugehen, würde zu weit führen; die Sehprüfungen müssen durch Uebung Raschheit und Sicherheit erhalten.

Im Bereiche seiner Brennweite wirkt ein Convexglas um so stärker. je mehr es von dem Auge entfernt, ein Concavglas um so stärker, je mehr es dem Auge an-

genähert wird. Desshalb ist die Entfernung der Gläser vom Auge, namentlich bei
stärkeren, wohl zu berücksichtigen. Die wahre Refraction erhalten wir, wenn wir
das corrigirende Glas im Knotenpunkte des Auges vorhanden annehmen; in Wirklichkeit ist ein Brillenglas ca. 15 mm von demselben entfernt. Bei stärkeren
Gläsern können wir hiervon diagnostisch Gebrauch machen. Wird das Sehen durch
ein Concavglas nicht schlechter, wenn wir es vom Auge entfernen, so war dasselbe
zu stark; bessert sich dasselbe, wenn wir es nahe an's Auge andrücken, so ist es
zu schwach. Bei schwachen Gläsern kann die Entfernung vom Auge natürlich
vernachlässigt werden. In praxi wird die Refraction übrigens durch das Glas bezeichnet, welches in der üblichen Entfernung vom Auge dieselbe auf Emmetropie
corrigirt. M 5,0 bedeutet dann, dass mit Concav 5,0 als Brillenglas vor dem Auge
paralleles Licht auf der Netzhaut zur Vereinigung kommt.

Die Bestimmung der Refraction mit Hülfe des Brillenkastens heisst
die subjective, weil hierzu die Angaben des Patienten nöthig und
maſsgebend sind: man kann sie aber auch objectiv bestimmen und
zwar durch den Augenspiegel.

Das Princip des Augenspiegels beruht darauf, dass in der gleichen
Richtung, in welcher Licht in's Auge fällt, auch in dasselbe hinein-
gesehen wird, und zwar geschieht dies mit Hülfe eines durchbohrten
Spiegels. Durch denselben wird das Licht einer seitwärts stehenden
Flamme in's Auge geworfen. In der gleichen Richtung aber sieht zugleich der Untersuchende in's Auge hinein und wenn er im Stande ist,
das von der Netzhaut des andern ausgehende Licht in seiner eigenen
zur Vereinigung zu bringen, so kann er den Augengrund sehen. Von
einem emmetropischen Auge wissen wir, dass es paralleles Licht auf
seiner Netzhaut vereinigt; daraus folgt, dass Licht, welches von der
Netzhaut ausgeht, das Auge parallel wieder verlassen muss. Ist also
auch der Untersuchende emmetropisch, so kann er mit Hülfe des Augenspiegels ohne weiteres den Augengrund eines anderen Emmetropen sehen;
ist er aber myopisch, nur dann, wenn er seine Myopie durch ein entsprechendes Concavglas corrigirt. Der Hypermetrop kann mit Hülfe
seiner Accommodation gleichfalls den Augengrund eines emmetropischen
Auges ohne weiteres sehen. Auch ist klar, dass wenn ein Emmetrop
ein ametropisches Auge untersuchen will, er vor sein Auge dasjenige Glas bringen muss, welches das untersuchte Auge auf
Emmetropie corrigirt. Ist die Accommodation bei beiden Augen völlig
ausser Spiel, so ergibt uns in diesem Falle das stärkste Convex- oder
schwächste Concavglas, mit welchem der Augengrund eben noch scharf
gesehen werden kann, direct dasjenige Glas, welches die Refraction des
untersuchten Auges auf Emmetropie corrigirt. Kurz, wenn wir es so
einrichten, dass das Licht ein Auge parallel verlässt und vom anderen
Auge paralleles Licht vereinigt werden kann, so ist es in allen Fällen

möglich den Augengrund zu sehen: **Die Refraction des** untersuchenden
und untersuchten Auges muss sich **immer zu** 2 E **ergänzen.** Da z. B.
H 2,0 gleich ist E — 2,0, so kann ein solches Auge **ohne** weiteres den
Augengrund eines Auges von E + **2,0** = M 2,0 sehen und umgekehrt.
Braucht H 2,0 noch Concav 1,5, was zusammen **E** — 3,5 ist, **so** hat das
andere Auge E + 3,5 = M 3,5 u. s. w. Jedes Auge, dessen Refraction
bekannt ist, kann aus dem stärksten Convex- oder schwächsten **Concav**-
glase, mit dem es gerade noch den Hintergrund eines anderen **Auges**
scharf sehen kann, die Refraction des letztern auf die einfachste Weise
berechnen. Die Refraction des eigenen Auges combinirt mit **dem ge**-
fundenen Glase ergänzt die Refraction des untersuchten **zu 2 E.**

Die Accommodation muss selbstverständlich **bei b e i d e n** Augen
vollständig ausgeschlossen sein und muss **eventuell** durch Homatropin
gelähmt **werden,** sonst erhält **man die zu findende Refraction zu** hoch,
die Hypermetropie zu schwach, die Myopie **zu stark,** und zwar um den
Betrag der vom Untersuchenden oder vom Untersuchten aufgewendeten
Accommodation. Der Untersuchende muss desshalb sein Auge vollständig
in der Gewalt haben, was durch Uebung erlangt wird. Da Alles auf
die Knotenpunkte der Augen reducirt werden sollte, **so** empfiehlt es
sich, möglichst **nahe** zu gehen (wodurch gleichzeitig das Gesichtsfeld
sich erweitert) und bei stärkeren Gläsern die Entfernungen in Rechnung zu bringen. Man **kann** annehmen, dass ein hinter dem Augenspiegel befestigtes Glas etwa **15 mm vom** Knotenpunkte des untersuchenden und mindestens 25 mm **von dem** des untersuchten Auges entfernt
ist. Da die Entfernung vom Auge **für die** Wirkung der Gläser nicht
gleichgültig ist, so folgt daraus, **dass z. B. ein Emmetrope,** der einen
Myopen untersucht, ein etwas stärkeres Concavglas braucht, als der
gleiche Myope, der einen Emmetropen untersucht, **weil im** ersteren
Falle das Concavglas weiter vom ametropischen Auge entfernt ist und
darum schwächer wirkt.

Bei geringeren Graden von Refractionsanomalie **ist** die Bestimmung
mit dem Augenspiegel leicht **auf 1,0—0,5** Dioptrie genau. Ist das
benutzte Glas aber stärker als 6,0 oder **8,0 D, so wird** die Bestimmung
ungenau, weil die Entfernung von den Knotenpunkten nicht sicher genug in Rechnung gebracht werden kann, namentlich dann, wenn keines
der Augen emmetropisch ist. Ueber 12,0 Dioptrien hinaus ist die objective Refractionsbestimmung nur in einzelnen Fällen mit Sicherheit zu
verwerthen, aber auch **selten** mehr von grosser practischer Wichtigkeit.

Als Object, **auf** welches bei der Refractionsbestimmung mit dem
Spiegel eingestellt werden sollte, ist selbstverständlich die Fovea

centralis anzusehen. Da hier aber keine auffälligen Einzelheiten zu
erkennen sind, so kommen besonders die **kleinen Gefässchen** in Betracht,
die vom Eintritt des Sehnerven nach **der Macula lutea** hin verlaufen:
man sucht das stärkste Convex- oder **schwächste** Concavglas, mit wel-
chem dieselben eben noch **scharf gesehen** werden können, und findet
daraus die Refraction des **Auges.** Da die Sehnervenpapille nicht in
der Richtung der Blicklinie, sondern etwa 15 Grad nach innen von
derselben liegt, so muss man, um den Sehnerv zu Gesicht zu bekommen,
das zu untersuchende Auge um ebensoviel nasenwärts sehen lassen; es
zeigt sich dann meistens schon von weitem ein **Weisslichwerden** des
rothen Lichtes in der Pupille, das man beim Beleuchten **derselben** mit
dem Augenspiegel erhält. Die Refraction **in der** Peripherie **des Augen**-
grundes ist erheblich geringer, als die der Macula lutea und der **Seh**-
nervenpapille.

Ausser **der Bestimmung der Refraction** sind wir auf diese Weise
auch im Stande, **die Details im Augengrunde bei** nicht unerheblicher
Vergrösserung **durchzumustern.** Besitzen Untersuchender und Unter-
suchter Emmetropie **und nehmen wir als sogenannte** deutliche Sehweite
240 mm **an (= 16 mal die Entfernung** zwischen Knotenpunkt und
Netzhaut), **so ist die Vergrösserung** eine 16 fache. Die Papille eines
myopischen Auges erscheint grösser, die eines hypermetropischen **Auges**
unter gleichen Verhältnissen kleiner, als die eines emmetropischen, **weil**
das kurzsichtige Auge **eine stärkere Refraction** besitzt, gewissermafsen
eine **stärkere** Loupe darstellt, als die **beiden anderen.** Man hat unter
der Annahme, **dass** die wirkliche **Grösse der Papille eine** ziemlich constante (1,5 mm) sei, die Vergrösserung **derselben** direct zur Refractionsbestimmung zu benutzen gesucht; doch hat dies Verfahren, weil umständ-
lich und doch nicht genauer, keinen Eingang in die Praxis gefunden.

Von dem untersuchten Augengrunde wird bei dieser Methode ein
umgekehrtes Bild im untersuchenden Auge entworfen, und dieses wird.
wie beim Sehen überhaupt, wieder als aufrechtes Bild nach aussen
projicirt (da bekanntlich von allen Gegenständen **der** Aussenwelt ein umgekehrtes Bild im Auge entworfen wird) und aufrecht, d. h. in seiner
natürlichen Lage, gesehen. **Die oben** beschriebene Untersuchungsmethode mit **dem Augenspiegel, wobei das** aus dem einen Auge aus-
tretende Licht mit oder ohne Hülfe **von** Gläsern d i r e c t i m a n d e r n
A u g e vereinigt wird, **heisst desshalb** die **Untersuchung im aufrechten Bilde.**

Man kann **aber auch noch auf eine** andere Art sich den **Augen**-
grund eines Anderen zur Anschauung bringen. Wenn wir nämlich vor

ein Auge — nehmen wir an vor ein emmetropisches — dessen Augengrund diffus beleuchtet ist, ein starkes Convexglas anbringen (Fig. 8), so werden die aus diesem Auge austretenden Strahlen, die bekanntlich parallel sind, im Brennpunkte der Linse zu einem umgekehrten Bilde vereinigt, und dieses können wir wie ein beliebiges anderes **Object** betrachten. Dies ist die **Untersuchung im umgekehrten Bilde.** Die Grösse des Bildes a b verhält sich zur Grösse des Objectes im Augengrunde c d, wie die Entfernung des Knotenpunktes von der Netzhaut = 15 mm zur Brennweite der Linse a l. **Je grösser die** Brennweite der Linse, also je s c h w ä c h e r dieselbe ist, um so grösser wird auch das Bild. Bei den gewöhnlich angewendeten Convexgläsern von 20,0 und 12,0 Dioptrien, also von 50 und 83 mm Brennweite, **ist** die **Vergrösserung** ungefähr eine drei- und fünffache, demnach viel geringer.

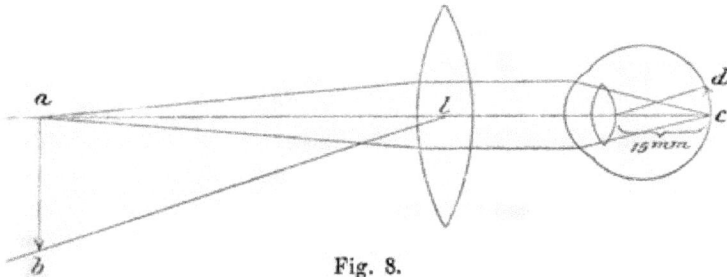

Fig. 8.

als im aufrechten Bilde. **Dafür kann** aber ein **um** so grösseres Stück des Augenhintergrundes auf einmal **übersehen werden,** und desshalb dient das umgekehrte Bild zur Uebersicht und Orientirung, das aufrechte für die genaueren Einzelheiten und zur Refractionsbestimmung. Auch beim umgekehrten Bilde hat man zuerst die Sehnervenpapille aufzusuchen; desshalb muss das Auge des Untersuchten um etwa 15° nasenwärts gedreht werden. Dies ist dann der Fall, wenn bei der nöthigen Entfernung des Untersuchers und des Untersuchten letzterer mit dem rechten Auge etwa das rechte Ohr, und bei Untersuchung des linken Auges das linke Ohr des ersteren fixirt.

Bis jetzt wurde angenommen, der Untersuchte sei emmetropisch; ist derselbe aber myopisch, so haben wir zu bedenken, dass Myopie = Emmetropie + einem Convexglase ist. Wenn desshalb die Myopie des Untersuchten stark genug ist, so muss ohne weiteres bei diffuser Beleuchtung des Augengrundes ein umgekehrtes Bild des letzteren vor dem Auge entworfen werden, um so näher demselben und um so kleiner, je stärker die Myopie ist, und dies ist auch in der **That** der Fall.

Der hierbei auf einmal zu übersehende Abschnitt des **Augengrundes** ist aber sehr klein und kann desshalb diese einfache Untersuchungsmethode nur in gewissen Fällen Verwendung finden. Gewöhnlich wird auch bei der Untersuchung von kurzsichtigen Augen ein Convexglas zu Hülfe genommen. Da zu demselben sich noch die Convexglaswirkung des kurzsichtigen Auges summirt, die Gesammtwirkung sich also verstärkt, so ist klar, dass bei Gebrauch des gleichen Convexglases die Vergrösserung um so geringer wird, je stärker **die** Myopie ist (also gerade das Umgekehrte wie im aufrechten **Bilde!**). Beim schwächer brechenden hypermetropischen Auge dagegen wird ein Theil der Wirkung des Convexglases zur Correction der Ametropie absorbirt, die Gesammtwirkung ist eine **schwächere, das** Bild fällt weiter weg vom Auge und ist stärker vergrössert, als bei Emmetropie und Myopie. Auch ist klar, dass, wenn **das untersuchte Auge** accommodirt, die Vergrösserung ebenfalls eine geringere **sein wird.** Daraus **ergibt** sich der wichtige Satz, dass **im** umgekehrten **Bilde** die Vergrösserung **um** so geringer ist, je stärker brechend das untersuchte Auge ist.

Will man **im** umgekehrten Bilde untersuchen, **so** leuchtet man mit dem Augenspiegel in die Pupille hinein und lässt, um den Sehnerveneintritt in die Gesichtslinie **zu bringen, die** entsprechende Blickrichtung annehmen. Dann bringt **man die Convexlinse** vor das zu untersuchende **Auge, ungefähr um** ihre Brennweite vom Auge entfernt, weil man dann das grösstmögliche Gesichtsfeld erhält, **und** sucht durch leichte Drehungen oder Verschiebungen **derselben** die störenden Reflexe möglichst aus der Gesichtslinie **zu entfernen. Wer** myopisch **ist, kann nun** ohne Weiteres in entsprechender Entfernung den Augengrund deutlich sehen, der Emmetrope **und** Hypermetrope muss entsprechend accommodiren. Da es aber wünschenswerth ist, dass der Untersuchende beim Augenspiegeln seine Accommodation möglichst aus **dem** Spiele lasse, **so ist es** vorzuziehen, wenn das **Auge** künstlich kurzsichtig gemacht und etwa auf 25 cm eingestellt wird. Ein Emmetrope **hätte zu** dem Ende **ein** Convexglas **von** 4.0 D hinter seinem Spiegel anzubringen; beim Hypermetropen verstärkt **sich** dies um **den** Betrag **der Hypermetropie,** beim schwachen Myopen **ist es** entsprechend schwächer.

Zur übersichtlichen Untersuchung **benutzt** man am besten ein möglichst grosses Convexglas von 20,0 D; **will** man eine stärkere Vergrösserung haben, so nehme man etwa Convex 12,0. Schwächere Convexgläser sind nicht mehr empfehlenswerth; ist die Vergrösserung noch zu schwach, so benutze man lieber das aufrechte Bild.

Bei höheren Graden von Myopie kann auch das umgekehrte Bild
mit Vortheil zur Bestimmung der Refraction benutzt werden. Der
Untersuchende stellt sein Auge mit Hülfe eines entsprechenden Convexglases etwa auf 25 cm ein und sucht nun die grösste Entfernung, in
der das umgekehrte Bild noch eben scharf gesehen wird. Beträgt
hierbei die Entfernung beider Augen (genauer der Knotenpunkte derselben), die man mit einem Mafsband messen kann, z. B. 33 cm, so ist
die Refraction des untersuchten Auges gleich E + einer Convexlinse von
33—25 = 8 cm Brennweite, also von $100/_8$ = M 12.5 D. Ist der Untersuchende selber kurzsichtig, so braucht er kein Hülfsconvexglas hinter
dem Augenspiegel und hat statt dessen nur seine eigene Kurzsichtigkeit in Rechnung zu bringen.

Die Beschreibung des normalen Augengrundes wird später folgen,
und die Erkrankungen der tieferen Theile des Auges einleiten. Die
Theorie des Augenspiegels ist höchst einfach, die richtige und sichere
Handhabung desselben erfordert aber Uebung. Man sei möglichst spar-
sam mit pupillenerweiternden Mitteln und verwende, wo sie unumgäng-
lich sind, womöglich kein Atropin, sondern Homatropin oder Cocain in
$1,_2$--1 $^0/_0$iger Lösung.

Bestehen im Augengrunde Niveaudifferenzen, so wird die Refraction der Details
um so stärker, je weiter sie vom Knotenpunkte des Auges entfernt sind. Ist z. B.
bei E die Sehnervenpapille vertieft, so zeigt ihr Rand E an, während die Einzelheiten auf der Papille myopische Refraction besitzen. Im aufrechten Bilde können
wir desshalb nicht nur das Vorhandensein, sondern auch den Grad der Niveaudifferenz erkennen, welch letzterer sich aus dem Grad des Refractionsunterschiedes berechnen lässt. Im umgekehrten Bilde zeigt sich eine Niveaudifferenz dadurch an,
dass bei Bewegungen mit der Convexlinse die Verschiebung der in verschiedenem
Niveau liegenden Einzelheiten eine ungleich grosse ist (sogen. parallactische
Verschiebung).

Mit dem Augenspiegel kann man aber nicht nur den Augenhintergrund sehen, sondern auch was zwischen Hornhaut und Netzhaut patho-
logischerweise vorhanden ist: Trübungen der brechenden Medien. Dieselben erscheinen mehr oder weniger dunkel in dem roth erleuchteten
Pupillargebiet. Um die Lage der Trübung festzustellen, ob vor oder
hinter der Pupille, bewegt sich der Untersuchende langsam seitwärts
(Fig. 9 in der Richtung des grossen Pfeils), während das untersuchte
Auge ruhig bleibt. Trübungen vor der Pupille bewegen sich dann
scheinbar in der entgegengesetzten Richtung, Trübungen hinter der Iris
in der gleichen, während Trübungen in der Pupille ihren Ort nicht
verändern. Bewegt sich dagegen das untersuchte Auge, während das
untersuchende feststeht, so ist das Umgekehrte der Fall, weil Trübungen

hinter der Pupille dem Drehpunkt D des Auges näher sind, sich also
langsamer bewegen, als das Pupillargebiet, während Trübungen vor der
Pupille sich rascher bewegen, gewissermafsen voraneilen.

Trübungen, die sich freibewegen, haben ihren Sitz fast immer im
Glaskörper; sie flottiren noch, nachdem das Auge schon wieder feststeht.
Man suche desshalb zuerst nach feststehenden Trübungen, indem man
in allen Richtungen das Auge durchleuchtet; sodann nach beweglichen,
indem man das Auge Bewegungen ausführen lässt, während das Pupillargebiet beleuchtet wird. Sehr feine staubförmige und sehr wenig dichte

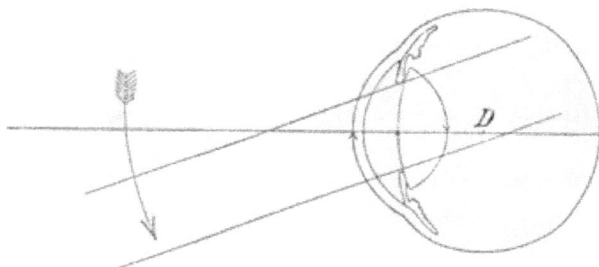

Fig. 9.

Trübungen werden meist bei schwacher Beleuchtung besser erkannt;
aus diesem Grunde kann man hierzu auch einen Planspiegel anwenden,
der weniger Licht in's Auge wirft, als die gewöhnlich gebrauchten
Concavspiegel.   Die besprochene Methode heisst **Untersuchung im
durchfallenden Lichte.**

Mit Hülfe der bei jedem Augenspiegel vorhandenen starken Convexlinse kann man das Licht einer Lampe oder Kerze concentriren und
hiermit die vorderen Theile des Auges: Hornhaut, Kammerwasser, Iris
und Linse untersuchen; bei weiter Pupille und hochgradiger Hypermetropie, z. B. bei Staaroperirten, gelingt es zuweilen, sogar den Augengrund zu sehen.   Es ist dies die **Untersuchung bei seitlicher
Beleuchtung.** Wenn man hierbei noch eine Loupe zu Hülfe nimmt,
lassen sich öfters Einzelheiten entdecken, die weder mit blossem Auge,
noch im durchfallenden Lichte zu erkennen sind.

Bei der Spiegeluntersuchung beginne man mit der seitlichen Beleuchtung, untersuche dann im durchfallenden Lichte bei ruhendem und
bewegtem Auge, sodann im umgekehrten und, wenn nöthig, auch im
aufrechten Bilde.   Man mache es sich zur festen Regel, wenn man
einmal den Spiegel zur Hand nimmt, alle diese Methoden in der an-

gegebenen Reihenfolge anzuwenden und keine auszulassen: manch un-
erwarteter Befund wird so entdeckt, der sonst nicht erkannt worden wäre.

Die Erfindung des Augenspiegels haben wir Helmholtz (1851) zu verdanken,
und seitdem ist die Zahl der Modelle Legion. Helmholtz benutzte ursprünglich als
Spiegel ein Bündel planparalleler Glasplatten, wodurch das Licht polarisirt wird
und die störenden Reflexe fast ganz vermieden werden; doch ist die Beleuchtung
eine sehr schwache. Jetzt sind fast nur noch durchbohrte Glas- oder Metallspiegel
im Gebrauche, und zwar Concavspiegel; nur für ganz besondere Zwecke: für sehr
feine Trübungen der brechenden Medien, die bei zu starker Beleuchtung übersehen
werden können, ist ein Planspiegel vorzuziehen.

Der meist gebräuchliche Augenspiegel ist der von Liebreich, der überall
für etwa 12 Mark zu haben ist; doch ist die Untersuchung im aufrechten Bilde
damit sehr unvollkommen. Wer beabsichtigt, sich wirklich mit Spiegeluntersuch-
ungen abzugeben, wähle eines der zahlreichen Modelle, bei denen mit Hülfe einer
oder zweier Scheiben die ganze Gläserreihe hinter den Spiegel gebracht werden
kann (Wecker, Landolt, Hirschberg, Loring u. s. w.), die sämmtlich zu
etwa 40 Mark im Handel sind. Ein guter Augenspiegel soll nicht zu kleine Gläser
haben; auch soll die Oeffnung, durch die man sieht, mindestens 3 mm Durchmesser
haben und innen gut geschwärzt sein. Je weniger dick der Spiegel sammt Gläser-
scheiben ist, um so vortheilhafter ist dies für die Untersuchung.

Ein solcher Refractionsaugenspiegel, dessen Gläser genügend gross sind, z. B.
der Landolt'sche, kann auch im Nothfalle als Brillenkasten benutzt werden, wenn
der Spiegel selbst herausgenommen wird. Doch ist zu genauer Sehprüfung ein
Brillenkasten nicht zu entbehren, der mit allem nöthigen Zubehör immerhin auf
circa 100 Mark, ohne Prismen und Cylindergläser auf 40—50 Mark zu stehen
kommt. Exacte Sehprüfungen muss aber jeder practische Arzt
machen können, wenn er nicht die folgenschwersten Irrthümer be-
gehen will. Auch wenn er gar nicht weiter Augenheilkunde zu treiben beabsichtigt, soll er wenigstens bestimmt wissen, wann der Patient eines Augenarztes bedarf.

Die nöthigen Sehproben finden sich in jedem Medicinalkalender.

Zur Bestimmung der Accommodation haben wir zu suchen,
welcher Convexlinse die maximale Wirkung des Accommodationsappa-
rates entspricht. Beim Emmetropen ist dies sehr einfach. Sein Auge
ist in der Ruhe auf unendliche Ferne eingestellt; vermag er mit Hülfe
der Accommodation noch in 10 cm Entfernung scharf und deutlich zu
sehen, so ist die Wirkung genau die gleiche, als ob dem Auge eine
Convexlinse von 10 cm Brennweite hinzugefügt worden wäre. Die
Accommodationsfähigkeit ist also gleich $^{100}/_{10} = 10,0$ D. Man hat also
nur zu messen, in welchem nächsten Abstand vom Knotenpunkte des
Auges (8 mm hinter der Hornhautoberfläche) feine Schrift noch erkannt
werden kann.

Ein Hypermetrope muss schon Accommodation aufwenden, um nur
für paralleles Licht einzustellen; würde auch ein solcher auf 10 cm
Entfernung noch deutlich sehen, so muss der Linse + 10,0 D noch der

Betrag der H hinzugezählt werden, während beim Kurzsichtigen, dessen
Refraction an und für sich schon E + M beträgt, der Grad der M ab-
zuziehen ist.

Der Punkt, auf welchen das Auge bei erschlaffter Accommodation
eingestellt ist, heisst der Fernpunkt, punctum remotum (p r), derjenige, auf welchen das Auge bei höchster Accommodationsthätigkeit
eingestellt ist, der Nahepunkt, punctum proximum (p p). Der Fernpunkt des Emmetropen liegt in unendlicher, der des Kurzsichtigen
in endlicher Entfernung, während das Auge des Uebersichtigen in
der Ruhe auf gar keinen Punkt eingestellt ist. Die Strahlen müssen
nach einem gewissen Punkte hinter dem Auge convergiren, um auf der
Netzhaut vereinigt zu werden. Dieser Punkt ist der Fernpunkt des
Hypermetropen; er ist negativ, weil er hinter dem Auge liegt. Der
Nahepunkt liegt bei allen drei Refractionszuständen in endlicher Entfernung vor dem Auge; nur bei hochgradiger Hypermetropie kann auch
der Nahepunkt hinter dem Auge liegen, wenn nämlich die Accommodation nicht mehr ausreicht, um für paralleles Licht einzustellen, wenn
sie schwächer, als der Grad der H ist. Dabei tritt das scheinbar paradoxe
Verhältniss ein, dass der Fernpunkt dem Auge näher liegt, als der
Nahepunkt, wenn beide negativ sind.

Bestimmt man den Nahepunkt der Augen einzeln (monoculärer
Nahepunkt), so liegt derselbe etwas näher, als wenn man beide
Augen zusammen prüft (binoculärer Nahepunkt). Der monoculäre
Nahepunkt lässt sich aber nur dann erreichen, wenn das andere Auge
stärker convergirt, als der betreffenden Entfernung entspricht, wenn es
mit anderen Worten einwärts schielt. Auf dieses Verhältniss werden
wir noch zurückkommen. Die Wirkung der Accommodation, in Convexgläsern ausgedrückt, heisst die Accommodationsbreite (Acc. oder A).

Bei herabgesetzter Accommodationsbreite, wenn der Nahepunkt zu-
weit vom Auge abliegt, lässt sich letzterer nicht mehr genau genug
mit Schriftproben bestimmen. Man setzt dann ein Convexglas von be-
kannter Stärke vor das Auge und bestimmt jetzt den Fern- und Nahepunkt. Wird z. B. bei Vorhalten von + 5,0 von einem Patienten mit
H 1,0 in 17 cm der Nahepunkt gefunden, so würde dies einer Linsen-
wirkung von $^{100}/_{17} = 6,0$ D entsprechen; davon die vorgehaltene Convexlinse von 5,0 D abgezogen bliebe 1,0 Accommodation, wozu aber nach
der allgemeinen Regel der Betrag der H (1,0) zuzuzählen ist: Die
Accommodationsbreite beträgt also in diesem Falle 2,0 D.

Es ist klar, dass, wenn man Fern- und Nahepunkt kennt, damit
sowohl Refraction als Accommodation bekannt ist. Man hat nur die

Entfernung des Fernpunktes vom Auge nach Centimetern in 100 zu theilen, um die Refraction in Dioptrien zu erhalten. Liegt z. B. der Fernpunkt 20 cm vor dem Auge, so besteht M $^{100}/_{20} = 4,0$ (R $+$ 4,0), liegt er z. B. 40 cm hinter dem Knotenpunkte des Auges, so haben wir R $- {}^{100}/_{40} =$ R $- 2,5 =$ H 2,5. Die Accommodation wird dann wie angegeben berechnet.

Die Instrumente, welche man benutzt, um Fern- und Nahepunkt zu bestimmen, heissen Optometer; es sind deren eine grosse Menge construirt worden, die aber alle in der Praxis wenig benutzt werden. Sie beruhen meistens darauf, dass geprüft wird, innerhalb welcher Grenzen durch eine ziemlich starke Convexlinse scharf gesehen wird. Meist ist die Theilung derart, dass direct die Refraction abgelesen werden kann.

Die Accommodationsbreite kann auch sehr einfach dadurch bestimmt werden, dass man die Refraction auf E corrigirt und dann mit Leseproben den Nahepunkt bestimmt. 100 dividirt durch die Entfernung des Nahepunktes in Centimetern gibt dann direct die Accommodation in Dioptrien.

Der Raum, der bei gleicher Accommodationsbreite beherrscht wird (Accommodationsbereich), kann je nach der Refraction sehr verschieden sein. Bei Acc $= 10,0$ D sieht ein Emmetrope scharf von unendlicher Entfernung bis $^{100}/_{10} = 10$ cm vor dem Auge. Bei H 2,0 sind bei gleicher Accommodation nur noch 8,0 D verwendbar, da 2,0 zur Correction der H dienen müssen; der Nahepunkt liegt dann in $^{100}/_8 = 12,5$ cm. Ein M 10,0 dagegen, dessen Fernpunkt in 10 cm liegt, erzielt mit 10,0 D Accommodation eine Gesammtwirkung von 20,0 D; sein Nahepunkt liegt in $^{100}/_{20} = 5$ cm, er kann mit Acc $= 10,0$ nur zwischen 10 und 5 cm Entfernung vom Auge scharf sehen. Corrigirt er dagegen seine Refraction, so ist er in der gleichen Lage, wie der Emmetrope. Bei den Refractionsanomalien wird davon noch mehr die Rede sein.

Emmetropie. Emmetropie im strengsten Sinne des Wortes, dass bei ruhendem Auge genau paralleles Licht auf der Netzhaut vereinigt wird, kommt im wirklichen Leben wohl selten vor. In praxi versteht man darunter den Brechzustand, der zwischen H 0,5 und M 0,5 D liegt, da solche geringfügige Refractionsanomalien keine Beschwerden machen.

Emmetropisch und normal decken sich nicht. Das Auge des Neugeborenen ist im Durchschnitt ziemlich hypermetropisch, das Wachsthum findet dann in allen Dimensionen statt, vorwiegend aber in der Richtung der Längsachse des Auges. Dadurch wird das Auge stärker brechend und wenn es ausgewachsen ist, hat es eine Refraction erreicht, durchschnittlich etwa zwischen E und H 1,0. Auch wenn nachträglich noch Vergrösserung stattfindet — meist pathologisch — so

überwiegt die Ausdehnung in der Längenachse und es tritt Kurzsichtigkeit ein.
Im späteren Alter, etwa vom sechzigsten Jahre an, pflegt die Refraction etwas
abzunehmen, woran Abflachung der Linse den Hauptantheil hat; diese Abnahme
überschreitet aber kaum das Mafs von 1—2,0 D. Hierbei ist auch von Wichtigkeit,
dass mit zunehmendem Alter die Linse immer mehr homogen wird. Helmholtz
hat nachgewiesen, dass die Linse dem Umstande, dass sie aus Schichten von verschiedener, nach der Mitte zunehmender, Brechbarkeit zusammengesetzt ist, eine
höhere Brechkraft verdankt, als wenn sie vollständig aus stärkstbrechender Kernsubstanz bestünde. Dieses „Homogenwerden" der Linsensubstanz hat ebenfalls Antheil an der Refractionsabnahme des Auges im höheren Alter.

Für die Function des emmetropischen Auges ist aber von funda-
mentalster Wichtigkeit das Verhalten der Accommodation. Beim Neugeborenen und im frühen Kindesalter ist sie ausserordentlich hoch, aber
schwer genau zu bestimmen. Im Alter von 10 Jahren beträgt sie

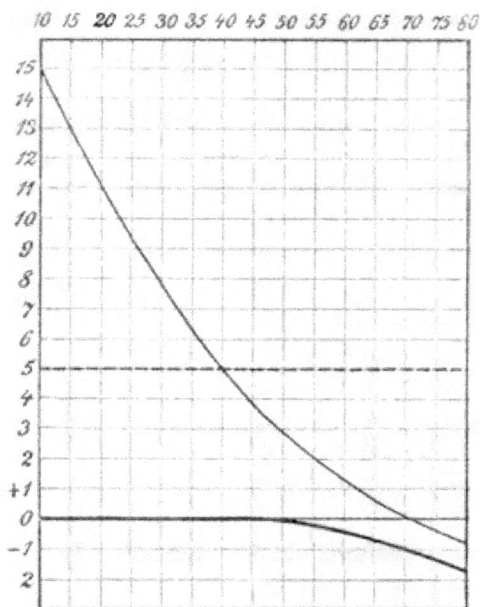

Fig. 10 (nach Donders umgerechnet).

durchschnittlich 15,0 D; der Nahepunkt liegt also in $^{100}/_{15} = 6.7$ cm.
Von dieser Zeit an nimmt die Accommodationsfähigkeit fortwährend
und mit so grosser Regelmässigkeit ab, dass man aus der Accommo-
dationsbreite das Alter des Individuums, abgesehen von pathologischen
Vorkommnissen, ziemlich genau schätzen kann. Fig. 10 zeigt uns dies
Verhalten. Die untere Linie gibt die Refraction an; wir sehen, wie

nach dem 50. Jahre dieselbe negativ wird und im 80. Jahre H 1,75
erreicht. Die Accommodation (die Höhe jedes Quadrates entspricht
1,0 D) beträgt im 10. Jahre 15,0 D, im 32. Jahre noch die Hälfte, im
45. Jahre etwa 4,0 D und ist im 70. Jahre so ziemlich aufgehoben.
Entsprechend dieser Accommodationsabnahme rückt natürlich der Nahepunkt immer weiter vom Auge ab, und es tritt eine Zeit ein, wo feinere
Gegenstände nicht mehr oder nur noch mühsam erkannt werden, weil
sich das Auge nicht mehr andauernd für die nahe Entfernung einstellen
kann, die zum Erkennen kleiner Gegenstände nöthig ist. Das Auge hat
noch volle Sehschärfe für die Ferne, vermag aber anhaltende Beschäftigung in der Nähe nicht mehr auszuhalten. Dies tritt besonders bei
künstlicher Beleuchtung ein, und desshalb machen sich die Beschwerden
meist zuerst im Winter geltend, wo die Tage kürzer sind. Zum Lesen
wird die Schrift so weit als möglich vom Auge entfernt gehalten, um
noch in den Bereich der Accommodationsbreite zu fallen. Den Symp-
tomen-Complex, dass bei guter Sehschärfe die Augen nicht andauernd
benutzt werden können, nennen wir „schwache Augen"*) oder
Asthenopie; er wird uns später noch häufig begegnen. Er tritt
beim Emmetropen zu der Zeit ein, wo nicht mehr dauernd auf 25 cm
accommodirt werden kann, wenn also Acc weniger als $^{100}/_{25} = 4{,}0$ D
beträgt. Nach Fig. 10 wäre dies im 45. Jahre der Fall; da aber die
maximalste Anspannung nicht anhaltend vertragen wird, tritt es einige
Jahre früher, etwa mit dem 42. Jahre ein. Asthenopie in Folge Abnahme der Accommodationsfähigkeit heisst Alterssichtigkeit oder
Presbyopie (P). Der Grad wird bestimmt durch dasjenige Convexglas, welches den Nahepunkt auf 20 cm bringt, welches also mit der
noch vorhandenen Acc zusammen 5,0 D gibt, weil maximalste Anspannung eben nicht dauernd vertragen wird. Das zu benutzende Convexglas muss also so viele Dioptrien stark sein, als die obere Curve der
Fig. 10 unter der punktirten Horizontalen 5 D liegt. Häufig werden vom
Patienten etwas schwächere Gläser vorgezogen, weil er sich in Folge
seiner Presbyopie angewöhnt hat, Alles möglichst weit vom Auge weg-
zuhalten; besonders ist dies im höheren Alter der Fall Das Sehen in
die Ferne wird natürlich durch die Lesebrille verschlechtert. Aus Furcht
vor zu starken Gläsern wird sehr häufig ein zu schwaches Glas getragen, und die damit natürlich nicht vollständig gehobenen Beschwerden
werden auf Rechnung „zu grosser Stärke" geschoben.

---

*) Allenfalls auch „Augenschwäche"; Schwachsichtigkeit bedeutet Abnahme
der Sehschärfe.

Es empfiehlt sich beim Verordnen der Gläser, auch wenn lange
gar keine oder viel zu schwache getragen wurden, nicht zu grosse
Sprünge zu machen, weil dadurch das Verhältniss zwischen
Convergenz und Accommodation zu plötzlich gestört würde.
Wenn die Augen parallel stehen, ist auch die Accommodation erschlafft,
wenn sie auf 25 cm convergiren, wird gleichfalls auf 25 cm accommodirt und dadurch bildet sich allmälig ein festes Verhältniss heraus,
dass Convergenz auf eine bestimmte Distanz mit Accommodation auf
die gleiche Entfernung verbunden ist. Störung dieses Verhältnisses
macht asthenopische Beschwerden.

Trotzdem ist es möglich, sowohl bei Convergenz auf eine bestimmte
Entfernung für einen näheren und ferneren Punkt zu accommodiren, als
auch bei Accommodation auf eine bestimmte Distanz stärker und
schwächer zu convergiren. Ersteres, die Fähigkeit stärker und schwächer
zu accommodiren bei Convergenz auf eine bestimmte Entfernung,
nennt man die relative Accommodationsbreite; sie setzt sich zusammen aus einem positiven und negativen Theil. Wenn z. B.
bei Convergenz auf 25 cm sowohl auf 50, als auf 20 cm accommodirt
werden kann, so schwankt die Acc zwischen $^{100}/_{50} = 2{,}0$ und $^{100}/_{20} = 5{,}0$ D,
während die Acc auf 25 cm $^{100}/_{25} = 4{,}0$ betragen würde. Die relative
Accommodationsbreite beträgt dann $5—2 = 3{,}0$ D, von denen 2,0 auf
den negativen Theil (relative Entspannung) und 1,0 auf den positiven
(stärkere Anspannung als der Entfernung entspricht) fallen. Bei Parallel-
stellung der Augen kann die Acc nicht weiter erschlafft werden, die
ganze relative Acc ist also positiv; umgekehrt ist bei Fixation des
Nahepunktes weitere Accommodation nicht möglich, die gesammte
relative Acc demnach negativ. Je grösser der positive Antheil der
relativen Acc ist, um so andauernder kann Accommodation der Augen
auf die betreffende Entfernung ausgehalten werden; dauernde Accommodation auf den Nahepunkt wird nicht ertragen, wie wir schon bei der
Presbyopie gesehen haben. Der Grad der relativen Accommodationsbreite wird bestimmt durch dasjenige Concav- (positiver Theil) und
Convexglas (negativer Theil), mit dem auf eine gewisse Entfernung
binoculär noch deutlich gesehen werden kann.

Die Fähigkeit, bei Accommodation auf eine bestimmte Entfernung
stärker und weniger stark zu convergiren, als dieser Distanz entspricht,
nennt man Adduction und Abduction. Sie wird bestimmt durch
Prismen mit der Basis nach innen (Abduction) oder nach aussen (Adduction), die successive von den schwächsten anfangend vor das Auge
gehalten werden, bis Doppeltsehen eintritt (Fig. 11). Wenn z. B. bei

der Accommodation auf 25 cm Prismen von 14° mit der Basis nach innen (oder mit der brechenden Kante nach aussen) und von 9° mit der Basis nach aussen überwunden werden, stärkere Prismen dagegen Doppeltsehen verursachen, so notirt man: auf 25 cm Abd 14°, Add 9°. Das Weitere kommt bei den Muskelstörungen zur Sprache.

Bei Verordnung von Brillen ist auch auf die **Distanz** der Augen Rücksicht zu nehmen; dieselbe schwankt beim Erwachsenen zwischen 48 und 72 mm und beträgt in der Regel um 60 mm. Man misst dieselbe am besten mit einem doppelten Mafsstab, während das Auge einen fernen Gegenstand fixirt, am besten vom inneren Hornhautrand des einen zum äusseren des anderen Auges. Die Scalen des Doppelmafsstabs müssen sich bei der Ablesung genau decken Wird eine Brille für die Nähe verordnet, so genügt es in der entsprechenden Entfernung

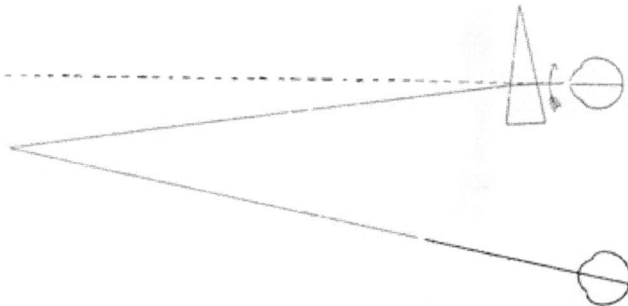

Fig. 11.

sein eigenes Auge fixiren zu lassen und dann mit einem einfachen Mafsstab, an der Stelle, wohin die Brille zu sitzen kommt, den Abstand auf die angegebene Weise zu messen. Addirt man hierzu je nach der Grösse der Distanz 2—4 mm, so erhält man den wirklichen Abstand genügend genau. Starke Gläser wirken an ihrem Rande wie ein Prisma. Man benutzt dies Verhalten häufig bei höheren Graden von Presbyopie. Setzt man die Gläser näher, als dem Augenabstand entspricht, so wirken sie, wie Prismen mit der Basis nach innen, also abducirend (siehe Fig. 11). Der Patient braucht desshalb, wenn er auf einen Gegenstand einstellt, weniger stark zu convergiren als der Entfernung entspricht, wobei seine recti interni weniger stark ermüden, und hält die Nahearbeit besser und länger aus. Wir verschreiben desshalb z. B. Brille beiderseits Convex 3,5; Distanz (der Brillengläser!) 54 mm, wenn die wirkliche Distanz für die Arbeit in der Nähe 56 oder 57 mm beträgt.

Die Blicklinie FG Fig. 5, Seite 11, d. h. die Linie, welche von der Fovea centralis durch den Knotenpunkt des Auges gezogen wird, fällt nicht genau mit der Hornhautaxe, der auf dem Hornhautmittelpunkt senkrechten Linie. HA zusammen. Beide bilden mit einander den sogenannten **Winkel** *α*, der beim emmetropischen Auge ca. 5° beträgt. Beide Hornhautaxen divergiren desshalb bei parallel gerichteten Blicklinien um **etwa** 10°. Abnorme Grösse und Kleinheit des Winkels α kann den **Anschein von Schielen** erregen, obschon die Blicklinien vollständig richtig gerichtet sind.

2. Refractionsanomalien.

1. Hypermetropie ist der Refractionszustand, bei welchem paralleles Licht erst hinter der Netzhaut zur Vereinigung kommt. Das hypermetropische Auge ist schwächer brechend, als das emmetropische. es ist = E—H. Von Ursachen wären hauptsächlich zu nennen: Abflachung der Hornhaut, Fehlen oder Abflachung der Linse, Vorgedrängtsein der Netzhaut und zu kurze Längsaxe des Auges. Letzteres ist bei Weitem die häufigste Ursache; auch die schon erwähnte Hypermetropie des neugeborenen Auges beruht darauf. Alle Gewebe des hypermetropischen Auges (abgesehen von den zuerst genannten pathologischen Formen, die einstweilen nicht weiter berücksichtigt werden) sind durchaus normal; auch der Augenspiegel zeigt durchaus normale Verhältnisse.*) Nur bei höheren Graden erscheint die Netzhaut am Sehnerveneintritt wie verdickt und leicht gestreift, die Gefässe geschlängelt „wie wenn die Netzhaut in dem zu kleinen Auge nicht recht Platz hätte.“ Das hypermetropische Auge ist in allen Dimensionen kleiner als das emmetropische, am stärksten verkürzt ist aber die Längsaxe. Alles dies berechtigt uns, das hypermetropische Auge als ein im Wachsthum zurückgebliebenes, als ein nicht völlig ausgewachsenes zu bezeichnen. Der Winkel α wird im Durchschnitt grösser gefunden, als bei Emmetropie; dies kann scheinbares Auswärtsschielen bedingen, das aber nie operirt werden darf, da die Blicklinien hierbei ganz richtig stehen!

Die Sehstörungen der Hypermetropen hängen vom Verhalten der Accommodation ab; bei geringen Graden und ausreichender Acc sind sie sehr unbedeutend; sie können aber auch sehr hochgradig sein. Da die Acc mit dem Alter abnimmt, so pflegen sie mit den Jahren zuzu-

*) Häufig tritt auch in hypermetropischen Augen pathologische Vergrösserung und Axenverlängerung ein und wir finden dann ähnlichen Befund, wie bei der Mehrzahl der Kurzsichtigen.

nehmen: es tritt der Zustand der Presbyopie (Seite 29) um so früher ein, je hochgradiger die H ist. Die Asthenopie ist um so stärker, je mehr Nahearbeit von den Augen verlangt wird. Daher werden hypermetropische Augen vom Publikum als „schwache Augen" ganz richtig bezeichnet.

Weil die Accommodation stärker beansprucht wird, als bei E, so hypertrophirt der Accommodationsmuskel; namentlich die Ringfasern des Musculus ciliaris sind stärker entwickelt. Die Accommodationsbreite ist desshalb meist höher, als bei einem gleichalterigen Emmetropen.

Nach Donders' unterscheidet man absolute H, wenn auch bei maximalster Accommodationsanspannung nicht mehr für paralleles Licht eingestellt werden kann, wenn auch der monoculäre Nahepunkt (Seite 26) negativ ist; relative H, wenn nur mit Aufgabe des binoculären Sehens und Einwärtsdrehen des anderen Auges in endlicher Entfernung gesehen werden kann, wenn der monoculäre Nahepunkt positiv, der binoculäre negativ ist; und endlich facultative H, wenn auch binoculär in endlicher Entfernung gesehen wird. Diese Eintheilung hat nur theoretische Bedeutung, da natürlich mit Abnahme der Acc eine facultative H in relative und später in absolute übergehen kann.

Die Eintheilung in geringe (0,5—2,0), mittlere (2,0—4,0) und hohe Grade (über 4,0) ist auch nur von sehr bedingtem Werthe.

Die relative Acc ist bei H naturgemäfs derart verschoben, dass überall der negative Theil grösser ist, als bei E. Desshalb besteht auch oft schon Asthenopie, wenn die Acc an und für sich noch vollkommen ausreichen würde.

Da, wie wir früher gesehen haben, der monoculäre Nahepunkt dem Auge näher liegt, als der binoculäre, demnach mehr Accommodation aufgebracht werden kann, wenn stärker convergirt wird, als der Entfernung entspricht, so besteht bei H Neigung zu übermässiger Convergenz, d. h. zum Einwärtsschielen; wovon später.

Wir bestimmen den Grad der H, indem wir das stärkste Convexglas heraussuchen, mit dem noch scharf in die Ferne gesehen wird; damit kommen wir aber nicht immer aus. Es liegt auf der Hand, dass der Theil der Acc, der zur Correction der H dient, zum Sehen für gewöhnlich nicht verwendet wird. Der Hypermetrope gewöhnt sich an, sowie er fixirt, gleich soviel Acc aufzuwenden, als seiner H entspricht. Dies gilt besonders für mittlere und höhere Grade: Convexgläser verschlechtern sogar anscheinend. Wir bekommen häufig bei der Bestimmung mit Gläsern einen zu geringen Grad, nur die sogenannte manifeste oder offenbare H. Ein anderer Theil, die sogenannte latente oder verborgene H, lässt sich nicht ohne Weiteres nachweisen. Beide zusammen geben dann die gesammte oder totale H, die wirkliche Refraction. Zuweilen besteht förmlicher Accommodationskrampf, der sogar Kurzsichtigkeit vortäuschen kann und Lähmung der Acc durch Atropin oder Homatropin nöthig macht, um die wirkliche Refraction zu bestimmen. Meist kommt man doch ohne dies aus, entweder, indem man nur ganz allmälig mit den Gläsern steigt, oder gerade im Gegentheil gleich ein der vermutheten H nahekommendes Glas vorhält. Sehr häufig kann man die latente H manifest machen, indem man beide Augen gleichzeitig untersucht. Ein wirklicher tonischer Accommodationskrampf ist seltener, als vielfach angenommen wird; er kommt noch am häufigsten vor, wenn das Auge durch die Untersuchung stark angestrengt wurde. Im aufrechten Bild des Augenspiegels gelingt es mit einiger Geduld fast immer, die wahre Refraction auch ohne Atropin oder Homatropin festzustellen; es genügt dazu Nachlass der Accommodation nur für Augenblicke, und dies tritt bei einigem Zuwarten immer ein, namentlich wenn man mit dem Spiegel dem untersuchten Auge so nahe wie möglich geht. Zu stark kann ja die Refraction nie gefunden werden.

Die Therapie besteht in der Verordnung einer passenden Convexbrille, resp. Zwicker, der bei geringen Graden nur zur Nahearbeit getragen zu werden braucht. Obschon es an und für sich wünschenswerth wäre, die ganze H zu corrigiren, lässt es sich doch gleich von Anfang an nur bei mässigen Graden durchführen. Meist empfiehlt es sich, zuerst nur die manifeste H oder etwa die Hälfte der totalen zu corrigiren und allmälig mit den Gläsern zu steigen, um nicht zu plötzlich und zu stark das Verhältniss der relativen Accommodationsbreite, der Abduction und Adduction, zu ändern. Um die Convergenz zu entlasten, ist es im Allgemeinen gut, die Gläser etwas näher zu stellen, als der wirklichen Pupillendistanz entspricht, wobei sie die Wirkung leicht abducirender Prismen erhalten. Wenn für Nähe und Ferne nicht mehr das gleiche Glas benutzt werden kann, lässt man am besten die Correction für die Ferne ständig als Brille tragen und gibt dazu ein Pince-nez für die Nähe.

Hochgradige Hypermetropen, besonders solche mit absoluter und relativer H. werden nicht selten für kurzsichtig gehalten, weil sie bei der Unmöglichkeit scharf zu sehen, alles möglichst nahe nehmen, um möglichst grosse Netzhautbilder zu bekommen. Concavgläser verschlechtern aber, und im Zweifel sichert der Augenspiegel die Diagnose und bestimmt den Grad der H, die dann auch mit Gläsern nachgewiesen werden kann. Für H aus anderen Gründen gelten die gleichen

Regeln; häufig ist hierbei auch gleichzeitig die Sehschärfe herabgesetzt, was auch bei reiner H, wenn sie gewisse Grenzen überschreitet und eine ausgesprochene Entwickelungshemmung darstellt, der Fall ist. Da bei herabgesetzter Sehschärfe Alles näher genommen werden muss, sind meist stärkere Gläser nöthig.

Die Refraction, die durch Entfernung der Linse aus dem Pupillargebiet entsteht, nennt man A p h a k i e oder Linsenlosigkeit, gleichgültig, ob dabei die Linse noch im Auge ist oder nicht. Gewöhnlich ist hochgradige H vorhanden, etwa 10—11,0 D bei solchen, die vorher E besassen. Bei Hypermetropen ist nach Entfernung der Linse die H noch stärker, bei vorher Kurzsichtigen entsprechend schwächer; ja es kann bei hochgradiger M vorkommen, dass bei Aphakie E oder selbst schwache M besteht. Solche Patienten können z. B. nach Staaroperation ohne Brille in die Ferne sehen, selbst lesen; doch ist dies immerhin ziemlich selten. Da ohne Linse keine Accommodation möglich ist, muss für Nähe und Ferne eine besondere Brille verordnet werden. Viele kommen damit aus, für die Ferne ein etwas stärkeres Glas zu tragen, als dem Grade der H entspräche, weil sie dann auch noch in einiger Nähe besser sehen. Zum Lesen wird das Glas auf der Nase möglichst weit abwärts geschoben und dadurch, wie wir früher gesehen haben, die Wirkung erheblich genug verstärkt, um nicht allzu kleine Schrift zu erkennen (Seite 17 Anm.).

Wegen der beträchtlichen prismatischen Wirkung am Rande starker Convexgläser ist bei Brillenverordnung an solche, die beiderseits am Staar operirt sind, genau die Pupillendistanz zu beachten.

2. Kurzsichtigkeit. Das kurzsichtige Auge ist, auf die Netzhaut bezogen, stärker brechend, als das emmetropische; es ist gleich $E + M$. Paralleles Licht kommt desshalb schon vor der Netzhaut zur Vereinigung, und der Fernpunkt liegt in messbarer Entfernung. Da wir schwächere Grade als M 0,5 zur E rechnen, so liegt der Fernpunkt weitestens in $^{100}/_{0.5} = 200$ cm. Kurzsichtigkeit kann verschiedene Ursachen haben: stärkere Krümmung der Hornhaut, Vorrücken und Kugligerwerden der Linse; auch Accommodationskrampf kann sie vortäuschen. Weitaus die häufigste Ursache aber ist Axenverlängerung des Auges: Das kurzsichtige Auge ist in allen Dimensionen grösser, überwiegend aber in der Richtung der Längsaxe. Wir haben gesehen, dass schon mit dem natürlichen Wachsthum des Auges Refractionserhöhung (Abnahme der H) verbunden ist; übermässiges Wachsthum kann auch Kurzsichtigkeit bewirken. Es sind meist nur geringe Grade, doch können nach meinen Beobachtungen bis 10,0 D erreicht werden.

3 *

Uebermässiges Wachsthum bei völlig normalen Geweben ist indess Ausnahme; in der grossen Mehrzahl kommt Kurzsichtigkeit zu Stande in Folge von pathologischen Processen: Affection der Choroidea, besonders im Augengrunde, mit Erweichung und Ausbuchtung der Sclera, die ganz unregelmässige Form des Auges bedingen kann. Der Winkel zwischen Hornhautaxe und Blicklinie ($\angle$ α) ist meist kleiner, als bei E; er kann sogar negativ werden, so dass die Hornhautaxen scheinbar einwärts stehen, wenn richtig fixirt wird.

Myopie ist fast nie angeboren und dann sind meist schwere Complicationen vorhanden; meist beginnt sie in der Pubertätszeit, etwa zwischen dem 11. und 14. Jahre, während bis dahin vollkommen gut in die Ferne gesehen wurde. Meist tritt etwa Mitte der zwanziger Jahre Stillstand ein; in anderen Fällen geht die Vergrösserung des Auges zeitlebens weiter. Die Unterscheidung einer zeitlich progressiven, stationären und bleibend progressiven Kurzsichtigkeit ist daraus leicht verständlich. Obwohl der schliesslich erreichte Grad auf beiden Augen meist ziemlich gleich ist, beginnt doch der Process, wie andere Choroidalerkrankungen auch, häufig erst auf einem und Wochen und Monate später erst auf dem anderen Auge, sodass zeitweise grosse Ungleichheiten bestehen können. In der Mehrzahl der Fälle von ungleicher Kurzsichtigkeit ist das mehr und stärker angestrengte rechte Auge das kurzsichtigere. Auch kann überhaupt nur ein Auge ergriffen werden, namentlich dann, wenn das andere wegen Sehschwäche wenig benutzt wird.

Uebermäfsige Anstrengung der Augen, wie sie in unseren höheren Schulen gegenwärtig unvermeidlich ist, ist weitaus überwiegendste Ursache, dass zur Zeit, wo das Wachsthum des Auges vollendet, aber noch die Wachsthumshyperaemie vorhanden ist, chronische diffuse Erkrankung der Choroidea auftritt. Etwa die Hälfte der Gymnasialabiturienten wird mit mehr oder weniger hochgradiger Kurzsichtigkeit entlassen. Myopie ohne diese Veranlassung beginnt meist schon früher, ist eine viel schwerere Erkrankung und sehr häufig mit anderen Affectionen complicirt. Das Nähere folgt später bei den Choroidalkrankheiten; hier sollen nur die optischen Verhältnisse berücksichtigt werden.

Der Process der pathologischen Axenverlängerung kann, wie der characteristische Spiegelbefund ergibt, in Augen jeder Refraction auftreten, auch bei hochgradigster Hypermetropie. Anfangs wird dadurch nur die H verringert, dann tritt E, schliesslich sogar M auf.

Geringe Grade von Myopie sind, abgesehen von der Sehstörung, weiter nicht schädlich; doch tritt immerhin in einem gewissen Procent-

satz eine Reihe Complicationen zum Theil allerschwerster Art ein, um
so häufiger, je intensiver und länger dauernd der Process war. Doch
ist wohl zu beachten, dass für die Schwere der Krankheit nicht lediglich der Grad der erreichten Kurzsichtigkeit mafsgebend ist. Eine
Myopie, die H 6,0 auf M 1,0 bringt ist schwerer, als eine solche, die
E in M 3,0 verwandelt.

Während H direct ererbt wird, finden wir bei M nur, dass Kinder
myopischer Eltern auch häufig kurzsichtig werden oder dass mehrere
Glieder einer Familie myopisch sind, sogenannte ererbte Disposition. Zum grössten Theil besteht dieselbe aber darin, dass die
Kinder ihre Augen ebenso misshandeln, wie es die Eltern seiner Zeit
auch gethan haben. Auch bei Heranziehung weniger naher Verwandtschaft lässt sich höchstens bei $1/4$ bis $1/3$ der Myopen von ererbter
Disposition sprechen, während in etwa $4/5$ übermässige Augenanstrengung
nachgewiesen werden konnte.

M 0,5—3,0 bezeichnet man als geringe, M 3,0—6,0 als mittlere, M über 6,0 als hohe Grade; es kommen bis 20,0 und mehr
Dioptrien vor und Verlängerung des Auges um über die Hälfte.

Die Sehstörung besteht darin, dass über den Fernpunkt hinaus nur
undeutlich gesehen werden kann; bei einigermafsen bedeutender M ist
der Bezirk, der durch die Accommodationsbreite beherrscht wird, sehr
klein, wie wir schon Seite 27 gesehen haben. Die Accommodation wird
desshalb nicht viel benutzt, und der Ciliarmuskel entwickelt sich dementsprechend wenig; namentlich die Ringfasern desselben, die bei H
hypertrophiren, bleiben schwach. Die relative Acc. ist nach der positiven Seite verschoben, und desshalb wird häufig, besonders bei M geringeren Grades, eine grosse Ausdauer für Arbeit in der Nähe beobachtet. Namentlich bei höheren Graden wird dies aber beeinträchtigt
durch die Nothwendigkeit, dauernd sehr stark zu convergiren. Einmal
liegt hier der Fernpunkt sehr nahe, und dann wird die Einwärtswendung
noch mehr erschwert durch die Eiform des myopischen Auges höheren
Grades. Daher besteht häufig Neigung zu divergiren, welche die Symptome der Asthenopie (Seite 29) verursacht: Asthenopia muscularis (im Gegensatz zu der Asthenopia accommodativa der
Hypermetropen). Schon nach kurzer Naharbeit schmerzen die Augen
und die Buchstaben laufen durcheinander. Beseitigt werden
die Symptome sofort, wenn ein Auge verdeckt wird, was von den
Patienten meist instinctiv geschieht. Nicht selten entwickelt sich weiterhin wirkliches Auswärtsschielen, wovon später.

Die Diagnose ist meist leicht: in die Nähe wird gut, in die Ferne schlecht gesehen; wir suchen das schwächste Concavglas heraus, mit dem noch so gut als möglich in die Ferne gesehen werden kann. Ausserdem kann der gefundene Grad der M durch den Augenspiegel bestätigt werden. der zugleich den für pathologische Axenverlängerung characteristischen Befund zeigt. Accommodationskrampf kommt nicht gerade selten im Beginn der Myopie vor und lässt dieselbe zu hoch erscheinen; wo derselbe vermuthet wird, muss er durch Atropin gelöst werden. Lähmung der Acc. hat für den Kurzsichtigen weit weniger Sehstörung zur Folge, als für den Uebersichtigen. Herabgesetzte Sehschärfe finden wir nicht selten bei Myopie höheren Grades; ausserdem tritt in Augen mit herabgesetzter Sehschärfe leicht Kurzsichtigkeit auf, wenn sie einigermafsen stark in Anspruch genommen werden.

Myopen werden nie presbyopisch, nur ganz geringe Grade und auch diese später und in geringerem Mafse. Wer desshalb noch in hohem Alter ohne Brille lesen konnte, ist sicher mindestens auf einem Auge kurzsichtig gewesen. Die Besserung der Kurzsichtigkeit im höheren Alter, von der im Publikum viel gesprochen wird, ist sehr problematisch und gilt nur für die schwächsten Grade. Wo später wirklich besser in die Ferne gesehen wird. ist häufig Pupillenverengerung die Ursache, die im Alter oft vorkommt und wodurch die Zerstreuungskreise kleiner werden, genau wie beim Sehen durch eine feine Oeffnung, welches ebenfalls bei Kurzsichtigen das Sehen in die Ferne verbessert.

Die Jahre über 45 sind im Gegentheil diejenigen, die für Myopie. besonders für hochgradige, am gefährlichsten sind, da zu dieser Zeit am häufigsten Complicationen auftreten und schwere Sehstörung veranlassen können.

Hierüber, sowie über die causale Behandlung der Myopie siehe bei den Choroidalerkrankungen. Der pathologische Process, der zur Axenverlängerung führt, ist streng zu trennen von der Refractionsanomalie, die wir als Kurzsichtigkeit bezeichnen; häufig fällt beides zusammen, häufig auch nicht. Die Sehstörung bei Kurzsichtigkeit wird gehoben durch eine passende Concavbrille; doch wird dadurch der Process weder aufgehalten noch befördert. Für die Ferne ist dies völlig unbedenklich. Da das Zunahegehen wegen gebückter Haltung die Hyperaemie im Augengrund befördert und wegen dauernder starker Convergenz anstrengt. ist es oft von Vortheil, sogar im progressiven Stadium auch für die Nähe ein Glas tragen zu lassen, das den Fernpunkt auf mindestens 30 cm verlegt $= M \, ^{100}/_{30} = 3.3$. Besteht z. B. M 4,0, so mag man ruhig $-2,0$ auch zur Arbeit tragen lassen;

damit besteht noch M 2,0 und liegt der Fernpunkt in 50 cm. Nur muss dann strengstens auf aufrechte Haltung gesehen werden. Ist die M stationär geworden, so darf man bei geringen und mittleren Graden das corrigirende, oder ein nur wenig schwächeres Glas ständig tragen lassen. Viele befinden sich dabei am wohlsten. Wem es bequemer ist, mit schwächerem Glase oder ohne Brille zu arbeiten, der mag auch dieses thun. Gewohnheit thut hier sehr viel, und man kann dem subjectiven Belieben viel Spielraum lassen. Stärkere Gläser als — 6,0 wird man nicht wohl dauernd tragen lassen. Man gibt dann dazu noch einen Zwicker, oder eine Lorgnette, die vorübergehend scharfes Sehen in die Ferne zulässt. Von der Zeit an, wo die abnehmende Acc. nicht mehr gestattet, das gleiche Glas für Nähe und Ferne zu benützen (wo bei E Presbyopie eintritt), müssen für die Nähe schwächere Gläser benützt werden. Die Meisten ziehen dann vor, die Nahebrille ständig zu tragen und für die Ferne dazu noch ein Ergänzungsglas zu benutzen, das die M vollständig corrigirt. Wer überhaupt kein Glas tragen will, mag sehen, wie er mit seinem herabgesetzten Sehvermögen für die Ferne, das häufig auffallend gering angeschlagen wird, auskommt.

H und M sind in so vielen Beziehungen Gegensätze, dass es der Mühe verlohnt, die Hauptpunkte kurz zusammenzustellen.

H	M
Auge zu kurz	Auge zu lang
Refr. geringer als E	Refr. höher als E
angeborener Zustand	erworbener progressiver pathologischer Process
◁ α meist grösser	◁ α meist kleiner oder negativ
Presbyopie tritt früh ein	P tritt spät oder gar nicht ein
Acc grösser	Acc geringer, desshalb
Ciliarmuskel stark entwickelt	Ciliarmuskel wenig entwickelt
Asthenopia accommodativa	Asthenopia muscularis
Neigung zu Einwärtsschielen	Neigung zu Auswärtsschielen.

Die Zahl der Gegensätze könnte noch vermehrt werden, doch möge dies genügen.

M und H kommen häufig ererbt vor, H direct, M nur als ererbte Disposition. Die Distanz der Augen zeigt bei beiden Refractionsanomalien nichts characteristisches; bei beiden kommen die excessivsten Formen vor, wenngleich eine breite flache Stirne oft mit H, eine schmale vorspringende Stirne häufig mit M zusammen vorkommt. Entsprechende Configuration der Orbita wird meist Folge, nicht Ursache der Refractionsanomalie sein, da die Augenhöhle sich dem Wachsthume des Augapfels anzupassen pflegt.

3. Astigmatismus (As) ist diejenige Refraction, bei der das von
einem Punkte ausgehende Licht nicht wieder in einem Punkte zur Vereinigung kommt. As kann durch ganz unregelmässige Krümmung der
Hornhaut, Flecken derselben u. s. w. verursacht werden und heisst dann
unregelmäfsiger As; eine Correction dieser Form ist nur in wenigen
Fällen möglich, wovon gelegentlich später. Regelmäfsig nennen wir
den As, wenn der Meridian der stärksten Refraction senkrecht steht
auf dem der schwächsten; die Refraction der dazwischen liegenden
Meridiane liegt dann zwischen diesen beiden Extremen. Derartiger As
kann durch sogenannte Cylindergläser corrigirt werden.

Während die gewöhnlichen sphärischen Gläser von Kugelflächen begrenzt
werden, ist ein cylindrisches, wie Fig. 12 zeigt, der Sector eines Cylinders. In der

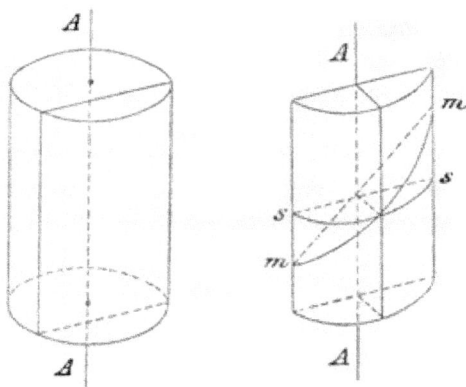

Fig 12.

Ebene der Axe A A des Cylinders findet gar keine Lichtbrechung statt, die Wirkung ist lediglich die einer ebenen Glasplatte; in der darauf senkrechten s s ist
die volle Wirkung eines sphärischen Glases von gleichem Krümmungsradius wie
der Cylinder vorhanden. in allen anderen Meridianen, z. B. m m, ist die Wirkung
schwächer. Man benutzt convexe und concave Cylindergläser und bezeichnet sie
mit der Refraction des stärkstbrechenden Meridians; Cyl — 2,0 bedeutet also ein
Glas, dessen Wirkung in der Richtung der Axe = 0, in der darauf senkrechten
gleich der eines sphärischen Glases von — 2,0 D ist.

Regelmäfsiger As kann durch die Hornhaut, die Linse oder durch
beide zugleich bedingt werden; die Wirkung des Hornhaut- und Linsen-
astigmatismus kann sich summiren oder zum Theil wieder aufheben.

Als As eines Auges bezeichnen wir den Unterschied der Brechkraft im
stärkst- und schwächstbrechenden Meridian (Hauptmeridiane); ist z. B.
in einem Meridian H 1,0, im darauf senkrechten M 2,0 vorhanden, so ist
die Refractionsdifferenz = 3,0 D und dies ist auch der Grad des As; denn

ich brauche $+$ 3,0, um H 1,0 in M 2,0 zu verwandeln. In Wirklichkeit kommen alle möglichen **Combinationen** vor. Ist in einem Meridiane E. im darauf senkrechten M oder H vorhanden, so spricht man von einfach myopischem oder hypermetropischem Astigmatismus (As$_m$ und As$_h$). Sind beide aufeinander senkrechten Meridiane myopisch und hypermetropisch, aber in verschiedenem Grade, so nennt man dies zusammengesetzt myopischen und hypermetropischen As (As$_{mm}$ und As$_{hh}$). Ist im einen Meridian M. im andern H. so ist dies der gemischte As (As$_{mh}$). Geringe Grade von As sind sehr häufig, beinahe physiologisch; in Betracht kommt derselbe aber erst, wenn er merkliche Sehstörung macht, etwa von 0,75 an. Meist ist der regelmäfsige As angeboren, ein- oder doppelseitig und ist ein stationärer Zustand; er kann aber auch (bei Hornhautoperationen und Linsenverschiebungen) erworben werden und ist dann wechselnd. Auch bei unregelmäfsigem As kann manchmal eine bedeutende Besserung des Sehens durch Cylindergläser herbeigeführt werden. Bei Hornhautastigmatismus höheren Grades wird das Reflexbild einer runden Scheibe deutlich oval gesehen, und zwar im Meridian der schwächsten Krümmung verlängert. Von der verschiedenen Vergrösserung des Reflexbildes in den verschiedenen Meridianen bei Hornhautastigmatismus ausgehend, wurden Instrumente construirt, um den Astigmatismus, oder vielmehr den Antheil der Hornhaut an demselben zu messen (Keratoscop).

Subjectiv ist bei As das Sehvermögen herabgesetzt für Nähe und Ferne und kann durch sphärische Gläser nicht oder nur bis zu einem gewissen Grade gebessert werden, während die brechenden Medien durchsichtig sind und der Augenspiegel keinen pathologischen Befund ergibt.

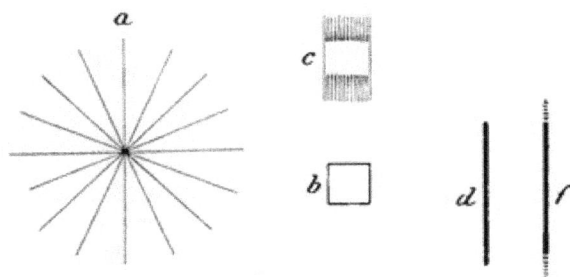

Fig. 13.

Zur Bestimmung des As brauchen wir die Richtung der Hauptmeridiane und die Kenntniss der Refraction derselben. Ein astigmatisches Auge kann nie gleichzeitig alle Linien, wie in Fig. 13a, deutlich sehen.

Ist z. B. im horizontalen Meridian E (= E), im verticalen M (‖ M)
vorhanden, so muss ein Quadrat Fig. 13 b wie c gesehen werden und
eine Linie d wie f. Linien werden desshalb scharf gesehen.
wenn der darauf senkrechte Meridian corrigirt ist.

Wir suchen zuerst, wie gewöhnlich, das stärkste + und schwächste — Glas
heraus, das möglichst vollkommene Sehschärfe für die Ferne gibt, und halten dann
eine Figur mit radiären Streifen (ähnlich der Fig. 13a, aber grösser und mit
breiteren Streifen) vor. Nur einige nahe beisammen liegende Linien werden scharf,
alle anderen undeutlich gesehen. Die Richtung der scharf gesehenen Linien entspricht dem einen Hauptmeridian, der andere ist darauf senkrecht. Man kann nun
in der Richtung der gefundenen Meridiane einen Spalt vor dem Auge befestigen
und direct mit sphärischen Gläsern die Refraction derselben bestimmen. Finden
wir z. B. = M 2,0 und ‖ M 4,5, so ist dies zusammengesetzt myopischer As von
2,5 D (der Differenz). Geben wir sphärisch — 2,0, so ist jetzt = corrigirt zu E
‖ ist aber noch M 2,5 vorhanden. Setzen wir davor Cyl -- 2,5 Axe =, so wird
= (in der Richtung der Axe) nichts weiter geändert, die Wirkung im verticalen
Meridian wird dagegen auf — 4,5 gesteigert und wir haben damit den As corrigirt. Wir würden dann verschreiben: — 2,0 ⊃ (combinirt mit) Cyl — 2,5 Axe =.

Die eben angegebene Bestimmungsart ist immer etwas unsicher. Am besten
sucht man zuerst, nach der gewöhnlichen Regel, das beste sphärische Glas und
probirt dann direct, ob Convex- oder Concavcylinder vor dem Auge gedreht in
irgend einer Richtung eine weitere Besserung des Sehens bewirken. Man kennt
dann die Richtung der Axen und die Art des As und sucht nun denjenigen Cylinder,
der die beste Sehschärfe gibt; dies ist der sicherere und kürzere Weg. Wir haben
z. B. gefunden, dass — 4,5 das beste sphärische Glas ist; schwache + Cylinder
Axe ‖ bessern, und Cyl + 2,5 ‖ gibt die beste erreichbare Sehschärfe. Der As
beträgt dann 2,5 D. und wir könnten verschreiben — 4,5 ⊃ Cyl + 2,5 ‖. Es ist
aber klar, dass + und — sich zum Theil aufheben; — 4,5 hatte im horizontalen
Meridian übercorrigirt, und dies muss durch Cyl + 2,5 ‖ (das in der Richtung
der Axe nichts ändert) verbessert werden; = besteht nur M 2,0. Wir verschreiben
desshalb, wie oben — 2,0 ⊃ Cyl — 2,5 =. Da derartige Gläser auf der einen Seite
sphärisch, auf der anderen cylindrisch geschliffen werden müssen, so ist diejenige
Combination am besten, die die schwächste Krümmung zulässt.

Besteht gemischter Astigmatismus, z. B = H 1,0 und ‖ M 2,0, so kann verordnet werden sowohl + 1,0 ⊃ Cyl — 3,0 =, als auch -- 2,0 ⊃ Cyl + 3,0 ‖ ; letzteres ist die schlechtere Combination. Man kann aber auch geben Cyl + 1,0 ‖
(dadurch wird = E bewirkt ‖ nichts geändert) ⊃ Cyl — 2,0 = (hierdurch wird =
das auf E corrigirt ist, nichts geändert. ‖ dagegen M 2,0 auf E gebracht); und
dieses ist die beste Verordnung, weil mit möglichst schwach brechenden Flächen
erreicht. Derartige Gläser mit gekreuzten Axen nennt man Bicylinder.

Zur definitiven Feststellung des As ist oft Atropin nöthig; es
empfiehlt sich, ehe man ein Glas verschreibt, die Untersuchung einige Tage
später zu wiederholen, da sie sehr ermüdend ist. Bei genügender Acc
wird häufig der As für die Nähe ganz oder theilweise corrigirt, so dass
Cylinder für die Nähe nicht oder nur wenig bessern; offenbar ist dies

ungleichmäfsige Wirkung des Ciliarmuskels **auf** die Linse, wobei der schwächer gekrümmte Meridian seine Krümmung **stärker** ändert. **Mit** Abnahme der Acc wird dann der As auch für **die Nähe offenbar.**

Auch **mit dem** Augenspiegel **ist** eine Bestimmung **des As** möglich. Wir **haben** gesehen, dass im umgekehrten Bilde **bei H stärkere** Vergrösserung erzielt wird, als bei M und dass das Umgekehrte **im aufrechten** Bilde stattfindet. Erscheint desshalb der Sehnerveneintritt im umgekehrten Bilde oval und im aufrechten ebenfalls, aber in **darauf** senkrechter Richtung, so ist das Vorhandensein von As erwiesen. Verlaufen kleine Gefässe in der Richtung der Hauptmeridiane, was sehr häufig der Fall ist, und bestimmt man **das Glas,** mit welchem dieselben eben scharf gesehen werden, so hat man damit die Refraction **bestimmt** in dem Meridian, der auf die Richtung des Gefässes **senkrecht steht.** Die Acc muss hierbei selbstverständlich ausgeschlossen sein; im Uebrigen gilt das bekannte **Gesetz** vom stärksten Convex- **und schwächsten** Concavglas.

Die ersten Untersuchungen auf As pflegen sehr mühsam **zu sein;** durch Uebung **kann** man eine **grosse** Fertigkeit darin erlangen.

Trotzdem, dass mit M, **H** und **As die** Refractionsmöglichkeiten erschöpft sind, ist noch einiges zu sagen über den Zustand, **dass** beide Augen verschiedene Refraction besitzen; man nennt denselben Ungleichsehen oder **Anisometropie.** Es kann hierbei nie gleichzeitig mit beiden Augen scharf gesehen werden, auch wenn jedes Auge für **sich** die Fähigkeit besitzt, in der betreffenden Entfernung deutlich zu sehen: die Accommodation wird immer auf beiden Augen gleichmäfsig innervirt. Das Bild **des Auges,** welches **nicht** eingestellt **ist, wird oft ganz** unterdrückt, und desshalb besteht häufig Unfähigkeit, stereoscopisch **zu sehen.**

Alle möglichen Combinationen verschiedener Refraction **und** verschiedener Grade der gleichen **Refraction** werden gelegentlich beobachtet. **Ist** ein Auge sehschwächer, so kommt nur das bessere in Frage; **ist** das Sehvermögen beider gleich gut, **so** werden verschiedene Gläser meist nicht gut vertragen, wenn nicht schon in der **Jugend** damit begonnen wird. **Bei** einigermafsen erheblichem Refractionsunterschied sind nämlich die mit Hülfe corrigirender Gläser entworfenen Netzhautbilder nie genau gleich gross; ein undeutliches Bild kann aber leichter unterdrückt werden, als ein scharfes, und dadurch kann der binoculäre Sehact gestört werden (Wettstreit der Sehfelder).

Am besten corrigirt man das Auge mit der geringeren Refractionsanomalie; eventuell kann man ein Auge für die Ferne, das andere für die Nähe benutzen lassen. Der Möglichkeiten sind so viele, dass nicht gut allgemeine Regeln aufgestellt werden können. Man suche das, was dem Patienten die beste Verwerthung seiner Sehkraft gestattet, ohne ihm Beschwerde zu machen.

Zum Schlusse sei noch erwähnt, dass Doppelt- und Mehrfachsehen mit einem Auge vorkommt: Diplopia und Polyopia monocularis. Ersteres ist am häufigsten, wenn die Linse sich derart verschoben hat, dass sie einen Theil des Pupillargebietes frei lässt. Letzteres kommt bei ganz unregelmäfsiger Krümmung der brechenden Medien vor, die es ermöglichen, dass ein mehrfaches Bild des gleichen Objectes auf der Netzhaut zu Stande kommt; es sind dies grosse Seltenheiten. Ausserdem kann es ein Symptom von schwerer Hysterie sein.

Zuweilen wird Doppelt- und Mehrfachsehen mit einem Auge simulirt.

3. Anomalien der Augenmuskeln.

Man unterscheidet innere und äussere Augenmuskeln. Erstere sind der Sphincter pupillae, ein Ringmuskel in der Nähe des freien Pupillarrandes, und der Dilatator pupillae, der an der Hinterfläche der Iris, unmittelbar vor dem Pigmentepithel derselben, eine einfache Lage glatter Muskelfasern darstellt. Dazu kommt noch der Ciliarmuskel. Alle innern Augenmuskeln bestehen lediglich aus glatten Fasern; Ciliarmuskel und Sphincter pupillae werden vom Oculomotorius, der Dilatator vom Sympathicus versorgt (aus dem Plexus caroticus und Ganglion cervicale supremum).

Die Wirkung des Sphincter und Dilatator pupillae ist ohne Weiteres klar. Der Ciliarmuskel besteht aus zwei Theilen: meridionalen Fasern, die sich an der Descemet'schen Membran ansetzen und, sich vielfach verflechtend, nach hinten in die Choroidea verlaufen (m Fig. 14) und Ringfasern r, die nach innen von den Längsfasern liegen. Beide Theile des Ciliarmuskels machen bei ihrer Zusammenziehung die Zonula Zinnii erschlaffen, worauf die Linse, namentlich deren vordere Fläche, kugliger wird. Offenbar hängt die Wirkung auf die Acc von der Verschieblichkeit der Linsensubstanz ab, je consistenter und härter dieselbe mit zunehmendem Alter wird, um so geringer wird sie: die Accommodationsfähigkeit nimmt dem entsprechend ab. Wird die Acc viel benutzt (bei H), so hypertrophirt der Ciliarmuskel, besonders die Ringfasern; wird sie wenig in Anspruch genommen (bei M), so bleibt er

schwach. Man kann sagen, dass der Ciliarmuskel bei E auf dem Durchschnitt ein rechtwinkliges Dreieck darstellt, bei M ein stumpf- und bei
H ein spitzwinkliges.

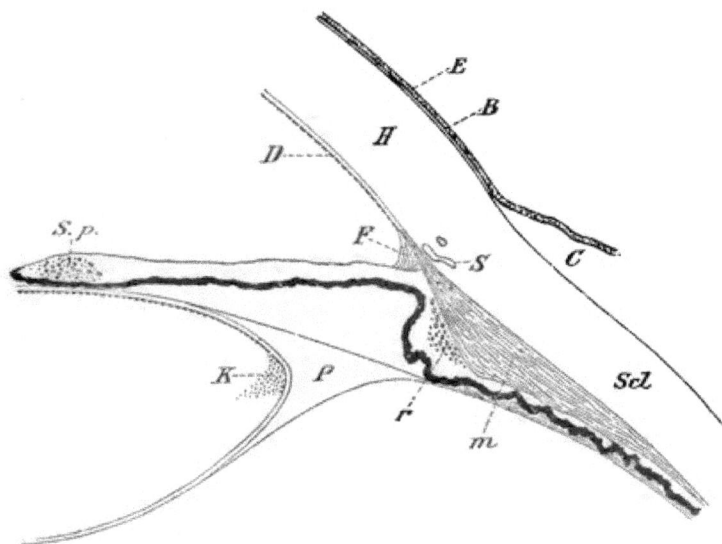

Fig. 14.

H Hornhaut, E Epithel derselben, B Bowman'sche, D Descemet'sche Haut, F Fontana'scher
Raum, S sogenannter Schlemm'scher Canal, C Conjunctiva, Scl Sclera. P Petit'scher Canal.
K Kernzone der Linse, m meridionale, r radiäre Fasern des Ciliarmuskels. S p Sphincter pupillae.

Aeussere Augenmuskeln sind der Levator palpebrae superioris, die
vier Recti und die beiden Obliqui. Nur der Rectus externus und der
Obliquus superior haben besondere Nerven (Abducens und Trochlearis,
den 6. und 4. Hirnnerven); die übrigen werden vom 3. Hirnnerven,
dem Oculomotorius, versorgt. Zu den äusseren Augenmuskeln gehört
noch eine Lage glatter Muskelfasern, die vom Rande beider Lidknorpel
gegen den Orbitalrand verlaufen und bei Contraction die Lidspalte erweitern (Müller'scher Muskel), und eine ebensolche Schicht, welche
der Fascie eingelagert ist, die die Fissura orbitalis inferior abschliesst;
ihre Zusammenziehung lässt das Auge leicht vortreten. Beide werden
vom Sympathicus innervirt.

Die Kerne für die von Hirnnerven versorgten Augenmuskeln liegen
am Boden des vierten Ventrikels und weiter nach vorn, am Aquaeductus

Silvii innerhalb der Pons cerebri. Fig. 15 (nach Magnus) gibt diese
Verhältnisse schematisch wieder; auch sind die benachbarten Kerne
anderer Hirnnerven angedeutet. Die Kerne der Muskeln, die zu associirten Augenbewegungen dienen: zum Rechts-, Links-, Aufwärts-, Abwärtssehen und zur Convergenz, stehen offenbar noch in näheren Verbindungen unter einander, die aber noch sehr unvollkommen gekannt sind.

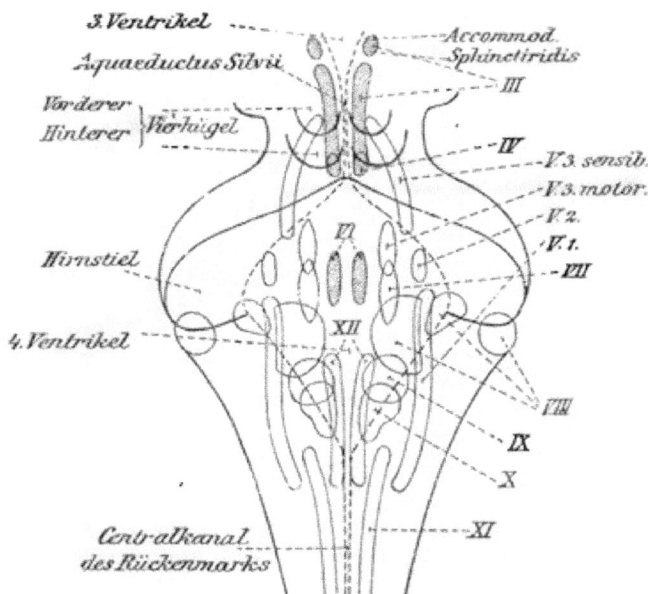

Fig. 15 (nach Magnus).

Fig. 16 gibt ein Bild der Wirkung der äusseren Augenmuskeln.
D ist der Drehpunkt des Auges, der Mittelpunkt der Scleralkugel,
die etwa 11 mm Radius hat; er liegt 13 mm hinter der Hornhaut und
10 mm vor der Netzhaut (ungefähr). Nur der Rectus externus und internus haben beim Blick geradeaus eine einfache Wirkung: Auswärts-
und Einwärtsbewegung. Alle anderen setzen sich schief an und bewirken beim Auf- und Abwärtsbewegen gleichzeitig mehr oder weniger
Drehung des Augapfels. Blickt das Auge in der Richtung PR, so bewirken Rectus superior und inferior lediglich Auf- und Abwärtsbewegung;
ebenso die beiden Obliqui beim Blick nach S. Je mehr das Auge von
diesen Richtungen abweicht, um so grösser ist die Drehwirkung. Das
gleiche gilt auch für Rect. ext. und int., wenn aufwärts oder abwärts

gesehen wird. Dies macht die Verhältnisse sehr verwickelt, namentlich
wenn mehrere Muskeln theils gelähmt, theils nur paretisch sind. Jede
scheinbar einfache Augenbewegung ist eine combinirte; beim Einwärts-
sehen wirkt z. B. Rect. int., sup. und inf. zusammen, beim Abwärtssehen
Rect. inf. und Obliquus sup. u. s. w.

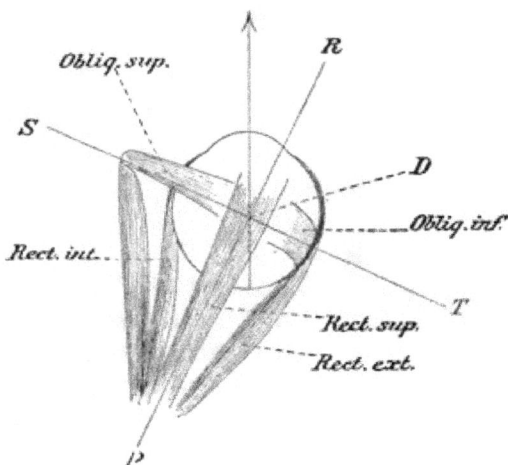

Fig. 16.

Die Anomalien der Augenmuskeln sind mehr oder weniger vollständige Lähmungen und Krampfformen, zum Theil eigenthümlicher Natur. Sind sämmtliche zu einem Nerven gehörige Muskeln betroffen, so sind sie meist peripherer Natur; wenn nur einzelne derselben
afficirt sind, ist centraler Sitz wahrscheinlich (sog. Nuclear- oder
Kernaffectionen.) Ebenso ergibt sich aus Figur 15, dass z. B.
Lähmungen gleichartiger oder conjugirter Muskeln auf beiden Augen
auf centralen Sitz der Ursache hinweisen. Doch kommen von allem
diesem Ausnahmen vor; man darf nicht zu schematisch verfahren und
hat auch alle begleitenden Symptome gebührend zu würdigen. Zur
Diagnose und Localisirung von Gehirnleiden sind die Affectionen der
Augenmuskeln ein sehr wichtiges Hilfsmittel.

    Innere Augenmuskeln. Lähmung des Ciliarmuskels und des
Sphincter pupillae kommt einzeln oder zusammen, mit oder ohne Lähmung anderer vom Oculomotorius versorgter Muskeln vor. Atropin
lähmt nicht nur beide, sondern reizt noch zugleich den Dilatator pupillae;

denn eine schon anderweitig gelähmte Pupille erweitert sich unter seinem Einflusse noch mehr; ähnlich wirken die anderen Mydriatica.

Bei Lähmung des Ciliarmuskels ist mehr oder weniger plötzlich die Acc aufgehoben, während das Sehen in die Ferne nicht verändert ist. Die Sehstörung ist desshalb erheblich bei E und H, gering bei M. Zuweilen tritt subjectives Kleinsehen (Micropsie) auf, weil wegen der vermehrten Anstrengung der Acc die Objecte für näher geschätzt werden, als sie wirklich sind. Ursache ist häufig Syphilis; Quetschungen des Auges können sie veranlassen. Erkältung wird oft angenommen (sog. rheumatische Acc.-Lähmung). Nicht selten ist vorübergehende und bleibende Acc.-Lähmung Vorläufer von Rückenmarks- und Gehirnleiden, oder tritt während des Verlaufs derselben auf, namentlich bei progressiver Paralyse, Tabes, multipler Sclerose u. s. w., oder sie ist Theilerscheinung einer Vergiftung durch Alcaloide und Ptomaine, z. B. bei der Fleisch- und Fischvergiftung.

Häufig kommt sie einige Wochen nach Diphtheritis vor, gelegentlich auch nach anderen Infectionskrankheiten. Es sind nicht immer nur schwere Fälle, oft sogar sehr leichte, die wenig beachtet wurden; und nicht nur Diphtheritis im Rachen, sondern auch an anderen Schleimhäuten kann sie verursachen. Characteristisch ist das häufige Zusammenvorkommen mit Lähmung des Gaumensegels und der Schlundmusculatur (näselnde Sprache, Schluckbeschwerden), während die Pupille selten mitbetheiligt ist. Es handelt sich meist um Kinder und jugendliche Individuen.

Auch im Verlauf von Diabetes, Albuminurie u. dgl. wird gelegentlich Acc.-Lähmung beobachtet, ebenso wie Augenmuskellähmungen überhaupt.

Die Behandlung ist, wo es angeht, eine causale; ausserdem lasse man Eserin 2—3 mal täglich einträufeln und verordne eventuell eine Convexbrille. Zuweilen ist Electricität nützlich; immer ist genaue Untersuchung auf Constitutionskrankheiten und Affectionen des Nervensystems vorzunehmen.

Die Prognose ist immer zweifelhaft, auch bezüglich von Recidiven; nur die diphtheritische Acc.-Lähmung pflegt meist nach einigen Wochen zu heilen. Günstig ist auch die Prognose bei Vergiftungen, wenn sie das Leben nicht gefährden.

Accommodations-Schwäche ist sehr häufig Theilerscheinung allgemeiner Körperschwäche bei schweren Anaemien, in der Reconvalescenz nach schweren Krankheiten u. s. w. Die Patienten, die oft vor Schwäche nicht auf den Füssen stehen können, sind ungehalten darüber, dass sie nicht den ganzen Tag lesen können. Bis zur Kräftigung des Gesammtzustandes ist Schonung der Augen nöthig; eventuell kann vorübergehend eine Convexbrille zu Hülfe genommen werden. Bei blutarmen Frauen der besseren Stände kann die „Augenschwäche" eine grosse Geduldsprobe für Arzt und Patienten sein, wenn die causale Therapie im Stiche lässt.

Accommodations-Krampf wird durch Eserin hervorgerufen; da aber die Wirkung individuell sehr verschieden ausfällt, so ist es wahrscheinlich, dass dies Alcaloid nur auf die Ringfasern des Ciliarmuskels wirkt. Denn bei Thieren — die keine Ringmusculatur besitzen — hat Eserin keinen Einfluss auf die Acc (Sattler). Auch beim Neugeborenen mangelt, beiläufig gesagt, die Ringmusculatur fast vollständig.

Acc.-Krampf erhöht scheinbar die Refraction und beschränkt die verfügbare Acc.-Breite; nicht selten ist er mit schmerzhaften Gefühlen von Zusammenziehung im Auge verbunden. Bei H bewirkt er Latenz derselben; im Beginn von M. sowie anderer entzündlicher Augenerkrankungen ist er nicht gerade selten; vorübergehend kommt er nach Ueberanstrengung der Augen vor. Ausserdem kann Acc.-Krampf Theilerscheinung allgemeiner Krämpfe. sowie des epileptischen Anfalls sein. Aus dem umgekehrten Grunde, wie dem der Micropsie bei Acc.-Lähmung, kommt gelegentlich Grosssehen (Macropsie) vor.

Die Behandlung ist womöglich causal; im Uebrigen ist Ruhe der Augen und event. Atropin anzuwenden.

Lähmung des Sphincter pupillae kommt ganz oder theilweise vor: die Pupille ist mäfsig erweitert, unbeweglich und bei partieller Lähmung von unregelmäfsiger Gestalt. Ursachen und Prognose sind die gleichen, wie bei der Acc.-Lähmung; nur nach Diphtheritis ist sie selten. Ausser einer causalen Behandlung ist methodische Anwendung des Eserin zu empfehlen. Die Sehstörung ist gering, auffallende Blendungserscheinungen sind nicht gerade häufig.

Krampf des Sphincter kommt reflectorisch vor bei entzündlichen Affectionen der Nachbarschaft, Fremdkörpern im Conjunctivalsack u. dgl. Eine eigenthümliche Mischform von Krampf und Lähmung ist die sogenannte reflectorische Pupillenstarre, die meist von Verengerung der Pupille begleitet ist. Die Reaction auf Lichteinfall ist vermindert oder aufgehoben, während auf Convergenz- und Accommodationsimpulse noch Reaction vorhanden sein kann. Dieser Zustand wird sehr häufig im Beginn von Hirn- und Rückenmarksleiden angetroffen, oft als allererstes Symptom: namentlich bei progressiver Paralyse und Tabes. Auch ungleiche Weite beider Pupillen kommt häufig unter diesen Umständen vor.

Wirkliche Krämpfe des Sphincter erfordern Atropin; die reflectorische Pupillenstarre ist wesentlich von diagnostischer Bedeutung. Ebenso die

Lähmung des Dilatator pupillae, einseitige Verengerung der Pupille ist Folge von Sympathicusaffectionen, z. B. im Ganglion cervicale supremum. Meist besteht gleichzeitig durch Lähmung des Müller'schen Muskels (Seite 45) mäfsige Verengerung der Lidspalte (Ptosis), häufig halbseitige Röthung oder Blässe des Gesichtes mit halbseitigem Schwitzen. Eine weitere Bedeutung hat die Sache nicht; eine Behandlung kommt nicht in Frage.

Die Lähmung innerer Augenmuskeln wird auch als **Ophthalmoplegia interna** bezeichnet.

Erweiterung der Pupille heisst **Mydriasis**, Verengerung derselben **Miosis** (oft Myosis geschrieben); beide können auf spastischem und paralytischem Wege zu Stande kommen (spastische und paralytische Mydriasis und Miosis), oder rein mechanisch durch die Blutvertheilung in der Iris und den Augendruck bedingt sein. Eine **enge Pupille** wird z. B. beobachtet durch Lichtreiz, Convergenz, Accommodation, verminderten Druck im Auge, Congestionen und Entzündungen der Iris, bei Opium-, Nicotin- und anderen Vergiftungen, im Schlaf u. s. w.; **weit ist die Pupille** in der Dunkelheit, bei Blindheit, Druckerhöhung im Auge, vielen Vergiftungen, in der Agone, bei erhöhtem Gehirndruck u. s. w. Die Weite der Pupille ist oft von hoher diagnostischer Bedeutung; plötzliche Erweiterung derselben in der Chloroformnarcose, in der sie sonst verengert ist, ist z. B. ein übles Zeichen; dergleichen Beispiele liessen sich noch viele anführen.

Der Pupillarreflex auf Lichteinfall wird durch die Vierhügel vermittelt; liegt die Sehstörung weiter gegen die Hirnrinde hin, so kann bei völliger Blindheit die Lichtreaction erhalten bleiben. Die Pupillenverengerung bei Convergenz und Accommodation ist ein rein mechanischer Vorgang; ihr Ausbleiben deutet auf Krampfzustände in der Iris, spastische Mydriasis und namentlich Miosis, die häufig auf Affectionen des Rückenmarks (Budge's Centrum cilio-spinale) oder des Sympathicus zurückgeführt werden können.

Die Anomalien der äusseren Augenmuskeln sind theils Lähmungen, theils Krämpfe; eigenartige Formen letzterer: Insufficienz, Schielen und Nystagmus erfordern eine besondere Besprechung.

Die Lähmungen (Ophthalmoplegia **externa**) haben im Ganzen die gleichen Ursachen, wie bei den **inneren** Muskeln (Seite 48): Syphilis (Gummata, Entzündung der **Hirnnervenwurzeln** u. s. w.), Tumoren aller Art, die die Nervenkerne **oder -stämme treffen**, Meningitis, Exostosen im Schädel und in der Orbita, entzündliche Affectionen und Geschwülste der letzteren, welche Nervenstämme oder die Muskeln selbst in Mitleidenschaft **ziehen**; Erkältungen (sogenannte rheumatische Lähmungen), Verletzungen (besonders beim Levator palp. sup.), Constitutionsanomalien, wie bei Albuminurie und **Diabetes**; Bleivergiftung und andere chronische Intoxicationen; Gehirn- und Rückenmarksleiden, bei denen sie ein wichtiges, **oft** sehr früh eintretendes Symptom vorstellen können, besonders **bei Tabes**, progressiver Paralyse, Bulbärparalyse (**ein der**selben sehr nahe stehendes **Krankheitsbild**, wird geradezu als O p h t h a l m o p l e g i a e x t e r n a p r o g r e s s i v a bezeichnet), bei multipler Sclerose u. dgl. Als Nachkrankheiten kommen sie gelegentlich **bei** allen acuten Infectionskrankheiten vor, wie nach Diphtheritis, Typhus u. s. w. Einzelne Formen haben Neigung zu heilen **und wieder** zu recidiviren; dies wird namentlich bei gewissen Oculomotoriuslähmungen centraler Natur beobachtet.

D i a g n o s t i s c h wichtig ist subjectiv **das** D o p p e l t s e h e n, objectiv der B e w e g l i c h k e i t s a u s f a l l.

Doppeltsehen tritt auf, sowie **zu der** betreffenden Blickrichtung Mitwirkung des gelähmten Muskels nothwendig ist; die Doppelbilder treten um so weiter auseinander, jemehr der betreffende Muskel beansprucht wird. **Es** wird sehr häufig subjectiv nicht erkannt, **sondern für** „Schwindel" gehalten.

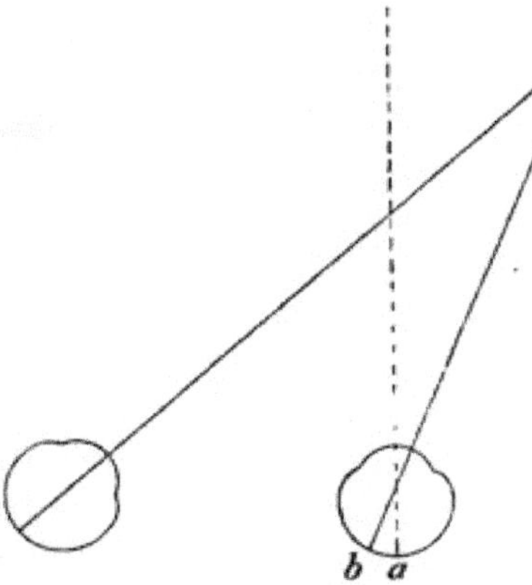

Das Bild des gelähmten Auges scheint in der Richtung verschoben, in welcher der Ausfall der Bewegung stattfindet, **wie aus** Fig. 17 leicht zu ersehen ist. Wenn bei Lähmung des rechten Rect. ext. das rechte Auge beim Blick nach rechts zurückbleibt, so erscheint das betrachtete

Fig. 17.

Object P bei b, statt in der Fovea centralis a, also innen von derselben. Gegenstände, deren Bild nach i n n e n vom Fixirpunkte fällt, müssen in Wirklichkeit nach **aussen** vom fixirten Objecte liegen. Bei C o n v e r -

genz sind desshalb gleichnamige Doppelbilder vorhanden, d. h. das
Bild des rechten Auges liegt rechts und umgekehrt; bei Divergenz
sind sie gekreuzt. Bei Lähmung eines Rect. sup. steht beim Blick
nach oben das betreffende Auge tiefer, sein Bild eines äusseren Gegen-
standes aber höher, als auf der gesunden Seite. Zur Untersuchung auf
Doppelbilder wird das Bild des einen Auges am besten mit einem
rothen Glase gefärbt. Man prüft dann ihre gegenseitige Stellung in
den verschiedensten Blickrichtungen.

Oft nehmen die Kranken eine eigenthümliche Kopfhaltung
an, nämlich die, in der der gelähmte Muskel nicht beansprucht wird; bei
Lähmung des linken Rect. ext. z. B. wird der Kopf nach links gedreht.

Der Ausfall in der Beweglichkeit lässt sich direct sehen; eventuell
lässt sich die Excursionsweite der Augen an einem getheilten Kreis-
bogen messen und der Ausfall in gewissen Richtungen nachweisen
(Blickfeldmessung). Die Untersuchung auf Doppelbilder ist die
raschere und genauere; eine gewisse Intelligenz des Patienten ist aber
dazu nothwendig.

Bei Lähmung des Rectus externus sind gleichnamige, bei der
des Rectus internus gekreuzte, parallel stehende gleich hohe Doppelbilder vorhanden. Lähmung des Rectus superior und inferior
gibt gekreuzte Doppelbilder; die Höhendifferenz wächst bei ersterer
beim Blick nach oben, und das Bild des gelähmten Auges steht höher;
bei letzterer beim Blick nach unten und das Bild des gelähmten Auges
steht tiefer. Bei Lähmung eines Obliquus entstehen gleichnamige,
über einander stehende Doppelbilder, beim superior besonders in der
unteren, beim inferior in der oberen Gesichtsfeldhälfte. Bei den vier
letztgenannten ist das Bild des gelähmten Auges schief; häufig scheint
das eine Bild näher zu stehen. Nicht selten bemerkt man isolirte Drehbewegungen am kranken Auge. Bei Lähmung eines Obliquus wächst
der Höhenunterschied nach der Nase, die Schiefheit nach der Schläfe
hin; bei Lähmung des Rectus sup. oder inf. ist dies umgekehrt.

Lähmung des Levator palp. sup. bedingt Herabhängen des
oberen Lides (Ptosis). Sind alle Zweige des Oculomotorius
gelähmt, so bestehen ausser Accommodationslähmung, weiter Pupille
und Ptosis gekreuzte Doppelbilder mit Höherstand des Bildes des gelähmten Auges; der Seitenabstand wächst beim Blick nach der gesunden Seite, der Höhenabstand beim Blick nach oben. Bei Affectionen
am Orte der Nervenkerne kann ein Gemisch von Lähmungen, Paresen
und Krampfzuständen der verschiedensten Augenmuskeln entstehen, das
schwer und oft gar nicht zu entwirren ist.

Dies gilt Alles nur für frische und vollständige Lähmungen; ist blos Parese vorhanden, so kann es schon schwierig werden, zu bestimmen, welches Auge das gelähmte ist, namentlich dann, wenn dieses gerade das sehtüchtigere ist.

Orientirung und Gang ist sicherer, der Schwindel verschwindet, wenn das kranke Auge verdeckt ist. Wenn man in der Wirkungsphäre des paretischen Muskels einen Gegenstand fixiren lässt und verdeckt das kranke Auge, so bleibt dies unter der deckenden Hand naturgemäfs in seiner Stellung zurück. Lässt man dagegen mit dem kranken Auge fixiren und verdeckt das gesunde, so wird dies ein Uebermafs von Bewegung in der beabsichtigten Richtung ergeben (secundäre Ablenkung im Sinne der intendirten Bewegung). Um mit dem paretischen Muskel einzustellen, bedarf es nämlich eines verstärkten Bewegungsimpulses, der aber nur am gesunden Auge zur Geltung kommt. Ist z. B. der rechte Rectus externus unvollkommen gelähmt und lasse ich nach rechts sehen, so wird bei Verdeckung des kranken Auges dieses zurückbleiben. Verdecke ich dagegen das gesunde Auge, so wird das kranke durch vermehrten Impuls eingestellt; dieser letztere wirkt aber ebenfalls auf den conjugirten Rectus internus des gesunden Auges und dieses wird unter der deckenden Hand zu weit nach rechts stehen.

Wenn bei länger dauernder Lähmung das gelähmte Auge nicht vom Sehact ausgeschlossen wird, so tritt Contractur des Antagonisten ein; in Folge davon ist Doppeltsehen im ganzen Gesichtsfeld vorhanden, nicht nur wenn der gelähmte Muskel beansprucht wird. Diese Contractur bleibt bestehen, auch wenn die Lähmung zur Heilung kommt: es bleibt eine falsche Stellung des Auges im ganzen Blickfeld zurück, die eventuell durch Schieloperation beseitigt werden muss.

Die Behandlung ist womöglich eine causale. Vor Allem muss das gelähmte Auge durch eine Brille mit Milchglas auf der betreffenden Seite vom binoculären Sehact ausgeschlossen werden, um Contractur des Antagonisten zu vermeiden. Innerlich Jodkali und äusserlich der constante oder unterbrochene Strom (eine Electrode im Nacken, die andere auf dem geschlossenen Lide), werden meist angewandt. Früher liess man häufig Veratrinsalbe (0,1 — 0,3 : 10,0) zwei bis dreimal täglich erbsengross in die Stirne einreiben. Die Prognose hängt vom Grundleiden ab, ist also bei Syphilis nicht ungünstig; ebenso pflegt die Mehrzahl der peripheren sogenannten rheumatischen Lähmungen (am häufigsten des Abducens, seltener des Trochlearis und Oculomotorius) in 2—3 Monaten zu heilen. Bei Syphilis findet man oft partielle Oculomotoriuslähmungen, etwa nur einen oder beide inneren Augenmuskeln oder den Levator palp. gelähmt; doch kommen gelegentlich alle anderen Formen vor. Auch die Lähmungen im Gefolge acuter Infectionskrankheiten verlaufen meist günstig.

Zu erwähnen wäre noch, dass angeborenes Fehlen von Augenmuskeln gelegentlich **beobachtet** wird; gewöhnlich ist es der Levator palpebrae (Ptosis congenita), oder der Rectus superior, oder beide.

Tonische und clonische Krämpfe der Augenmuskeln kommen bei verschiedenen Hirnkrankheiten vor, z. B. im Verlauf von Meningitis oder als Theilerscheinung allgemeiner Krämpfe, wie im epileptischen Anfall. Tonische Krämpfe associirter Muskeln, sogenannte conjugirte Deviation sind Heerdsymptome und weisen auf die Gegend der Muskelkerne, der Brücke u. s. w.

Insufficienz ist dann vorhanden, wenn Neigung zu falscher Stellung besteht, die aber durch den Drang zum Einfachsehen überwunden wird. Macht man das Einfachsehen unmöglich, indem man ein Prisma von ca. 12° mit der Basis nach oben oder unten vorhält, so treten je nachdem gekreuzte (Divergenz) oder gleichnamige Doppelbilder (Convergenz) auf.*) Durch Prismen mit der Basis nach innen oder aussen, die immer stärker genommen werden, bis beide Bilder genau übereinander stehen, kann der Grad der Insufficienz gemessen werden. Misst man für eine gewisse Entfernung Adduction und Abduction (Seite 30), so erscheint das Verhältniss derselben, dem normalen Auge gegenüber, in der einen oder anderen Richtung verschoben.

Die zum Einfachsehen nöthige Anstrengung wird aber nicht lange ausgehalten; es tritt rasche Ermüdung (Asthenopia muscularis) und dann wirklich falsche Augenstellung, oft mit Schwindel und Doppeltsehen auf. Man nennt die Insufficienz desshalb auch „dynamisches“ Schielen, und sie bildet den Uebergang zum wirklichen Schielen oder Strabismus.

Schielen findet statt, wenn die Augen in allen Richtungen, im ganzen Blickfeld um (nahezu) den gleichen Winkel falsch stehen (sogenannte Constanz des Schielwinkels). Weil hierbei das schielende Auge das andere lediglich „begleitet“, braucht man dafür auch den Ausdruck begleitendes Schielen, oder Strabismus concomitans. Dadurch ist der Unterschied gegeben von der falschen

*) Bei normalen Muskelverhältnissen stehen bei diesem Versuche die Doppelbilder genau übereinander: dynamisches Gleichgewicht.

Stellung bei Lähmung (paralytisches Schielen oder Luscitas), wobei die
falsche Stellung zunimmt, je mehr der betreffende Muskel in Anspruch
genommen wird.

Die Messung des Schielwinkels kann an einem getheilten Kreis-
bogen (Perimeter siehe Seite 60) vorgenommen werden; gewöhnlich begnügt man sich, die falsche Stellung beim Blick gerade aus in Millimetern anzugeben. Steht hierbei der innere Hornhautrand des fixiren-
den Auges z. B. 10 mm vom inneren Augenwinkel ab, der des schielenden nur 6 mm, so hätten wir ein Einwärtsschielen von 4 mm. Ein abnorm grosser oder kleiner Winkel α (Seite 31) kann Schielen vortäuschen; hierbei wird aber mit beiden Augen richtig fixirt.

Das Schielen kann ein abwechselndes sein (Strabismus alternans),
wenn beide Augen abwechselnd fixiren und schielen; aber auch beim
abwechselnden Schielen ist gewöhnlich immer das gleiche Auge das
fixirende.

Es kommt hier lediglich das Ein- und Auswärtsschielen
(Strabismus convergens und divergens) in Betracht; Auf- und Abwärts-
schielen ist sehr selten, wohl immer aus einer secundären Contractur
des Antagonisten nach Lähmung (z. B. des Obliquus superior) hervorgegangen.

Einwärtsschielen kommt mit Vorliebe bei Hypermetropie vor
und beginnt dann gewöhnlich im 2.—4. Lebensjahre, wenn beim Sehen
in der Nähe die Accommodation erheblich in Anspruch genommen wird.
Anfangs tritt es nur zeitweise auf, wird allmälig ständig und kann so
hohe Grade erreichen, dass das eine Auge sich fast im inneren Augenwinkel verbirgt. Ist das Schielen abwechselnd, so leidet das Sehvermögen
nicht, ist es aber auf ein Auge fixirt, so wird das Bild des abge-
lenkten Auges unterdrückt, und dessen Sehschärfe ist in Folge mangelhafter Ausbildung mehr oder weniger hochgradig herabgesetzt: von
S $^1/_3$ und $^1/_2$ bis zum Fingerzählen in geringer Entfernung. Hat das
Sehen stark gelitten, so stellt sich das schielende Auge beim Versuch
zu fixiren unter zuckenden Bewegungen nasenwärts ein (excentrische
Fixation).

Ist ein Auge wegen As, Hornhautflecken u. dgl. schlechter, als
das andere, so begünstigt dies das Auftreten von Einwärtsschielen, weil
das Binoculärsehen dann wenig Werth hat; das schlechtere Auge ist
dann das abgelenkte.

Bei der Jugend der betroffenen Individuen hört man wenig Klagen
über Insufficienz und Doppeltsehen; beginnt ausnahmsweise das Schielen
in späterer Zeit, so werden sie nicht vermisst.

Unter noch nicht genügend gekannten Verhältnissen kommt Einwärtsschielen auch bei Emmetropen und Myopen und in späteren Jahren vor, aber viel seltener. Die meisten Fälle von sogenanntem angeborenem Schielen oder solche, welche schon im ersten Lebensjahre auftreten, sind aus Abducenslähmung hervorgegangen; die danach übrig bleibende secundäre Contractur des Internus gibt auch bei Erwachsenen Veranlassung zu Einwärtsschielen.

In einer grossen Zahl von Fällen verliert sich das hypermetropische Einwärtsschielen mit der Zeit von selbst wieder oder vermindert sich doch sehr bedeutend in den ersten zwei Decennien. Es kann ganz normale Stellung eintreten, und nur mangelhafte Fixation und herabgesetztes Sehen des früher schielenden Auges bleiben übrig. In anderen Fällen bleibt die falsche Stellung das ganze Leben bestehen.

Fängt ein Kind zu schielen an, so ist alle Beschäftigung mit feinen Dingen in der Nähe zu verbieten; in Kleinkinderschulen wird hier viel gesündigt. Sodann ist das fixirende Auge täglich einige Zeit sorgfältig zu verbinden, um das zum Schielen neigende im Sehen zu üben; es genügt $^1/_2$ Stunde, am besten etwa während des Mittagessens, wo die nöthige Aufsicht vorhanden ist. Das Schielen wird dadurch gewöhnlich nicht vermieden, dagegen die Entwickelung eines ordentlichen Sehens auf dem schielenden Auge befördert; es ist dies gelungen, wenn das Schielen ein abwechselndes wird. Sobald es möglich ist, eine Brille tragen zu lassen, sollte die vorhandene H ganz oder doch zum grössten Theile corrigirt werden, womöglich ständig, mindestens aber regelmäfsig bei der Nahearbeit. Aus begreiflichen Gründen lässt sich dies nur in einem Theil der Fälle und erst verhältnissmäfsig spät durchführen. Bleibt trotzdem Schielen bestehen, so beeile man sich ja nicht mit Operationen; es ist entschieden abzurathen, dieselben vor dem 12.—14. Jahre zu machen, sonst läuft man Gefahr, das operirte Auge später auswärts schielen zu sehen: Secundärschielen, was dann durch eine recht complicirte Operation wieder corrigirt werden muss (Vorlagerung). Ist zur Pubertätszeit noch Einwärtsschielen vorhanden, so führt man die Rücklagerung des Rectus internus auf dem schielenden, wenn nöthig auch auf dem nichtschielenden Auge aus. Es ist rathsam, erst den Effect abzuwarten und nicht beide Augen auf einmal zu operiren; dagegen kann eventuell die Rücklagerung an einem Auge wiederholt werden, wenn zwei Tenotomien noch nicht zum Ziele geführt haben. Wenn ein kleiner Rest von Convergenz übrig bleibt, so schadet das absolut nichts. Im Durchschnitt erreicht man mit einer Tenotomie eine Stellungsverbesserung von 3—4 mm.

Etwa vorhandene Hypermetropie muss auch nach der Operation corrigirt werden. Die Operation ist lediglich eine cosmetische; das herabgesetzte Sehvermögen des schielenden Auges bessert sich nicht, auch wenn das gute Auge zu Grunde gegangen ist.

Auswärtsschielen kommt namentlich bei Kurzsichtigen vor und entwickelt sich aus Insufficienz der Recti interni. Weil es im ausgebildeten Auge entsteht, so sind Doppelbilder vorhanden, und zwar gekreuzte, der Divergenz entsprechend. Auch bei nicht kurzsichtigen Augen wird häufig genug Auswärtsschielen gefunden, nicht selten sogar erblich, vielleicht in Folge angeborener Schwäche der Interni. Dass bei dem eiförmigen Bau des kurzsichtigen Auges, gegenüber der Kugelform des emmetropischen, die Einwärtsdrehung überhaupt schon erschwert ist, gibt ein weiteres begünstigendes Moment ab. Stark herabgesetztes Sehvermögen oder Blindheit eines Auges fördert gleichfalls das Entstehen von Divergenz, da die binoculäre Fixation für das Sehen keinen Werth hat. Namentlich bei einseitiger Erblindung kommen sehr hohe Grade von Strabismus divergens vor. Auch nach unvorsichtigen Operationen wegen Einwärtsschielens kann später Divergenz eintreten.

Die Behandlung hat schon mit der Insufficienz zu beginnen, die, entgegengesetzt dem typischen hypermetropischen Schielen, mehr Beschwerden macht, als das Schielen selber. Mit Eintritt des letzteren tritt sogar häufig eine auffallende Milderung der subjectiven Symptome ein, namentlich wenn das Doppeltsehen leicht unterdrückt werden kann, also bei Verschiedenheit der Augen oder herabgesetztem Sehen des einen.

Zuweilen genügen zur Behandlung der Insufficienz Concavbrillen, die gestatten, in grösserer Entfernung zu arbeiten, namentlich dann, wenn die Entfernung der Gläser von einander grösser genommen wird, als die Distanz der Augen beträgt. Da Concavgläser am Rande dicker sind, als in der Mitte, wird damit zugleich eine schwach prismatische Wirkung (Basis innen) erzielt. Genügt dies nicht, so verordne man Prismen, Basis nach innen, eventuell mit Concavgläsern combinirt. Stärker wie 3° beiderseits kann man nicht gut tragen lassen; werden dadurch die Beschwerden nicht gehoben, so muss, wie bei wirklichem Schielen, die Tenotomie eines internus gemacht werden. Die Insufficienz muss aber dann mindestens 12° betragen (siehe Seite 54).

Die Regel von der Constanz des Schielwinkels gilt in ihrer Schärfe nur für das hypermetropische Einwärtsschielen. Beim myopischen Auswärtsschielen nimmt in der Regel die Divergenz mit Annäherung der Objecte zu. Dies ist wohl zu beachten; es kann für die Nähe schon sehr starke Insufficienz, selbst Schielen bestehen, während für die Ferne dynamisches Gleichgewicht vorhanden ist. Wenn desshalb für die Ferne nicht mindestens 6° dynamische Divergenz besteht, sei man vorsichtig mit Operationen, sonst läuft man Gefahr, für die Ferne Doppeltsehen zu bekommen, das noch viel störender ist, als die Beschwerden bei der Nahearbeit. Durch Verdecken eines Auges, das oft instinctiv geübt wird, lassen sich letztere vollkommen beseitigen; das Auge weicht unter der Hand nach aussen ab. Dies ist aber nicht zu empfehlen, da hierdurch die Divergenz gefördert wird.

Bei wirklichem Auswärtsschielen ist die Tenotomie des Externus auszuführen; oft muss sie beiderseits gemacht werden, nicht selten ist es sogar nöthig, noch die Vorlagerung eines oder beider Interni hinzuzufügen, um eine genügende Verbesserung der Stellung zu erzielen. Wegen störender Doppelbilder kann eine stereoscopische Nachbehandlung mit Uebungen im Einfachsehen nöthig werden, da die Doppelbilder viel mehr stören, wenn sie nahe zusammenfallen.

Zur Ausführung der Tenotomie (Rücklagerung) cocainisirt man gut, legt den Sperrelevateur ein und macht einen verticalen Einschnitt über dem Ansatz des Muskels 8—10 mm vom Hornhautrand. Dann wird die Conjunctiva über dem Muskel nach hinten gelöst, der Muskel mit einem Schielhaken hervorgeholt und dicht an der Sclera mit der Schielscheere abgeschnitten. Der contrahirte, stark blutende Internus bei Einwärtsschielen contrastirt sehr mit dem schwachen, kaum blutenden Externus beim Auswärtsschielen. Es muss ein beträchtlicher Bewegungsausfall in der Richtung des tenotomirten Muskels vorhanden sein. Man sucht sorgfältig nach, ob etwa kleine Sehnenreste stehen geblieben sind, denn sonst ist der Erfolg der Operation gleich null. Die Conjunctivalwunde wird mit einer Naht geschlossen, die, wenn sie tief gefasst wird, zur theilweisen Correction bei zu starkem Erfolg benutzt werden kann. Wenn man in den nächsten Stunden nach der Operation energisch nach der entgegengesetzten Seite sehen lässt, so kann man den Effect verstärken. Zuweilen bildet sich nachträglich, besonders wenn nicht genäht wurde, ein kleiner Granulationsknopf auf der Narbe, der mit der Scheere entfernt werden muss. Ein Tag Bettruhe, drei Tage Verband, wonach man den Faden entfernt, genügen zur Heilung. Es ist bei allen Schieloperationen erwünscht, nicht chloroformiren zu müssen, weil man sonst die Wirkung nicht genügend beurtheilen kann.

Die Vorlagerung oder Vornähung wird fast nur beim Internus gemacht wegen hochgradiger Divergenz. Man unterminirt die Conjunctiva, wie zur Tenotomie, und andererseits bis zum Conjunctivalrand, und holt den Muskel mit dem Schielhaken. Ehe man dessen Sehne durchschneidet, führt man dicht am Ansatz Fäden mit Nadeln durch, womit man ihn sich sichert. Nach der Ablösung näht man die Sehne möglichst nahe am Hornhautrand fest; hierzu werden verschiedene Nahtformen ausgeübt. Absolut nöthig ist, den Muskel genau in der Horizontalen festzunähen, da bei schiefem Ansatz übereinander stehende Doppelbilder entstehen, die nicht zur Vereinigung gebracht werden können. Fast immer ist mit der Vorlagerung des Internus die Tenotomie des Externus zu verbinden. Bei der Vorlagerung ist es noch wichtiger als bei der Tenotomie, den Effect ohne Narcose zu controliren, um eventuell verbessern zu können.

Nystagmus ist eine besondere **Form von anhaltenden clonischen** Krämpfen, die z. B. bei gewissen Hirnkrankheiten, namentlich bei der multiplen Sclerose beobachtet werden. Beide Augen machen fortdauernd conjugirte pendelnde Bewegungen, meist hin und her (Nystagmus horizontalis), seltener auf- und abwärts (N. verticalis) oder drehend (N. rotatorius). Die Bewegungen werden rascher und stärker, wenn man in stark excentrischen Richtungen sehen lässt. Entsprechende Bewegung der gesehenen Objecte kommt meist nicht zum Bewusstsein. Selten ist der Nystagmus auf ein Auge beschränkt.

Häufigste Ursache ist Erblindung oder starke **Herabsetzung des** Sehens, die angeboren ist oder aus frühester Jugend, selten **aus späterer** Zeit datirt, z. B. bei Bildungsanomalien Albinismus u. dgl. Auch wird Nystagmus von Bergleuten erworben, die, auf dem Rücken liegend, den Blick **stark** aufwärts gewendet, ihre Arbeit ausführen müssen. In letzterem Falle tritt unter Ruhe und **guter** Ernährung rasch Heilung ein. Alle anderen Formen sind nicht **Gegenstand** einer Behandlung. Das Vorhandensein von Nystagmus, **der nicht simulirt werden kann**, ist in zweifelhaften Fällen **Beweis für** herabgesetztes Sehvermögen.

4. Lichtsinnmessung.

Um den **Lichtsinn** zu messen, d. h. die Sehschärfe bei starker und schwacher Beleuchtung, dienen Sehproben, deren **Beleuchtung durch** eine constante Lichtquelle geschieht; letztere wird entweder genähert oder entfernt, oder z. B. durch matte Glasplatten **in messbarer Weise** abgestuft. Geringe Störungen sind nicht selten; gröbere kommen namentlich **in zwei Formen** vor: auffällige Abnahme der Sehschärfe **bei** schwacher Beleuchtung: **Nachtblindheit** (Hemeralopie = Tagsehen), auch Torpor retinae genannt, und als Schlechtersehen **bei greller** Beleuchtung und Bessersehen bei gedämpfter: **Tagblindheit** (Nyctalopie = Nachtsehen), auch als Hyperaesthesia **retinae bezeichnet.** Wegen der umständlichen Apparate wird **in praxi** die Lichtsinnmessung selten angewendet.

5. Gesichtsfeldmessung.

Das **Gesichtsfeld** gibt an, in welchem Umfang die Netzhaut für Licht empfindlich ist; es ist gewissermafsen die nach aussen projicirte Netzhauthalbkugel. Da alle Lichtstrahlen im Knotenpunkte des Auges sich kreuzen, so entspricht der linken **Seite** der Netzhaut die rechte im Gesichtsfeld, und ebenso die untere Netzhauthälfte der oberen Gesichtsfeldhälfte. Gemessen wird das Gesichtsfeld, indem man **das Auge** in

den Mittelpunkt eines drehbaren getheilten Halbkreises bringt, des sogenannten Perimeter (Fig. 18) und direct abliest, in wieviel Grad Abstand vom Mittelpunkte der Theilung eine quadratcentimeter grosse
weisse Marke noch gesehen wird. Man zeichnet die gefundenen Werthe
auf einem Schema (Fig. 19) auf; diese Figur stellt das normale Gesichtsfeld eines linken Auges dar. Man sieht daraus, dass dasselbe
nach aussen 85°, nach unten 70°, nach innen 55° und nach oben etwa
ebensoviel beträgt. Alles dies sind nur ungefähre Werthe und kommen
erhebliche subjective Schwankungen vor. zumeist von der Configuration
des Gesichtes abhängend. Das Gesichtsfeld ist bei H etwas grösser, als
bei E und M, weil bei jener der Knotenpunkt etwas weiter nach vorn liegt.

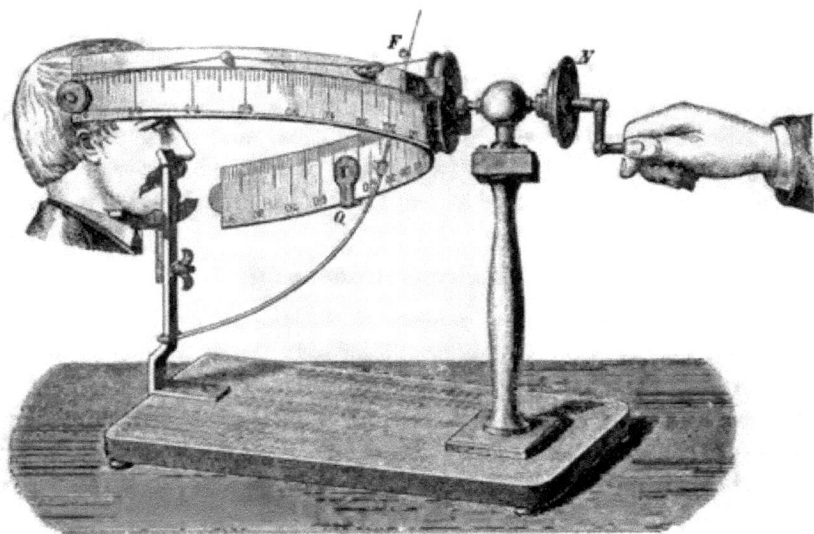

Fig. 18.

Lässt man den Mittelpunkt der Kreiseintheilung fixiren, so kommt
die Fovea centralis in die Mitte des Gesichtsfeldes; es ist aber vorzuziehen, dass der Sehnerveneintritt dorthin projicirt wird. Man muss
desshalb, wie beim Augenspiegeln. um 15—20° nasenwärts sehen lassen.
Das andere Auge ist sorgfältig zu verbinden.

Bei herabgesetztem Sehvermögen muss man grössere Objecte wählen,
eventuell das Gesichtsfeld mit zwei Lichtern bestimmen, von denen das
eine fixirt. das andere im Umkreise des Gesichtsfeldes bewegt wird.

Statt auf einen Halbkreis kann man auch das Gesichtsfeld auf eine
Tafel projiciren, auf welcher man in etwa 25—30 cm Abstand eine
Marke fixiren lässt und mit einer andern, etwa einem Stück Kreide,

den Umfang bestimmt. Zur Constatirung gröberer Unregelmäfsigkeiten
genügt es auch, von Auge zu Auge zu prüfen Will ich z. B. das
linke Auge untersuchen, so setze ich mich dem Kranken gegenüber und
lasse mein rechtes Auge fixiren; wenn ich nun von der Peripherie her,
in der Mitte zwischen beiden Augen, meine Hand oder etwa eine Visiten-
karte nähere, so gelingt es leicht, die Gesichtsfeldgrenzen zu bestimmen.
Zudem wird das untersuchte Auge controlirt, ob es nicht seitlich sieht,
wodurch das Resultat falsch würde.

Für genaue Resultate und zur Aufbewahrung der Gesichtsfelder
ist ein Perimeter nicht gut zu entbehren (Preis 50—70 Mark).

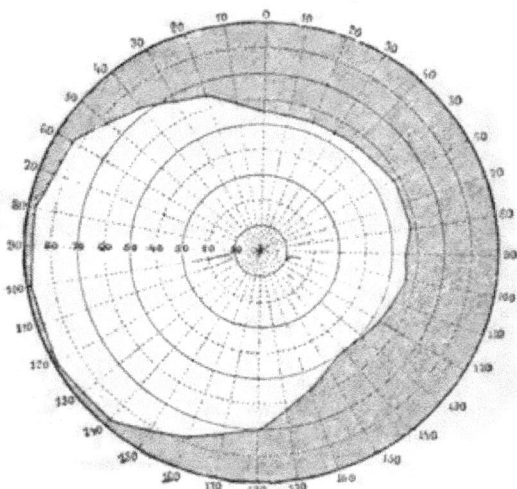

Fig. 19.

Gesichtsfeldausfälle nennt man Scotome; sie sind positiv, wenn
sie als schwarze Flecken im Gesichtsfeld gesehen werden (bei Leiden
der Choroidea und der äusseren Netzhautschichten), negativ, wenn,
wie gewöhnlich, der Ausfall nicht direct zur Wahrnehmung kommt.
Je nach der Form und Lage spricht man von sectorenförmigen und
heerdförmigen, von centralen und peripheren Scotomen, von concentrischer Einengung des Gesichtsfeldes u. s. w. Ist genau die Hälfte
des Gesichtsfeldes ausgefallen, so nennt man dies Halbblindheit
(Hemianopsie oder Hemiopie = Halbsehen); rechtseitige Halbblindheit ist vorhanden, wenn die rechte Hälfte des Gesichtsfeldes, also
die linke Netzhauthälfte ausgefallen ist. Ist auf beiden Augen die
gleichseitige Hälfte des Gesichtsfeldes ausgefallen, so heisst dies homonyme oder gleichseitige Halbblindheit.

6. Untersuchung des Farbensinns.

Wenn das Licht, welches auf einen Gegenstand fällt, ungleichmäfsig absorbirt und nur theilweise reflectirt wird, sehen wir denselben farbig. Durch prismatische Zerlegung einer weissen Lichtlinie erhalten wir das sogenannte Spectrum, welches einen continuirlichen Farbenübergang von roth durch gelb, grün, blau bis violett darstellt. Es ergibt sich, dass unser Auge Aetherschwingungen von etwa 400 bis 760 Billionen in der Secunde als Licht resp. Farbe zu empfinden vermag. Was weniger als den Durchschnitt (neutrales Grün etwa 580 Billionen Schwingungen) an Schwingungszahl besitzt, wird als warme (weniger brechbare), was schneller schwingt als kalte (stärker brechbare) Farbe empfunden. Jeder Farbenton ergänzt sich mit einer bestimmten anderen Farbe, welche sämmtliche übrigen, in Spectrum vorhandenen Farbentöne in entsprechender Stärke vereinigt, zu einer farblosen Empfindung (complementäre Farben).

Aus Gründen der Einfachheit und um die bei Farbenstörungen vorkommenden Erscheinungen zu erklären, werden Grundfarben angenommen; nach Young und Helmholtz roth, grün, violett; nach Hering zwei (angeblich) complementäre Paare: roth-grün und blau-gelb, zu denen noch eine besondere Schwarz-weissempfindung kommen muss.

Dass eine von der Farbenempfindung verschiedene Weissempfindung nicht existirt, kann aber ziemlich sicher bewiesen werden. Geht man nicht vom Spectrum einer schmalen Linie aus, sondern zerlegt man das Licht eines breiten weissen Streifens genau nur so weit, bis kein weiss mehr vorhanden ist, so treten aus sämmtlichen Spectralfarben vier auffällig hervor: meist roth, gelb, himmelblau und violett, die paarweise: roth-blau und gelb-violett in Wirklichkeit complementär sind. Da hierbei lediglich eine Summirung von einzelnen Linienspectren stattgefunden hat, so müssen ungefähr diesen Farbentönen Maximalempfindungen entsprechen. Diese stehen nicht objectiv ein- für allemal fest, sondern es zeigen sich auch bei normalem Farbensehen Nuancen, noch viel erheblichere bei den Farbenstörungen. Das normale Farbensystem setzt sich nach diesem Versuch aus je zwei warmen und kalten, paarweise complementären Grundfarben zusammen, die ziemlich gleichmässig über die Länge des sichtbaren Spectrums vertheilt sind (normales Vierfarbensehen, Tetrachromopsie).

Um die Grundempfindungen eines Individuums zu finden, lässt man am besten eine schwarz-weisse Schachbrettfigur (Fig. 20) durch ein Prisma von 48—60° Basis nach oben aus freier Hand in etwa zwei Meter Entfernung betrachten. Wir bekommen dann die beiden Hälften eines Streifenspectrums neben einander und lassen aus Wollproben die ähnlichsten Nuancen heraussuchen. Ausserdem müssen wir die Aussengrenzen des Spectrums kennen. Schon bei mässiger Einschränkung desselben wird äusserstes roth oder violett (letzteres recht häufig) für schwarz gehalten, resp. eine Mischung beider = hellrosa für roth oder blau erklärt, je nachdem die entgegengesetzte Empfindung abgeschwächt ist.

Bei Farbenschwäche ist entweder ein Ende des Spectrum's erheblich verkürzt, gewöhnlich das violette: Die Grundempfindungen schieben sich dem ent-

sprechend näher zusammen und sind z. B. roth, gelb, grün, blau, während violett
nicht gesehen und für schwarz gehalten wird. Es werden dann alle Farben richtig
erkannt und benannt; nur violetthaltige ohne dieses gesehen, z. B. purpur wie roth.
Oder das Spectrum ist von normaler Ausdehnung; die beiden warmen und die beiden
kalten Formen aber sind sich näher gerückt. Die Grundempfindungen liegen
z. B. im orange, gelb, himmelblau und indigo. Es werden dann alle Farben richtig
gesehen und benannt, aber der Farben eindruck ist geringer um soviel, als orange
und gelb einen weniger verschiedenen Eindruck machen als roth und gelb.

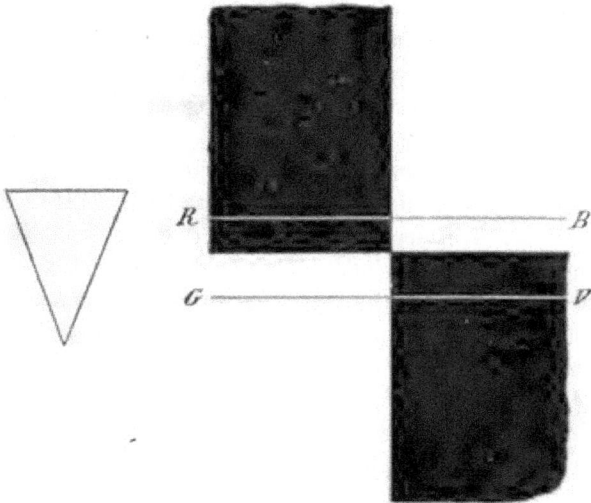

Fig. 20.

Bei wirklicher Farbenblindheit ist nach allen Theorien nur eine
warme und eine kalte Farbe vorhanden; ist hierbei das gesehene Spectrum von annähernd normaler Länge, so besteht Grünblindheit,
ist das rothe oder violette Ende erheblich verkürzt, so besteht Roth-
und Violettblindheit, d. h. die betreffenden Farben werden gar
nicht oder doch farblos gesehen. Da die warme und kalte Farbe des
Farbenblinden complementär sind, so hat das Spectrum desselben in
der Mitte eine neutrale farblose Stelle, die je nach der Art der Farbenblindheit an verschiedener Stelle zwischen gelb und blau liegt. Benannt
werden die Farben vom Farbenblinden nach denjenigen im Spectrum
des Normalen, an welche das Empfindungsmaximum hinfällt: beim
Rothblinden gelb und blau (violett), beim Grünblinden gelb (orange)
und blau (indigo), beim Violettblinden roth und blau. Da der Farben-
blinde innerhalb seiner warmen und kalten Farbe nur Helligkeitsunter-

schiede der gleichen Nuance sieht, so verwechselt er gelegentlich sämmtliche Farben, welche im normalen Spectrum seiner warmen oder kalten Zone entsprechen. Die auffallendsten Verwechslungsfarben sind beim Rothblinden roth und grün, beim Grünblinden neutralpurpur und neutralgrün, beim Violettblinden grün und blau.

Der Totalfarbenblinde hat gar kein Farbenunterscheidungsvermögen; er sieht die Mitte des Spectrum's hell, die Enden dunkel.

In Wirklichkeit kommen alle Uebergänge vor vom Normalsehen durch Farbenschwäche zu wirklicher Farbenblindheit. Es ist desshalb am wahrscheinlichsten, dass diese Farbenstörungen eine Entwicklungshemmung darstellen.

Am häufigsten ist Rothblindheit, dann folgen Grün- und Violettblindheit; totale Farbenblindheit ohne Herabsetzung des Sehvermögens ist äusserst selten.

Normale Farbenempfindung ist nur innerhalb des Bereichs der Macula lutea vorhanden; die übrige Netzhaut ist farbenblind, und zwar lässt sich diese Farbenstörung sehr gut durch die Annahme erklären, dass allmälig beide warmen und kalten Farbenempfindungen in je eine zusammenfliessen und zugleich die Spectralgrenzen hereinrücken. Die äusserste Peripherie der Netzhaut ist total farbenblind.

Farbenblindheit kommt fast nur bei Männern vor, durchschnittlich in $3\,^0/_0$; sie ist häufig erblich, namentlich in der Art, dass sie vom Farbenblinden auf die Söhne oder die Söhne der Töchter vererbt wird.

Bei erworbenen Farbenstörungen handelt es sich um Vergiftungen und progressive entzündliche und atrophische Processe, die bei den Sehnerven-, Netzhaut- und Aderhautentzündungen zur Sprache kommen. Ist die Netzhaut für gewisse Strahlen nicht empfindlich, so wird farbig gesehen. Bei atrophischen Processen centraler Natur entsteht Farbenblindheit in der Art, dass gewissermafsen die Peripherie der Netzhaut gegen die Macula wandert. Farbigsehen kann dabei nie eintreten, weil kalt und warm immer complementär ist. Durch Reizung der Hirnrinde am Sehcentrum kann vorübergehendes Farbensehen auftreten.

Zur Untersuchung auf die Farbenfunctionen kann man Figur 20 durch ein Prisma betrachten und die gesehenen Farben heraussuchen lassen. Für gewöhnlich prüft man am raschesten mit Wollproben. Wird rosa mit violett verwechselt, so besteht Rothblindheit, wird es mit grün verwechselt, Grünblindheit; wird es nicht von roth unterschieden, so ist Violettblindheit vorhanden, Grün wird bei Rothblindheit mit roth, bei Grünblindheit mit purpur (rosa), bei Violettblindheit mit blau verwechselt; blaugrün bei Grünblindheit mit blau, bei Violettblindheit mit grün u. s. w.

Man kann auch mit den bekannten Verwechslungsfarben Sehproben herstellen (Stilling's pseudoisochromatische Tafeln), die natürlich von Farbenblinden nicht entziffert werden können; dieselben haben aber den Nachtheil, dass sie immer nur für einen bestimmten Fall genau passen, während innerhalb der angeborenen Farbenstörungen eine ziemliche Labilität besteht.

Um die Netzhautperipherie auf Farbenempfindung zu untersuchen, zeichnet man auf einem Perimeterschema (Fig. 19) auf, in wieviel Grad Entfernung vom Mittelpunkt noch die einzelnen Farben (Quadratcentimetergrosse Papierstückchen) erkannt werden. Meist begnügt man sich mit roth, grün und blau. Verengerung der Grenzen, innerhalb welcher Farben erkannt werden, kommt vor ohne Einschränkung des Gesichtsfeldes.

Nach Helmholtz wird die Farbenblindheit erklärt durch Ausfall einer Grundempfindung: roth, grün oder violett. Dies passte für die drei Hauptarten recht gut, schwieriger schon für die Uebergangsformen, wo angenommen werden muss, dass eine Empfindung nur abgeschwächt sei. Auch müsste, wenn Farbenblindheit erworben wird, z. B. Grün ausfällt, nothwenigerweise farbig gesehen werden, was nicht der Fall ist. Beim total Farbenblinden wären zwei Grundfarben ausgefallen. Nach Hering ist beim Roth- und Grünblinden (Roth-grünverwechsler) die Roth-grünempfindung ausgefallen; bei ersterem sei das Spectrum am rothen Ende verkürzt, bei letzterem nicht. Roth- und Grünempfindung sind dabei so gedacht, dass sie sich gegenseitig aufheben, und complementär seien. In Wirklichkeit sind sie aber gar nicht complementär, und andererseits werden die wirklich complementären Farben vom Farbenblinden nicht verwechselt. Bei Violettblindheit soll die Blau-gelbempfindung ausgefallen sein, Blau und Gelb verwechselt werden. Dies setzt aber ein so hochgradig verkürztes Spectrum voraus, wie es in Wirklichkeit nur höchst selten vorkommt; während Violettblindheit mit Vierfarbensehen und Zweifarbensehen (Verwechslung von Blau und Grün) gar nicht so selten angetroffen wird. Der Totalfarbenblinde besässe nur noch die Schwarzweissempfindung. Nach meiner Theorie ist bei Farbenblindheit nichts ausgefallen, sondern nur die Empfindungsqualitäten sind andere. Für Uebergänge zwischen den Hauptformen ist genügend freier Spielraum gelassen, so dass dadurch den in Wirklichkeit vorhandenen abnormen und pathologischen Zuständen weitaus am besten entsprochen wird. Die complementären Empfindungen heben sich nicht auf, sondern summiren sich, wie bei Helmholtz, zu einer, bezüglich der Farbe neutralen Lichtempfindung.

Simulation und Dissimulation.

Bei den Functionsprüfungen haben wir es nicht gerade selten mit Simulation zu thun: Kurzsichtigkeit und herabgesetzte Sehschärfe werden am häufigsten vorgespiegelt; seltener ist das Gegentheil, dass nämlich die Functionen für besser ausgegeben werden, als sie in Wirklichkeit sind (Dissimulation). Letzteres kommt besonders bei

Farbenblinden vor; bei genauer Functionsprüfung wird Dissimulation leicht zu entdecken sein. Auch Simulation von Kurzsichtigkeit kann bei der objectiven Refractionsbestimmung mit dem Spiegel, eventuell mit Atropin nicht durchgeführt werden. Simulation völliger Blindheit, auch nur eines Auges, ist ebenfalls leicht zu entdecken. Viel schwieriger liegt die Sache, wenn nur geringe Herabsetzung des Sehens eines oder beider Augen simulirt oder eine wirklich vorhandene Sehstörung für grösser angegeben wird, als sie in Wirklichkeit ist. Letzteres, die Aggravatio, ist überhaupt häufiger, als die völlige Simulation. Man sucht hierbei, ob die Sehprüfungen in verschiedensten Distanzen immer die gleiche Sehschärfe ergeben, und ob die angegebene Sehstörung dem Grad des vorhandenen Befundes, z. B. bei Hornhaut- und Linsentrübungen, entspricht. Um letzteres einigermafsen richtig zu schätzen, bedarf es ziemlicher Uebung, ob z. B. S $\frac{1}{2}$ oder $\frac{1}{4}$ bei einem centralen Hornhautfleck vorhanden ist, dürfte sich kaum entscheiden lassen.

Zur Erkennung der Simulation dient zuerst eine äusserst sorgfältige Sehprüfung mit subjectiver und objectiver Refractionsbestimmung; speciell ist auf Astigmatismus, früher vorhandenes Einwärtsschielen u. dgl. zu achten, denn gar mancher Simulant entpuppt sich später als Astigmatiker. Man beschäftigt sich scheinbar nur mit dem gesunden Auge, lässt aber das andere offen und unverdeckt. Ist ersteres z. B. emmetropisch und wird trotzdem mit Convex 3,0 gut in die Ferne gesehen, so geschah dies natürlich mit dem anderen Auge. Vielfach werden auch stereoscopische Apparate gebraucht, die darauf hinauslaufen, dass der Untersuchte nicht weiss, mit welchem Auge er sieht; oder wo Bilder übereinander geworfen werden, die mit zwei normalen Augen nicht vereinigt werden können. Alle stereoscopischen Prüfungen setzen aber ein binoculares Sehen voraus, welches nicht immer vorhanden ist. Die sichere Entlarvung eines abgefeimten Simulanten kann eine sehr schwierige Aufgabe sein.

Zur Bestimmung des **Augendruckes** sind eine ziemliche Anzahl Instrumente (Tonometer) erfunden worden, die aber am Menschen wenig gebraucht werden. Gewöhnlich beschränkt man sich darauf, den Druck (die Tension, T) mit den Fingern zu prüfen. Am besten wird der Bulbus mit dem Zeigefinger einer Hand im inneren Augenwinkel fixirt und mit dem anderen Zeigefinger auf seine Resistenz geprüft, etwa wie man auf Fluctuation untersucht. Erhöhten Druck bezeichnet man als + T, erniedrigten als — T; es kommen sehr grosse Unterschiede in beiden Richtungen vor.

III. Erkrankungen der Augenlider.

Die Augenlider bilden eine Hautduplicatur, welche Muskeln und einen bindegewebigen Knorpel (Tarsus) enthält. Die äussere Lidhaut ist zart und besitzt
reichlich Schweissdrüsen. Ihr subcutanes Bindegewebe ist sehr verschieblich und
fettlos, auch bei allgemeiner Fettsucht (Analogie mit der Haut des Hodensacks).
Am Lidrand, der durch die mehrfache Reihe der Wimpern (Cilien) bezeichnet wird,
geht die Lidhaut in eine Schleimhaut mit geschichtetem Pflasterepithel über. Die
Kante am freien Lidrande nennt man den Intermarginaltheil des Lides. In
ihn münden grosse Talgdrüsen und in einfacher Reihe die sogenannten Meibom'schen Drüsen, die zum grossen Theile innerhalb des Lidknorpels liegen.

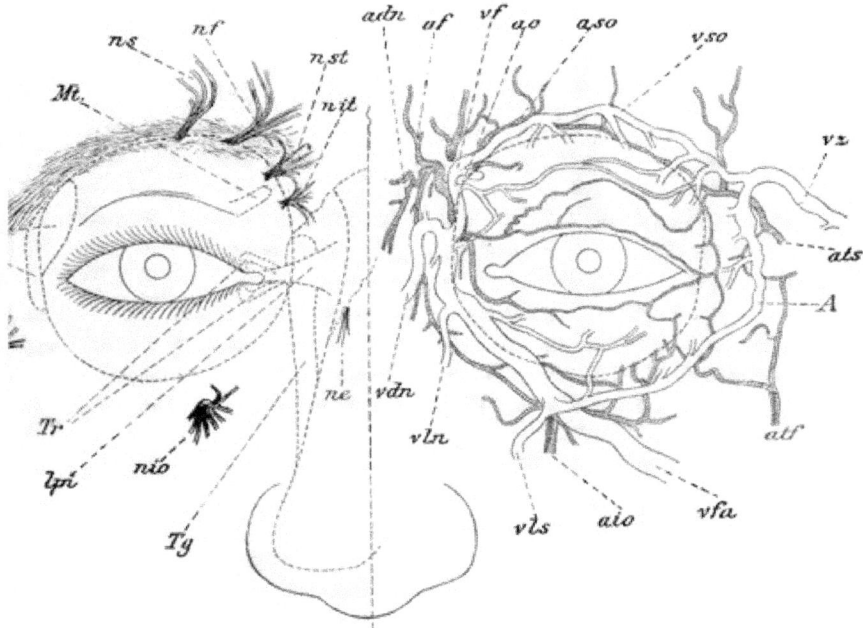

Fig. 21.

a d n art. dorsalis nasi, a f art. frontalis, a o art. ophthalmica, a s o art. supraorbitalis, a t s art.
temporalis superficialis anterior, a t f art. transversa faciei, a i o art. infraorbitalis, v s o vena
supraorbitalis, v f vena frontalis, v z vena zygomatica superior, v f a vena facialis anterior,
A Anastomose zwischen den beiden letzten, v l s vena labii superioris, v l n vena lateralis nasi,
v d n vena dorsalis nasi; n s nerv. supraorbitalis, n f nerv. frontalis, n s t nerv. supratrochlearis,
n i t nerv. infratrochlearis, n e nerv. ethmoidalis, n i o nerv. infraorbitalis, n s m nerv. subcutaneus
malae; Mt musculus obliquus superior und Trochlea, T Thränendrüse, Tr Thränenröhrchen,
Tg Thränennasengang; l p i ligamentum palpebrarum internum.

5*

Unter dem subcutanen Bindegewebe treffen wir auf **den Musculus orbicularis** palpebrarum, der vom Nervus facialis innervirt wird; seine dem Lidrande zunächst **gelegenen Bündel** heissen **Horner'scher Muskel** und umspinnen die Thränenröhrchen, **die Wurzeln** der Wimpern und die Mündungen der **Meibom'schen** und Talgdrüsen. Der Lidknorpel wird durch die Fascia orbitalis überall an den Orbitalrand angeheftet; dieselbe wird durch glatte, vom Sympathicus versorgte Muskelfasern verstärkt, den sogenannten **Müller'schen Muskel**, welcher die Lidspalte zu erweitern **vermag**. Durch **die Fascia** orbitalis wird die Augenhöhle nach aussen abgeschlossen. Im inneren **und** äusseren Augenwinkel sind die beiden Lidknorpel durch **das Ligamentum palpebrarum internum** und **externum** an dem Knochen befestigt.

Die Vertheilung der Blutgefässe **und** sensibeln Nerven ist aus Fig. 21 ersichtlich; die motorischen Aeste **des** Facialis, die in der Figur nicht angedeutet sind, verlaufen wesentlich in querer Richtung. Der Heber des oberen Lides, Levator palpebrae superioris, **der sich** am oberen Rande des Lidknorpels ansetzt, wird vom Nervus oculomotorius versorgt.

An die Hinterfläche des Lidknorpels ist die Bindehaut durch sehr straffes Bindegewebe **fest** angeheftet.

Die äusseren Erkrankungen der Augenlider sind vollständig identisch mit denen der Haut; Abänderungen im Auftreten oder in der Behandlung ergeben sich nur aus den örtlichen Verhältnissen und aus der Nachbarschaft leicht verletzlicher Organe. Es ist desshalb auch möglichst die für die Hautkrankheiten gebräuchliche Benennung anzuwenden.

Die häufigste Liderkrankung ist das **Eczem; alle** Formen kommen hier **vor.** Die Lidhaut ist **namentlich bei Kindern** ein Lieblingssitz acuter Eczemeruptionen, oft zusammen mit anderen auf der Haut des behaarten Kopfes, um Ohren **und Nase** und mit eczematöser Erkrankung der Conjunctiva und Nasenschleimhaut. Begünstigt wird das Auftreten von Eczem da, wo durch Verband oder Liegen auf dem Gesicht überfliessendes Conjunctivalsecret stagnirt, sich zersetzt und die zarte Lidhaut macerirt. Oft, **und nicht** nur in den niederen Classen, ist das Eczem durch unzweckmäfsige Behandlung schauerlich vernachlässigt, die ganze Gesichtsfläche mit Krusten und Borken bedeckt, das Kind wird als „seit Wochen blind" gebracht, während nach zwangsweiser Oeffnung der Lider die **Augen sich** völlig intact zeigen; in anderen Fällen sind allerdings auch **schwere** Erkrankungen des Auges selber vorhanden, deren zweckmäfsige Behandlung dann oft schwierig zu bewerkstelligen ist.

Die Behandlung besteht, wie überall, in sorgfältiger Reinigung von Krusten und Borken, wonach man bis zur Heilung eine gut anliegende Leinwandmaske tragen lässt, die messerrückendick mit **Hebra**-

scher Salbe (Emplastr. diachyl. spl.; Ol. olivar āā 15,0—25,0) be-
strichen ist. Man hat nur darauf Acht zu geben, dass Nichts von der
Salbe in's Auge kommt, was durch vermehrte Secretion der Cunjunctiva
schädlich wirkt. Das Kind darf nicht fortwährend die Hände im Gesichte haben und im Bette auf dem Gesichte liegen; nöthigenfalls ist
dies durch geeignete Befestigung in Rückenlage, oder indem man die
Hände auf dem Rücken fest bindet, zu erzwingen. Sehr zweckmäfsig
sind auch die Seite 9 erwähnten Pappröhren. Gleichzeitig ist die
locale Behandlung der begleitenden Gesichts- und Kopfeczeme nicht
zu vernachlässigen; entweder auf gleiche Art, wie bei den Lidern, oder
wo dies nicht angeht, wie bei Eczem der Nasenschleimhaut, durch
dickes Anstreichen mit einer Salbe aus Praecipitat. alb. und Flor Zinci
āā 2,0 auf Axung. 30,0; möglichst weit in die Nase hinauf, nachdem
dieselbe sorgfältig gereinigt worden war. Hierbei verschwindet auch
rasch die „scrophulöse" Verdickung der Nase und Oberlippe. Es ist
vortheilhaft, wenn man das Kind bei gutem Wetter an die Luft bringen
kann, jedenfalls ist es schädlich, wenn es immer mit dem Rücken gegen
das Licht im dunkelsten Winkel des Zimmers sitzt.

Durch diese locale Behandlung heilt oft das schauerlichste Eczem
überraschend schnell, wenn durch vernünftige Eltern oder in einer Anstalt die oben angegebenen Verhaltungsmafsregeln eingehalten werden.
Aber ebenso rasch kommen Recidive, wenn zu Hause der alte Schlendrian
wieder losgeht.

Durch Bepinseln der gut gereinigten Eczemstellen mit zweiprocentiger Lösung von Argentum nitricum kann auch oft rasche Heilung erzielt werden; doch beschränke man dies Verfahren auf ältere Fälle,
wo wesentlich die nach den Eruptionen zurückbleibenden Geschwürs-
stellen zur Heilung zu bringen sind.

Nicht selten wird diphtheritische Infection einzelner oder
zahlreicher Eczempusteln beobachtet, namentlich bei Eczema impetigo.
Sie zeigt sich als weissliche Necrotisirung des Geschwürsgrundes und
führt immer zu strahligen Narben, während sonst selbst nach lang-
wierigem Eczem nur eine zeitweilige dunklere Pigmentirung der Haut
zurückbleibt und es nur am Mundwinkel oder um die Nase, wo tiefere
Schrunden längere Zeit bestanden, zu bleibender Narbenbildung kommt.
Die Behandlung ist die gleiche, wie beim gewöhnlichen Eczem; event.
betupft man die diphtheritischen Stellen nach der Reinigung und vor
Anlegen der Maske einigemale mit $2^0{}_0$iger Carbolsäurelösung.

Man pflegt häufig jedes eczematöse Kind als „scrophulös" zu betrachten und dem entsprechend zu behandeln. In vielen Fällen mag dies richtig sein, nie aber darf die locale Behandlung über dem gebräuchlichen Leberthran vernachlässigt werden. Drüsenschwellungen am Unterkiefer, vor dem Ohr u. s. w. sind oft nur die directe Folge des bestehenden Eczems, und verschwinden nach Heilung desselben von selber. Wichtiger, als der Leberthran ist gute Luft und geregelte Diät: Die Kinder sollen zur gehörigen Zeit nahrhaft und leichtverdaulich genährt werden, dazwischen aber Nichts erhalten, nicht fortwährend z. B. an einem Stück Brod herumkauen. Eine eigentliche antiscrophulöse Behandlung beschränke man auf die Fälle, wo ausser dem Gesichtseczem noch andere, sichere Erscheinungen von scrophulöser Diathese bestehen.

Während die acuten Eczemformen vorwiegend im Kindesalter vorkommen, trifft man im höheren Alter mehr die chronischen an. Es ist namentlich das Eczema squamosum, das oft scharf auf die Lider beschränkt ist und durch fortwährendes Beissen und Jucken sehr lästig wird. Glänzende Haut mit mehr oder weniger reichlicher Röthung und Schuppenbildung, in lange dauernden Fällen dunklere Pigmentirung characterisiren dasselbe. Schliesslich kann es zu Verkürzung der Haut und zur Auswärtsdrehung der Lider (Ectropium) führen; es pflegt sehr hartnäckig zu sein. Im Beginne ist es, wie anderes Eczem, mit Hebra-Salbe zu behandeln, später sind Theerpräparate (z. B. Ol. cadin. mit Vaselin āā 15,0 täglich ein- bis zweimal mit einem Pinsel dünn aufzustreichen) anzuwenden. In anderen Formen chronischen Lideczems ist nach den gleichen Principien, wie an anderen Orten zu behandeln; eine Salbe von Carbolsäure 1,0 und Vaselin oder Lanolin 25,0 bis 30,0 ist oft recht vortheilhaft. Alle stärker reizenden Mittel wende man aber so an, dass nichts in den Conjunctivalsack gelangen kann. und mache man den Patienten darauf aufmerksam, dass er sie sich nicht selber in's Auge wische.

Eine besondere Form von Eczem, die sich auf den Lidrand beschränkt, wird als Blepharitis ciliaris bezeichnet. Sie kommt mit und ohne Betheiligung der Lidhaut und der Conjunctiva vor und ist recht häufig. Entfernt man die um die Cilien klebenden Krusten, so erblickt man stecknadelkopfgrosse, trichterförmige, mehr oder weniger tiefe Geschwürchen um die Haarwurzeln, die in schweren Fällen confluiren und ausgedehnte Geschwürsbildungen von zackiger Form, aber wesentlich längs des Ciliarrandes, veranlassen können. In länger dauernden Fällen kommt es zu förmlichen Granulationsknöpfen in den einzelnen Geschwüren und zu mehr oder weniger erheblicher Verdickung der Lidränder (Tylosis), in einer Ausdehnung von etwa 5—10 mm. Die Wimpern an den Stellen der Geschwüre fallen aus oder verkümmern.

während sie an den benachbarten Stellen stärker wachsen und abnorm
dunkel pigmentirt werden, woraus nach der Heilung eine sehr unregelmäfsige Bewimperung der Lidränder resultirt. In vernachlässigten
Fällen können die Wimpern vollständig zu Grunde gehen.

Man hat nach Entfernung der Krusten, wobei oft Wimpern, deren
Haarbälge herausgeeitert sind, mitgehen, sorgfältig die einzelnen trichter-
förmigen Geschwüre mit spitzem Höllensteinstift zu tupfen und dann
mit Salzwasser zu neutralisiren; diese Procedur wird alle zwei bis drei
Tage wiederholt. In leichteren Fällen genügt energisches Bepinseln
der geschwürigen Stellen mit zweiprocentiger Höllensteinlösung. Wenn
nicht mehr eigentliche Geschwürsbildung vorhanden ist, so kann man
vom Patienten zu Hause Morgens und Abends Zinksalbe (Flor. Zinci 0,5,
Ungt. lenient. 10,0) oder weisse Praecipitatsalbe (0,1 : 10,0 **Ungt. leniens**)
auf die vorher mit warmem Wasser gut gereinigten Lidränder auf-
streichen lassen, muss aber dabei Anfangs alle 3—4 Tage controliren,
ob dies auch e x a c t geschieht, um eventuell sofort selbst wieder **die**
Behandlung zu übernehmen.

Starkes Oedem des oberen Lides, das zuweilen das Lidrandeczem
complicirt, verschwindet meistens bald, wenn man die freie Lidfläche
täglich mit der **Breite** des Höllensteinstiftes energisch überfährt und
nachher durch Kochsalzlösung neutralisirt. Ist wesentlich nur noch
starke Verdickung des Lidrandes zurückgeblieben, so streicht man alle
24 oder 48 Stunden einmal Jodtinctur mit gut ausgedrücktem Pinsel
auf die verdickten Stellen, wobei sorgfältig darauf zu achten ist, dass
Nichts davon in den Conjunctivalsack fliessen kann. Man meidet desshalb am besten die Gegend der Augenwinkel, von denen man etwa
$\frac{1}{2}$ Centimeter entfernt bleibt.

Die Wimpern, deren Haarbälge herausgeeitert sind, regeneriren
sich nicht wieder; die Augen sind desshalb zeitlebens empfindlich **gegen**
Rauch, kalten Wind und namentlich Staub, sobald **dies in grösserer**
Ausdehnung geschehen ist. Die Lidränder bleiben **dann** geröthet und
die Conjunctiva, die des Schutzes der Wimpern gegen mechanische
Schädlichkeiten entbehrt, pflegt abnorm zu secerniren, alles Zustände,
die nur zum Theil wieder gut gemacht werden können. Auch das Lidrandeczem wird nicht selten diphtheritisch und führt dann die schliessliche Narbenbildung zur Einwärtswendung einzelner Wimpern (p a r t i e l l e
T r i c h i a s i s und p a r t i e l l e s E n t r o p i u m).

Die **Seborrhoe der** Lidränder kommt häufig zusammen vor mit
der gleichen Affection des behaarten Kopfes (Schuppenbildung). Wie
diese ist sie vorwiegend eine Krankheit der Pubertätszeit und der darauf

folgenden Periode, wird aber oft auch noch im späteren Alter angetroffen. Namentlich blonde Individuen mit zarter Haut disponiren dazu.
Die Seborrhoe zeigt sich als leichte Verdickung und Röthung der Lidränder, namentlich am oberen Augenlid, etwa in der Ausdehnung von
4 mm. An der Basis der Wimpern, diesen ziemlich fest anhaftend.
findet man weissliche oder gelbliche Schüppchen, oft erst recht bemerkbar, wenn man sie mit dem Finger vom Ciliarrande losreibt, zuweilen
aber auch sehr reichlich. Es ist dies das abnorm vermehrte Secret
der Talgdrüsen um die Wimpern. Zuweilen ist es mehr ölig, erst
weiterhin zu gelben Krusten vertrocknend: Seborrhoea fluida. Bei
reiner Seborrhoe kommt es unter den Schuppen nicht zur Geschwürsbildung; dadurch und durch den sehr chronischen Verlauf unterscheidet
sich die Affection vom Lidrandeczem. Nur wenn die Seborrhoe sehr
arg vernachlässigt ist, bilden sich unter den zersetzten Krusten Geschwürchen; dann ist sie vom Eczem kaum noch zu unterscheiden und
bis zur Heilung der Geschwüre auch wie dieses zu behandeln.

Die Wimpern sind bei der Seborrhoe im Gegensatz zum Eczem.
fein, wie verkümmert, oft stark nach auswärts gekrümmt; sie pflegen
leicht auszufallen, regeneriren sich aber wieder, da die Haarbälge erhalten bleiben.

Die subjectiven Symptome sind oft recht unbedeutend; doch besteht meist ein chronischer Reizzustand der Augen mit mehr oder
weniger Empfindlichkeit und asthenopischen Beschwerden (siehe Seite 29);
häufig sind Exacerbationen mit Brennen und Beissen der Augen, namentlich wenn Bröckel des vertrockneten Secretes oder Schüppchen in den
Conjunctivalsack gerathen und dort als Fremdkörper wirken. Am
ehesten noch treibt bei reiner Seborrhoe die manchmal recht auffällige
und hässliche Röthung der Lidränder den Patienten zum Arzt.

Es ist. namentlich von England aus, darauf aufmerksam gemacht worden,
dass sehr häufig Complication der Seborrhoe mit Hypermetropie vorkomme, und man
hat desshalb letztere für die Ursache erklärt. Ja man hat sogar behauptet, dass
durch entsprechende Convexbrillen die Seborrhoe zur Heilung gekommen sei. In
solchen Fällen machte eben die Hypermetropie die subjectiven Beschwerden,
die den Patienten zum Arzt führten, das richtige Glas beseitigte die lästigen
Symptome, aber die Seborrhoe selbst wurde dadurch nicht beeinflusst. Im Uebrigen
kommt bei uns Myopie mindestens ebenso häufig bei Seborrhoe vor, wie Hypermetropie.

Die Therapie besteht in sorgfältiger Reinigung der Lidränder mit
recht warmem Wasser; die Krüstchen und Schüppchen müssen, event.
vor dem Spiegel, entfernt werden. Sind sie mit einem feinen Schwämm-
chen gut aufgeweicht, so genügt es, wenn der Patient mit dem un-

wickelten Finger einigemale recht energisch die Augen ausreibt. Die durch das warme Wasser bedingte Congestion ist in einigen Minuten vorüber, und man bestreicht dann den Lidrand nur ganz leicht mit einer fetten Salbe. Es kann zur Anwendung kommen: Zinksalbe (0,5:10,0), gelbe Quecksilberoxyd- oder weisse Praecipitatsalbe (beide 0,1:10,0) mit Unguentum leniens als Constituens. Besonders gerühmt wird eine Salbe mit Turpethum minerale (basisch schwefelsaurem Quecksilberoxyd): Rp. Turpeth. mineral 0,1, Butyr. Cacao und Ol. olivar. ää 6,0 f. ungt. (Horner). Alle diese Salben müssen mindestens 6 bis 8 Wochen genau angewendet werden, in leichten Fällen einmal, in schwereren zweimal im Tage; Recidive sind häufig. In sehr chronischen Fällen können auch Theerpräparate oder Jodtinctur nothwendig werden, wie bei der Lidverdickung nach chronischem Eczem des Lidrandes.

Etwa gleichzeitig vorhandene Refractionsanomalien sind natürlich entsprechend zu behandeln; wie schon erwähnt, sind die subjectiven Symptome oft durch derartige Complicationen bedingt, und desshalb ist immer nach solchen zu fahnden.

Sowohl Acne vulgaris, als Acne rosacea kommen an den Lidern vor, doch in etwas abweichender Form, wesshalb diese Affectionen gewöhnlich andere Namen führen. Die Acne vulgaris tritt namentlich zur Pubertätszeit auf, macht mehrere Eruptionen hinter einander, in kurzen Zwischenräumen und wird als Hordeolum (Gerstenkorn) bezeichnet. Das Bindegewebe um eine verstopfte Talgdrüse des Lidrandes vereitert oft unter recht heftigen Erscheinungen. Unter stechenden Schmerzen bildet sich rasch eine mehr oder weniger heftige Schwellung und Röthung des Lides, am stärksten, wenn das Hordeolum am äusseren Lidwinkel sitzt, wobei oft starkes Oedem der Conjunctiva vorhanden ist. Fährt man mit dem Finger leicht drückend über den Lidrand, so ist eine Stelle entsprechend dem Sitz der Entzündung besonders empfindlich. In der grossen Mehrzahl der Fälle entleert sich nach 2 oder 3 Tagen der gebildete Eiter von selbst, oft nach vorausgegangener Steigerung der die Nachtruhe störenden Schmerzen; in seltenen Fällen bleibt noch längere Zeit eine harte Stelle zurück, die allmälig verschwindet oder in eine der bei der Acne rosacea zu erwähnenden Formen übergeht.

Sobald sich der Eiter gebildet hat, etwa nach 36 Stunden vom Beginne an, kann man mit einem Einstich (am besten, wenn sich das Lid noch umklappen lässt, von der Conjunctivalseite aus und wegen des Verlaufs der Meibom'schen Drüsen senkrecht auf den Lidrand) momentan die Schmerzen abschneiden. Dies ist aber selber sehr schmerzhaft und man wird sich meistens darauf beschränken, durch warme Bleiwasserüberschläge (Seite 5) den spontanen Aufbruch zu beschleunigen.

Begünstigt wird das Auftreten der Gerstenkörner durch Alles, was Verstopfung der Talgdrüsen am Lidrand begünstigt. Wir finden desshalb häufig Seborrhoe, die natürlich zur Verhinderung von Recidiven sorgfältig behandelt werden muss, und ebenso oft werden zahlreiche Comedonen auf Stirne und Nase gleichzeitig angetroffen, die anzeigen, dass die Reinigung des Gesichtes in ungenügender Weise vorgenommen wird. In letzterem Falle ist warmes Seifenwasser am Platze.

Man hat sich namentlich zu hüten, dass man das Hordeolum nicht für etwas Schlimmeres ansieht, wozu die Heftigkeit der subjectiven und objectiven Symptome den Ungeübten zuweilen verführen können. Das völlige Intactsein des Auges selbst und die auf einen bestimmten Punkt concentrirte Schmerzhaftigkeit führen zur richtigen Diagnose.

Die der Acne rosacea entsprechende Affection des Augenlides wird gewöhnlich Chalazium (Hagelkorn) genannt. Während das Hordeolum in einer acuten eitrigen Entzündung des Bindegewebes um eine Talg- oder Meibom'sche Drüse besteht, findet beim Chalazium chronische Entzündung mit Bildung von Granulationsgewebe an gleicher Stelle statt. Die Verwandtschaft mit der Acne rosacea wird häufig durch das gleichzeitige Vorkommen dieses Processes an anderen Stellen, besonders an Nase und Wange dargethan, ebenso dadurch, dass bei beiden das spätere Lebensalter das bevorzugte ist. Beim Chalazium sind vorwiegend die Meibom'schen, beim Hordeolum die Talgdrüsen des Lidrandes ergriffen.

Der Beginn ist zuweilen, wie beim Hordeolum; es bleibt aber eine harte Stelle zurück, die sich langsam vergrössert. Meist ist der Anfang unmerklich, doch sind kleine Entzündungsschübe im Verlaufe sehr häufig. Das Chalazium bildet bis nussgrosse Geschwülste im Tarsaltheil der Augenlider, über denen die etwas geröthete, sonst normale Haut leicht verschieblich ist, die aber auf dem Tarsus unbeweglich aufsitzen. Nicht selten sind sie mehrfach vorhanden und über alle vier Augenlider vertheilt. Die Geschwülste sind von einer bindegewebigen Membran überzogen, deren rückwärtsliegenden Theil der Tarsus bildet, und bestehen aus Granulationsgewebe (häufig mit Riesenzellen) von verschiedener Consistenz; öfter ist in der Mitte ein Tröpfchen Eiter vorhanden. Zuweilen ist der Inhalt vollständig flüssig, klar und von gelber Farbe (Meliceris, Honiggeschwulst).

Die Chalazien sind durchaus gutartige Geschwülste, die nur durch das Aussehen, allenfalls einmal durch ihr Gewicht lästig sind. Ihre Entfernung kann nur operativ geschehen. Sind sie klein, so eröffnet man sie am besten von der Conjunctivalseite her mit einem senkrechten Einstich; der Inhalt muss aber sorgfältig und vollständig ausgedrückt oder mit einem kleinen Löffel ausgekratzt werden, sonst schliesst sich die Wunde, und die Geschwulst wächst von Neuem. Die Höhle mit Höllenstein oder mit einem kleinen Glüheisen auszubrennen, ist nicht nöthig, aber schmerzhaft. Auch wenn alle Granulationsmasse entfernt ist, pflegt sich die Stelle doch noch hart anzufühlen, weil meist die Höhle prall mit Blut gefüllt ist. Dieses verschwindet aber in einigen Tagen unter der Anwendung von Bleiwasserüberschlägen.

Sind die Chalazien über kirschkerngross, so werden **sie besser**, weil vollständiger, **von** aussen entfernt. Nachdem Cocain eingeträufelt und eine K n a p p'sche Lidklemme (**Fig.** 3, Seite 8) eingelegt und festgeschraubt ist, macht man einen queren Hautschnitt über die ganze Geschwulst und präparirt sie, ohne die bindegewebige Kapsel anzuschneiden, bis zum Tarsus frei. Dann **wird** das Messer in der Ebene des Tarsalknorpels flach durchgestossen **und** Alles soviel als möglich in einem Stücke weggeschnitten. Etwa **zurückbleibende** Reste entfernt man am besten mit flachen Scheerenschnitten oder durch Wegkratzen. Eine oder zwei feine Hautnähte sind nur **bei** grösseren Geschwülsten nöthig. Wollte man auch die Rückwand des Chalazium mitentfernen, so müsste man ein Loch in den Tarsus schneiden und würde fast ausnahmslos auch die Conjunctiva fenstern; **es** ist dies **zwar** ohne weitere Folgen, sollte aber doch vermieden werden. Wenn nach der kleinen Operation gut mit Borsäure- oder Carbolsäurelösung ausgewaschen wurde, so ist ein Verband meist unnöthig, da quere Lidwunden nicht klaffen.

Die so wirksame Behandlung der Acne mit Schwefel und Campher (Flor. sulfur. 50,0; Camphor. trit. 2.0; S eine Messerspitze voll mit etwas Wasser angerührt über Nacht aufzulegen und Morgens mit warmem Seifenwasser abzuwaschen) lässt sich leider an den Augenlidern nicht anwenden; dagegen ist sie nie zu versäumen, wo gleichzeitig mit Chalazium Acne rosacea im Gesichte vorhanden ist.

Atherome sind an den Augenlidern recht selten; sie sind meistens angeboren und haben dann ihren Sitz da, wo zwei Knochen durch Nähte mit einander verbunden sind, namentlich zwischen Stirnbein und Nasenbein und zwischen Stirnbein und Jochbein. Fast immer sind sie an diesen Stellen mit dem Periost fest verwachsen, was bei der Entternung zu berücksichtigen ist. Selten überschreiten sie die Grösse

einer Kirsche. Ihr Inhalt ist der gewöhnliche; doch kommen auch alle
Uebergänge zu wirklichen Dermoidcysten mit Papillarkörper und
Haaren vor. Zuweilen ist an der betreffenden Stelle eine Knochenlücke
vorhanden.

Sehr häufig findet man Milien an der Haut der Augenlider, verstopfte und ausgedehnte Drüschen von Stecknadelkopfgrösse und darüber, deren dünne Decke den weisslichen oder gelblichen Inhalt, bestehend in fettig degenerirten Epithelien und Cholestearin, durchschimmern lässt. Man ritzt sie mit der Messerspitze an und drückt
sie aus, wobei nicht einmal ein Tröpfchen Blut fliesst, da ihre epitheliale
Decke keine Capillaren enthält. Kleine wasserhelle Epithelbläschen
am freien Lidrand, die das Gefühl eines Fremdkörpers verursachen, sind
überaus häufig; durch Anstechen mit einer Nadel werden sie beseitigt.

Der Herpes febrilis an den Augenlidern zeigt keine Eigenthümlichkeiten; wichtiger ist der allerdings seltene Herpes zoster. Fast
immer ist der erste Ast des Trigeminus betroffen. Im Anfang ähnelt
die Affection einem Erysipel, wofür sie auch meist gehalten wird. Das
obere Lid und die Stirne bis an die behaarte Kopfhaut sind geröthet
und geschwollen, eventuell auch der Nasenflügel unterhalb des Nasen-
beins (Verlauf des Nasenastes des Nervus nasociliaris). Die Schmerzen
sind sehr verschieden, meist aber viel heftiger, als bei Erysipel; das
Fieber ist, wo vorhanden, viel mäfsiger, und die Affection schneidet
genau in der Mittellinie ab. Ebenso fehlt natürlich das Wandern. Schon jetzt lässt sich oft eine Temperaturdifferenz der ergriffenen
und gesunden Seite constatiren und ist mehr oder weniger vollständige
Anaesthesie der erkrankten Hautparthie vorhanden. Nach einigen
Tagen kommt es zu Herpeseruptionen im Gebiet des afficirten Nerven,
mit öfteren Nachschüben; der Inhalt der Bläschen vertrocknet zu bräunlichen Krusten, unter denen sich tiefe Geschwüre bilden, die nur langsam heilen und bleibende strahlige Narben zurücklassen. Im ganzen
Verlaufe steigern sich die neuralgischen Schmerzen häufig zu uner-
träglicher Höhe, und diese quälenden Neuralgien können noch Jahre
lang zurückbleiben, nachdem alle Entzündungserscheinungen längst abgelaufen sind und nur noch die characteristischen Narben der einen
Stirnhälfte die vorausgegangene Erkrankung erkennen lassen. Häufig
ist die Hornhaut miterkrankt, wovon später.

Als anatomische Grundlage wurde Entzündung des Ganglion Gasseri
und ciliare, sowie der zu denselben führenden Nerven nachgewiesen
(Sattler).

Die Therapie ist ziemlich ohnmächtig: während des Verlaufes Morphiuminjectionen bei allzu heftigen Schmerzen. Auch gegen die zurückbleibenden Neuralgien bleibt Electricität und sogar die Nervendurchschneidung oft erfolglos; auch hier sind gelegentliche Morphiuminjectionen fast das einzige, was man zur Linderung der Leiden thun kann, die schon mehrfach zu Selbstmord geführt haben. Glücklicherweise sind wenige Fälle so hartnäckig, und ausnahmsweise verläuft auch einmal einer in relativ kurzer Zeit.

Erysipel zieht bekanntlich sehr häufig über die Augenlider hinweg, die dabei unförmlich anschwellen; nicht selten ist hier die Form des Erysipelas bullosum und gangränosum. Es können secundäre Abscesse in den Augenlidern auftreten, zuweilen auch Infiltration, Thrombosirungen und Eiterungen in der Orbita, die durch Compression und Atrophie des Sehnerven oder Vereiterung des Auges dessen bleibenden Verlust verursachen können.

Abscesse der Lider aus anderen Gründen, ausgenommen Verletzungen, gehören zu den grössten Seltenheiten, wenn man die Fälle begreiflicherweise ausschliesst, wo der Eiter von Periostitis oder Caries der Orbitalwände oder von einer perforirten eitrigen Thränensackentzündung herrührt.

Insectenstiche (Bienen, Wespen u. s. w.) machen ähnliche Erscheinungen, wie ein Hordeolum, nur concentriren sich die Symptome um die Stichstelle; die Behandlung (Bleiwasser) ist die gleiche.

Die Milzbrandinfection, **Pustula maligna,** Oedema malignum, localisirt sich relativ häufig an der zarten Haut der Augenlider. Ihr Verlauf ist derselbe, wie an anderen Orten; doch kommt es oft zu brandiger Zerstörung der Lider in so hohem Mafse, dass das Auge wegen mangelnder Bedeckung zu Grunde gehen kann. Leider lässt sich die locale energische Desinfection oft nicht in der gern gewünschten Ausdehnung anwenden, da man fürchten muss, allzuviel zu zerstören; die Aetzwirkung in dem lockeren, verschieblichen Bindegewebe lässt sich nicht immer genügend einschränken. Ausbrennen und antiseptische Umschläge mit $3\frac{1}{2}\,^0/_0$iger Bor- oder $2\frac{1}{2}\,^0/_0$iger Carbolsäure sind auch hier am Platze. Die nach der Heilung restirenden ausgedehnten Substanzverluste erfordern oft umständliche plastische Operationen in grossem Mafsstabe, die natürlich je nach dem einzelnen Falle sehr verschieden auszuführen sind. Einige Anhaltspunkte hierfür sind am Schlusse dieses Kapitels zu finden.

Brandige Zerstörung des unteren Augenlides ist als Theilerscheinung von **Noma** eine schwere Complication acuter Infectionskrank

heiten, namentlich des Typhus abdominalis und der Masern. Bei dem
fast immer tödlichen Verlaufe kann meist nur von symptomatischer
Behandlung die Rede sein. Kommt ein Fall zur Heilung, so gilt das
nämliche, wie nach geheilter Pustula maligna. Gelegentlich kommt
spontane Lidgangraen allein als Nachkrankheit acuter Infectionskrankheiten vor. So sah ich nach Masern bei einem einjährigen Kinde
einen Theil der Hautfläche beider Lider gangraenesciren; die Affection
heilte mit tiefen Narben ohne grosse Entstellung, da die freien Lidränder verschont blieben.

Zu erwähnen wäre auch, dass bei **Variola** nicht selten Pusteln
am freien Lidrande vorkommen, die später an der betreffenden Stelle
eine Einwärtskehrung des Lides (partielles Entropium) mit Einwärts-
stellung der Wimpern, die beständig auf dem Auge reiben (Trichiasis),
verursachen. Zur Beseitigung der dadurch hervorgebrachten Störungen
genügt es meist nicht, die Wimpern mit der Cilienpincette auszu-
reissen, da sie immer wieder nachwachsen; meist ist eine kleine Operation nothwendig, wovon später.

Kleine **Warzen** am Lidrande sind recht häufig; wo sie belästigen,
halte man sich nicht lange mit Aetzen auf, sondern schneide sie aus.
Das Nämliche gilt für kleine gutartige **Tumoren** aller Art, von denen
namentlich Teleangiectasien und cavernöse Tumoren, letztere
manchmal gestielt, Naevi pigmentosi und vasculosi, in seltenen
Fällen auch Cornu cutaneum, Fibroma molluscum, plexiformes Neurom u. s. w. an den Augenlidern vorkommen. Die Ge-
fässgeschwülste aller Art sind recht häufig angeboren, oft von kleinen
Anfängen zu einer gewaltigen Ausdehnung anwachsend. Wenn desshalb ein Wachsthum derselben constatirt ist, so empfiehlt sich möglichst frühzeitige Entfernung. Zuweilen genügt mehrfaches Durch-
stechen mit glühenden Nadeln, wonach Schrumpfung eintritt; Aetzungen,
Ergotininjectionen und was dergleichen Surrogate weiter sind, können
weniger empfohlen werden.

Der freie Lidrand ist ein Lieblingssitz für das **Epithelialcarcinom,**
das an seinem characteristischen Aussehen leicht zu erkennen ist. Eine
Verwechselung ist einzig möglich mit dem primären syphilitischen
Geschwür, dem harten Schanker, der in sehr seltenen Fällen gleichfalls am freien Lidrande beobachtet wird. Anamnese und Verlauf werden bald die richtige Diagnose stellen lassen; weniger mafsgebend ist
das Alter, da das Cancroid, besonders im inneren Augenwinkel, auch
bei jugendlichen Individuen vorkommt. Bei genauem Zusehen nach
vorheriger sorgfältiger Reinigung des Geschwürsgrundes wird man

jedoch die Comedonen-ähnlichen, weisslichen Epithelzapfen des Cancroids erkennen. In zweifelhaften Fällen ist eine kurze Beobachtungszeit oder der Versuch einer antispecifischen Behandlung gestattet. Lymphdrüsenschwellungen können bei beiden Affectionen vorhanden sein. Für die Entfernung eines Cancroids ist natürlich rücksichtsloses Operiren im Gesunden erstes Gebot; doch ist dies zuweilen recht schwierig, namentlich bei Geschwülsten im inneren Augenwinkel, welche relativ früh die Knochen ergreifen und im Thränensack, auch in der Nasen- und Highmore's Höhle weiterwuchern. Desshalb pflegen sie auch hier häufig zu recidiviren, während bei frühzeitig und energisch vorgenommener Entfernung von Cancroiden am freien Lidrand vielfach Heilungen beobachtet worden sind. Fast immer wird eine grössere Plastik die Operation beschliessen müssen, wovon später.

Häufiger als das Ulcus durum ist an den Lidrändern das Ulcus molle, das bei seinem characteristischen Aussehen nicht zu verkennen ist; seine Behandlung ist die gleiche wie an anderen Orten, natürlich mit Berücksichtigung des Auges. Ebenso werden aller Art secundär syphilitische Hauterkrankungen, sowie Gummata an den Lidern beobachtet.

Lupus in seinen verschiedenen Formen, meist als Theil eines Gesichtslupus, ist an den Augenlidern keine seltene Erscheinung. Er kann zu den umfänglichsten Narbenbildungen mit Verlust der Augenlider und Blosslegung der Conjunctiva und des Auges führen. Seine Behandlung ist dieselbe, wie anderswo. Etwa wünschbare plastische Operationen gelingen bei dem schlechten Operationsboden nur schwierig; natürlich dürfen sie erst nach vollständiger Heilung der lupösen Affection gewagt werden. Auch Lupus erythematodes kommt an den Augenlidern vor (Schmetterlingsform).

Eine den Augenlidern eigenthümliche Geschwulstbildung ist das sogenannte Xanthelasma. Bei bejahrten Leuten, namentlich Frauen im Klimacterium, bildet sich zuerst am oberen Lid gegen den inneren Augenwinkel hin, später auch am unteren eine wenig prominirende, leicht höckerige, schmutziggelbe oder schmutzig orangefarbene Anschwellung, die mit der Haut verschieblich und gegen die Nachbarschaft gut begrenzt ist. Diese „Flecken" vergrössern sich im Laufe der Jahre mit vorwiegender Ausdehnung in die Quere des Lides ohne Schmerzen und ohne irgend welche weiteren Beschwerden und können schliesslich namentlich am oberen Lid den grössten Theil der freien Fläche der Lidhaut einnehmen. Zuweilen auch bilden sich von der Ausgangsstelle getrennte Heerde, die später confluiren; meist geschieht

die Entwickelung lediglich in continuo. Vom freien Lidrand und von
den Augenbrauen bleibt das Xanthelasma immer mindestens 5 mm entfernt. Die Affection ist stets doppelseitig, wenn auch nicht an beiden
Augen genau zur gleichen Zeit beginnend und desshalb von verschiedener
Ausdehnung; das obere Lid ist das erstergriffene und zeigt auch bei
weitem umfangreichere Entwickelung des Xanthelasma, als das untere.

Untersucht man feine Schnitte nach vorausgegangener Tinction mit dem
Microscop, so sieht man zwischen feinen Fasern eingebettet grosse, feinkörnige,
mit zahlreichen Kernen versehene Protoplasmaklumpen oft von recht bizarren
Formen. Aus dem Vergleiche zahlreicher Schnitte mit einander ergibt sich, dass
die capillaren Bindegewebsspalten stark erweitert und mit diesem kernhaltigen
Protoplasma, in dem sich keine einzelnen Zellen abgrenzen lassen, ausgefüllt sind.
Dadurch, dass die Schnitte bald senkrecht, bald schräg fallen, werden die Formen
grosser vielkerniger Zellen vorgetäuscht. An anderen, offenbar den ältesten Stellen,
fehlt das Protoplasma; wir finden nur wirr durcheinanderlaufende, stark licht-
brechende Fasern, die in dickeren Schichten deutlich gelbe Farbe zeigen. An der
Peripherie kann man oft deutlich sehen, wie die Protoplasmamasse spitze Ausläufer
in's normale Bindegewebe vortreibt, ähnlich der continuirlichen Vergrösserung beim
Epithelialcarcinom. Offenbar handelt es sich um eine Erkrankung des capillaren
Lymphapparates, das scheinbare Protoplasma ist geronnene Lymphe und die Kerne
desselben sind diejenigen von eingeschlossenen Lymphkörperchen und von Endothelien, die sich losgelöst haben; nicht selten kann man an ihnen Kerntheilungen
in ihren verschiedenen Stadien beobachten. Stellenweise kommt es zur Verfettung
und Resorption, während an anderen Orten die Veränderung weiterschreitet. Wir
haben es demnach mit einem localen Processe zu thun, der mit gewissen elephan-
tiastischen Vorgängen eng verwandt ist. Auch Perivasculitis und Endarteriitis
wurde an den betreffenden Stellen gefunden.

Die Affection ist absolut harmloser Natur und bringt wesentlich
kosmetische Nachtheile. Auf Wunsch der Patienten ist man aber
immerhin berechtigt, die Stellen zu excidiren, da dies ganz gefahrlos
geschehen kann. Kleinere Partieen exstirpirt man so knapp als möglich, bei grösseren hüte man sich, zuviel zu entfernen, weil sonst die
Lider nicht mehr völlig geschlossen werden können. Man schneide eine
quere Ellipse aus dem Xanthelasma heraus, nachdem man sich durch
Aufheben einer entsprechenden Falte vorher vergewissert hat, dass auch
bei Fehlen des betreffenden Stückes ein bequemer Lidschluss möglich
ist. Die stehengelassenen Partieen normalisiren sich zum Theil; im
schlimmsten Falle kann man später, wenn die Haut nachgiebiger geworden ist, auch den Rest entfernen. Mit 2 oder 3 feinen Hautnähten
und einem antiseptischen Verband ist die Wunde in 48 Stunden geheilt.
Nie mache man die Operation auf beiden Augen gleichzeitig, damit
immer ein Auge noch benutzt werden kann. Vernünftige Patienten
können ambulatorisch operirt werden.

Als Seltenheiten wären noch **Ichthyosis** und wirkliche **Ele-**
phantiasis der Lider zu nennen, die colossale Geschwülste verursachen kann; **Lepraknoten** haben einen Lieblingssitz in **Lidern** und
Augenbrauen. Auch **leukämische Tumoren** der Lider kommen
gelegentlich zur Beobachtung u. s. w.

Von **Parasiten** an den Lidern sind zu erwähnen der **Phthirius**
pubis, dessen „Nissen" **die** Cilien wie schwarz bestäubt **erscheinen**
lassen und der **Cysticercus cellulosae**, dessen **Diagnose aber**
selten mit Sicherheit zu machen ist; meist wird **er wohl für** einen
Abscess oder ein Atherom gehalten und erst bei der Operation **erkannt,**
wenn die bläulich durchscheinende, kirsch- bis **nussgrosse,** meist in
etwas Eiter schwimmende Blase entleert **wird. Gegen** Phthiriasis ist
sorgfältige Reinigung und graue **Salbe am Platze.**

Lidoedem, seröse Schwellung des ganzen Lides, **oft mit mehr oder**
weniger zelliger Infiltration, ist meist **nur** eine secundäre **Erscheinung.**
Erkrankungen der Lidhaut (Hordeola, Insectenstiche), **der** Conjunctiva,
der benachbarten Knochen, des Thränensackes **sowie der Orbita können**
Lidoedem veranlassen; in letzterem Falle wird die Lidschwellung scharf
durch die Orbitalränder **begrenzt. Lidoedem** darf nicht mit stärkerer
Prominenz des Bulbus verwechselt werden, die gerade bei Orbitalerkrankungen nicht selten gleichzeitig vorhanden ist. Sehr **selten** wird
oedematöse Verdickung der Lider als selbständige Erkrankung angetroffen; manchmal **hatte sehr** intensive Kälte vorher längere Zeit auf
die Lider eingewirkt, **in** andern Fällen **war** keine Veranlassung zu
eruiren. Wenn Bepinselung mit Jodtinctur **nicht** zum Ziele führt, kann
die Excision einer queren Hautfalte nöthig **werden.**

Spontanes **Lidoedem** wird **nicht** selten **bei hochgradig**
Anaemischen, **sowie** bei **Nierenleidenden** angetroffen; **ebenso**
bildet es ein **Frühsymptom** bei **Trichinose.**

Nicht zu verwechseln mit Lidoedem **ist eine** meist beiderseits **auf-**
tretende diffuse Lipombildung des obern Lides, sogenannte **Ptosis adiposa.**
Anfangs scheint das Lid nur verdickt zu sein, später bildet **sich** eine
mehr abgegrenzte, rundliche, **weich** anzufühlende **Erhabenheit.** Wenn
das Lipom weiter wächst, so hängt **das** obere Lid sackförmig **über die**
Wimpern herüber, **ist** in seiner Bewegung gehemmt und kann Sehstörung verursachen. Zuweilen schimmert das Fettgewebe **mit** gelblicher
Farbe durch die **verdünnte** Lidhaut **durch,** in andern Fällen ist letztere
normal oder **mässig geröthet.** Nur eine Operation kann Heilung bringen,
die natürlich, so lange es sich nur um kosmetische Nachtheile handelt,
nur auf Wunsch **des** Patienten auszuführen ist. Mit zwei flachen **Bogen-**

schnitten umschneidet man querelliptisch die überschüssige Haut
und entfernt sie mit dem neugebildeten Fettgewebe. Man hüte sich,
allzuviel von letzterem zu entfernen, das sich fortwährend von
allen Seiten in die Wunde vordrängt, desinficire gut, lege einige
Hautnähte an und mache einen festliegenden antiseptischen
Verband, um eine Nachblutung in die Wundhöhle zu verhindern. Während kleinere Geschwülste ambulatorisch operirt werden können, ist bei
grösseren 2—3 tägige Bettruhe wünschenswerth. Chloroform ist meist
nicht nöthig. In 3 bis 4 Tagen pflegt die Heilung vollendet zu sein;
kommt es zur Eiterung, was allerdings nicht eintreten sollte, so kann
dieselbe durch Fortpflanzung in die Orbita höchst unliebsame Dimensionen annehmen. Desshalb ist strenge Antisepsis und eher etwas zu
viel Vorsicht geboten.

Lähmung des obern Lides (Ptosis, Herabgefallensein) kommt vollständig und unvollständig vor; sie kann angeboren sein und ist dann
zuweilen Folge des vollständigen Fehlens des Musculus levator palpebrae
superioris. Meist ist sie alleinige oder Theilerscheinung einer Oculomotoriuslähmung. Bleibt die entsprechende Behandlung: Jodkalium.
Electricität u. s. w. erfolglos, so bleibt als Palliativmittel die Operation, die natürlich bei der angeborenen Ptosis das einzige Auskunftsmittel ist. Man verkürzt das Lid durch Ausschneiden einer queren
Hautfalte in solcher Ausdehnung, dass gerade noch ein genügender
Verschluss der Lidspalte möglich ist; es ist desshalb nöthig, sich den
Hautschnitt vorzuzeichnen, um sicher zu gehen. Eine Verkürzung
des Levator palpebrae ist schwierig auszuführen und natürlich nur da
möglich, wo ein solcher vorhanden ist. Sie kann sehr günstig wirken bei
unvollständiger Lähmung, bei der man aber selten zu operiren nöthig
hat, und nur da, wo eine definitive Heilung auszuschliessen ist. Bei
completer Ptosis leistet die Operation nicht mehr als die einfache Excision einer Hautfalte.

Eine besondere Form unvollständiger Ptosis ist die bei Sympathicuslähmung; meist ist gleichzeitig Miosis, einseitiges Schwitzen u. s. w.
vorhanden (siehe Seite 50).

Lähmung des Orbicularis palpebrarum führt allmälig zu
Auswärtswendung des untern Lides mit Verlängerung desselben. Durch
den mangelhaften Anschluss des Augenlides an den Bulbus kommt es
zu Thränenträufeln, ungenügendem Schutz des Auges gegen äussere
Einflüsse und Traumen und theilweisem Offenbleiben desselben im
Schlafe: Hasenauge oder Lagophthalmus. Es kann schliesslich eine
Operation nöthig werden (siehe unten Seite 90).

Tonischer Krampf des Orbicularis palpebrarum (**Blepharospasmus**) ist fast immer eine Folge von Erkrankung oder Verletzung der Conjunctiva und namentlich der Hornhaut und verschwindet mit der Heilung dieser. Klonische Krämpfe dieses Muskels: **Nictitatio** bilden dagegen eine eigenthümliche Krankheit. In leichten Fällen kommt es anfallsweise zu minutenlangen Zuckungen, namentlich des untern Augenlides, die ein lästiges, zupfendes Gefühl hervorrufen. Sie können mehrmals im Tage oder in grösseren Zwischenräumen auftreten. Im Anfang kann nicht selten eine **Lid-** oder Conjunctivalkrankheit als Ursache eruirt werden, mit deren Beseitigung die Nictitatio aufhört; oft aber ist das aetiologische Moment völlig unklar. In schweren Fällen schliesst sich an das Zucken der Lider krampfhafter **Verschluss** derselben, Mitbetheiligung des andern Auges, des Nervus facialis u. s. w. an, ja es kann sogar der Sterno-cleido-mastoideus in Mitleidenschaft gezogen werden. Diese oft minutenlang dauernden, ohne vorausgehende **An**kündigung mitten in der Beschäftigung auftretenden Krämpfe **können** höchst störend sein. Zuweilen können die krampfhaft geschlossenen Lider vom Patienten noch mit Hülfe **der** Finger gewaltsam geöffnet werden, in andern Fällen ist dies nicht **möglich.**

Die Prognose ist um so besser, **je** jünger das Individuum ist, je kürzer die Krankheit besteht, und je sicherer eine bestimmte Ursache nachgewiesen werden kann; das Aufsuchen der letzteren ist demnach die erste Aufgabe der Therapie. Geschwüre an den Lidrändern, Excoriationen an den Lidwinkeln, Trichiasis, gelegentlich einmal ein vergessener Fremdkörper im Conjunctivalsack können Nictitatio verursachen; zuweilen besteht gleichzeitig ein schmerzhafter Druckpunkt an irgend einem auch entfernter gelegenen Nervendurchtritt, oder Druck auf einen solchen hebt den Krampf momentan auf. Manchmal macht es **schon** Schwierigkeiten, **das Auge** herauszufinden, an dem der Krampf beginnt. Obschon die Krämpfe sicherlich reflectorisch sind, so kann nach längerer Dauer das Uebel auch nach Beseitigung **der** ursprünglichen Ursache bestehen bleiben. Bei alten Leuten und höheren Graden ist die Prognose überhaupt schlecht. Leichte Formen **in früheren** Jahren verschwinden oft **nach** einiger Zeit von **selber.**

Die Therapie besteht dem entsprechend **in der Heilung des nach**gewiesenen aetiologischen Momentes, **eventuell in einer** Neurotomie **bei** ausgesprochenem Druckpunkte. **Lassen die localen Mittel** im Stich oder ist keine locale Ursache **zu eruiren,** so hat zuweilen noch die Anwendung des constanten Stroms Heilung **gebracht; viele** Fälle sind unheilbar.

Von **Neuralgien,** die dem Augenarzt zukommen, ist bei weitem die häufigste die des Supraorbitalnerven. Sie kann sehr verschieden in Auftreten und Heftigkeit sein, bis zu Thränen und Röthung des betreffenden Auges. Häufig, auch wenn nicht Malaria als Ursache angeschuldigt werden kann, was übrigens nicht selten der Fall ist, kommen die Anfälle zu bestimmten Zeiten täglich oder alle zwei und mehr Tage. In der Regel tritt die Neuralgie in den Morgenstunden auf. Von der typischen Migräne unterscheidet sie sich durch das Beschränktsein auf das Gebiet des Nerven, die blitzartig durchfahrenden Schmerzen und die Schmerzhaftigkeit bei Druck auf die Stelle, wo der Nerv unter dem obern Orbitalbogen heraustritt; Flimmern und Schwarzwerden vor den Augen, Brechneigung u. s. w. kommt bei beiden Affectionen vor. In vielen Fällen ist Chinin von Nutzen (Rp. Chinin. sulfuric., Sacch. aā 0,5; doses IV. S. Morgens und Abends ein Pulver), in andern der constante Strom, in sehr hartnäckigen die Neurotomie, am besten nicht subcutan, sondern mit Excision eines Nervenstückchens. In einer Anzahl von Fällen konnte Stirnhöhlencatarrh als aetiologisches Moment nachgewiesen werden und brachte methodische Anwendung der Nasendouche Heilung.

Neuralgien der übrigen dem Auge benachbarten Nerven sind viel seltener und meist auch viel hartnäckiger, als die des Supraorbitalis. Ihre Behandlung ist die gleiche, wie an andern Stellen auch.

Zu den Neurosen der Lider können wir auch rechnen das umschriebene Schwitzen (Ephidrosis) und den einigemale beobachteten blauen Schweiss derselben (Chromhidrosis); der Farbstoff ist Indigoblau.

Ausser den schon erwähnten Naevi und Teleangiectasien, sowie der angeborenen Ptosis trifft man noch einige andere congenitale Abnormitäten an den Lidern.

Zunächst den Epicanthus. Die sehr verbreiterte Nasenwurzel dehnt sich nach beiden Seiten als halbmondförmige Falte über den innern Lidwinkel aus, manchmal die Lidspalte nur zur Hälfte freilassend. Dadurch wird eine sehr eigenthümliche Physiognomie bedingt, die vom Laien gewöhnlich als „Schielen" bezeichnet wird, weil beim Fixiren ein Auge mehr oder weniger versteckt ist.

Ein geringer Grad von Epicanthus ist übrigens Regel beim Neugeborenen; sehr häufig findet sich beiderseits die verticale Falte am innern Winkel ganz deutlich sichtbar; abnorm wird sie erst, wenn sie wirklich einen Theil der Lidspalte überdeckt.

In der Mehrzahl der Fälle gleicht sich diese Abnormität mit fortschreitendem Wachsthum und zunehmender Prominenz der Nasenwurzel aus. Man beeile sich desshalb ja nicht mit einer Operation, deren hässliche Narbe auf dem Nasenrücken zeitlebens sichtbar bleibt, sondern warte damit bis mindestens zum 6. Lebensjahre; je länger, desto besser. Die Operation selber besteht im Ausschneiden eines senkrecht elliptischen Hautstückes auf dem Nasenrücken und sorgfältigem Vernähen, da die Fäden eine ziemlich beträchtliche Spannung auszuhalten haben.

Recht selten kommen angeborene Spaltbildungen: Colobome an den Lidern vor, zuweilen gleichzeitig mit andern Bildungsanomalien. z. B. Dermoiden am Auge oder in seiner Umgebung. Es sind dies mehr oder weniger tiefgehende Einkerbungen eines oder beider Lider ungefähr an der Stelle zwischen innerem und mittlerem Drittel der Lidspalte. Ihre Heilung erfordert eine Operation nach dem Princip der Hasenschartenoperation, damit nicht eine entstellende Einziehung im freien Lidrande zurückbleibt.

Zu erwähnen wäre noch eine Art von congenitaler Einwärtsdrehung des untern Lides eines oder beider Augen, als deren Ursache sich eine quere, vom äussern zum innern Lidwinkel etwa 6 mm unterhalb des freien Lidrandes ziehende Hautfalte ergibt. Die nicht mit der Spitze, sondern mit dem nach aussen gebogenen Schaft auf der Hornhaut reibenden Wimpern machen auffallend wenig Reizung. Für die Beseitigung gilt das gleiche, wie bei Entropium aus andern Ursachen.

Höchst wichtig für den practischen Arzt sind die Verletzungen der Lider. Am häufigsten sind Sugillationen, verursacht durch stumpfe Gewalt, das sogenannte „blaue Auge". In 8—14 Tagen pflegt bei Anwendung von kalten Umschlägen unter dem bekannten Farbenwechsel Alles geheilt zu sein, falls keine Complicationen bestehen. Sind gleichzeitig Hautschürfungen vorhanden, so kommt es nicht selten, wenn dieselben vernachlässigt werden, zu Abscessen. Zu beachten ist, dass auch bei stumpfer Gewalt häufig ganz glatte Hautwunden längs der Orbitalränder entstehen, indem die scharfe Knochenkante die dagegen gepresste Haut von innen heraus zerschneidet. Dies Verhalten ist namentlich in gerichtsärztlicher Beziehung wichtig.

Wird durch stumpfe Gewalt einer der Orbitalknochen subcutan gebrochen und damit eine der lufthaltigen Knochenhöhlen — Highmore's Höhle, Thränensack oder Nasenhöhle mit ihren verschiedenen Anhängen — eröffnet, so kommt es recht häufig zu Luftaustritt unter die Haut, zu subcutanem Emphysem, das beträchtliche Dimensionen annehmen und bis zum Halse sich ausdehnen kann. Meist allerdings beschränkt es sich auf die Lider. Dieselben erscheinen geschwollen,

eigenthümlich gelblich-körnig (lungenähnlich) aussehend und geben unter
dem tastenden Finger das bekannte „knisternde Gefühl". Drückt man
mit dem Finger längs der Orbitalränder, so wird man leicht eine umschriebene schmerzhafte Stelle, eventuell sogar eine mässige Verschieblichkeit der Bruchenden constatiren können. Die Luft lässt sich meist
ausdrücken, erneuert sich aber bei Husten, Schneuzen, Pressen u. s. w.
sofort **wieder.** Alles dieses ist natürlich möglichst zu vermeiden; im
Uebrigen genügen kalte oder Bleiwasserüberschläge und nur bei um-
fänglicherem Emphysem ist ein Druckverband nöthig.

Stumpfe Gewalt gegen die Augenlider hat recht häufig auch
Lähmung des Levator palpebrae superioris: Ptosis traumatica zur
Folge; Sugillationen können hierbei vollständig fehlen oder vorhanden
sein. Die Prognose ist zweifelhaft; manchmal erfolgt Heilung von
selber, in andern Fällen ist alle Therapie, Reizmittel, Jodkalium, Electricität u. s. w., ohne Erfolg. Die Ptosis traumatica darf nicht verwechselt werden mit Herabhängen und Unbeweglichkeit des obern Lides
lediglich durch einen massenhaften Bluterguss, nach dessen Resorption
die Beweglichkeit mit der normalen Form wieder zurückkehrt.

Durch eine stärkere, an den Lidrändern ansetzende Gewalt, z. B.
Stoss mit einer Regenschirmspitze und dergl., kommt es zuweilen zu
umfänglichen Zerreissungen und Abreissungen der Lider. Das
Abreissen geschieht meist in der Nähe der Thränenpunkte, mit oder
ohne Durchtrennung der Thränenröhrchen, und kann so vollständig sein,
dass das ganze Lid nur noch durch eine schmale Brücke mit der
übrigen Haut zusammenhängt. Die Topographie ist zuweilen sehr
schwierig und ist es schon vorgekommen, dass Augenbrauen und Wimpern
verwechselt **und** das Lid verkehrt angenäht wurde. Erst nach vollständiger Reinigung und Desinfection, sowie nach completer Blutstillung
darf man zur Vereinigung schreiten, die in **der** Mehrzahl der Fälle
gelingt, wenn nicht einzelne direct gequetschte Partien der Lidhaut
necrotisiren. Besonders sorgfältig hat die Vereinigung am freien Lidrande zu geschehen; auch ist es oft nöthig, die zerrissene Conjunctiva
noch besonders zu nähen, um Verwachsungen zwischen Augenlid und
Bulbus (Symblepharon) zu vermeiden.

Quere Lidwunden heilen leicht; bei senkrechten hat man,
sobald dieselben den freien Lidrand erreichen, mit grösster Sorgfalt zu
nähen, namentlich auch im intermarginalen Theil die Conjunctiva besonders zu vereinigen, da sonst eine bleibende Einkerbung zurückbleibt und
hässliche Verunstaltung bewirkt. Hundebiss oder der Schnabelhieb eines
Hahnes führen nicht gerade selten zu verticalen, das ganze Lid durch-

trennenden Verletzungen. Ist das Augenlid nicht in seiner ganzen Dicke durchtrennt, so ist die Sache viel einfacher und eine Entstellung nicht zu fürchten. Blieb aber nach der Heilung eine Einkerbung zurück, so ist dieselbe, wie ein angeborenes Colobom, nach Analogie der Hasenscharte zu operiren, damit nicht der Narbenzug wieder die gleiche Entstellung herbeiführt.

Ausgedehntere Oberflächenverletzungen kommen entweder durch **Verbrennungen** — Pulver, Dynamit, heisses Wasser und heisser Dampf, geschmolzene Metalle — oder durch **ätzend** wirkende Chemikalien, wie Aetzkalk, Säuren, Laugen u. s. w., zu Stande. **Nach** sorgfältiger Reinigung und wo nöthig Desinfection wird **Anfangs** am besten ein Kalkliniment (Ol. olivar., Aq. calcis āā 50.0), mehrmals täglich mit einem Pinsel aufgetragen, namentlich, wo es sich mehr um oberflächliche Verbrennungen handelt. Pulververbrennungen, die häufigste Form, heilen unter Anwendung dieses Mittels sehr rasch und hüte man sich, allzuviel an den einzelnen Körnern herumzukratzen, da die grosse Mehrzahl von selber eliminirt wird. Nicht selten kommt es bei Pulver- und mehr noch bei Dynamitverbrennungen später noch zu zahlreichen grösseren und kleineren Abscessen und Furunkeln, wodurch eingedrungene Fremdkörper, wie Steinstückchen u. s. w., heraus eitern.

Kam es zu umfänglichen Zerstörungen, so hat man durch continuirlich angewandte warme Lösungen von Desinficientien, namentlich Bor- oder Salicylsäure, die Abstossung der abgestorbenen Gewebstheile zu beschleunigen. Man kann diese Umschläge bis zur vollständigen Heilung fortsetzen. Doch hat man bei Zeiten Vorkehrungen zu treffen, um die Auswärtsdrehung der Lider möglichst zu verhüten. Entweder transplantire man reichlich Hautstückchen auf die gereinigten **Granu**lationen, oder man frische die Lidränder hinter den Wimpern mit dem Messer an und vernähe das obere und untere Lid. Den innern und äussern Winkel hat man etwa einen Centimeter weit freizulassen, damit sich nicht **Thränen** und Conjunctivalsecret hinter den Lidern anstauen können. Jetzt bilden die vernähten Lidränder den festen Punkt, und durch die Narbencontraction wird die Haut von allen Seiten zur Deckung der Wunde herbeigezogen. Es liegt auf der Hand, dass man auch in diesem Falle durch ausgiebige Transplantationen die Heilung beschleunigen kann. Später, wenn keine weitere Zugwirkung der Narbe zu fürchten ist, trennt man die vereinigten Lider auf der Hohlsonde oder mit der Scheere.

Trotz aller Sorgfalt misslingt aber häufig die Operation, indem die Lidränder nicht prima intentione sich vereinigen oder, wenn vereinigt, wieder auseinandergehen, und nach der Ausheilung sind ausgedehnte plastische Operationen nöthig.

Wir haben uns jetzt noch mit einigen Folgezuständen nach Liderkrankungen zu beschäftigen. Einwärtswendung der Lider (Entropium) wird meist durch Schrumpfungsvorgänge in der Conjunctiva, am freien Lidrand, oder im Lidknorpel bedingt, und je nachdem ist die Therapie verschieden In leichten Fällen genügt es, eine Fadenoperation zu machen. Mann sticht mit grossen gekrümmten, doppelt eingefädelten Nadeln im Intermarginaltheil des Lides ein, fährt unmittelbar unter der Haut durch und sticht etwa 3—4 cm weiter unten aus. Die Fadenenden werden über Glasperlen stark angezogen und geknotet (Snellen'sche Naht). Meist genügen drei Nadelpaare, wobei die Einstiche in einem Abstand von nicht ganz einem Centimeter zu machen sind. Lässt man die Fäden bis zu beginnender Eiterung der Stichcanäle liegen, so ist der Erfolg viel dauerhafter, da jetzt Narbencontraction in der Richtung der angelegten Naht stattfindet.

Fasst man in der Mitte des untern Lides eine senkrechte Hautfalte, so wird in den meisten Fällen das Entropium ausgeglichen. Es kann desshalb auch durch Excision eines senkrecht-elliptischen Hautstückes und queres Vernähen geheilt werden, doch ist im Ganzen die erstere Methode vorzuziehen.

Nicht selten ist bei Entropium gleichzeitig theilweise Verwachsung der Lidränder im äussern Winkel vorhanden: Blepharophimose, die dann ebenfalls beseitigt werden muss. Sie kommt zu Stande durch reizendes Conjunctivalsecret, das zu Excoriationen der Haut im Lidwinkel führt. Nicht der freie Lidrand ist verwachsen, sondern die Hautfläche unmittelbar oberhalb und unterhalb desselben, so dass gleichsam eine Hautfalte den äussern Augenwinkel überdeckt. Man operirt die Blepharophimose (Canthoplastik). indem man mit einer starken geraden Scheere durch einen 1—2 cm langen Schnitt die Lidspalte verlängert. Conjunctiva und äussere Haut werden dann durch feine Seiden- oder Catgutnähte vereinigt, was namentlich sorgfältig im äusseren Wundwinkel ausgeführt werden muss; meist kommt man mit drei Nähten aus Da der Hauptübelstand bei Entropium das Reiben der Wimpern auf der Hornhaut ist, so hat man auch einfach den Cilienboden abgetragen (Flarer) oder transplantirt (Jäsche-Arlt). Kommt das Entropium durch Verbiegung des Knorpels zu Stande, so genügt eine Hautoperation allein nicht; man muss den Knorpel quer durchschneiden oder ein keilförmiges Stück desselben excidiren und ihn dann in der gewünschten Stellung wieder zusammenheilen lassen (Snellen). Im Ganzen sind diejenigen Operationen vorzuziehen, bei denen die Wimpern

erhalten bleiben und bei denen möglichst wenig oder **gar keine Haut**
entfernt wird. Sind nur einzelne Cilien in abnormer Stellung (partielle
Trichiasis) und führt Ausziehen derselben nicht **zum Ziel**, so ist es am
besten, die Wurzeln derselben **mit** dem Glüheisen — z. B. mit einer
über einer Spirituslampe glühend gemachten Stricknadel, **die in** einem
Korkpfropfen steckt — **zu zerstören**. **Für** partielles Entropium **gelten**
die gleichen Regeln, wie **für** das totale, **nur beschränkt sich natürlich**
die Operation auf **die** fehlerhaft stehende Lidpartie.

Bei der **Flarer**'schen Operation wird mittelst einer Hornplatte das Lid
gespannt und vom Intermarginaltheil aus mit einem Beer'schen **Staarmesser in eine**
äussere (Haut und **Cilien**) und innere (Conjunctiva und **Tarsus**) Platte gespalten.
Von ersterer wird dann ein ungefähr **3 mm** breites, die Haarwurzeln der Cilien
enthaltendes Stück abgeschnitten; Naht ist nicht nöthig. **Bei der Operation nach**
Jäsche-Arlt wird gleichfalls diese Spaltung in zwei Platten **vorgenommen**, statt
des freien Lidrands aber **ein** querelliptisches Hautstück **oberhalb desselben aus-**
geschnitten **und dann die** Hautränder zusammengenäht. **Man** kann **auch statt**
Haut zu excidiren, einen brückenförmigen Streifen derselben loslösen und zwischen
Cilienrand und Intermarginalrand verpflanzen, wobei keine Haut verloren geht
(Fig. 22a und b).

Zur Ausführung der **Snellen**'schen Operation (Fig. 22c), **die nur am** obern
Lid ausgeführt wird. benutzt man die Knapp'sche Lidklemme. **Sechs** Millimeter

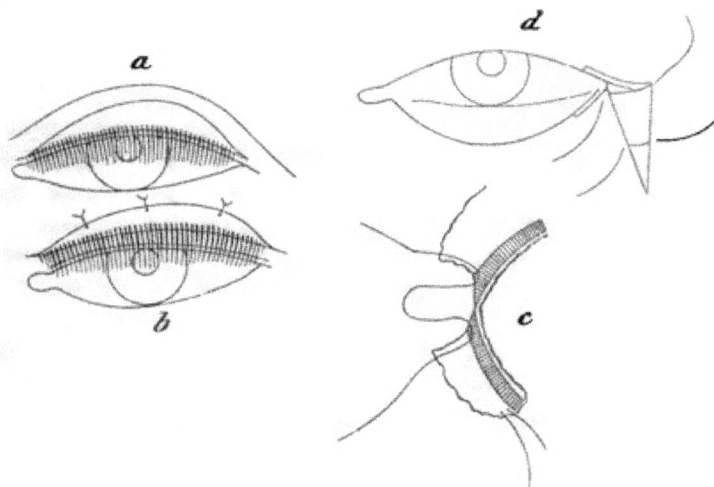

Fig. 22.

oberhalb des Cilienrandes und parallel **mit** diesem macht man einen queren Hautschnitt über die ganze Länge des verkrümmten Lides und unterminirt die Haut
etwas nach oben und unten. Der in die Wunde fallende Theil des Musculus orbicularis palpebrarum wird mit der Scheere entfernt und aus dem jetzt blossliegenden

Tarsalknorpel (in der Figur schraffirt) ein flaches Stück von dreieckigem Querschnitt ausgeschnitten, dessen Basis an der vordern und dessen Spitze an der hintern Knorpelfläche liegt. Beim Vernähen fasst man die Knorpelränder mit und stellt dadurch das Lid gerade; zum Verhüten des Durchschneidens knüpft man über Glasperlen. Noch besondere Hautnähte sind nicht nothwendig, und man kann nach zwei oder drei Tagen die Fäden entfernen. In dieser Zeit pflegen unter einem einfachen antiseptischen **Schlussverband** die **sämmtlichen** genannten Operationen geheilt zu sein.

Auswärtskehrung des Lides, **Ectropium,** hat verschiedene Ursachen. Wucherungsvorgänge an der Conjunctiva können das Lid umstülpen oder Zug von **aussen** diese Wirkung hervorbringen, nicht selten wirken innere und äussere Ursachen zusammen. So kann chronischer Conjunctivalkatarrh durch Auflockerung des Gewebes **günstig** disponiren, während das, durch überlaufendes Secret bedingte, Eczem den Zug veranlasst u. s. w.

Erste Folge von Ectropium ist Thränenträufeln, wenn die Thränenpunkte **vom** Auge entfernt werden (Eversion der Thränenpunkte); weiterhin wirkt die Reizung der blossliegenden Conjunctiva durch die Atmosphärilien und der mangelnde Schutz des Auges schädlich.

Die Therapie hat zwei Indicationen: Das Lid in die richtige Stellung zu bringen, und die stets vorhandene Verlängerung des ectropischen Lides zu corrigiren, da sonst letzteres **auch** nach der **Reposition** dem Bulbus nicht anliegt.

In leichten Fällen genügt es, die Thränen consequent in der Weise abwischen zu lassen, dass das Lid dabei energisch gehoben wird, also von der Wange **gegen** den **innern** Augenwinkel hin. Namentlich bei Ectropium in **Folge** von Conjunctivalerkrankungen wirkt diese Methode ausgezeichnet und vermag, **wenn** consequent durchgeführt, beträchtliche Grade in wenigen Wochen **zur** Heilung zu bringen. Selbstverständlich ist gleichzeitig **das** Conjunctivalleiden entsprechend **zu** behandeln. Ist Thränenträufeln die Folge von Eversion der Thränenpunkte, so empfiehlt es sich, das untere Thränenröhrchen bis zum Thränensack zu spalten.

Genügen diese Hilfsmittel nicht, so legt man eine Naht an, ähnlich der bei Entropium angegebenen, man führt aber die Fäden jetzt vom intermarginalen Theil des Lidrandes **hinter dem Tarsus** unmittelbar **unter** der Conjunctiva durch und **zieht** nach Bedarf mehr oder weniger kräftig **an.** In vielen Fällen muss **man** wegen der nicht mehr anders zu beseitigenden Verlängerung des untern Lides die Verkürzung der Lidspalte ausführen, indem man aus dem ganzen Lid oder besser nur aus der Haut am äussern Winkel ein entsprechend grosses **Dreieck** mit der Spitze nach unten ausschneidet und vernäht. Noch

bessere Wirkung **erzielt** man, wenn gleichzeitig die Lidspalte etwas
verlängert und das obere Lid einige Millimeter weit angefrischt wird,
worauf man die Nähte, **wie** in Fig. 22 d angegeben, **zu** legen hat;
hierdurch wird gleichzeitig **die** Hebung des untern Lides befördert.

Facialisparalyse **mit Lähmung** des Orbicularis palpebrarum führt
nach längerer Zeit immer **zu** mehr oder weniger bedeutendem Ectropium
mit **sehr** auffallender Verlängerung des untern Lides; die Therapie
richtet **sich nach** den gleichen Principien, wie **bei andern** Ectropien
gleichen **Grades.** Sind gleichzeitig umfangreichere **Defecte** und Narbenbildungen in der Lidhaut vorhanden, **so** genügen natürlich die angegebenen Methoden **nicht,** sondern es müssen umfangreiche plastische
Operationen **(Blepharoplastik)** gemacht werden. Bestimmte Directiven
hier zu geben ist nicht möglich, da kein Fall wie der andere **ist;** ob
mit Verschiebung, oder mit gestielten Lappen operirt werden soll, **woher**
in letzterem Falle die Haut zu nehmen und wohin der Stiel zu verlegen
ist, **ob** eventuell Transplantation mit benutzt werden kann, darüber ist
von **Fall zu** Fall zu entscheiden. Um dauernde Erfolge zu erzielen,
muss man unmittelbar **nach** der Operation einen übermässigen
Erfolg haben. Desshalb ist auch jede Operationsmethode, bei
der Haut verloren geht, unbedingt fehlerhaft. Oft ist
eine ganze Reihe delicater Operationen nöthig, um einen befriedigenden
Endeffect zu erzielen und gehören dieselben **zu** den schwierigsten Aufgaben **der** plastischen Chirurgie. Zu bemerken **ist** noch, dass bei der
Blepharoplastik eine Conjunctivalfläche vorhanden **sein muss,** und dass,
wo normale Conjunctiva **fehlt,** diese durch Schleimhaut **oder äussere**
Haut zu ersetzen **ist,** welch letztere nach einiger Zeit den Character
einer Schleimhaut annimmt.

Verwachsung der freien Lidränder mit erhaltenem Conjunctivalsack
(Ankyloblepharon) kömmt in seltenen Fällen angeboren vor (epitheliale
Verschmelzung), kann aber auch auf traumatischem **Wege** entstehen.
Die Therapie besteht in einfacher Trennung der Lider **mit der** Scheere
und macht keine Schwierigkeiten. Verwachsung der Lider mit dem
Bulbus **(Symblepharon)** gehört zu den Conjunctivalerkrankungen.

IV. Erkrankungen der Thränenorgane.

Die Thränenorgane bestehen aus der Thränendrüse, den Thränenpunkten und Thränenröhrchen, dem Thränensack und dem Thränennasengang. Die Thränendrüse liegt hinter dem äussern Orbitalrand, den sie theilweise überragt, und wird durch das Ligamentum palpebrarum externum in eine grössere obere und kleinere untere Hälfte getheilt. Die zahlreichen Ausführungsgänge münden in den Conjunctivalsack. Die Thränenwege beginnen mit den beiden Thränenpunkten und Thränenröhrchen, deren Verlauf aus Fig. 21 (S. 67) zu ersehen ist. Letztere münden zusammen oder für sich in den Thränensack, der hinter dem Ligamentum palpebrarum internum liegt und dieses nach oben etwas überragt. Von hier aus führt der Thränennasengang, dessen untere zwei Drittel allseits von Knochen umgeben sind, in die Nase, wo er an der äussern Seite oder auf der Höhe des untern Nasenganges ausmündet. Die ganzen Thränenwege sind mit einer bindehautähnlichen Schleimhaut überzogen; dieselbe zeigt nicht selten klappenähnliche Falten an der Mündung der Thränenröhrchen, am Uebergang des Thränensacks in den -nasengang und an der Mündung des letzteren in die Nasenhöhle.

Entzündung der Thränendrüse wird von den Meisten für selten gehalten; nach Schweigger kommt sie häufiger vor. Sie soll ähnliche Erscheinungen machen, wie Blennorrhoe der Conjunctiva, die Erscheinungen sollen sich aber auf die äussere Hälfte des Bindehautsacks und die Thränendrüsengegend concentriren, und die geschwollene Drüse soll beim Blick nach innen unten sichtbar werden. Meist trete unter warmen Umschlägen Zertheilung ein, zuweilen komme es aber auch zu Eiterung, die sich dann gewöhnlich in den Conjunctivalsack entleere.

Thränendrüsenfisteln können nach Verletzungen und Geschwürsbildungen in der Thränendrüsengegend zurückbleiben; bei Verstopfung derselben treten Entzündungserscheinungen auf, was sich öfter wiederholen kann. Zur Heilung führt man nach Bowman von der Fistel aus einen mit zwei Nadeln armirten Faden derart in den Conjunctivalsack, dass eine Brücke von einigen Millimetern Breite zwischen beiden bleibt. Ist in Folge Durchschneidens des Fadens Abfluss nach der Conjunctiva möglich, so verschliesst man die Fistel durch Naht oder durch Betupfen mit dem Glüheisen.

Erweiterung eines Ausführungsganges der Thränendrüse mit Stauung des Secrets heisst Dacryops. Die in der äussern Lidwinkelgegend sitzende Cyste, die characteristischer Weise bei vermehrter Thränensecretion anschwillt, bringt man zur Heilung, indem man ein Stück der Wandung ausschneidet oder einen Faden durchzieht und durchschneiden lässt.

Von Geschwülsten der Thränendrüse kommt Hypertrophie, Cancroid, Adenom u. s. w. vor, alle aber recht selten. Die Entfernung der Drüse — die für das Auge ohne Nachtheil ist — nimmt man am besten vor durch einen dem äussern obern Orbitalrand entsprechenden Schnitt.

Die **Erkrankungen der Thränenableitungswege** schliessen sich theils an die der Conjunctiva, viel häufiger an solche der Nasenschleimhaut an, was für die Therapie von Wichtigkeit ist.

Die Thränenpunkte können angeboren fehlen oder mehrfach vorhanden sein; zuweilen bleibt eine losgelöste Cilie oder ein ähnlicher Fremdkörper in denselben stecken und muss mit der Pincette entfernt werden. In seltenen Fällen bilden sich Concretionen im Thränenröhrchen, aus Kalksalzen und Pilzen bestehend, die dasselbe erweitern und zu eitriger Secretion anregen; häufig treten hierbei auch intercurrente Entzündungen der Nachbarschaft: der Carunkel, Lidränder und Conjunctiva auf. Durch Spalten des Thränenröhrchens mit der Scheere und Entfernung des Concrementes ist leicht Heilung herbeizuführen.

Nach chronischen Conjunctivalerkrankungen kommt es nicht selten zu Verschluss, bei beginnendem Ectropium zur Auswärtswendung (Eversion) des untern Thränenpunktes; in beiden Fällen muss das Thränenröhrchen geschlitzt und offen gehalten werden, um das schädliche Thränenträufeln zu beseitigen.

Viel wichtiger sind die Erkrankungen des Thränensacks. Auch hier kommen angeborene Anomalien vor in Form von **congenitalen Fisteln.** Dieselben sind äusserst fein, nur für dünnste Sonden durchgängig, oft mit blossem Auge kaum oder gar nicht sichtbar und manifestiren sich dann nur dadurch, dass ab und zu durch sie ein Tropfen klarer Flüssigkeit austritt. Diese Fisteln befinden sich über der Gegend des Thränensacks, unterhalb des Ligamentum canthi internum und sind absolut harmlos; auf Wunsch kann man sie zum Verschluss bringen, am besten durch Betupfen der Fistelöffnung mit einem feinen Glüheisen.

Von Conjunctivalerkrankungen sind es Lupus, Tuberculose und granulöse Wucherungen, die sich gelegentlich bis in den Thränensack fortsetzen und an dessen Stelle eine prominente, prall anzufühlende Geschwulst verursachen, die sich nicht wegdrücken lässt; sehr selten wurden Schleimhautpolypen im Thränensack beobachtet. In allen diesen Fällen ist eine Heilung nur herbeizuführen, wenn man den Thränensack von aussen eröffnet und mit einem feinen scharfen Löffel Alles auskratzt; eventuell kann noch nachträglich geätzt werden, wie bei der Exstirpation des Thränensacks.

Die Thränensackerkrankungen sind sehr häufig Fortsetzungen von
Erkrankungen der Nasenschleimhaut, namentlich bei eczematöser und
luetischer Ozaena; nicht selten ist gleichzeitig der Knochen mit erkrankt, wodurch die Prognose bedeutend verschlimmert wird.

Die primäre acute Dacryocystitis ist vorwiegend eine Erkrankung
des Kindesalters und wird häufig mit Erysipel verwechselt, mit dem sie
einige Aehnlichkeit hat; nicht selten treten aber auch bei Erwachsenen
im Verlauf einer chronischen Dacryocystitis acute Exacerbationen auf.
In Zeit von ein bis zwei Tagen entwickelt sich starke Röthung und
Schwellung der Lider, die nach dem innern Augenwinkel hin
culminirt, sich hart anfühlt und auf Druck sehr empfindlich ist.
Manchmal kann man durch die Thränenröhrchen Eiter ausdrücken, was
aber äusserst schmerzhaft ist. Nach einigen Tagen spitzt sich die
Geschwulst an einer Stelle zu, wird fluctuirend und mit der Entleerung
des angesammelten Eiters fällt sie rasch zusammen. Die zurückbleibende
Fistel, durch die noch eine Zeit lang Eiter ausfliesst schliesst sich allmälig wieder, aber mit einer eingezogenen, oft sehr hässlichen Narbe
über dem Thränensack, meist unterhalb des Ligamentum canthi internum.
Recidive nach längerer oder kürzerer Zeit sind nicht selten; zuweilen
kommt die Affection gleichzeitig auf beiden Seiten vor. In vielen Fällen
durchbricht der Eiter den Thränensack subcutan, und es treten mehr
oder weniger ausgedehnte Eitersenkungen auf, meist längs des untern
Orbitalrandes, wo der Eiter an einer beliebigen Stelle zum Vorschein
kommen kann; sehr selten ist Perforation gegen die Orbita. Da nach
subcutaner Eröffnung des Thränensacks die Erscheinungen am innern
Augenwinkel geringer werden, ist äusserlich jetzt ziemliche Aehnlichkeit
mit gewissen Formen von Zahnabscessen vorhanden, deren Differentialdiagnose aber nicht schwierig ist.

Kommt man frühzeitig dazu und sind die Thränenröhrchen noch durchgängig, so ist Spaltung eines Thränenröhrchens bis in den Thränensack hinein und Herauslassen des Eiters das Beste; doch ist dies verhältnissmäfsig
selten ausführbar. Man lässt dann cataplasmiren, fleissig ausdrücken und
erst wenn die Schwellung ganz zurückgegangen ist, sucht man ein fast
immer gleichzeitig vorhandenes Abflusshinderniss im Thränennasengang
durch regelmässiges Sondiren zu beseitigen. Ist Spaltung der Thränenröhrchen nicht möglich, so lässt man recht heisse Cataplasmen machen
und entleert, sobald Fluctuation vorhanden ist, den Eiter, um Senkungs-
abscesse zu verhüten. Der Einstich geschieht am besten gerade unterhalb des Ligamentum canthi internum mit einem spitzen Messer, dessen
Schneide nach unten und etwas nach aussen gerichtet ist; er soll

mindestens eine Länge von 8 mm haben. Es wird jetzt fleissig ausgedrückt und weiter cataplasmirt. Hat die Schwellung nachgelassen,
so wird erst durch die Fistel, später nach Spaltung des obern Thränenröhrchens vom Thränensack aus sondirt. Die Fistel darf erst zuheilen,
wenn der Thränennasengang vollständig durchgängig ist. Ist es zu
Senkungsabscessen gekommen, so muss gleichfalls der Thränennasengang
von oben her wegsam gemacht werden, worauf die Fisteln bald von
selber heilen. Das Sondiren muss in allen Fällen noch längere Zeit
fortgesetzt werden, circa ein bis zwei mal in der Woche, da ein Abflusshinderniss im Thränennasengang sofort Recidive hervorrufen kann.

Die **chronische Dacryocystitis** (Dacryocystoblennorhoe) kommt
fast ausschliesslich bei Erwachsenen zur Beobachtung. Zuweilen hat
sie sich an eine acute Dacryocystitis angeschlossen; in den meisten
Fällen lässt sich keine bestimmte Anfangszeit angeben. Es besteht
Empfindlichkeit gegen Wind und Staub, Thränenträufeln, Trockenheit
der Nase auf der betreffenden Seite und allmälig entwickelt sich
chronisches Lidrandeczem, das, wenn einseitig, fast mit
absoluter Sicherheit auf Erkrankung des Thränensacks schliessen lässt.
Drückt man mit der Spitze des Zeigefingers energisch
auf die Gegend des Thränensacks. so lässt sich eine
schleimig-eitrige Flüssigkeit oder reiner Eiter durch
eines oder beide Thränenröhrchen ausdrücken. In seltenen
Fällen entleert sich dabei das Secret ausschliesslich nach der Nase zu.
was vom Patienten deutlich gefühlt wird. Immer besteht ein Abflusshinderniss in den Thränenorganen, mag dies nun lediglich durch
Schwellung oder Klappenbildung der Schleimhaut, oder durch eine narbige
oder knöcherne Strictur bedingt sein. Zersetzung des stagnirenden
Secrets, das eine wahre Bacterienzucht darstellt, gibt dann Veranlassung
zur Entzündung der Schleimhaut. In lange bestehenden Fällen hat die
Wand des Thränensacks ihre Elasticität verloren (Atonie des Thränensacks), und es kommt zu **Ectasie** desselben, wodurch bis kirschgrosse
am innern Augenwinkel liegende, oft durch das Ligamentum canthi
internum eingeschnürte Geschwülste gebildet werden. Dieselben lassen
sich meist durch Druck entleeren und enthalten, wenn gerade keine
entzündlichen Processe vorhanden sind, eine klare, wässerige oder
schleimige Flüssigkeit. Die Heilung des Thränensackleidens wird hierdurch bedeutend erschwert; nicht selten muss dann der Thränensack
verödet oder exstirpirt werden. Häufig ist bei einseitiger Dacryocystoblennorrhoe die Nase krumm, convex nach der afficirten Seite, das
betreffende Nasenloch enger, was natürlich das Zustandekommen eines

Abflusshindernisses begünstigt, wenn die übrigen Bedingungen gegeben sind.

Nicht selten kommt es, wie schon bemerkt, im Verlaufe der Krankheit zu mehr oder weniger acuter Dacryocystitis, die oft erst den Patienten zum Arzte führt; immer aber kann man bei Erwachsenen dann nachweisen, dass schon längere Zeit die Erscheinungen der chronischen Entzündung vorausgegangen waren.

Als **aetiologisches Moment** müssen, wie schon gesagt, in der Mehrzahl der Fälle Erkrankungen der Nasenschleimhaut angesehen werden, namentlich chronisches Eczem, das sich in den Thränencanal fortsetzt, oder dessen Krusten die Nasenöffnung des letzteren verschliessen. Ausserordentlich häufig findet man desshalb Combination mit Ozaena. Doch kann auch angeborene und erworbene Syphilis zur Dacryocystoblennorrhoe führen, wobei oft die dem Thränencanal anliegenden Knochen das primär erkrankte Organ sind. Auch secundär können bei lange bestehender Dacryocystoblennorrhoe die Knochen in Mitleidenschaft gezogen werden, oder roh ausgeführte Sondirungsversuche können den gleichen Effect haben. Sind die Knochen betheiligt, so ist die Prognose recht übel, da vor Ausstossung sämmtlicher necrotischer Knochenpartikel keine Heilung zu erwarten ist und häufig knöcherne oder bindegewebige Obliteration der Thränenwege eintritt. Nicht gerade selten ist Variola ein ursächliches Moment für acute und chronische Dacryocystitis, wahrscheinlich durch das Auftreten von Pockenpusteln in den Thränenwegen oder an deren Ausmündung in die Nase.

Die Behandlung der Dacryocystoblennorrhoe erfordert zuerst Spaltung eines Thränenröhrchens bis in den Thränensack. Wenn irgend möglich, wähle man das obere; es ist zwar etwas schwieriger zu spalten, aber seine Bedeutung für die Thränenresorption ist geringer, als die des unteren, und der Mechanismus des Sondirens nachher wird viel einfacher. Man ziehe mit dem umwickelten Daumen der linken Hand das obere (resp. untere) Lid stark nach aussen und gehe dann in den Thränenpunkt mit der stumpfen Spitze des Weber'schen Thränensackmessers (Fig. 4, 1) ein. Gelingt dies nicht ohne Weiteres, so erweitere man den Thränenpunkt zuerst mit einer feinen conischen Sonde. Entsprechend dem Verlauf des **Thränenröhrchens** führt man das Messer (und die Sonde) etwa 2 Millimeter weit senkrecht auf den freien Lidrand ein, stellt dann das Instrument horizontal und führt es unter fortwährender Anspannung des Lides in den Thränensack ein, bis es an dessen innerer Wand anstösst. So lange man noch nicht bis in den Thränensack gekommen ist, verschiebt sich die Lidhaut bei Bewegungen des Instrumentes. Wenn man das Lid stark auspannt und den Griff des Messers rasch senkt, so hat man das Thränenröhrchen in seiner ganzen Länge gespalten und kann leicht und vollständig den Inhalt des Thränensacks ausdrücken. Meist thut man besser, erst in etwa 3 Tagen mit dem Sondiren zu beginnen. Man benutzt dazu irgend eine der gebräuchlichen Thränensacksonden, etwa die Bowman'schen, die überall gleiche Dicke haben und von denen No. 1—6 im Gebrauch sind. Sie sind von Silber oder Neusilber, je zwei an einer kleinen Platte vereinigt, und können nach Belieben gekrümmt werden; am besten gibt man ihnen eine ziemlich starke Bogenkrümmung. Nachdem man die Sonde durch das gespaltene Thränenröhrchen in den Thränensack eingeführt hat, stellt man sie senkrecht und führt sie, ohne jede Anwendung von Gewalt, in der Richtung des Thränencanals nach unten. Fühlt man ein Hinderniss, so suche man es wegen möglicher Divertikel über Stricturen durch einiges Zurückziehen und Drehen der Sonde zu umgehen, verzichte lieber das erste Mal auf's Gelingen, als dass man gewaltsam vorgeht. Man vermeide die ganz feinen Sonden No. 1 und 2, die leicht falsche Wege machen; am häufigsten wird man No. 5 und 6 anzuwenden haben. Ist das Sondiren gelungen, die Sonde bis auf den Boden der Nasenhöhle gedrungen, so lasse man sie 10—15 Minuten liegen und entferne sie dann wieder. Am besten wiederholt man das Sondiren ungefähr zwei Mal in der Woche. Sollte das geschlitzte Thränenröhrchen wieder verwachsen sein, was nicht gerade selten ist, so kann man es mit der stumpfen Sonde wieder aufstochern, eventuell muss von Neuem geschlitzt werden. Gleichzeitig vorhandener Conjunctivalcatarrh u. dergl. muss entsprechend behandelt werden.

Man kann auch lediglich mit einer conischen Sonde den Thränenpunkt bis auf Sonde No. 6 erweitern und dann ohne weitere Spaltung mit No. 5 sondiren (Becker); diese Procedur ist aber auch ziemlich schmerzhaft und muss nicht gerade selten bei jeder Sondirung wiederholt werden. Das Verfahren eignet sich besonders zu Probesondirungen. Das Sondiren des Thränenganges von der Nase aus ist gegenwärtig nicht mehr gebräuchlich.

Gewaltsames Sondiren kann durch Perforation des Thränensacks ausgedehnte Hämorrhagien veranlassen; es kann zu Emphysem der Lider führen, sogar Abscedirungen in denselben veranlassen. Wird durch einen falschen Weg der Eiter des Thränensacks in die Orbita geleitet, so können auch dort Abscesse entstehen, die gelegentlich durch Betheiligung des Sehnerven Erblindung veranlasst haben. In andern Fällen wird durch unvorsichtiges Sondiren das Periost vom Knochen losgelöst und jetzt erst Necrose desselben veranlasst. Namentlich der Anfänger sei in solchen Fällen lieber zu vorsichtig.

In vielen Fällen **wird** man durch Spalten, fleissiges Ausdrücken und mehrwöchentliches regelmässiges Sondiren die Dacryocystoblennorrhoe zur Heilung bringen. Etwas Thränenträufeln und Empfindlichkeit gegen Rauch und Staub wird meistens zurückbleiben. In andern Fällen, namentlich wenn der Knochen angegriffen ist, genügt dies nicht, und man muss zu Ausspritzungen des Thränenganges mit antiseptischen oder adstringirenden Lösungen schreiten; es ist gut, vorher einige Male warmes Salzwasser ($^3/_4$ %) durchzuspritzen, um die Schleimhaut von allenfalls anhaftenden Krusten zu befreien. Dazu dient eine Sondencanüle, die Gestalt und Krümmung einer Bowman'schen Sonde hat und die mit einer kleinen Spritze, Hebervorrichtung oder Irrigator, in Verbindung gesetzt werden kann. Man benutzt **am meisten** Lösungen von Tannin (1 %), schwefelsaurem Zink ($^1/_2$ %) **und** übermangansaurem Kali ($^1/_{10}$ %); dieselben müssen bei vorgehaltenem Kopf durch die Nase wieder ausfliessen. Man zieht **nach** jedesmaliger Injection die Canüle um etwa einen Centimeter zurück, damit alle Theile des Thränencanals **von** der Lösung bespült werden. Auch diese Einspritzungen müssen mehrere Wochen lang **etwa** alle zwei Tage ausgeführt werden; doch ist es erlaubt, bei guter Durchgängigkeit des Thränencanals dieselben auch öfter zu machen. Es ist selbstverständlich, dass eine gleichzeitig bestehende Erkrankung der Nasenschleimhaut ebenfalls behandelt werden muss; sorgfältige Reinigung durch Aufschnupfen **von** warmem Salzwasser und **nachher von** adstringirenden Lösungen von Alaun, Tannin u. s. w.; gerade für solche Fälle ist das Ausspritzen des Thränensacks vorzüglich geeignet und ersetzt geradezu die Nasendusche.

Führt dies alles nicht zum Ziel, **ist** der Thränensack bleibend ectatisch **oder** besteht undurchdringlicher Verschluss des Thränennasengangs, knöcherner oder bindegewebiger Natur, **so** bleibt als letztes Mittel die **Exstirpation** und die **Verödung des Thränensacks.** Bei letzterer spaltet man beide Thränenröhrchen und die conjunctivale Wand des Thränensacks, schützt das Auge gut durch Watte und bringt etwas Chlorzink (mit Amylum zu einem Stäbchen geformt) in den Thränensack; **man** darf dies **am dritten** Tage eventuell wiederholen. Man kann auch das Auge durch eine Hornplatte schützen und mit einem kleinen Galvanocauter **oder** Pasquelin den ganzen Thränensack ausbrennen, was **nicht** einmal besonders schmerzhaft und sicherer ist, **als** das Aetzen. Ausserdem lässt sich hierbei die zerstörende Wirkung besser einschränken, als bei dem zerfliessenden Aetzmittel.

Zur **Exstirpation** eröffnet man den Thränensack von aussen unterhalb **des Ligamentum** canthi internum und **präparirt so gut als** möglich die Schleimhaut heraus, schabt den Rest mit einem scharfen Löffel aus und kann überdies noch ätzen oder brennen. Man legt eine kleine Drainageröhre ein und lässt ausheilen. Das Endresultat ist eine hässliche eingezogene Narbe, während nach gut ausgeführter Verödung lediglich eine eingesunkene Stelle in der Gegend des Thränensacks zurückbleibt. Etwaige Knochenleiden müssen natürlich bei Exstirpation und Verödung vorher ausgeheilt sein; eventuell werden necrotische Knochenstückchen hierbei mitentfernt, sonst kommt es nachträglich wieder zum Aufbrechen und zu Fistelbildungen.

Besteht ein Abflusshinderniss in den Thränenwegen, ohne dass hierbei eitriges Secret vorhanden ist, so spricht man von **Dacryostenose**. Das Hinderniss kann im Thränensack oder im Thränennasengang liegen, am häufigsten an **den Seite 92** angegebenen Stellen, wo öfter Schleimhautfalten vorkommen. Meist ist es klappenförmiger Natur ohne organische Veränderung **der** Schleimhaut **der** Thränenwege. Als subjectives Symptom ist mehr oder weniger lästiges Thränenträufeln vorhanden, stärker bei Kälte, **Wind, Staub und im** Freien, geringer bei warmer Luft und zu Hause. **Drückt man auf** die Gegend des Thränensacks, so entleert man eine klare, wässerige Flüssigkeit, und beim Versuch zu sondiren, findet man ein Hinderniss. Die Therapie besteht in regelmässigem Sondiren, **das** aber gerade hier besonders delicat zu geschehen hat, um nicht Anstoss zu Entzündungsprocessen zu geben. Thränenträufeln ohne nachweisbares Hinderniss in den Thränenwegen nennt man **Epiphora**; ist es durch Eversion der Thränenpunkte bedingt (siehe oben Seite 93), so muss das betreffende Thränenröhrchen geschlitzt und das Lid reponirt werden. **Ist** kein Grund für das Thränenträufeln (Conjunctivalcatarrh, Nasenpolypen, Hypertrophie der Caruncel u. s. w.) zu finden, so **ist die** Therapie sehr ohnmächtig; in verzweifelten Fällen hat man sogar die Thränendrüse exstirpirt, wozu wohl selten die Nothwendigkeit vorliegt. Zuweilen ist das Thränenträufeln ein entschieden nervöses Symptom, z. B. bei Hysterischen. Nützlich ist hierbei Einträufelung von Cocain nach Bedürfniss, welches die Schleimhaut des Thränensackes und die Conjunctica anästhesirt, wodurch die Reflexe auf äussere Reize wegfallen. Ebenso **lasse man** immer die Thränen in der Richtung nach dem inneren Nasenwinkel abwischen (siehe Seite 90), um nicht Ectropium des unteren Lides **zu** verursachen.

Die Gefahr der Thränensackleiden mit mehr oder weniger eitrigem Secret beruht, abgesehen von den dadurch veranlassten Unannehmlichkeiten, hauptsächlich darauf, dass letzteres in hohem Grade infectiös ist. Eine grosse Anzahl verschiedenster Microorganismen ist schon im

Secret des entzündeten Thränensackes nachgewiesen, darunter Strepto-
coccus und verschiedene Staphylococcus pyogenes. Eine an und für
sich unbedeutende Verletzung der Hornhaut kann sehr verhängnissvoll
werden. Man hat desshalb die Thränensackerkrankungen immer äusserst
sorgfältig und gründlich zu behandeln, wenngleich dies häufig für
Patienten und Arzt eine grosse Geduldsprobe ist. Ebenso hat man sich
vor der Vornahme einer Augenoperation zu vergewissern, ob kein
Thränensackleiden besteht; eventuell ist dasselbe vorher zu beseitigen.

Bei Verletzungen der Thränenröhrchen — z. B. bei Abreissen
der Lider — wird es trotz sorgfältiger Naht selten gelingen, die Durchgängigkeit zu bewahren. Man wird ein abgerissenes Thränenröhrchen
am besten von der Wunde aus bis in den Thränensack schlitzen und
offen erhalten.

Verletzungen des Thränensackes führen häufig zu Emphysem der
Lider (siehe Seite 85).

V. Erkrankungen der Bindehaut.

An der Bindehaut haben wir verschiedene Theile zu unterscheiden, die meist
bei Erkrankungen nicht gleichmässig ergriffen sind. Am intermarginalen
Theil, unmittelbar vor dem Uebergang in die Schleimhaut, münden die
Meibom'schen Drüsen, 30—40 im oberen, 25—35 im unteren Lid. Die Conjunctiva palpebrarum ist in ihrem tarsalen Theil durch sehr straffes submucöses
Bindegewebe mit dem darunter liegenden Lidknorpel verbunden und lässt im normalen Zustande die Meibom'schen Drüsen deutlich durchsehen. Oberhalb, resp.
unterhalb des Tarsus, wo zahlreiche kleine traubige (Krause'sche) Schleimdrüsen
in einer horizontalen Reihe angeordnet liegen, wird das submucöse Bindegewebe
quellungsfähiger, ebenso in den Uebergangsfalten. Im Bereich der Conjunctiva
bulbi ist dies noch bedeutender der Fall, was die freie Verschiebbarkeit bei Bewegungen des Auges begünstigt. Ausser Conjunctiva tarsi, bulbi und den Uebergangsfalten wird zweckmässig eine Lidspaltenzone unterschieden; es ist der
Bezirk der Bindehaut, der bei normal geöffneter Lidspalte sichtbar ist. Derselbe
ist Verletzungen aller Art besonders ausgesetzt.

Die Conjunctiva ist eine Schleimhaut mit geschichtetem Pflasterepithel, analog
der in Pharynx, Nase und Urogenitalsystem. Unter demselben findet sich eine
feine Basalmembran und das mehr oder weniger straffe oder lockere subconjunctivale
Bindegewebe. Eigentliche Papillen kommen normalerweise nicht vor; dagegen bestehen niedrige horizontale (Conj. palpebrar.) und concentrische (Conj. bulbi) Leisten-
systeme, die bei Schnitten Papillen vorzutäuschen vermögen. Gegen den Cornealrand hin besteht eine leichte Verdickung des subconjunctivalen Gewebes und des

Epithels. Der Gefässreichthum ist verschieden; grösser im palpebralen und Uebergangsfaltentheil, geringer in der Conjunctiva bulbi. Ob normalerweise Follikel in der Conjunctiva vorkommen, ist streitig; jedenfalls darf man nicht aus vereinzeltem Vorkommen derselben auf pathologische Verhältnisse schliessen. Die Hauptlymphgefässe verlaufen über den Ansätzen der vier geraden Augenmuskeln gegen die Peripherie des Auges hin und in den beiden Uebergangsfalten. Das normale, mehr noch das pathologische. Conjunctivalsecret enthält gelegentlich eine ganze Sammlung pathogener und unschädlicher Microorganismen, deren Rolle bezüglich der Aetiologie infectiöser Conjunctivalleiden noch sehr unvollkommen gekannt ist

Die Erkrankungen der Conjunctiva sind conform denen an andern Schleimhäuten mit geschichtetem Pflasterepithel; ausserdem besteht andererseits auch wieder eine gewisse Analogie mit den Hauterkrankungen. Soweit möglich sind diese Verhältnisse bei der Benennung der Conjunctivalkrankheiten zu berücksichtigen.

Das Umklappen des oberen Lides soll bei vermutheten Conjunctivalerkrankungen nie unterlassen werden, da sonst die folgenschwersten Irrthümer, namentlich dem Anfänger, begegnen können.

Von diffusen Schleimhauterkrankungen der Conjunctiva wäre zunächst die Hyperaemie hervorzuheben; acut kommt sie bei vielen andern Erkrankungen symptomatisch vor, die chronische Form beschränkt sich hauptsächlich auf die Conj. palpebrar. Der Patient verspürt Brennen und leidet an asthenopischen Erscheinungen; besonders Morgens beim Oeffnen der Augen besteht das Gefühl von Schwere und Trockenheit in den Augenlidern, weshalb diese Affection auch als Catarrhus siccus bezeichnet wird. Im Verlaufe des Tages geht es besser, doch besteht Empfindlichkeit gegen Rauch und Staub und Abends gegen künstliche Beleuchtung. Beim Umklappen der Lider ist kaum eine Veränderung zu sehen, nur nach längerem Bestand findet man die Conjunctiva leicht rauh, die Meibom'schen Drüsen etwas verschleiert, was aber häufig eher auf vorangegangene anderweitige Erkrankungen der Conjunctiva zurückzuführen ist. Häufig besteht etwas Röthung der Conjunctiva bulbi gegen die Lidwinkel hin und ein eigenthümlich verschlafener Ausdruck durch unvollständiges Oeffnen der Lidspalte. Secret ist keines vorhanden, die Lider Morgens nicht verklebt; der Patient hat den Eindruck „als ob das Auge schlecht geschmiert sei." Wirkliche Sehstörung ist nicht vorhanden, wohl aber kann Conjunctivalhyperaemie andere Augenleiden mit Sehstörung compliciren.

Die Hyperaemie der Conjunctiva ist eine recht häufige Erkrankung. Sie kann spontan auftreten, oder durch übermässiges Arbeiten bei Licht, lange Nachtwachen, viel Aufenthalt in überfüllten oder rauchigen Räumen und ähnliche Schädlichkeiten erworben werden. Recht häufig kommt

sie bei Refractionsanomalien, besonders während der Entwicklung von
Myopie vor, und sehr oft bleibt sie nach Conjunctivalerkrankungen zurück,
die seiner Zeit eingreifend behandelt worden sind. Es sind namentlich
folliculare Erkrankungen, die als „Granulosa" lange mit dem Kupferstift
behandelt wurden, bei denen dies der Fall ist. Sehr häufig leiden
anaemische und chlorotische Individuen an sehr hartnäckiger
Conjunctivalhyperaemie.

Die Behandlung hat an erster Stelle die Beseitigung der genannten
Schädlichkeiten anzustreben, für gesunde Luft und genügend Schlaf zu
sorgen. Ein gutes Mittel ist verdünnte Opiumtinctur (Rp. Tinct. opii
crocat. 10.0 : Aq. dest. 10—20,0; vor dem Gebrauch gut umzuschütteln),
von der man Abends etwa 10 Minuten vor dem Schlafengehen einen
grossen Tropfen mittelst eines Pinsels in den Conjunctivalsack bringen
lässt. Noch besser wirkt Cocain (Cocain. mur., Morph. mur. āā 0.15 : 10.0
Aqua), das mehrmals täglich nach Bedürfniss eingeträufelt wird. Die
Behandlung muss gewöhnlich längere Zeit fortgesetzt werden. Streng
zu vermeiden ist jede eingreifendere Behandlung mit
Adstringentien und Causticis, die das Uebel nur schlimmer
machen. Recidive sind häufig, wenn die Patienten sich von Neuem
den schädlichen Einflüssen aussetzen; recht hartnäckig ist auch die nach
Ueberätzung der Conjunctiva zurückbleibende Hyperaemie.

Der **Catarrh der Conjunctiva** characterisirt sich durch das Auftreten von Secret, das besonders Morgens die Lider verklebt. Die Hyperaemie concentrirt sich auf die Conjunctiva palpebrarum und auch dann, wenn die Conjunctiva bulbi in erheblichem
Maasse mitergriffen ist, läst sich jedesmal eine Abnahme gegen
den Cornealrand hin constatiren. Die Lidwinkel, namentlich der
innere, sind oft recht auffallend geröthet.

Der acute Catarrh beginnt meist mit etwas Schwellung der Lider
und Conjunctiva (Oedem), nicht selten unmittelbar nach directer Einwirkung von Schädlichkeiten. Oft wird Erkältung als Ursache angegeben; sehr häufig ist er Theilerscheinung eines Catarrhs der Nasen-
Rachenhöhle oder gehört zum Symptomencomplex einer acuten In-
fectionskrankheit (Masern, Influenza). Bald beginnt das Auge zu fliessen;
das Secret ist Anfangs wässrig und nimmt nach und nach eine schleimige Beschaffenheit an, mit mehr oder weniger Beimischung von Eiterzellen. Das überlaufende Secret macerirt die Haut und führt zu
Excoriationen, vorwiegend im äusseren Lidwinkel; es verklebt die
Lider am Morgen und sammelt sich namentlich im inneren Winkel,
wo es zu gelben Krusten vertrocknet. Empfindlichkeit gegen äussere

Einflüsse und ein grösserer oder geringerer Grad von Asthenopie ist regelmässig vorhanden; heftigere Schmerzen sind selten, meist besteht nur Brennen und Beissen. Die Sehschärfe ist normal, höchstens durch ein auf der Cornea klebendes Schleimflöckchen für Augenblicke etwas herabgesetzt.

So lange nur Schwellung der Lider mit wässriger Secretion besteht, darf man fleissig zu wechselnde, recht kalte Ueberschläge anwenden. Werden sie nicht exact gemacht, sodass sie sich auf dem Auge erwärmen, so ist es besser einstweilen gar nichts zu thun. Erst wenn das Secret schleimig oder schleimig-eitrig geworden ist, darf man adstringirende Lösungen von Zincum sulfuricum ($1\frac{1}{2}$°/$_0$), Plumb. aceticum (1°/$_0$) oder Tannin (1°/$_0$) zwei- bis dreimal täglich in's Auge träufeln.

Stärkere Mittel, wie Höllensteinlösung (1°/$_0$ auf die umgeklappten Lider aufgepinselt und mit Wasser wieder abgespült), sind selten nöthig, können aber zuweilen den Verlauf abkürzen. Mit den Adstringentien ist fortzufahren bis zur Heilung. Dieser Ausgang ist beim acuten Catarrh die Regel; seltener ist der Uebergang in die chronische Form.

Beim **chronischen Conjunctivalcatarrh,** der viele Jahre lang bestehen kann, ist neben asthenopischen Beschwerden, das hervorstechendste Symptom, dass die Augenlider am Morgen mehr oder weniger verklebt sind. Ist das eingetrocknete Secret entfernt, „sind die Augen ausgerieben", so sind die Beschwerden den Tag über meist gering: Lichtempfindlichkeit in geringem Grade, erheblichere Empfindlichkeit gegen Wind, kalte Luft, Rauch und Staub, die Thränen veranlassen, etwas Brennen und Beissen in den Winkeln; häufig findet man Schaum in den Lidwinkeln durch vermehrten Lidschlag bedingt. Abends bei künstlicher Beleuchtung pflegen die unangenehmen Empfindungen meist zuzunehmen und treten namentlich die asthenopischen Beschwerden in den Vordergrund. Allmälig treten tiefere Veränderungen auf; das überfliessende Secret verursacht Excoriationen an den Lidrändern und um die Cilien, die allmälig den Verlust derselben herbeiführen können. Im äussern Augenwinkel führt die Geschwürsbildung zu Verwachsung der Lider von aussen her, zu Blepharophimose und dadurch zu Einwärtsstehen der Cilien (Trichiasis). In andern Fällen erschlafft durch langjähriges Bestehen eines chronischen Conjunctivalcatarrhs das Gewebe des untern Lides und dieses verlängert sich. Dadurch kommt es zum Abstehen desselben vom Auge (Eversion der Thränenpunkte) und weiterhin zu Ectropium, welches durch das fortwährende Herabziehen des Lides beim Abwischen des überlaufenden Secretes noch begünstigt wird. Die der Luft ausgesetzte Conjunctiva des untern Lides ist immer stark geröthet (Triefaugen) und kann bedeutend anschwellen und granuliren (Ectropium sarcomatosum).

Nicht selten kommt es im Verlauf eines chronischen Catarrhs zu acuten Exacerbationen, namentlich veranlasst durch äussere Schädlichkeiten oder bei Auftreten eines Schnupfens. Die Secretion und die subjectiven Symptome nehmen zu, kehren aber nach einiger Zeit wieder zum gewöhnlichen Maass zurück.

Klappt man beim chronischen Conjunctivalcatarrh das obere Lid um, was nie versäumt werden darf, um Verwechslungen mit schwereren Erkrankungen zu vermeiden, so springt weniger die Hyperaemie in die Augen, als die Undurchsichtigkeit des Gewebes, das die Meibom'schen Drüsen kaum noch oder gar nicht durchschimmern lässt. In lange dauernden Fällen erhält die Conjunctiva ein mehr oder weniger sammtartiges Aussehen: papilläre Hypertrophie. Der Sitz des Catarrhs ist die Conjunctiva palpebrarum, viel weniger die Uebergangsfalte, so gut wie gar nicht die Conjunctiva bulbi, die noch seltener, als beim acuten Catarrh, eine Röthung zeigt, welche wie bei diesem, immer gegen den Hornhautrand hin abnimmt.

Microscopisch findet man das Gewebe der Conjunctiva in verschiedenem Grade von Wanderzellen durchsetzt, ebenso das Epithel, das durch Ausfall oberflächlicher Zellen eine unregelmässige Fläche darbietet. Hyperaemie ist an ausgeschnittenen Stückchen wenig mehr sichtbar. In alten Fällen wachsen die normal vorhandenen leichten Conjunctivalunebenheiten zu langen Papillen aus und bedingen dadurch das sammtartige Aussehen der Conjunctivaloberfläche.

Recht häufig kommt es im Verlaufe chronischer Conjunctivalcatarrhe zu Betheiligung der Hornhaut, zu sogenannten catarrhalischen oder besser Randgeschwüren derselben. Ziemlich plötzlich entsteht stärkeres Fliessen des betreffenden Auges, erhöhte Empfindlichkeit, Kratzen und Stechen im Auge. Bei der Untersuchung findet man etwas violette Injection um die Hornhaut, enge Pupille, die sich auf Atropin langsam, aber vollkommen erweitert, und etwa $1\frac{1}{2}$ Millimeter vom Hornhautrand entfernt ein oder mehrere punktförmige graue Trübungen, namentlich oft am untern Rande. Diese Infiltrate können confluiren und bilden dann concentrische Geschwüre in der Nähe des Hornhautrandes, da wo bei alten Leuten der Arcus senilis zu liegen pflegt. Nehmen sie einen grossen Theil des Hornhautumfangs ein, so nennt man sie Ring- oder Annulargeschwüre. Durch Fortschreiten in die Tiefe können sie zur Eröffnung der vordern Kammer, durch eitrige Infiltration und Flächenausbreitung zu umfangreicher Zerstörung der Hornhaut führen, falls sie nicht entsprechend behandelt

werden. Die Häufigkeit der Hornhauterkrankung bei Conjunctivalcatarrh nimmt mit dem Alter zu: bei jugendlichen Individuen ist
sie selten.

In einfachen Fällen von chronischem Conjunctivalcatarrh genügt
es, das Auge von dem verklebenden Secret zu reinigen und zwei- bis
dreimal träglich, längere Zeit hindurch, einige Tropfen Zinklösung
(Zinc. sulfuric. 0,15 : Aq. dest. 30,0) in den Conjunctivalsack einträufeln
zu lassen. Sehr vortheilhaft ist es, etwa 5—10 Minuten später ganz
wenig von irgend einer fetten Salbe in Lidränder und Wimpern einreiben zu lassen, damit das überlaufende Secret die Haut nicht macerirt.
Man nimmt dazu am besten Flor. zinci 0,5. weissen oder gelben Praecipitat 0.1 auf 10.0 Unguentum leniens. Bei älteren Leuten ist
häufig eine 1%ige Tanninlösung oder eine Combination von Zink und
Tannin (Zinc. sulfuric. 0,5; Tannin pur. 1,0; Aq. dest. 80.0; Aq.
foenicul. 20,0 S. Augenwasser) vorzuziehen. die man Morgens und Abends
anwenden lässt. Sind Geschwüre am Lidrand oder Excoriationen in
den Lidwinkeln vorhanden, so bepinselt man diese täglich bei geschlossenen Augen energisch mit einer 2%igen Höllensteinlösung;
streicht man diese Lösung hierbei gehörig in die Augenwinkel ein, so
gelangt davon genügend viel in den Conjunctivalsack, um eine besondere
adstringirende Behandlung desselben überflüssig zu machen. Bei Verlängerung des untern Lides und beginnendem Ectropium ist energisches
Emporstreichen gegen den inneren Augenwinkel beim Abwischen der Thränen am Platze; bei Blepharophimose und Trichiasis
hat die bei den Liderkrankungen angegebene Behandlung einzutreten.

Sind Hornhautgeschwüre aufgetreten. was sich namentlich durch
eigenthümlich stechende Schmerzen ankündigt, so beherrschen diese die
Situation; jede reizende Behandlung ist sofort auszusetzen. Kleinere
Geschwüre kann man durch warme Umschläge mit Kamillenthee oder
einer nicht reizenden antiseptischen Lösung in wenigen Tagen zur Heilung bringen; bei tieferen, die Perforation herbeizuführen drohen, muss
gleichzeitig Eserin angewandt werden. wie bei den Hornhauterkrankungen
später ausführlich abgehandelt wird. Die äusserliche Behandlung
von Lidrandgeschwüren und -excoriationen mit Höllensteinlösung kann
bei der Behandlung der Hornhautgeschwüre fortgesetzt werden.

Die Aetiologie des chronischen Conjunctivalcatarrhs ist eine sehr
verschiedene; er kann nach einem acuten zurückbleiben oder die Fortsetzung einer ähnlichen Erkrankung der Nasen- und Thränensackschleim-
haut sein. Sehr häufig wird er durch atmosphärische Einflüsse aller
Art, langedauernden Aufenthalt in Rauch, Staub, verdorbener Luft u. s. w.

hervorgerufen. Desshalb ist er fast immer doppelseitig; einseitige Erkrankung, namentlich verbunden mit **Lidrandeczem**, erregt sofort den Verdacht eines Thränensackleidens.

Die **Differentialdiagnose** des **Conjunctivalcatarrhs** ist für den practischen Arzt ausserordentlich **wichtig**; man hüte sich vor dem sehr gebräuchlichen Schlendrian, wenn man keine genügende Ursache für die Klagen eines Patienten findet, in dubio Conjunctivalcatarrh anzunehmen und dem entsprechend zu behandeln. Die **gelbröthliche** Injection der Conjunctiva nimmt, wenn sie sich überhaupt auf die **Conjunctiva bulbi** miterstreckt, gegen den Hornhautrand continuirlich ab und unterscheidet sich dadurch scharf von der durch Hornhaut- und Uvealerkrankungen bewirkten **blaurothen** Injection, die sich um den Hornhautrand concentrirt (Ciliarinjection). **Eine Sehstörung ist beim Catarrh nicht vorhanden.** Zuweilen werden vorübergehend um Lichter farbige **Ringe gesehen**, wenn eine dünne **Schleimschicht** die Hornhaut bedeckt. Die asthenopischen Beschwerden sind oft denen bei Refractionsanomalien sehr ähnlich; sind sie desshalb hervorragendes Symptom, so ist immer auch auf solche zu untersuchen. Sicher gestellt ist die Diagnose des Catarrhs erst durch das Vorhandensein des Secretes, das Morgens die Augenlider verklebt und während des Tages in den Augenwinkeln und an den Wimpern festsitzt. Hält man dieses genau fest, so wird man sich vor unliebsamen Verwechslungen hüten, namentlich mit Erkrankungen der Hornhaut und Regenbogenhaut; besteht irgend ein Zweifel, so hat man desshalb auch sorgfältig mit seitlicher Beleuchtung die Abwesenheit letzterer sicherzustellen, die natürlich auch mit Conjunctivalcatarrh complicirt sein können.

Eitrige Conjunctivitis ist die Folge einer Ansteckung mit gonorrhoischem Secret; dieselbe findet am häufigsten statt während der Geburt und kurz nachher, sodann wieder vom zeugungsfähigen Alter an; zwischen diesen beiden Zeitpunkten ist sie äusserst selten. Da die Reaction darauf in so verschiedenen Altersstufen, die durch ein langes, fast freies Intervall getrennt sind, gleichfalls eine verschiedene ist, so kann man zwei in Vielem differente Krankheitsbilder aufstellen: die **Blennorrhoea neonatorum** und die **Conjunctivitis gonorrhoica** der Erwachsenen.

Die **Blennorrhoea neonatorum** beginnt in den ersten Tagen, frühestens 36—48 Stunden nach der Geburt, und kann sehr verschiedenen Grades sein, wobei sowohl die Intensität der Infection, als auch individuelle Verschiedenheiten eine Rolle spielen. Ganz leichte Fälle sind kaum von einem Catarrh verschieden, der übrigens bei Neugeborenen sehr selten ist und heilen in 8 bis 14 Tagen von selber oder mit einem leichten Zinkwasser. Gewöhnlich beginnt die Affection mit mehr oder weniger bedeutender Anschwellung und Röthung der Augenlider, die sich heiss anfühlen. Die Conjunctiva palpebrarum ist stark serös durchtränkt, glatt und gespannt; die Uebergangsfalten, namentlich die obern, bilden grosse Wülste, die sich beim Umklappen in die Lidspalte

drängen, und auch die Conjunctiva bulbi ist hyperaemisch, oedematös
geschwellt und umgibt wallartig die Hornhaut (Chemosis). Das
Secret ist zu dieser Zeit spärlich, wässerig oder etwas gelblich gefärbt. Nach zwei, drei Tagen, oft schon früher, manchmal später,
wird das Secret flockig und nimmt allmälig eine eitrige Beschaffenheit
an; es ist dann von intensiv gelber, grünlicher (Icterus neonatorum)
oder röthlicher Färbung (beigemischter Blutfarbstoff). Nicht selten gerinnt
am umgeklappten Lide das Secret durch den Einfluss der Luft zu fibrin-
artigen Membranen, die leicht abgewischt werden können und sich rasch
wieder erneuern; diese Erscheinung ist ohne weitere Bedeutung. Die
Schwellung der Lider pflegt jetzt nachzulassen, die Conjunctiva ist
intensiver geröthet, succulent aber nicht mehr so prall gespannt, zeigt
im Gegentheil leichte Fältelung. Die eitrige Secretion kann Wochen,
ja Monate lang anhalten, wobei die Anfangs sammtartige Conjunctiva
später gröbere, flache, unregelmässige, leicht blutende Excrescenzen
zeigt. Mehr oder weniger Absonderung schleimiger oder schleimig-
eitriger Natur kann noch sehr lange bestehen bleiben, hört aber allmälig von selber auf. Die ganze Affection kann spontan ausheilen,
ohne dass es zu mehr als etwa leichter milchiger Trübung der Conjunctivaloberfläche kommt; eine tiefer gehende Vernarbung tritt hierbei
nicht ein. In schweren Fällen kommt es durch Circulationsstörungen
zu Blutungen in's Schleimhautgewebe, zu punktförmigen in der Conjunctiva palpebrarum und in der Uebergangsfalte, zu grösseren in der
Conjunctiva bulbi. Sehr selten sind wirkliche, oberflächliche Gewebs-
necrosen (Diphtheritis im anatomischen Sinn), doch ist schon eine förmliche Epidemie gerade dieser Form beobachtet worden. Häufig lässt
eine profuse Blennorrhoe während des Verlaufes fast plötzlich nach.
Die Nachforschung ergiebt dann gewöhnlich, dass der kleine Patient
an Diarrhoe erkrankt ist, nach deren Beseitigung die Secretion von
Neuem beginnt. Auch bei marastischen Säuglingen oder bei heran-
nahendem Tode aus irgend einer Ursache pflegt das Fliessen der Augen
nachzulassen oder völlig zu verschwinden.

Die Gefahr der Blennorrhoea neonatorum beruht im Auftreten von
Hornhautaffectionen. Sehr häufig besteht schon im Beginne eine leichte
diffuse oberflächliche Trübung (Maceration des Epithels) der Cornea,
die übrigens nicht verwechselt werden darf mit derjenigen, die leicht
beim Umklappen der Lider durch Druck auf das Auge entsteht. Die
eigentliche Hornhauterkrankung beginnt als Epithelverlust in der
untern Hälfte der Hornhaut und wird wohl ausnahmslos durch eine
traumatische Einwirkung veranlasst. Unzartes Oeffnen der Lidspalte,

ungeschickte Reinigung des Conjunctivalsacks, aber auch ein Aetzschorf der Conjunctiva nach voreiliger Cauterisation sind die Veranlassung hierzu.

Durch diesen, Anfangs scheinbar unbedeutenden oder ganz übersehenen Epithelverlust findet eine Infection des Hornhautgewebes statt; die Cornea trübt sich rasch in grossem Umfange, der Substanzverlust vergrössert sich und wird zu einem eitrig infiltrirten Geschwür, das schnell in die Tiefe greift und zur Eröffnung der vorderen Kammer führt. Im günstigen Falle demarkirt sich jetzt die Entzündung und der Process kommt zur Heilung, allerdings mit grosser, meist central gelegener Hornhautnarbe, mit der die Iris in grösserer oder geringerer Ausdehnung verwachsen sein kann. Es kann aber auch die ganze Hornhaut zerstört werden, und das Auge geht durch secundäre Vorgänge (Staphylom u. s. w., wovon später), viel seltener durch acute eitrige Uvealentzündung zu Grunde. Auch dann, wenn es gelingt, den Hornhautprocess vor der Perforation zum Stillstand zu bringen, bleibt ein umfangreicher centraler, das Sehen störender, Hornhautfleck zurück, der jedoch, glücklicherweise nicht gerade selten, bis auf geringe Spuren im Laufe der Zeit verschwinden kann.

Ist es im Verlauf der Blennorrhoe zur Eröffnung der vorderen Kammer gekommen, so entwickelt sich später fast ausnahmslos eine characteristische Form von Linsentrübung; die sogenannte vordere Polarcataract.

Im Bereiche und in der Ausdehnung der Pupille treten Wucherungsvorgänge im Epithel der vorderen Linsenkapsel auf. Schon nach wenigen Tagen findet man unmittelbar unter der Linsenkapsel eine Anhäufung rundlicher Zellen, die später spindelförmig werden und schliesslich ein faseriges verkalkendes Gewebe bilden, dessen concentrisch wirkende Narbenschrumpfung zu einer circa stecknadelkopfgrossen, kreideweissen Hervorragung im Pupillargebiete führt; dieselbe ist von der vielfach gefälteten Kapsel überzogen. Später bildet sich gewöhnlich nach innen von dem faserigen Gewebe wieder eine regelmäsige Epithelschicht, so dass die Linsentrübung zwischen der hyalinen Kapsel und dem vorderen Linsenepithel gelegen ist. Ist die vordere Kammer längere Zeit offen geblieben, so kann der vordere Linsenpol mit der Hinterfläche der Hornhaut verwachsen, und bei Wiederherstellung der Kammer zieht sich diese Verwachsung zu einem langen weissen Faden aus, der persistiren oder später abreissen kann. Sehr häufig ist hinter der vorderen Polarcataract, durch durchsichtige Zwischenmasse getrennt, noch eine zweite weissliche Trübung von ungefähr gleichem Umfange sichtbar, die nicht selten mit ersterer durch einen Faden zusammenhängt. Es ist bei tiefen Hornhautgeschwüren auch schon beobachtet worden, dass sich typische vordere Polarcataract entwickelte, ohne dass es je zur völligen Perforation kam, doch sind dies Ausnahmen.

Obschon die vordere Polarcataract auch angeboren vorkommt und an und für sich Nichts beweist, als die stattgefundene Perforation der Cornea in sehr früher Zeit, so ist sie doch ein fast sicheres Zeichen der überstandenen Blennorrhoea neonatorum, da Hornhautperforationen aus anderer Ursache in diesem Alter höchst selten sind.

Eine von Anfang an richtig behandelte Blennorrhoe sollte nicht zu Hornhauterkrankung führen. Dieser Satz ist um so wichtiger, weil ein hoher Procentsatz der Blinden namentlich da, wo die sogenannte ägyptische Augenentzündung nicht heimisch ist, durch Blennorrhoe der Neugeborenen das Augenlicht verloren haben. Eine richtige Behandlung aber ist nur dann möglich, wenn der Arzt mindestens alle 24 Stunden den Patienten zu sehen bekommt; Ausnahmen hiervon sind nur in den leichtesten Fällen gestattet. Leider wird man häufig erst zu spät gerufen, nachdem allerhand unvernünftige Manipulationen, harmlose und gefährliche Hausmittel zur Anwendung kamen. Die Behandlung darf nicht der Hebamme überlassen bleiben.

Eine Prophylaxe der Blennorrhoe ist in neuester Zeit (Credé) vielfach angestrebt worden. (Selbstverständlich ist eine Vaginalblennorrhoe der Mutter, wenn irgend möglich, vor der Geburt zu heilen.) Jedem Neugeborenen wird unmittelbar nach der Geburt 2%ige Höllensteinlösung in die Augen geträufelt. Dadurch gelang es den Procentsatz der Erkrankungen an Blennorrhoe sehr bedeutend herunterzudrücken; ganz verschwand sie nicht, da immerhin eine Anzahl Neugeborener erst nach der Geburt inficirt wird. Begreiflicherweise lässt sich dieses Princip nur in Anstalten durchführen; es kann aber auch, wenn ungeschickt ausgeführt, gerade erst recht zur Infection führen. Wenn der Ausbruch nach dem 3. Tage geschieht, hat fast ausnahmslos nachträgliche Ansteckung stattgefunden. Zudem ist die Mutter nicht die einzig mögliche Ursache der Infection. Ich habe schon förmliche „Hebammenepidemien" in der Clientel einer einzelnen Hebamme erlebt.

Ist die Krankheit ausgebrochen, so genügt in ganz leichten Fällen Reinlichkeit und die täglich zweimalige Anwendung von Zinktropfen etwa vom dritten Tage an. Immer müssen die Angehörigen von der grossen Ansteckungsfähigkeit des Secretes benachrichtigt werden und die Schwämme, Handtücher u. s. w., die bei dem Erkrankten benutzt werden, dürfen zu nichts Anderem gebraucht werden. Von einem Schutz des allenfalls noch nicht erkrankten zweiten Auges wird wohl immer abgesehen werden, da er kaum strenge durchzuführen ist.

Bei schweren Fällen ist, so lange das Secret wässerig, Lider und Conjunctiva stark gespannt sind, consequente Eisbehandlung am besten (siehe Seite 4). Indem man etwa alle halbe Stunde die Lider auseinanderzieht und melkende Bewegungen macht, entfernt man das angesammelte Secret und kann es mit etwas Wundbaumwolle wegwischen. Jede Berührung des Auges selber muss hierbei ängstlich vermieden werden. Erst wenn das Secret rein eitrig ist, darf man zu Adstringentien und Causticis übergehen. Am raschesten wird die Heilung herbeigeführt, wenn man mit mitigirtem Höllensteinstift (Argent. nitric. und Kal. nitric. āā) die ectropionirten Uebergangsfalten bestreicht und sofort mit Kochsalzlösung neutralisirt; natürlich muss die Hornhaut hierbei gut geschützt sein. Der gebildete Aetzschorf muss nach 24 Stunden*) vollständig abgestossen sein, und dann kann die Procedur wiederholt werden. Unmittelbar nach der Aetzung lässt man 2—3 Stunden Eisumschläge, wie vorher, anwenden; später braucht das Auge nur öfter ausgewaschen zu werden. Obschon diese Behandlung sich am wirksamsten gezeigt hat, ist sie nur gestattet, wenn bei guter Assistenz die Uebergangsfalten wirklich in toto ectropionirt werden können; sonst nützt sie Nichts und kann durch Anätzung der Hornhaut sogar nachtheilig wirken. Auch die Application von Höllensteinlösung $(2 \,^0/_0)$ muss auf Conjunctiva palpebrarum und Uebergangsfalte beschränkt bleiben, wenn sie nicht Schaden anstiften soll. Der practische Arzt wird sich desshalb bei ausgesprochener Eiterung auf Adstringentien beschränken müssen und eine Lösung von Zincum sulfuricum (0,1:20,0), Argent. nitr. $(^1/_2 — 1 \,^0/_0)$, Cuprum sulfuricum (0,1:25,0) u. s. w. mehrere Wochen lang bis zur Heilung täglich 2—3 mal einträufeln lassen, nachdem vorher das Secret aus dem Conjunctivalsack gut „ausgemelkt" war. Von den viel angewandten antiseptischen Lösungen habe ich nach ausgebrochener Blennorrhoe nie eine Abkürzung des Verlaufes bemerkt; leichte Fälle heilen natürlich, schwere ziehen sich unendlich in die Länge, so dass schliesslich doch noch zur adstringirenden oder caustischen Behandlung gegriffen werden muss. Letztere ist auch am Platze bei den granulationsähnlichen Excrescenzen alter unbehandelter oder vernachlässigter Blennorrhoen, wo aber auch gelegentlich Touchiren mit einem Kupfervitriolkrystall in Substanz auf die gut ectropionirten Lider mit nachherigem sorgfältigem Abtupfen gestattet ist.

Bei Eintritt einer Hornhautaffection ist sofort Eserin anzuwenden, im Uebrigen die Behandlung, wenn möglich, aber mit sorgfältigstem Schutz der Hornhaut, fortzuführen. Das Umklappen der Lider muss mit der höchsten Behutsamkeit geschehen, um Perforation der Hornhaut zu vermeiden. Hat letztere bereits stattgefunden, so gelten für deren Behandlung, sowie für die der restirenden Hornhautflecken und

---

*) Sitzt nach 24 Stunden der Aetzschorf noch fest, so ist dies ein Zeichen, dass zu früh geätzt wurde; in solchen Fällen veranlasst der als Fremdkörper wirkende Schorf sehr leicht Hornhautaffection. Ist die Eiterung dagegen sehr profus, so stösst sich der Schorf auch viel früher ab, und es darf in diesem Falle sogar zweimal an einem Tage geätzt werden.

Pupillenverwachsungen die gleichen Principien, wie bei den gleichen Zuständen aus anderen Ursachen.

Die **gonorrhoische Conjunctivitis** der Erwachsenen ist eine unvergleichlich schwerere Erkrankung, namentlich wegen fast ausnahmsloser Betheiligung der Hornhaut. Ausser Individuen, die selber mit Tripper behaftet sind, werden namentlich Mütter und Pflegerinnen von blennorrhoekranken Neugeborenen betroffen. Nach ein- bis zweitägigem Incubationsstadium beginnt die Krankheit mit gewaltiger brettartiger Schwellung der Lider, wobei das obere klappenartig über das untere herabhängt.

Gelingt es, dasselbe umzudrehen, was sehr schmerzhaft ist, so zeigt sich die Conjunctiva palpebrarum stark hyperaemisch und geschwellt, von zahlreichen Hämorrhagien durchsetzt, die Uebergangsfalten als pralle Wülste, die Conjunctiva bulbi gleichfalls von Hämorrhagien durchsetzt, blasenartig gespannt und wallartig die Cornea überragend, von der manchmal kaum der dritte Theil noch zu sehen ist. In allen Abschnitten der Conjunctiva sieht man weissliche, im Gewebe festsitzende Einsprengungen (Diphtheritis), manchmal nur vereinzelt, oft den ganzen Conjunctivalsack durchsetzend und grosse confluirende Plaques, namentlich auch auf der Conjunctiva bulbi, bildend. Nur selten werden sie völlig vermisst. Das Anfangs wässerige Secret wird bald trüb und flockig, später rein eitrig, und kann in enormer Menge abgesondert werden. Nach einigen Tagen stossen sich die diphtheritischen Stellen ab, und die Substanzverluste müssen durch Wundgranulation zur Heilung kommen.

Fast regelmäfsig kommt es zu Hornhautaffectionen, seltener aber, wie bei der Blennorrhoea neonatorum in der Lidspaltenzone. Unter den überhängenden Wülsten der Conjunctiva bulbi (Chemosis) stösst sich das macerirte Hornhautepithel, etwa ein bis zwei Millimeter vom Rand entfernt, ab, gewöhnlich zuerst am oberen Umfang der Cornea. Der mehr oder weniger vollständig ringförmige Substanzverlust greift in die Tiefe und Breite, die Hornhautlamellen blättern sich ab, ohne sich nur vorher zu infiltriren, und nur wenn man das Licht sorgfältig über die Hornhautfläche spiegeln lässt, bemerkt man die Grenzen des ausgedehnten Substanzverlustes in dem fast durchsichtigen Gewebe. Da die verdünnte Cornea unter dem normalen Augendruck sich vorbaucht und scheinbar in normalem Niveau steht, wird das Uebersehen einer Hornhautaffection noch erleichtert, und Mancher war schon höchst erstaunt, am Morgen keine Cornea mehr zu finden, während sie Abends vorher scheinbar noch normal war. Hat sich die Hornhaut in toto ab-

gestossen, so ist das Auge verloren; es **geht gewöhnlich** durch Staphy-
lombildung, wovon später, **viel** seltener **durch** Vereiterung zu Grunde.
Nur wenn ein erheblicher Theil der Hornhaut erhalten bleibt, darf
man **hoffen**, später noch Sehvermögen zu retten.

Nach Abstossung **der** diphtheritischen **Stellen** werden die Lider
weicher und **leichter zu ectropioniren, die** Eiterung nimmt zu, es bilden
sich wirkliche **Granulationen auf** den Substanzverlusten der Schleimhaut, die **mit oberflächlicher** Narbenbildung **heilen** und zu allerhand Verwachsungen im Conjunctivalsack, zwischen Lid und Bulbus
(Symblepharon) **Veranlassung geben; dagegen kommt es** nicht zu Ver-
krümmung **der Lider durch tief greifende Vernarbung.**

Obschon die Conjunctivitis gonorrhoica **gelegentlich** auch in leichteren Formen vorkommt, so **ist sie doch im Ganzen eine** der gefährlichsten Augenkrankheiten **um so mehr, als es** mehrfach vorgekommen
ist, **dass ein** zerstörtes Auge das gesund gebliebene andere noch nach-
träglich durch sogenannte sympathische Entzündung zu Grunde ge-
richtet hat. Im Allgemeinen ist **die** Prognose um so bedenklicher, je
älter **das** betroffene Individuum **ist**, aber schon **bei** drei- und vier-
jährigen Kindern — meist Mädchen, die gleichzeitig an Vaginalblennorrhoe leiden — ist diese Conjunctivitis eine höchst gefährliche
Erkrankung.

Die Behandlung hat sich **in** erster Linie mit dem Schutz des noch
nicht erkrankten Auges durch einen impermeabeln Verband zu befassen
(siehe Seite 10). Ist die Krankheit auf dem zweiten Auge unter dem
Verband binnen 3 Tagen nicht ausgebrochen, so bleibt es verschont;
nicht selten aber wird es vorkommen, dass ein anscheinend gesundes
Auge verbunden wird und nach 24 Stunden der Eiter schon unter dem
Verbande hervorquillt. In diesem Falle wird er natürlich entfernt.
Sonst lässt man ihn bis zum völligen Ablauf der Krankheit, etwa
4 bis 6 Wochen, liegen; gut ist es, ihn alle 3 Tage zu erneuern.

Die eigentliche Behandlung besteht in der continuirlichen Anwendung des Eises, entweder in besonderen Augeneisbeuteln oder in
Form von alle Minute zu wechselnden, auf Eis liegenden Compressen,
die Tag und Nacht zu erneuern **sind**. Ausserdem **ist** das oft sehr
massenhafte Secret fleissig auszuwaschen, **und** es ist sehr vortheilhaft,
alle paar Stunden auch den ganzen Conjunctivalsack mit einer leicht
antiseptischen Lösung (von Bor- oder Salicylsäure) sorgfältig auszuspülen. Dies muss aber vom Arzte selber geschehen unter peinlichster
Schonung der Hornhaut, die nicht einmal von einem Wasserstrahl be-

rührt werden darf, um nicht in dem macerirten Epithel einen Substanzverlust zu veranlassen.

Sind die Lider, namentlich das obere, bretthart gespannt, so wirkt
schon der directe Druck derselben auf das Auge schädlich und begünstigt das Zustandekommen von Circulationsstörungen (Hämorrhagien
und Diphtheritis) und Hornhautaffectionen. In solchen Fällen thut
man gut, die Lidspalte zu erweitern. Man geht mit der stumpfen
Branche einer starken geraden Scheere in den äusseren Lidwinkel so
weit als möglich ein und spaltet die äussere Commissur genau in der
Richtung der Lidspalte durch einen kräftigen Scheerenschnitt. Zwar
wird die ganze Schnittwunde gewöhnlich diphtheritisch, aber abgesehen
von der günstigen Wirkung der meist ziemlich erheblichen localen Blutentziehung, lassen die Schmerzen nach, das obere Lid kann besser umgeklappt und der Conjunctivalsack exacter gereinigt werden. Im
Uebrigen verheilt die Wunde später wieder ohne bleibende Erweiterung
der Lidspalte. Bei sehr praller Chemosis erweisen sich zuweilen Scarificationen der Conjunctiva in Form von oberflächlichen Einschnitten
nützlich, doch erwarte man nicht zu viel davon. Heftige Schmerzen
können Morphiuminjectionen nöthig machen.

Die Eisbehandlung wird fortgesetzt, bis sich alle diphtheritischen
Stellen vollständig abgestossen haben, bis die Schwellung der chemoti-
schen Conjunctiva zurückgegangen ist, dieselbe weicher wird und wieder
Falten wirft, namentlich sichtbar an der Conjunctiva bulbi concentrisch
zum Hornhautrand. Jetzt erst lässt sich der Verlauf erheblich abkürzen durch Bestreichen der Conjunctiva, besonders der Uebergangsfalten mit 2 %iger Höllensteinlösung oder mit dem mitigirten Höllensteinstift (1:1) und sofortiger Neutralisation mit Kochsalzlösung unter
sorgfältigem Schutz der Cornea. Dies wird fortgesetzt, so lange eine
erhebliche eitrige Secretion besteht, doch hüte man sich vor zu energischen Aetzungen, die tiefer gehende Vernarbungen veranlassen können.
Nie darf eine Aetzung wiederholt werden, ehe die Wirkung der vorher-
gehenden vorüber ist und der Schorf sich abgestossen hat. Im Zweifelsfalle wende man sie lieber zu spät, als zu früh an. Nach Ablauf der
Eiterung können Adstringentien benutzt werden, welche auch vorher
anzuwenden sind, falls der Arzt die immerhin sehr delicate caustische
Behandlung nicht zu übernehmen wagt.

Das Auftreten von Hornhautgeschwüren erfordert die Anwendung
von Eserin, wobei im Uebrigen möglichst die Behandlung der Conjunctiva fortgesetzt wird. Bleibt nach Zerstörung der Hornhaut der Augen-
stumpf empfindlich und entzündet, so muss er entfernt werden. Die

schliessliche Gebrauchsfähigkeit des Auges hängt von dem Verhalten
der Hornhaut und von den Verwachsungen im Conjunctivalsack ab;
über eventuell mögliche operative Eingriffe hierbei siehe später. Bettruhe des Kranken ist während der ganzen Behandlungsdauer selbstverständlich. Die benutzten Schwämme, Läppchen oder Wundbaumwolle müssen sofort vernichtet werden; im Uebrigen gilt das schon bei
der Blennorrhoe Gesagte.

Die nach Neisser für das Trippersecret characteristischen Diplococcen in den Epithelien und Eiterzellen sind auch bei Blennorrhoea
neonatorum und Conjunctivitis gonorrhoica aufgefunden worden.

Croup der Conjunctiva (nicht zu verwechseln mit **dem an der** Luft
gerinnenden Secret in gewissen Stadien **von** Blennorrhoea neonatorum)
ist eine ziemlich seltene Erkrankung. Eine leichte Form wird fast ausschliesslich bei Kindern beobachtet Aeusserlich zeigt sich nur mehr
oder weniger erhebliche Lidschwellung. Ectropionirt man die Lider,
so ist die Conjunctiva palpebrarum wie mit Milch übergossen, und ist
dies Aussehen bedingt durch Auflagerung einer mehr oder weniger
dicken weisslichen Membran, die sich mit einer Pincette leicht in einem
Stück abziehen lässt. Unter der Membran, die aus abwechselnden
Schichten von Fibrin und Rundzellen besteht, ist die Conjunctiva fast
normal oder etwas hyperaemisch und leicht blutend. Schon nach
wenigen Minuten hat sich wieder ein neues Häutchen gebildet, wobei
aber ein irgendwie erhebliches anderweitiges Secret nicht vorhanden ist.
Die Affection pflegt in 8—14 Tagen unter kalten Bleiwasserüberschlägen vorüberzugehen, ohne dass es zu Complicationen kommt; dagegen **hüte man** sich vor jeder eingreifenden Behandlung.

Zuweilen kommen schwerere Formen zur Beobachtung, auch bei
Erwachsenen. Es besteht sehr bedeutende Lidschwellung und stärkere
Hyperaemie der Conjunctiva. Der ganze Conjunctivalsack ist von einem
mehrere Millimeter dicken soliden Gerinnsel ausgefüllt, das einen vollständigen Abguss desselben darstellt und in toto aus der Lidspalte
herausgezogen werden kann, worauf es sich in kurzer Zeit wieder erneuert. Microscopisch zeigen diese Abgüsse den gleichen Bau, wie die
dünnen Membranen. In solchen Fällen können dann auch, wahrscheinlich traumatische, Hornhautgeschwüre auftreten, **die** sich inficiren und
dem Auge Gefahr drohen. Auch hier ist irgendwelche eingreifendere
Behandlung absolut verwerflich und **sind** nur **kalte oder** Eisüber-
schläge, eventuell Auswaschen des Conjunctivalsacks mit nichtreizen-
den aseptischen Lösungen am Platze. Jede **Aetzung** steigert den Process
und begünstigt **das** Auftreten von Hornhautaffectionen. Auch diese

schweren Formen lassen in zwei bis drei Wochen nach, ohne dass es je zu einer stärkeren Secretion kommt; in anderen Fällen wird später Uebergang in einen catarrhalischen Zustand beobachtet, der einige Zeit anhält und die gewöhnlichen Mittel verlangt.

Croup der Conjunctiva ist ansteckend, wenn auch nicht in sehr hohem Grade, da oft nur ein Auge erkrankt. Die Incubationsdauer ist sehr kurz und beträgt nach meiner Beobachtung eines Falles, wo die Affection sich unter aseptischem Schlussverband entwickelte, noch keine 24 Stunden.

Diffuse **Diphtheritis** der Conjunctiva ist die schwerste Conjunctivalerkrankung des Kindesalters und wird gewöhnlich zwischen dem zweiten und sechsten Jahre beobachtet. Aeusserlich gleicht die Affection den schweren und schwersten Formen gonorrhoischer Infection, von denen sie im Anfange nicht zu unterscheiden ist, nur ist Schwellung und Härte der Lider eher noch gewaltiger. Gelingt es, das wie ein Brett herabhängende obere Lid umzuklappen, so ist ein mehr oder weniger grosser Theil sämmtlicher Abschnitte der Conjunctiva oder auch diese in toto graugelblich necrotisirt, wie nach gewissen Verbrennungen, und lassen sich diese Stellen nicht abwischen. Wo noch Inseln von nicht diphtheritischer Conjunctiva vorhanden sind, zeigen sie starke Schwellung und Hämorrhagien und prominiren gegenüber den diphtheritischen Stellen. Anfangs ist nur wenig wässeriges trübes Secret vorhanden, das allmälig immer mehr eitrig wird; zugleich stossen sich die necrotisirten Schleimhautpartieen, die mehr und mehr eine gelbe Färbung annehmen, ab, die kleineren in einigen Tagen, während bei ausgedehnteren Plaques dieser Process eine Woche und länger in Anspruch nimmt. An Stelle der diphtheritischen Partieen besteht jetzt ein mehr oder weniger tiefer Substanzverlust, der unter Wundgranulation und Eiterung zur Narbenbildung führt. Je nach der Ausdehnung und Lage kann diese Entropium, Symblepharon oder völlige Obliteration des Conjunctivalsackes zur Folge haben; in mehreren, aber leichteren Fällen beobachtete ich nachträglich Cysten in der unteren Uebergangsfalte, die sich als quere, beim Umklappen des Lides prominirende, durchscheinende, mit klarer Flüssigkeit gefüllte Wülste darstellten.

Wohl ausnahmslos kommt es zur Hornhautbetheiligung, bei ausgedehnter Diphtheritis der Conjunctiva bulbi vorwiegend zu den von der gonorrhoischen Conjunctivitis her bekannten Randgeschwüren mit Abblätterung der fast durchsichtig bleibenden Cornea, sonst ebensohäufig zu traumatischen Lidspaltengeschwüren der Hornhaut, die sich diphtheritisch inficiren und gleichfalls zur Zerstörung derselben führen.

Je ausgebreiteter die Diphtheritis ist, um so übler ist die Prognose auch bezüglich der Hornhaut.

Die diffuse Diphtheritis der Conjunctiva kommt theils als selbstständige Erkrankung, theils als Theilerscheinung einer allgemeinen Schleimhautdiphtheritis in Nase, Rachen und Kehlkopf vor; in letzterem Falle ist tödlicher Ausgang nicht selten. Im Norden von Deutschland und an den Seeküsten sind namentlich die schweren Formen heimisch, während diese in Süddeutschland und in der Schweiz sehr selten sind.

Wenn nur ein Auge erkrankt ist, so hat man, wenn möglich, das andere durch einen impermeabeln Schlussverband (siehe Seite 10) zu schützen. Local ist consequente Eisbehandlung bis zur völligen Abstossung der diphtheritischen Stellen anzuwenden. Durch China, Wein und kräftige Nahrung die Kräfte der kleinen Patienten zu heben, ist wohl wichtiger, als die oft beliebte Mercurialisation. Die gleichfalls vorgeschlagenen Scarificationen der Schleimhaut werden diphtheritisch und vermehren die Narbenbildung, während die an und für sich oft indicirte Erweiterung der Lidspalte nur bei älteren Kindern zulässig ist, die diese Blutentziehung besser vertragen können. Von antiseptischen Mitteln ist im allerersten Anfang das Auswaschen mit einer Combination von Salicyl- und Borsäurelösung zu empfehlen (Rp. Acid. boric. 3,0; Acid. salicylic. 1,0; Aq. dest. 100,0); später nützen sie nichts mehr. Die Anwendung von Wärme ist zu verwerfen, da sie dem Fortschreiten der diphtheritischen Infection Vorschub leistet. Sind alle necrotisirten Stellen abgestossen, so sucht man durch Zinkwasser ($^{1}/_{2}$ $^{0}/_{0}$) oder 1 $^{0}/_{0}$ ige Höllensteinlösung die Ausheilung der granulirenden Wundflächen zu beschleunigen; jede eingreifendere caustische Behandlung wirkt durch Vermehrung der Narbenbildung nachtheilig. Die Therapie der Hornhautaffection muss sich auf Einträufelungen von Eserin beschränken, um die nachträgliche Staphylombildung möglichst in Schranken zu halten. Ist der ganze Process abgelaufen und die Vernarbung vollendet, so können je nach dem Verhältniss des einzelnen Falles die mannichfachsten therapeutischen Aufgaben zu erfüllen sein, wovon später.

Vereinzelte diphtheritische Einsprengungen kommen, wie schon gesagt, gelegentlich bei Blennorrhoea neonatorum, fast regelmäfsig und viel ausgedehnter bei der gonorrhoischen Conjunctivitis der Erwachsenen vor. Eine andere recht häufige Form ist diphtheritische Infiltration, ausgehend von Eczemeruptionen am Lidrand, von wo sie sich auf den Tarsaltheil der Conjunctiva fortsetzt und zu bleibenden Narbenbildungen, häufig mit partiellem Entropium, führt. Selten wird hierbei eine weitere Ausdehnung beobachtet; in der Regel beschränkt sich der Process auf die Conjunctiva tarsi. Trotzdem ist auch hier Schutz des anderen

Auges, Auswaschen mit Salicyl-Borsäurelösung und Eisbehandlung bis zur Abstossung aller necrotischen Parthieen angezeigt. Im Uebrigen ist dieses eine relativ leichte Form und veranlasst selten Hornhautaffectionen, obschon häufig gleichzeitig Eczemeruptionen auf der Cornea vorhanden sind, deren Verlauf indess nicht weiter modificirt wird.

Die Entwicklung von **Follikeln** in der Conjunctiva in grösserem Umfange modificirt die Erkrankungen derselben in eigenthümlicher Weise. Im normalen Zustande werden, wie schon gesagt, keine oder nur vereinzelte Lymphfollikel angetroffen, unter gewissen Verhältnissen aber entwickeln sie sich massenhaft. Man sieht dann beim Umklappen der Lider zahlreiche, bis stecknadelkopfgrosse, durchscheinende Prominenzen in der Conjunctiva sitzen, mehr vereinzelt, kleiner und von rundlicher Form in der Conjunctiva tarsi, viel zahlreicher, grösser, queroval und zu mehreren horizontalen Reihen wie Perlenschnüre angeordnet in den Uebergangsfalten, fast gar nicht in der Conjunctiva bulbi. Die Bindehaut selbst ist hierbei normal oder schwach hyperaemisch, die subjectiven Beschwerden sind ähnlich denen bei Conjunctivalhyperaemie und meist gering: etwas Brennen, leichte Entzündung und geringe Empfindlichkeit der Augen. Oft sind es andere Krankheiten, Refractionsanomalien u. dergl., die den Patienten zum Arzt führen, und die Conjunctivalfollikel werden nur beiläufig entdeckt. Nur in Ausnahmsfällen erreichen die Follikel ohne Complication eine excessive Grösse bis 3 mm lang und $1^1/_2$ mm breit, ohne dass gleichzeitig noch andere Conjunctivalveränderungen vorhanden sind, und machen dann auch mehr Beschwerden.

Microscopisch kann man nachweisen, dass die Follikel zu Stande kommen durch Anhäufungen von Rundzellen im lymphoiden Gewebe der Adventitia kleiner Arterien. Haben sie eine gewisse Grösse erreicht, so drängen sie sich an die Oberfläche, platten sich gegenseitig ab und bilden die beschriebenen Reihen in den Uebergangsfalten.

Eine eigene Wandung besitzen diese Follikel nicht, dagegen bildet das zusammengeschobene verdrängte Nachbargewebe eine Art Kapsel um die Zellhaufen. Fast ausnahmslos kann man das Vorhandensein von dünnwandigen Capillaren in den Follikeln nachweisen.

Die Entwicklung von Follikeln in der Conjunctiva geschieht endemisch unter Einfluss gewisser noch nicht näher gekannter Schädlichkeiten. An den Seeküsten, in Holland, Norddeutschland, Italien u. s. w. ist die Affection weit verbreitet, erst seit wenigen Jahren in Süddeutschland und in der Schweiz. In Kasernen, Schulen, Waisenhäusern u. dergl. findet man oft nur wenige Procente follikelfreier Conjunctiven. Bei länger dauernder Anwendung von Alcaloidlösungen (Atropin, Eserin, Duboisin u. s. w.) beobachtete man früher nicht selten acutes Auftreten von Follikeln. Es existiren aber hier die grössten individuellen Verschiedenheiten, indem z. B. Atropingebrauch Jahre lang vertragen wurde, in andern Fällen schon nach wenig Wochen zur Entwicklung von Follikeln

führte. Seit ich die Alcaloide nur in aseptischen Lösungen anwende, habe ich
nichts Derartiges mehr gesehen. Die Follikel können Jahre lang vorhanden sein,
ohne mehr als ganz unbedeutende Symptome zu verursachen und können später
spontan wieder verschwinden. Eine eingreifende Behandlung ist hierbei absolut
zu verwerfen; es genügt viel Bewegung in frischer Luft und Abhaltung von
Schädlichkeiten.

Sind die Follikel stark entwickelt, so ist allenfalls erlaubt, täglich
ein Augenwasser zu benutzen aus Plumb. acetic. 1,0; Aq. dest. 100,0;
Aq. Laurocerasi 20,0, oder eine Salbe aus Plumb. acetic. 0,2; Amylo-
glycerin oder Vaselin 15,0 einstreichen zu lassen. Auch Jodoform 1,0
auf 15,0 Vaselin, allenfalls mit 0,05 Cumarin parfümirt, täglich einmal
eingestrichen und gut im Conjunctivalsack verrieben, wirkt häufig
günstig. In letzter Zeit habe ich nur noch Cocainlösung mit Morphium
(ãa 0,05 : Acid. boric. 0,15 : Aq. dest. 6,0) mehrmals täglich einträufeln
lassen und bin mit dieser Behandlung sehr zufrieden. In einem Falle
von ganz excessiver Entwicklung von Follikeln ohne sonstige Betheiligung der Conjunctiva habe ich mit sehr gutem Erfolg Jodtinctur
direct auf die wulstigen, hahnenkammähnlichen Uebergangsfalten aufgepinselt und sofort wieder aufgetupft. In solchen Fällen ist auch
geradezu die Exstirpation der Uebergangsfalten am Platze. Das häufig
bei uncomplicirten Follikeln beliebte Bestreichen mit Kupfervitriol
in Substanz wirkt schädlich und hinterlässt oft sehr lange andauernde
Empfindlichkeit der Augen mit asthenopischen Beschwerden.

Tritt zu vorhandenen Follikeln der Conjunctiva catarrhalische Erkrankung derselben hinzu, so reden wir von Follicularcatarrh (Schwellungscatarrh). Das Bild desselben combinirt sich aus dem der Follikel
und dem des Catarrhs. Der Beginn pflegt acut zu sein; Schwellung
der Lider, Röthung und Schwellung der Conjunctiva sind wie beim
gewöhnlichen Catarrh, ebenso ist das Secret Anfangs wässerig, später
schleimig oder schleimig-eitrig. Beim Ectropioniren der Lider sieht
man ausser den catarrhalischen Schleimhautveränderungen die höckerigen,
von Follikelreihen durchsetzten Uebergangsfalten; selten sind einzelne
Follikel auf der Conjunctiva palpebrarum zu entdecken.

Die Behandlung ist ähnlich wie beim acuten Conjunctivalcatarrh,
nur milder. Es empfiehlt sich, in den ersten Tagen nur kalte Bleiwasserüberschläge anzuwenden. Ist das Secret schleimig oder schleimig-
eitrig geworden, so bepinselt man täglich die umgeklappten Lider mit
einer Lösung von Plumb. acetic. (1,0 : 25,0). Lassen die catarrhalischen
Erscheinungen nach, so behandelt man die restirenden Follikel wie
oben angegeben. Hornhautaffectionen sind beim Follicularcatarrh nicht
häufiger wie beim gewöhnlichen und zeigen ähnliche Formen und ähn-

lichen Verlauf. Die Follicularentwicklung beim Gebrauch von Alcaloiden ist meist gleichzeitig mit Catarrh verbunden und erfordert Aussetzen des Mittels, eventuell Vertauschen mit einem andern Präparate oder analog wirkenden Medicamente, im Uebrigen die nämliche Behandlung wie sonst.

Nach öfteren Recidiven kommt es nicht selten zu sehr excessiver Entwicklung der Follikel, wodurch schliesslich die Excision der degenerirten Uebergangsfalten nahe gelegt und mit gutem Erfolg ausgeführt wird. Zu tieferen Gewebsveränderungen der Conjunctiva und zu Schrumpfungen in ihrem Gewebe kommt es auch bei sehr langem Bestehen von Follikeln und Follicularcatarrh nicht.

Die Follikel bewirken Circulationsstörung im Lymphgefässsystem, Verlangsamung des Stoffwechsels im Gewebe und dadurch auch Verlangsamung der Reactionsfähigkeit des letzteren. Dadurch werden die Conjunctivalerkrankungen in die Länge gezogen; ein allenfalls verursachter Aetzschorf stösst sich nur langsam ab und wirkt lange Zeit als Fremdkörper, veranlasst desshalb leicht Hornhauterkrankung. Daraus ergibt sich auch, dass die Behandlung der Conjunctivalerkrankungen beim Vorhandensein zahlreicher Follikel eine weniger eingreifende sein muss, als ohne dieselben.

Diese Sätze gelten auch für die Infection einer folliculär entarteten Conjunctiva mit blennorrhoischem Secret (Conjunctivitis granulosa, aegyptiaca, militaris, chronische Blennorrhoe, auch häufig schlechtweg Trachom, Rauhigkeit, genannt), die man desshalb am besten als **Follicularblennorrhoe** bezeichnet.

Die Follicularblennorrhoe ist nur dort heimisch, wo die folliculäre Entartung der Conjunctiva endemisch ist; letztere muss ersterer vorausgehen, wie z. **B.** in Süddeutschland und der Schweiz direct beobachtet werden konnte. **Hier** sind auch die Uebergänge zur rein gonorrhoischen Conjunctivitis häufig, wenn eben noch relativ wenig Follikel vorhanden waren. Umgekehrt scheint nachträgliche Follicularentwicklung bei chronischer Blennorrhoe kaum vorzukommen: denn nach Blennorrhoea neonatorum und Conjunctivitis gonorrhoica entwickeln sich nicht die für die Follicularblennorrhoe characteristischen Veränderungen. Bei kleinen Kindern kommt Follicularblennorrhoe nie vor.

Es liegt auf der Hand, dass direct von der erkrankten Urethral- oder Vaginalschleimhaut relativ selten eine Infection der Conjunctiva stattfindet; desshalb ist die gonorrhoische Conjunctivitis eine im Ganzen seltene Erkrankung. Viel leichter wird dagegen die Uebertragung, viel mannigfaltiger werden die Möglichkeiten derselben, wo eine sehr lange dauernde infectiöse Augenerkrankung besteht, die zudem zeitweise relativ geringe Beschwerden macht; namentlich ist dies der Fall, wo durch enges Zusammenleben vieler Menschen, Gebrauch derselben Utensilien u. s. w. die Uebertragung begünstigt wird. Dies ist nun eben bei der

Follicularblennorrhoe der Fall; wo sie einen gut vorbereiteten Boden — durch endemische Follicularentwicklung der Conjunctiva — antrifft, gehört sie zu den allerhäufigsten Erkrankungen, beträgt 1/3—1/2 sämmtlicher Augenkrankheiten.

Der unmittelbare Effect der blennorrhoischen Infection einer folliculär entarteten Conjunctiva ist weniger heftig, als bei einer normalen, die unmittelbaren Gefahren sind geringer. Dagegen ist die Wirkung viel nachhaltiger, da der Infectionsstoff nicht durch energische Reaction der Gewebe eliminirt wird. Es sind hauptsächlich die secundären Processe, die dem Auge Gefahr drohen.

Der Beginn der Affection ist acut und ähnelt sehr dem einer gonorrhoischen Conjunctivitis, nur sind die Symptome im Ganzen weniger heftig: Diphtheritis kommt so gut wie nicht vor, während sie bei letzterer die Regel ist. Lider und Conjunctiva sind geschwellt, letztere ist stark hyperaemisch; die Uebergangsfalten sind geschwollen und geröthet, zeigen aber wegen allgemeiner Infiltration des Gewebes kaum Andeutungen der in ihnen enthaltenen Follikel. Letzere sind leichter auf dem Tarsus zu sehen, wo das submucöse Gewebe viel straffer ist. Sie bilden kleine grauweisse Knötchen auf der gleichmässig gerötheten Conjunctiva. Sehr bald zeigt sich das obere Lid in toto verlängert und leicht verdickt, so dass es weiter als gewöhnlich herabhängt. Microscopisch findet man zu dieser Zeit eine diffuse, tiefgehende, am Lid bis auf und in den Tarsalknorpel reichende, rundzellige Infiltration, die die Conjunctiva beträchtlich verdickt und in der nur mit Mühe die einzelnen Follikel zu entdecken sind. Am leichtesten noch sind letztere zu erkennen, wenn man durch Druck auf das Deckglas die Schnitte zerquetscht; Capillaren sind in ihnen selten nachzuweisen wegen der diffusen, prallen, zelligen Infiltration. Das Epithel ist zu dieser Zeit vorhanden, aber unregelmässig und von Rundzellen durchsetzt. Das Anfangs wässerige Secret wird bald trüb, schleimig, schleimig-eitrig, ohne je so massenhaft zu werden, wie bei gonorrhoischer Conjunctivitis. Allmälig, während die Beschaffenheit des Secretes die gleiche bleibt, entwickelt sich papilläre Hypertrophie der Conjunctiva zwischen den Follikeln, die namentlich auf dem Tarsus sehr ausgesprochen ist, während die lockere Conjunctiva der Uebergangsfalten mehr gleichmässig geschwollen bleibt. Die tiefen Thäler zwischen den wuchernden Papillen wurden von Berlin und Iwanoff für neugebildete Drüsen angesehen und für das Wesentliche des Processes erklärt, aber mit Unrecht. Die papilläre Hypertrophie kann bedeutenden Umfang annehmen, ähnlich wie bei chronisch gewordener Blennorrhoea neonatorum; allmälig aber treten Schrumpfungs- und Degenerationsprocesse ein. Die Follikel verfallen der theilweisen Necrobiose, verfetten und nehmen ein gelbliches, sulziges Ansehen an; die Papillen atrophiren durch die narbige Con-

traction des zellig infiltrirten submucösen Gewebes. Dadurch treten
die Follikel besser hervor. Verwachsungen zwischen den Spitzen der
Papillen, oft durch die Behandlung bedingt, führen zur Bildung von
Cysten, welche Anhäufungen von Epithelien und eingedicktes Secret,
in Form von bräunlichen krümlichen Massen enthalten.

Die bis in den Tarsus sich erstreckende Infiltration des submucösen
Gewebes führt bei ihrer Schrumpfung zur Verkleinerung des Anfangs
vergrösserten Lides und zur Verbiegung des Tarsalknorpels. Letzterer
wird am oberen Lide ca. 5 mm von seinem freien Rande, da wo mehrere
Gefässe denselben in einer horizontalen Linie durchsetzen (Fuchs),
förmlich abgeknickt und dadurch die Cilien gegen das Auge gekehrt,
wo sie durch Läsion der Hornhaut dem Auge Gefahr bringen. Am
unteren Lide ist die Einknickung nicht so auffällig; aber auch hier
kommt es zur Einwärtswendung der Cilien. Man bezeichnet diesen
Vorgang als „kahnförmige Verbiegung des Tarsalknorpels“. Ausserdem
obliteriren meist schon früh die Thränenpuukte und sind zuweilen gar
nicht mehr aufzufinden.

Mit beginnender Schrumpfung vermindert sich die Secretion; die
Schleimhaut des Tarsus wird blasser, glättet sich und zeigt sich von
zahllosen sich kreuzenden Narbenlinien durchsetzt. Die Schrumpfung
der Conjunctiva kann so hohe Grade erreichen, dass es zu völliger
Atrophie derselben mit Schwielenbildung des Epithels im Lidspaltengebiet (Xerose der Conjunctiva), schliesslich zu völliger Obliteration
des Conjunctivalsacks kommt, wodurch das Auge functionell zu Grunde
gerichtet ist. Auch die im Beginn so hypertrophischen Uebergangsfalten schrumpfen mitsammt ihren Follikeln und sind später manchmal
gar nicht mehr nachzuweisen.

Von grosser Bedeutung ist bei der Follicularblennorrhoe die Betheiligung der Hornhaut. Auch auf der Conjunctiva bulbi werden
sulzige Follikel häufig beobachtet, zuweilen bis zum Hornhautrand hin;
doch wird hierdurch die Hornhaut nicht direct afficirt. Sehr häufig
findet man schon recht früh einzelne oder zahlreiche Infiltrate etwa
1—2 mm vom Hornhautrande entfernt, namentlich nach oben. Selten
führen dieselben zur Perforation der Hornhaut und ihren Folgen; meist
heilen sie, nachdem sich vom Rande her Gefässe von der Conjunctiva
bis zu ihnen entwickelt haben. Wir können diese Geschwürsbildungen
wohl für analog mit den catarrhalischen Randgeschwüren halten, doch
ist ihr Sitz am oberen Hornhautumfang und die constante Gefässentwicklung characteristisch für die Follicularblennorrhoe. Oft sind sie
sehr klein und zahlreich, nur bei seitlicher Beleuchtung zu erkennen,

häufig grösser und ganz vom Ansehen annularer Geschwüre. Indem sich neue Infiltrate und Geschwüre entwickeln, werden die Gefässe nachgezogen und bedecken bald das obere Drittel oder die Hälfte der Hornhaut. Auch treten nicht selten in dem schon vascularisirten Gebiete der Hornhaut die gleichen Geschwüre auf, die aber, wie die andern, fast immer heilen, ohne in die Tiefe zu greifen. Hat sich die Gefässentwicklung mit vorausgehenden Geschwüren über einen grösseren Theil der Hornhaut ausgebreitet (Pannus), so ist die Hornhaut weniger widerstandsfähig und gibt dem Augendrucke bis zu einem gewissen Grade nach; die betroffene Partie dehnt sich aus, was bei grösserem Umfange der pannösen Entartung leicht zu constatiren ist. Später tritt Geschwürsbildung und Gefässentwickelung auch in den anderen Partien der Hornhaut ein.

Im Stadium der Conjunctivalschrumpfung und der Einwärtskehrung der Lider kommt noch hinzu der Reiz der auf der Hornhaut reibenden Wimpern. Auch hierdurch werden Infiltrate und Geschwüre herbeigeführt, die unter Gefässentwicklung zur Heilung kommen. Nach längerer Zeit ist die ganze Hornhaut oberflächlich mit Gefässen überzogen und durch die von den Infiltraten übrigbleibenden Flecken mehr oder weniger getrübt, so dass das Sehvermögen sehr bedeutend vermindert ist. Nicht selten kommt es im späteren Verlauf auch noch zu stellenweiser Epithelverdickung (Schwielenbildung), namentlich im Bereich der Lidspalte: Xerosis Corneae. In den schlimmsten Fällen, wo der ganze Conjunctivalsack obliterirt ist, wachsen die Lider über der Hornhaut zusammen.

Prophylactisch wäre in erster Linie die Infection zu vermeiden, was namentlich für Gegenden wichtig ist, wo die folliculare Entartung der Conjunctiva endemisch vorkommt. Wenn möglich, suche man die Follikel auszuheilen, was am besten durch längeren Aufenthalt in gesunder Luft, in einer Gegend, wo die Conjunctivalfollikel nicht heimisch sind, geschieht. Eine solche prophylactische Behandlung der Follikel wird aber nur in den seltensten Fällen durchführbar sein; meist wird man sich auf die oben angegebenen Regeln beschränken müssen. Wegen der langen Dauer der Krankheit und da fast immer die Follikel beidseitig vorkommen, lässt sich die Erkrankung selten auf ein Auge isoliren; eben wegen der langen Dauer des Processes ist es auch nicht möglich, am allenfalls noch nicht ergriffenen, nur Follikel aufweisenden Auge einen impermeabeln Schutzverband anzulegen.

Hat einmal die blennorrhoische Infection wirklich stattgefunden, so sucht man ihre Ausdehnung möglichst zu beschränken, indem man in den ersten Tagen Eis- oder kalte Bleiwasserüberschläge machen lässt. Sobald sich eine stärkere schleimige oder schleimig-eitrige Secretion einstellt, touchire man vorsichtig die umgeklappten Lider mit einer 1—2%igen Höllensteinlösung mit sorgfältiger Schonung der Hornhaut. Wenn darauf hin die Secretion nachlässt, so ist Bestreichen des ectropionirten obern Lides mit einem rundgeschliffenen Krystall von Kupfervitriol am Platz. Das Lid muss aber hierzu wirklich umgedreht werden, was gewöhnlich bei Follicularblennorrhoe sehr leicht ist, es darf nicht, wie ich es schon gesehen habe, mit dem **Krystall einfach unter das obere Lid gefahren werden.**

Die Wirkung des Kupfervitriols **ist nicht** direct ätzend, aber besonders im Anfange sehr schmerzhaft; dadurch wird ein starker Afflux zur Conjunctiva hervorgebracht, die Secretionsströmung nach der Oberfläche, **die** Reaction des **Gewebes** verstärkt und möglicherweise werden in Folge hiervon eingedrungene Infectionskeime theils mechanisch, theils in Rundzellen eingeschlossen ausgeschwemmt.

Nach längerem Gebrauch des Kupferstiftes (statt dessen kann man auch Cuprum sulfuricum in Lösung (0,5 : 25,0) **oder** in Salbenform (0,1—0,2 : 10,0—15,0 Vaselin) anwenden) verliert derselbe seine Wirkung: die Conjunctiva ist dann eigenthümlich trocken und anämisch. Die Papillarhypertrophie ist jetzt sehr gering. Dagegen springen die sulzigen Follikel Froschlaich-ähnlich hervor. Unter diesen Verhältnissen ist es besser, auszusetzen und ein paar Tage lang warme Ueberschläge machen zu lassen, bis die Conjunctiva wieder succulenter und die Secretion besser im Gange ist. Dann kann wieder Höllensteinlösung, später wieder Cuprum sulfuricum in Gebrauch genommen werden.

Zu verwerfen ist jede Behandlung, welche geeignet ist, die bei der ganzen Follicularblennorrhoe am meisten zu fürchtende Narben**bildung in** Conjunctiva und Tarsus zu vermehren. Hierher gehören tiefgehende Aetzungen jeder Art, deren Schorfe sich zudem nur langsam abstossen und als Fremdkörper schädlich wirken; sodann tiefere Scarificationen. Man hat vielfach versucht, die Follikel, die man als das eigentlich Schädliche ansah, zu zerstören und dadurch den Verlauf abzukürzen, bis jetzt aber mit wenig Erfolg. Man hat sie angestochen und ausgedrückt, was ziemlich leicht geht, man hat sie mit spitzem Höllensteinstift zerstört oder mit kleinen Glüheisen ausgebrannt, ohne dadurch viel zu erreichen. **Nicht die Follikel, deren Schrumpfung ja nur den früheren Zustand wieder herstellen würde, sondern die durch blennorrhoische Infection herbeigeführte mächtige Infiltration der Schleimhaut selber, des submucösen Gewebes und des Tarsus, die sich nach-**

träglich in Narbengewebe umwandelt, ist das Gefährliche.
Je länger die Follicularblennorrhoe unbehandelt bestanden hat, um so
sicherer tritt Schrumpfung ein; je früher wir sie in geeignete Behandlung
nehmen, um so eher lässt sich hoffen, dass sie vermieden werden könne.
Die Behandlung muss fortgesetzt werden, bis die netzförmige Narbenbildung in der Conjunctiva tarsi die Beendigung des Processes anzeigt,
womöglich bis zum vollständigen Verschwinden der Follikel.

Besondere Aufmerksamkeit erfordern die so häufigen Hornhautaffectionen. Oft entstehen sie ohne nachweisbare Ursache, nicht selten
aber werden sie durch eine zu eingreifende Therapie hervorgerufen.
Vor Allem ist jegliche reizende Behandlung auszusetzen und durch
warme Umschläge die Heilung der Infiltrate und Geschwüre zu beschleunigen. Sind die Geschwüre progressiv, namentlich in die Tiefe,
was aber selten ist, so wäre gleichzeitig Eserin anzuwenden. Die Hornhautaffectionen bei Follicularblennorrhoe kündigen sich durch die gleichen
Symptome an, wie die Randgeschwüre bei Catarrh; man achte sorgfältig darauf, damit man sie nicht übersehe und durch Fortsetzung der
bisherigen Behandlung noch vergrössere. Ist die Conjunctivalerkrankung
ausgeheilt, so werden die Hornhautaffectionen genau so behandelt, wie
wenn sie aus andern Gründen entstanden wären, mit gelber Praecipitatsalbe u. s. w. Sehr hartnäckigen Pannus bringt man zuweilen durch directes
Bestreichen der Hornhaut mit $2^0/_0$iger Höllensteinlösung, täglich wiederholt, zum Schwinden, da die vascularisirte Hornhaut viel weniger empfindlich ist und nicht so leicht secundär erkrankt, wie die durchsichtige. In
ganz verzweifelten Fällen hat man schon nach völligem Ablauf der
Erkrankung gonorrhoisches Secret eingeimpft und dadurch zuweilen Aufhellung der Hornhauttrübungen erreicht; sicher ist aber dieser Effect
keineswegs, und obschon die Reaction der gefässbedeckten Hornhaut
hierauf geringer ist, als im gesunden Zustande, so ist das Auge doch
in grosser Gefahr. Aehnliches wird durch Bepinseln mit einer Maceration der Paternostererbsen (Jequirity von Abrus precatorius) erreicht.
Wenn es häufiger gelingt, durchsichtig bleibende Thiercornea in die
menschliche einzuheilen (v. Hippel), so würde dies von unendlich
segensreichem Erfolg für die an totalem Pannus nahezu Erblindeten sein.

Die secundäre Lidverkrümmung ist nur auf operativem Wege zu
beseitigen, und das Nöthige hierüber ist schon bei den Liderkrankungen
mitgetheilt (siehe Seite 88). Gegen die Obliteration des Conjunctivalsackes sind wir ziemlich ohnmächtig. Man hat versucht, durch menschliche und Kaninchenbindehaut die fehlende Conjunctiva zu ersetzen, und
diese Transplantation gelang in vielen Fällen. Doch kam es ausnahmslos

in kürzerer oder längerer **Zeit zur** Schrumpfung **des eingeheilten Con-**
junctivalstückes, womit **der** frühere Zustand **wieder** hergestellt war.
Eher könnte man sich von **der** Bildung eines Conjunctivalsacks aus
äusserer Haut einen Erfolg versprechen, **doch sind** diese Operationen
äusserst schwierig und **entsprachen bis jetzt nicht den gehegten Er-**
wartungen. Palliativ wird gegen die lästigen Symptome der Xerose,
der Conjunctiva und Cornea das Einträufeln von Milch angewendet, das
mehrmals täglich nach Bedürfniss **zu** wiederholen ist.

Das Kapitel von den folliculären **Entzündungen gehört zu den verwirrtesten**
in der ganzen Augenheilkunde, wie schon **die zahlreichen Benennungen, namentlich**
bei der **von uns so** genannten Follicularblennorrhoe anzeigen. Wo **dieselbe seit**
langem einheimisch **ist, sind der** Mischformen so viele, dass **man** sich schwer
zurechtfinden kann. Am lehrreichsten **sind** Beobachtungen aus Gegenden, wo **sie**
erst aufzutreten beginnt. Hier erkennt **man,** dass die folliculare Entartung der
Conjunktiva viel früher **sich verbreitet, als es** zur Entwicklung der gefährlichen
Formen **kommt.** Die **Follikel, die** vorwiegend in den Uebergangsfalten, sehr
gewöhnlich **aber, wenn auch** vereinzelt und meist kleiner **auf** der Conjunctiva **tarsi**
und bulbi angetroffen werden, sind Anfangs ganz durchscheinend; nach mehrfachen
Reizungen catarrhalischer Natur pflegen sie vergrössert und weniger durchsichtig,
von graulicher Färbung zu sein. Auch **nach** sehr langem Bestand und bei
colossaler Entwicklung verschwinden sie aber, **ohne** das Dazutreten einer blennorrhoischen Infection spurlos, ohne Abnormitäten zu hinterlassen, **namentlich auch**
ohne eine Spur **von** Narbenbildung herbeizuführen. Diese **Formen von reiner**
Follikelentwicklung und Follicularcatarrh (Schwellungscatarrh) werden gegenwärtig
in Süddeutschland in grosser Verbreitung in Schulen, Waisenhäusern u. s. w., aber
auch beim Militär angetroffen. Wegen viel geringerer Schwellung **der** Schleimhaut
beim Follicularcatarrh sind auch **bei** acutem Beginn und starker Secretion die
einzelnen Follikel namentlich in der Uebergangsfalte deutlich von einander abzugrenzen. Schon **diese reine** Follikelentwicklung stellt offenbar eine **Infections-**
krankheit dar. (**Sattler's und Michel's** Diplococcus?)

Tritt aber blennorrhoische Infection hinzu, **was** immer **in** mehr oder weniger
acuter Form **der Fall ist, so sind** wegen der beträchtlichen diffusen Infiltration
und Verdickung der Schleimhaut die Follikel in den Uebergangsfalten viel weniger
genau zu erkennen. **Letztere** bilden grosse Wülste, in denen oft kaum eine Andeutung von **folliculärer Structur** zu erkennen **ist,** was auch für die microscopischen
Präparate gilt. Dagegen sind jetzt die kleineren Follikel auf der viel straffer an-
gehefteten Conjunctiva tarsi **wegen** ihrer **Blutleere** als graue Punkte deutlich
sichtbar. Sie wurden **sogar** (**Saemisch**) für das Characteristische des ganzen
Processes gehalten, **für** specifische Neubildungen (Granulationen) erklärt, und die
Follicularblennorrhoe darnach Conjunctivitis granulosa genannt. Dieses Hereinziehen
des Namens Granulationen oder Granula hat viel Unheil angerichtet, namentlich
da, wo die Follicularblennorrhoe nicht **vorkam.** Die geringste Entwicklung einiger
armseliger **Follikel** wurde für „Granulationen" erklärt und unbarmherzig mit
Kupferstift behandelt. Von wirklichen Granulationen, Wundgranulationen ist dabei
übrigens gar nicht die Rede; solche kommen nur nach wirklichen Substanzverlusten
der Conjunctiva (Verbrennungen, tiefe Aetzungen, Diphtheritis u. s. w.) vor und,

wenn sie zu narbigen Verbiegungen führen, so ist dies in wenigen Wochen abgelaufen. Man thut desshalb am besten, den Namen G r a n u l o s a gar nicht zu
gebrauchen, obschon er gegenwärtig wohl der gebräuchlichste ist. Dass es sich
übrigens bei Follicularblennorrhoe nicht um specifische Neubildungen handle, ist
schon von B a u m g a r t e n und J a c o b s o n überzeugend nachgewiesen worden.

Andrerseits ist von A r l t der b l e n n o r r h o i s c h e Character dieser Krankheit
besonders betont, dieselbe einfach als chronische Blennorrhoe bezeichnet worden.
Eine r e i n e chronische Blennorrhoe verläuft aber ganz anders, wie wir dies häufig
nach Blennorrhoea neonatorum und gonorrhoischer Conjunctivitis sehen können. Die
Hornhautaffectionen treten in andrer Form auf und, wo es zu Vernarbungen kommt,
sind diese Folge von wirklichen Granulationen nach Diphtheritis. Gerade das
Praeexistiren der Follikel modificirt die blennorrhoische Infection in eigenthümlicher Weise und desswegen scheint der von uns gewählte Name Follicularblennorrhoe
am bezeichnendsten. Wahrscheinlich handelt es sich übrigens bei der Infection um
ein modificirtes, etwa verdünntes gonorrhoisches Secret. Was intercurrente Entzündung genannt wird, die häufig sehr heftig sei, ist meist gerade die unmittelbare
Wirkung der stattgefundenen Infection; jetzt erst pflegen die Patienten zum Arzt
zu kommen, und von nun an nimmt die Affection ihren gefährlichen Lauf.

Darüber, wie die Follikel den blennorrhoischen Process modificiren, können
wir nur Vermuthungen hegen. Die Follikel sind offenbar analog kleinen Lymph-
drüschen, und Infectionsstoffe pflegen sich mit Vorliebe auch anderwärts in den
Lymphdrüsen festzusetzen. S a t t l e r hat desshalb auch nicht mehr im Secret, wohl
aber in den Follikeln pathologische Diplococcen nachweisen können, die, wie an
andern Orten, zu stärkerer Schwellung der Drüsen mit späterem necrobiotischem
Zerfall führen. Auch M i c h e l hat aus Follikeln Diplococcen gezüchtet, die, auf
gesunde Conjunctiva übertragen, Follikelentwicklung zur Folge hatten. Beide
ähneln dem N e i s s e r'schen Gonococcus in manchem, sind aber kleiner. Die Bac-
teriologie der Conjunctivalkrankheiten überhaupt liegt leider noch sehr im Argen,
und doch wird sich später die ganze Eintheilung der infectiösen Bindehautleiden
nach derselben richten müssen. Bedeutend erschwert wird sie durch das gleichzeitige Vorkommen zahlreicher mehr oder weniger gleichgültiger Formen und durch
die zweifellos individuell sehr verschiedene Reaction auf den gleichen Entzündungserreger.

Ueber die I w a n o f f - B e r l i n'schen Drüsen, welche das Primäre sein sollen,
ist schon gesprochen worden. Im ersten Stadium, dem der diffusen Infiltration,
sind sie noch gar nicht sichtbar, sondern erst im zweiten, dem der papillären
Hypertrophie.

Dass gelegentlich bei erstmaliger Untersuchung eines Patienten Irrthümer
möglich sind, liegt auf der Hand; es gibt leichte blennorrhoische und schwere
catarrhalische Erkrankungen. Auf die Behandlung hat dies weiter keinen Einfluss,
und auch die Prognose wird nach kurzer Zeit keine Schwierigkeiten mehr machen.
Weder die Follikel, die spurlos verschwinden können, noch die papilläre Hypertrophie, die auch bei Blennorrhoea neonatorum und chronischem Catarrh vorkommt
und gleichfalls ohne Nachtheile geheilt werden kann, ist das zu Fürchtende, sondern
die tiefe Rundzelleninfiltration der Conjunctiva, der Submucosa und des Tarsus, die
bei ihrer Umwandlung in Narbengewebe die Lidverkrümmung herbeiführt. Während eine follikelfreie Conjunctiva auf blennorrhoische Infection mit oberflächlicher
diphtheritischer Necrose reagirt, kommt es bei der verlangsamten Reactionsfähigkeit

der follicular entarteten nur zu dieser tiefliegenden, dichten zelligen Infiltration mit späterer Necrobiose und Atrophie. Je nach dem Grad der Follikelentwicklung werden gelegentlich auch Zwischenformen beobachtet.

Nehmen wir in der beschriebenen Weise eine Doppelinfection an, so muss das Secret der Krankheit, auf normale oder follikelarme Conjunctiva übertragen, eine der gonorrhoischen Conjunctivitis näher stehende Affection verursachen (chronische Blennorrhoe, Arlt); ist die Bindehaut dagegen folliculär degenerirt, so werden die schweren, zu Schrumpfung führenden Formen auftreten. Das Sichtbarsein von Follikeln auf der Conjunctiva tarsi (Sämisch's Granulationen), wo sie weniger reichlich, als in den Uebergangsfalten, vorhanden zu sein pflegen, kann demnach prognostisch wichtig für die schweren Formen sein; denn bei der diffusen Schwellung der Uebergangsfalten sowohl im Beginne von gonorrhoischer Conjunctivitis, als auch von Follicularblennorrhoe, lässt es sich im Anfang nicht entscheiden, ob Follikel in denselben enthalten sind oder nicht.

Merkwürdigerweise kommt auf der Conjunctiva eine Affection vor, welche der Warzenbildung auf der äusseren Haut völlig analog ist, der sogenannte Frühjahrscatarrh (Sämisch). Er betrifft meistens Kinder um die Pubertätszeit, etwa vom 10.—16. Jahr, vorwiegend Knaben; doch habe ich die Affection gelegentlich schon bei einer vierzigjährigen Dame gesehen. Die subjectiven Symptome sind ziemlich genau diejenigen der Conjunctivalhyperaemie, während ein die Lider verklebendes Secret nicht vorhanden ist. Objectiv fällt zunächst ein leichtes Herabhängen der obern Lider auf, wodurch ein eigenthümlich schläfriges Aussehen hervorgebracht wird. Die subjectiven Beschwerden sind namentlich heftig in der wärmeren Jahreszeit, nicht gerade genau im Frühjahr, mit sehr auffälliger Remission, wenn es wieder kälter wird. Gewöhnlich hat der Patient schon mehrere solche Perioden durchgemacht, ehe er zum Augenarzte kommt.

Betrachtet man die Conjunctiva palpebrarum, so erscheint dieselbe im Beginn oberflächlich bläulichweiss getrübt, wie mit Milch übergossen, bedingt durch Wucherung und beträchtliche Verdickung des Epithels. Später wird die Conjunctivalfläche rauh; es bilden sich warzige Prominenzen, die sich aber durch den Druck gegen das Auge abflachen und namentlich am obern Lid die Form von plattgedrückten Pilzen annehmen, die gleichfalls mit dem milchig getrübten und verdickten Epithel überzogen sind. Sehr oft ist diese Veränderung am ausgeprägtesten am obern Rande des Tarsus, dagegen sind die Uebergangsfalten, abgesehen von leichter Epitheltrübung, absolut normal, zeigen keine Vergrösserung und namentlich auch keine Spur follicularer Entartung, wenngleich die Möglichkeit eines zufälligen Zusammentreffens letzterer mit der Epithelveränderung nicht in Abrede gestellt werden kann.

Am auffälligsten pflegt die Affection zu sein, wenn die Warzenbildung auch auf die Conjunctiva bulbi übergreift, wo sich die Excrescenzen im Lidspaltengebiet frei entwickeln können. Diese Fälle wurden Anfangs allein als Frühjahrscatarrh bezeichnet; die Epithelveränderung auf der übrigen Conjunctiva wurde erst später entdeckt. Am Hornhautrand entwickeln sich blass fleischröthliche, grobhöckerige, im Uebrigen glatte, etwas auf die Cornea übergreifende Wucherungen, über denen bei einiger Aufmerksamkeit die leichte Trübung des verdickten Epithels gleichfalls zu erkennen ist. Anfangs sitzen diese Wucherungen innen und namentlich aussen am Hornhautrand, später können sie die ganze Hornhaut umgreifen und im Lidspaltengebiet der Conjunctiva besonders aussen umfangreiche Geschwülste darstellen. Dieselben bestehen aus einfacher Hypertrophie des Schleimhautgewebes, welche von dem um's Drei- und Mehrfache verdickten Epithel bedeckt ist. Letzteres zeigt mehrfach Zapfenbildungen, zuweilen sogar ausgebildetere Verzweigungen. Die einzelnen Epithelzellen sind etwas grösser als normale Conjunctivalepithelien und zeigen häufig sehr ausgesprochen den Riff- oder Stachelzellentypus. Zahlreiche Epithelien, namentlich gegen den Rand der Wucherungen hin, befinden sich in schleimiger Degeneration (Becherzellen) und bieten dann offenbar das Material zu den zähen Schleimfäden, die gewöhnlich im Conjunctivalsack angetroffen werden, während ein sonstiges Secret nicht vorhanden ist. Unter dem verdickten Epithel ist die hypertrophische Schleimhaut im Uebrigen normal oder mässig von Zellen durchsetzt. Diese Rundzelleninfiltration ist nur dann in erheblichem Mafse vorhanden, wenn längere Zeit mit Reizmitteln behandelt wurde.

Die Epithelveränderung und Warzenbildung kann auf der Conjunctiva tarsi sehr ausgeprägt sein und auf der Conjunctiva bulbi fehlen und umgekehrt.

Die anatomische Analogie mit Warzenbildung ist auch klinisch vorhanden: Abgesehen von einem Falle, wo gleichzeitig eine ausgedehnte „miliare" Warzenbildung auf der Stirnhaut auftrat, stimmt mit letzterer überein das Alter der Betroffenen, Verlauf, Prognose und Therapie.

Die Affection dauert gewöhnlich mehrere Jahre, nicht selten 10, 20 und länger, dagegen ist die Prognose absolut günstig insofern, als nie bedenkliche Complicationen eintreten; eine Ansteckung findet nie statt. Schliesslich kommt es zur Spontanheilung ohne jeden Rückstand, als ein etwas schläfriges Aussehen wegen geringer Verlängerung des obern Lides; höchstens bleibt einmal eine leichte, dem Arcus senilis ähnliche, Randtrübung der Hornhaut zurück, oder die Gegend der

Conjunctivalwucherungen im Lidspaltengebiet zeigt noch eine Zeit lang etwas Pigmentirung.

Der Name Frühjahrscatarrh ist demnach auch nicht passend, da es sich absolut um keine catarrhalische Affection handelt, wenn man von den paar zähen, zwischen den Rauhigkeiten haftenden Schleimfäden absieht. Besser und characteristischer ist direct der Name Conjunctivalwarzen, verrucae oder verrucositas conjunctivae. Die Störungen sind wesentlich mechanische, indem die Bewegungen des Auges und der Lider durch die Rauhigkeiten der Bindehaut erschwert werden.

Auch die Therapie zeigt die enge Verwandtschaft mit Warzenbildungen: Je milder, desto besser; nur nicht reizen! Bleisalbe, Kupfervitriol- und Jodoformsalbe, Blei-, Zink- und Kupferlösungen u. s. w. zeigten alle keinen rechten Erfolg; ebenso wenig leisteten innere Mittel, wie Arsenik. Von eingreifenderen Mafsregeln, wie Touchiren mit Höllensteinlösungen oder mit dem Kupferstift sieht man nur Vermehrung der subjectiven Beschwerden. Am häufigsten noch wirkt verdünnte Opiumtinctur, wie sie bei Conjunctivalhyperaemie angewendet wird, günstig und noch günstiger die Behandlung mit Cocain nach Bedarf; durch die locale Anaesthesie wird die spontane Rückbildung der Warzen offenbar begünstigt. Ebenso erweist sich die Exstirpation der Wucherungen als wirkliches Heilmittel; nur ist es nicht erlaubt, zuviel Conjunctiva auf einmal wegzunehmen.

Die Differentialdiagnose ist prognostisch und therapeutisch wichtig. Am häufigsten wird die Affection als Follicularblennorrhoe behandelt, namentlich solche Fälle, wo die Veränderungen auf der Conjunctiva bulbi fehlen, doch ist die Unterscheidung nicht schwer, wenn man Verlauf, Mangel des Secretes, Beschaffenheit der Uebergangsfalte u. s. w. berücksichtigt. Eher sind Verwechslungen mit Geschwulstbildungen möglich, die auch mit Vorliebe ihren Sitz am Hornhautrande in der Lidspaltenzone haben, wie Epitheliome und Dermoide, wovon später.

Eczem *) der Conjunctiva ist eine sehr häufige Erkrankung und

---

*) Die in Rede stehende Affection hat verschiedene Benennungen, z. B. Conjunctivitis scrophulosa (Arlt), Herpes conjunctivae (Stellwag) Phlyctaenen (Bläschen) der Conjunctiva oder Conjunctivitis phlyctaenulosa, Conjunctivitis lymphatica u. s. w. Der Name Eczem ist deswegen gewählt, weil er der analogen Hautkrankheit entspricht; doch wäre auch gegen die Bezeichnung Phlyctaenen nichts einzuwenden. Mit Herpes besteht keinerlei Verwandtschaft und kommt das Eczem zwar häufig bei Scrophulösen, nicht selten aber auch bei sonst ganz Gesunden vor, die man wegen einiger Eczembläschen doch nicht ohne Weiteres als scrophulös bezeichnen darf. Es ist mir höchst wahrscheinlich, dass diese klinisch sonst gut abgegrenzte Krankheitsform, ebenso wie die gleichartige der Hornhaut, aetiologisch verschiedene Affectionen umfasst, worüber exacte bacteriologische Untersuchungen später vielleicht Licht werfen werden.

kommt vorwiegend im Kindesalter vor, etwa von der ersten Dentition an, früher verhältnissmäfsig **selten**. Gleichzeitige Eczemeruptionen an **andern** Hautstellen: Mundwinkel, Nase, **Lider**, Ohren sowie auf der Cornea kommen oft zur Beobachtung. Gelegentlich wird auch Conjunctivaleczem im höhern Alter beobachtet, doch findet von der Pubertätszeit an eine rasche Abnahme **der** Häufigkeit statt.

In vielen Fällen wird gemeinsam mit Eczem des Gesichts einfacher Catarrh der **Conjunctiva beobachtet**, der zuweilen sehr hartnäckig, oft recht intensiv auftritt und der wegen seiner Beziehung zum Eczem recht wohl **als** e c z e m a t ö s e r C a t a r r h bezeichnet werden kann. Die Behandlung ist dieselbe, wie beim gewöhnlichen Catarrh, doch bediene man sich mehr der milderen Mittel, wie Blei- oder Boraxlösungen; bei gleichzeitigem Lidrandeczem genügt energisches ä u s s e r l i c h e s Austreichen mit $2^0/_0$ iger Höllensteinlösung, da hierbei genügend von der Lösung in den Conjunctivalsack gelangt.

Die Eczembläschen unterscheiden sich **von denen der** äussern Haut dadurch, dass die Epitheldecke sehr bald schon abgestossen wird; wir haben es also fast immer mit Eczemgeschwüren zu thun. Dieselben kommen einzeln oder in grösserer Anzahl fast immer auf der Conjunctiva bulbi, selten und meist vom Lidrand her fortgepflanzt auf der Conjunctiva palpebrarum, fast nie auf den Uebergangsfalten vor. Es sind gewöhnlich ca. stecknadelkopfgrosse Epithelverluste auf hyperaemischer, leicht infiltrirter Conjunctiva. Die Hyperaemie ist eine umschriebene, auf die Umgebung des Geschwüres beschränkte und erstreckt sich nur einige Millimeter weit. Kleinere Geschwürchen sind **nicht selten**, doch kommen umgekehrt auch solche von 3—4 mm und grösser vor, so dass man dann recht wohl von einem Eczema impetigo sprechen kann. Catarrh der Bindehaut kann gleichzeitig vorhanden sein oder fehlen.

Der Verlauf ist meist Heilung **in** einigen Tagen; doch kommen sehr häufig längere Zeit Recidive zur Beobachtung, besonders wenn gleichzeitig chronisches Eczem der Nasenschleimhaut vorhanden ist. Nur **bei** Eczem der Conjunctiva palpebrarum, kommt es zuweilen durch Infection von aussen her zu eingesprengter Diphtheritis, die **durch** Narbenbildung Stellungsanomalien an Lidrand und Wimpern verursachen kann.

Die Therapie besteht in täglich einmaligem Einstäuben von Calomel vapore paratum. Dasselbe muss sehr gut trocken sein und darf keine Knollen haben, die Aetzschorfe veranlassen können. **Es** empfiehlt sich desshalb nicht, das Mittel den Eltern nach Hause zu geben. Sehr wichtig ist die Localbehandlung der Nase, die auch nach Heilung der Bindehauterkrankung zur Verhütung von Recidiven fortzusetzen ist. Hierüber und über die Allgemeinbehandlung gilt das bei den Liderkrankungen Mitgetheilte.

Die Wirkung des Calomel besteht offenbar darin, dass in Berührung mit den kochsalzhaltigen Augenflüssigkeiten sich geringe Mengen von Sublimat bilden. Dennoch haben Sublimatlösungen nicht die gleiche Wirkung, wohl weil sie sofort wieder ausgespült werden, während die Sublimatwirkung bei dem im Conjunctivalsack verbleibenden Calomel eine nachhaltigere ist. Bei innerlichem Jodkaliumgebrauch kann Calomel durch Bildung von Jodquecksilber Aetzungen veranlassen, wesshalb der gleichzeitige Gebrauch beider Mittel zu vermeiden ist.

Von sonstigen Exanthemen sind Variolapusteln zu erwähnen, die meist am Hornhautrand vorkommen, aber wegen der gleichzeitigen Liderruptionen sehr häufig erst dann entdeckt werden, wenn sie auf die Hornhaut übergegriffen und dieselbe ganz oder theilweise zerstört haben.

Pemphigus der Conjunctiva ist ein sehr seltenes Vorkommniss. Es bilden sich entsprechende Blasen der Conjunctiva; doch wird man gewöhnlich nur die Geschwüre nach Abstossung des Epithels zu Gesicht bekommen. Die Diagnose kann nur bei gleichzeitigen Pemphigusblasen an andern Orten mit Sicherheit gemacht werden. Der Ausgang war in den bekannten Fällen völlige Verödung des Conjunctivalsackes.

Als Lidspaltenfleck — Pinguecula — bezeichnet man eine eigenthümliche Veränderung der Conjunctiva in der Lidspaltenzone innen und aussen von der Cornea: dieselbe kommt meist bei älteren Individuen vor, selten vor dem 20. Lebensjahr, und zeigt sich als ein citronengelber oder mehr in's Orangefarbene spielender, oft etwas eingesunkener dreieckiger Fleck mit der Basis gegen die Hornhaut gekehrt. Derselbe entwickelt sich ganz allmählich ohne je Beschwerden zu machen und ist bis auf den cosmetischen Nachtheil durchaus harmloser Natur. Meist wird die Pinguecula beiderseits innen und aussen von der Hornhaut angetroffen, wenn auch nicht immer an allen Orten gleich ausgesprochen; innen von der Hornhaut pflegt sie früher aufzutreten und sich stärker zu entwickeln. Microscopisch ist der Lidspaltenfleck ein regelloses Gewirr von Fasern, die in dickerer Schicht deutlich eine gelbliche Färbung zeigen; das Epithel darüber ist unverändert. Offenbar handelt es sich hierbei um einen Schrumpfungsprocess, denn ich sah mehrmals zwischen Pinguecula und Hornhautrand zahlreiche erweiterte Lymphgefässe [*]).

---

[*]) Erweiterte Lymphgefässe der Conjunctiva bulbi als stecknadeldicke, durchsichtige, wasserhelle, mit der Conjunctiva verschiebliche Hervorragungen, radiär zum Hornhautrand, oder mehr concentrisch zu demselben gegen die untere Uebergangsfalte hin, kommen nicht selten bei allerhand entzündlichen Conjunctivalerkrankungen zur Beobachtung, zuweilen auch ohne diese. Beim Anstechen, das übrigens nicht indicirt ist, collabiren sie und verschwinden spurlos.

was nur durch Compression derselben in der Pinguecula erklärt werden **kann**.

Der Lidspaltenfleck verdankt seine Entstehung wahrscheinlich häufig einwirkenden leichten Traumen, doch **entwickelt** er sich offenbar nicht bei allen Individuen gleich leicht. Entzündet sich die Conjunctiva stärker, so erscheint die Pinguecula als dreieckige, deutlich blassere Vertiefung. Eine Therapie ist bis jetzt nicht bekannt; ist die Pinguecula sehr auffallend, so kann man sie auf besondern Wunsch des Patienten entfernen und die Conjunctivalwunde durch einige Nähte vereinigen.

Sehr selten ist eine umschriebene **Xerose** der Conjunctiva an den gleichen Stellen, wo **auch** die Pinguecula angetroffen wird. Die Conjunctiva ist hier kreideweiss, oder fettig glänzend, leicht körnig und legt sich bei Bewegungen **des** Auges wegen Verlustes ihrer Elasticität in concentrische Falten. Häufiger kommt Xerose bei herabgekommenen, schlecht genährten Individuen vor, sowie bei ungenügender Befeuchtung der Conjunctiva. Oft besteht dann gleichzeitig Nachtblindheit (Seite 59). In den fettig glänzenden Epithelien und im Secret wurden Bacillen gefunden, deren Ueberimpfung aber erfolglos blieb (F r a n k und F r ä n k e l). Nach F i c k sollen dieselben auch häufig **auf der** normalen Conjunctiva gefunden werden.

Hämorrhagien in und unter der Conjunctiva sind nicht selten; häufig sind sie Theilerscheinung einer sehr heftigen Conjunctivalentzündung, namentlich der gonorrhoischen Conjunctivitis. Ausserdem kommen sie, namentlich **an** der Conjunctiva bulbi, zur Beobachtung — S u f f u s i o oder H y p h a e m a c o n j u n c t i v a e — welche dann in grösserer oder geringerer Ausdehnung eine glänzend tiefrothe Färbung zeigt. Selten **kommt es zu** einer grössern Ansammlung von Blut, welche die Conjunctiva sackartig vortreibt; meist wird im Verlaufe von 8—14 Tagen unter vorheriger gelblicher Verfärbung das Blut resorbirt. Ursachen sind, abgesehen von Traumen und Operationen, entweder vorübergehende Circulationsstörungen wie bei Keuchhusten, Pressen bei hartem Stuhlgang, bei Geburten u. s. w. oder abnorme Brüchigkeit der Gefässe. In letzterer Beziehung sind spontane recidivirende Conjunctivalblutungen bei alten Leuten von einer gewissen prognostischen Bedeutung und nicht selten Vorläufer von Hämorrhagien an andern **Orten,** namentlich im Gehirne.

Eine Behandlung ist unnöthig. Man kann durch kalte Ueberschläge die Resorption etwas beschleunigen; auch sollen Calomeleinstreuungen den gleichen Effect haben. Nur die letztgenannten Hämorrhagien geben gelegentlich zu ärztlichen Erörterungen Anlass.

Oedem der Conjunctiva, **Chemosis** genannt, ist meist Theilerscheinung von acut entzündlichen Conjunctivitiden oder tiefer sitzenden Augen- und Orbitalerkrankungen, wird aber auch bei Hordeolum, bei Insectenstichen oder nach Traumen angetroffen. Die Chemosis stellt sich dar als durchscheinende, blasse Anschwellung der Conjunctiva, die nur bei heftiger Conjunctivitis auch Hyperaemie zeigt; sie verschwindet mit **Aufhören der** Ursache von selber. Doch kommt es auch vor, dass z. B. **nach** intensiver Kälteeinwirkung beträchtliches Oedem der Conjunctiva im Lidspaltenbezirk jahrelang bestehen bleibt.

Pigmentirungen der Conjunctiva sind selten. Es kommen angeborene Pigmentflecke vor, entweder disseminirt im Niveau der Conjunctiva, was bei gewissen Säugethieren, z. B. beim Schwein, normal ist, oder als kleine, deutlich prominente Naevi pigmentosi. Erstere lassen sich nicht gut entfernen, da die Pigmentirung oft auch die Sclera mitbetrifft; bei letzteren ist sie indicirt, sobald ein Wachsthum bemerklich ist, da sie gelegentlich sich später in Sarcome umwandeln. Ausserdem findet sich nicht selten Pigmentirung um die durchtretenden Scleralgefässe in der Nähe des Hornhautrandes nach langedauernden entzündlichen Erkrankungen des innern Auges oder bei Anwesenheit eines Aderhautsarcoms. Einmal sah ich in einem Falle, wo die Iris durch ein Trauma in toto unter die Conjunctiva disloeirt war, sich nachträglich tiefschwarze Pigmentirung der Conjunctiva nach innen bis zur Karunkel und nach unten bis zur Uebergangsfalte einstellen.

Künstlich wird nicht gerade selten eine abnorme Pigmentirung der Conjunctiva hervorgerufen durch **zu** lange locale Application von Höllenstein, während bei innerlichem Gebrauche desselben die Veränderung weniger in die Augen springt (Argyrosis oder Argyria conjunctivae). Die Conjunctiva nimmt hierbei allmählich eine schmutzig gelbe, später mehr bräunliche Färbung an durch zahllose Körnchen von Silberoxydul oder metallischem Silber, die sich namentlich in den Bindegewebsspalten anhäufen und aller Therapie widerstehen. Bei Anwendung von Argentum nitricum auf die Conjunctiva ist desshalb Vorsicht geboten, und darf dieselbe nicht ohne Noth länger als 4—6 Wochen fortgesetzt werden.

Geschwülste der Bindehaut sind im Ganzen recht selten. Schleimpolypen der Uebergangsfalten und gestielte Lipome werden leicht durch einen Scheerenschnitt entfernt. Angeborene Dermoide sitzen fast immer am äussern Hornhautrand gegen den äussern Augenwinkel hin als derbe, fleischröthliche, nicht scharf abgegrenzte Geschwülstchen, auf deren Oberfläche man mit der Loupe die Mündungen von Talgdrüsen und einzelne pigmentlose, verkümmerte Härchen sieht. Bei ihrer Entfernung achte man darauf, vor dem Nähen sorgfältig zu desinficiren, am besten mit Borsäurelösung.

Von den wirklichen Granulationen nach Substanzverlust war schon früher die Rede; nach Operationen mit Trennung der Conjunctiva, namentlich nach Enucleationen und Schieloperationen entwickeln sich zuweilen, wenn nicht genäht wurde, bis über erbsengrosse, gestielte Granulationsknöpfe, die mit einem Scheerenschnitt exstirpirt werden müssen. Was als recidivirende Granulome beschrieben wurde, scheint meistens ein geätztes Epithelialcarcinom gewesen zu sein.

Lupus der Conjunctiva ist fast immer von der äussern Haut fortgesetzt und führt zur Verschrumpfung des Bindehautsackes mit Blosslegung des jetzt allen traumatischen Einwirkungen ausgesetzten Auges. Doch kommt er auch primär an der Conjunctiva vor unter der Gestalt umfangreicher Geschwüre, deren Boden von leicht blutender Granulationsmasse erfüllt ist; wohl immer wird erst der weitere Verlauf die Diagnose sichern. Die Behandlung besteht in der Zerstörung der Geschwüre, wonach dieselben meist nach längerer oder kürzerer Zeit mit stark zusammenziehender, gitterförmiger Narbe heilen. Möglicherweise sind einzelne der Fälle, welche als locale Tuberculose der Conjunctiva bezeichnet werden, als primärer Lupus hypertrophicus der Bindehaut aufzufassen, da ich einmal bei einem typischen Falle nachträglich auch Lupus im Gesichte auftreten sah. Bei wirklicher Tuberculose ist die Conjunctiva gewöhnlich des obern Lides befallen; sie zeigt sich in eine grobhöckerige, fungösen Granulationen ähnliche Masse umgewandelt, stellenweise mit Geschwürsbildung und blossliegenden „verkästen“ Stellen und enthält meist am Rande mehr oder weniger zahlreiche miliare Knötchen. Zuweilen zeigt sich auch der Thränensack mit ähnlichen Wucherungen erfüllt, prall anzufühlen und sogar prominent. Die Lymphdrüsen vor und hinter dem Ohr und am Unterkiefer der betreffenden Seite sind geschwollen, zuweilen sogar sehr beträchtlich. Meist ist Anfangs Uebergangsfalte und Conjunctiva tarsi angegriffen; später können sich die Wucherungen auch auf die Conjunctiva bulbi ausdehnen und allerhand Hornhauterkrankungen veranlassen. Am besten entfernt man die fungösen Massen mit Messer, Scheere oder einem kleinen scharfen Löffel und bestreut die Wundfläche mit Jodoform in Substanz. Innerlich empfiehlt sich am meisten die Solutio Fowleri, die aber, wenn auch mit zeitweisen Intervallen, sehr lange fortgebraucht werden muss. Die Differentialdiagnose wird sowohl bei Lupus, als auch bei Tuberculose oder bei den seltenen syphilitischen Ulcerationen der Conjunctiva im Anfang meist ungewiss und erst durch Nachweis der Tuberkelbacillen sicher sein.

Bei amyloider Degeneration ist die Conjunctiva in mehr oder weniger grosser Ausdehnung verdickt, uneben und von blasser bis gelblichweisser Färbung; ausgeschnittene Stückchen zeigen zahlreiche Körperchen, welche mit Jod und Schwefelsäure eine dem Amyloid analoge oder ähnliche Reaction geben. Die Affection ist äusserst selten

und bildet gewöhnlich den Endausgang einer lange bestandenen Follicularblennorrhoe; auch der Tarsalknorpel kann mitbetheiligt sein.

Durch Cysten der Conjunctiva zieht man am besten einen Faden,
den man leicht knotet und durchschneiden lässt; sollte einmal ein
Cysticercus angetroffen werden, so wäre er operativ zu entfernen.

Ein nicht seltenes Vorkommniss sind **Infarcte** der Meibom'schen
Drüsen, gewöhnlich vorwiegend am obern Lid; sie machen die Symptome eines Fremdkörpers im Conjunctivalsack. **Beim** Betrachten **der**
Conjunctiva tarsi sieht man in verschiedener Zahl bis stecknadelkopfgrosse, prominente weisse Stellen, die der Ausbuchtung einer Meibom'schen
Drüse entsprechen. Am besten entfernt man diese kalkigen, sich zwischen
den Fingern wie ein Sandkörnchen anfühlenden Concremente, wenn man
mit einer breiten Nadel auf sie einsticht und sie dann mit einem kleinen
löffelartigen Instrument heraushebelt. Besonders heftig sind die subjectiven Symptome, wenn die Infarcte spontan ihre Conjunctivaldecke
usurirt haben und bei Bewegungen des Auges direct auf der Cornea
reiben. Man findet die Infarcte nach vorausgegangenen, lange dauernden
Conjunctival- und Lidrandaffectionen, nicht selten aber auch ohne eine
solche Ursache.

Die **bösartigen Geschwülste** der Conjunctiva sind theils vom
Lidrand her fortgesetzte, wie die Epithelialcarcinome dieser Gegend,
theils aus dem Augeninnern durchgebrochene, wie die Sarcome der
Aderhaut und Iris und die Gliome der Netzhaut, selten an Ort und
Stelle entstanden. Der Hornhautrand in der Lidspaltenzone ist Prae-
dilectionsstelle. Es kommen hier sowohl pigmentirte Sarcome,
die zuweilen **aus** angeborenen Pigmentflecken hervorgehen, als Cancroide vor. Erstere machen keine diagnostischen Schwierigkeiten;
sobald ein Pigmentfleck zu wachsen beginnt oder sich eine pigmentirte
Geschwulst zeigt, ist möglichst frühzeitige Exstirpation indicirt. Schon
sehr früh ist Neigung vorhanden, in die Tiefe zu dringen, namentlich
da, wo Hornhaut und Sclera zusammenstossen, wesshalb man an dieser
Stelle auf den unscheinbarsten Pigmentpunkt Acht zu geben hat. Tritt
ein Recidiv ein, so muss das Auge mitentfernt werden, auch wenn es
noch vollständig sehtüchtig ist; das Gleiche ist bei einigermafsen
grössern Geschwülsten als lebensrettende Operation vorzunehmen,
da schon sehr frühzeitig Lebermetastasen auftreten.

Die **Cancroide** der Cornea-Scleralgrenze stellen im Beginne röthlich-
gelbe, höckerige Geschwülstchen dar, die etwas über die Hornhaut
hinübergreifen, aber sich nicht, wie die später zu besprechenden Pterygien
als Faltenbildung der Conjunctiva erweisen. Nicht selten sieht man an

der Oberfläche kleine Geschwürchen und weissliche comedonenähnliche
Epithelzapfen, welche die Diagnose sichern. Vom microscopischen Befund
wäre hervorzuheben, dass die bedeutend grössern Epithelzellen der Ge-
schwulst sich allseitig scharf vom normalen Epithel abgrenzen und ihre
Kerne sich mit Hämatoxylin viel intensiver färben. Die Cancroide
zeigen mehr Neigung zur Flächenausdehnung und erlauben auch bei
Recidiven eher noch einen Versuch, das betroffene Auge zu erhalten.
Im Uebrigen sind sie möglichst frühzeitig und ausgiebig zu entfernen
mit nachfolgender plastischer Deckung des Defectes. Eine microscopische
Bestätigung der Diagnose ist bei kleinen Geschwülsten immer rathsam.
Die Wucherungen des sogenannten Frühjahrscatarrhs zeigen auch wenn
sie höckerig sind, eine viel glattere Oberfläche; die Diagnose kann aber
schwierig sein, wenn nicht gleichzeitig an andern Stellen Warzenbildung
aufgetreten ist, und sie ist eventuell nur mit dem Microscop zu machen.
Bei den Warzen handelt es sich um Wucherungen des n o r m a l e n
Epithels (atypische Epithelwucherung), bei Cancroiden um Wucherungen
epithelialer Zellen, die von den normalen v e r s c h i e d e n und von
letztern scharf abzugrenzen sind. Nur beim Cancroid sind bis jetzt Perl-
kugeln beobachtet.

Die Conjunctiva ist traumatischen Reizungen sehr ausgesetzt und
begreiflicherweise besonders ihre Lidspaltenzone. Schon eine a b n o r m
w e i t e Lidspalte kann gelegentlich bei fortgesetzter Einwirkung von
Rauch, Staub und ähnlichen Schädlichkeiten Beschwerden verursachen.
die denen der Conjunctivalhyperaemie ähnlich und manchmal nur durch
Verengerung der Lidspalte (siehe Seite 90) zu beseitigen sind.

Die Traumen können sehr verschiedener Art sein. Nach mecha-
nischen Einwirkungen finden wir nicht selten mehr oder weniger ausgedehnte Blutungen, die unter kalten Umschlägen in 8—14 Tagen
resorbirt werden. Zuweilen auch bleibt längere oder kürzere Zeit Oedem
bestehen, welches die gleiche Behandlungsweise erfordert. Wunden der
Conjunctiva erfordern sorgfältiges Auseinanderfalten der eingerollten
Bindehautlappen mit zwei feinen Pincetten, gründliche Desinficirung
mit Borlösung und genaue Naht mit feinen Carbolseide- oder Catgutfäden.
Ein Verband ist dann meist nur 2—3 Tage lang nöthig. Bei Wunden.
die durch das ganze Lid hindurchgehen, ist die Conjunctiva womöglich
besonders zu nähen.

Fremdkörper kommen theils der Conjunctiva aufliegend, theils
in deren Gewebe vor, und sind namentlich erstere ein ungemein häufiges
Vorkommniss. Ihr Lieblingssitz ist die Conjunctiva tarsi des obern
Lides. Sandkörnchen, Asche, Sägmehl, Kohlestückchen auf der Eisen-

bahn, kleine Käfer u. s. f, pflegen mit Vorliebe dort festzusitzen. Die
Symptome sind sehr verschieden und oft so heftig, dass auch der Gebrauch des andern Auges unmöglich ist. In vielen Fällen wird der
Fremdkörper durch den Lidschlag allmählich nach dem innern Augenwinkel befördert und dort eliminirt, was man durch Streichen mit dem
Finger von aussen gegen die Nase hin begünstigen kann. Sehr gemildert
oder ganz aufgehoben können die Symptome werden, wenn man durch
einen festen Verband das Auge immobilisirt.

Die Entfernung geschieht leicht, indem man das obere Lid um-
klappt und den Fremdkörper wegwischt. Sollte das Umklappen wegen
Empfindlichkeit des Patienten nicht gelingen, so träufle man vorher
Cocain ein. Schwieriger ist es oft, Fremdkörper, die sich in der obern
Uebergangsfalte festgesetzt haben, namentlich Getreidegrannen, zu ent-
fernen. Sie machen dort weniger Symptome, werden nicht selten
vergessen, jahrelang getragen und können dann an der betreffenden
Stelle zu umfangreichen Granulationen mit eitriger Secretion führen.
Das Gleiche gilt von sogenannten Krebsaugen, die als Volksmittel zur
Entfernung anderer Fremdkörper im Conjunctivalsack, unter das obere
Lid gebracht und dann vergessen werden. Oft müssen zuerst die den
Fremdkörper umwuchernden Granulationen mit der Scheere weggeschnitten
werden, ehe es gelingt, zu demselben zu gelangen und ihn zu entfernen.
Nach seiner Wegnahme tritt auffallend schnell Restitutio in integrum ein.

Fremdkörper, die in's Gewebe der Conjunctiva eingedrungen sind,
namentlich Pulverkörner und Sandkörnchen bei Explosionen, lässt man,
wenn sie keine Beschwerden machen, ruhig stecken. Auf Wunsch entfernt man sie zusammen mit einem kleinen Stückchen Conjunctiva durch
einen Scheerenschnitt, da ein Ausgraben nicht gelingt. Bei Pulverkörnern
hat man übrigens darauf zu achten, ob sie nicht unter der Conjunctiva in der Sclera sitzen, in welchem Falle man sie besser nicht
anrührt; sie müssen mit der Conjunctiva verschieblich sein.

Durch rein mechanische Einwirkung auf die Conjunctiva kommt
es selten zu catarrhalischen Erscheinungen, sehr häufig dagegen nach
chemischen Reizen und Temperatureinflüssen. Von Kälteoedem war
schon die Rede. Die Conjunctivitis traumatica acuta durch
heisse Dämpfe, Gase, ätzende Flüssigkeiten, die nur kurze Zeit eingewirkt haben, wird am besten mit Kälte behandelt; erst wenn dieses
nicht zum Ziele führt, etwa nach 3 oder 4 Tagen, geht man zu einer
adstringirenden Behandlung über. Die chronischen Formen, durch
häufig wiederholte, nicht sehr intensive Schädlichkeiten bedingt, werden
wie andere Conjunctivitiden behandelt.

Liegt die Conjunctiva bloss (bei Auswärtsdrehung der Lider oder
mangelndem Lidschlag) und wird die verdunstende Flüssigkeit nicht durch
den Kreislauf ersetzt, so vertrocknet dieselbe und nimmt eine grau-
bräunliche Farbe an, wie man dies in der Lidspaltenzone bei Cholera-
kranken, bei diarrhoekranken Kindern kurz vor dem Tode und in ähnlichen Fällen nicht selten beobachten kann. Unter normalen Kreis-
laufsverhältnissen dagegen tritt starke Hyperaemie und später eitrige
Secretion ein, wenn die Conjunctiva fortwährend der Einwirkung der
Luft ausgesetzt ist. Nach und nach schwillt die Bindehaut immer
mehr an, Anfangs mehr oedematös; später infiltrirt sich das ganze Con-
junctivalgewebe zellig, und man nennt diesen Zustand Ectropium
sarcomatosum (fleischiges Ectropium, hat mit Sarcom nichts zu thun).
Die Anschwellung der Conjunctiva bildet ein Hinderniss der Reposition,
namentlich bei lichtscheuen Kindern, wo durch krampfhafte Contractur
des Orbicularis palpebrarum sich die Lider zuweilen von selber umstülpen und in Folge des gleichzeitig vorhandenen Circulationshinder-
nisses in kurzer Zeit ganz gewaltig anschwellen. Ein Verband allein
führt dann nicht zum Ziele, da jedes Pressen und Schreien die Lider
wieder umstülpt; es muss vorher durch Erweiterung der Lidspalte
mittelst eines Scheerenschnittes die Muskelwirkung wenigstens zum
Theile paralysirt werden. Auch Ectropiumoperationen können durch
starke Wucherungsvorgänge in der blossliegenden Bindehaut sehr erschwert werden.

In vielen Fällen verursachen Traumen directe Zerstörung des Con-
junctivalgewebes in verschiedenem Umfang. Es sind dies namentlich
Verbrennungen und Aetzungen durch flüssige Metalle (Blei, Zink, Eisen),
durch Chemicalien (Säuren, Laugen), vielleicht am häufigsten durch
Kalk. Die grauverfärbten — nur bei Salpetersäureätzung gelben —
necrotischen Partien müssen sich abstossen, und Heilung tritt, wie nach
Diphtheritis, durch Granulationen mit Narbenbildung ein. Die Prognose
ist Anfangs oft schwierig, da es schwer zu beurtheilen ist, wie weit
die Zerstörung in die Tiefe geht, wobei die Flächenausdehnung der
Verbrennung nicht mafsgebend ist. Weil alle Nervenendigungen zerstört sind, besteht Unempfindlichkeit innerhalb des betroffenen Gebietes.
Da es sich lediglich um Beschleunigung der Abstossung necrotischer,
nicht infectiöser Gewebspartien handelt, so ist gleich von vornherein die Anwendung feuchtwarmer Cataplasmen die beste Behandlung.
Selbstverständlich ist vorher der Conjunctivalsack gründlich zu reinigen,
und sind allenfalls in ihm befindliche Fremdkörper, Mörtelstückchen u. s. w.
zu entfernen, am besten durch Abwischen der umgekehrten Lider mit

einem feinen Pinsel oder etwas Wundbaumwolle. Das gegen Kalkverbrennungen vielfach anempfohlene Auswaschen mit Zuckerlösung hat
nur in der allerfrühesten Zeit einen Sinn; später genügt, wie bei andern
Verbrennungen, mehrfaches Ausspülen mit Wasser oder schwacher Kochsalzlösung. Sind die zerstörten Partien abgestossen, so werden die jetzt
vorhandenen Wundgranulationen am besten adstringirend behandelt;
stärkere Aetzungen sind zu vermeiden, da sie die Narbencontractur vermehren helfen. Zuweilen gelingt es, durch tägliches Trennen mit einer
Sonde in der Vernarbungsperiode, die Verwachsungen zwischen Bulbus
und Lid zu verhindern, wenn nicht allzuviel zerstört ist; oder man
erreicht das Gleiche, wenn man ein kleines Stanniolplättchen zwischen
die correspondirenden granulirenden Stellen einlegt und bis zur Ausheilung liegen lässt, vorausgesetzt dass die Uebergangsfalte noch erhalten ist.

Sehr häufig sind die Folgezustände von Aetzungen und Verbrennungen der Conjunctiva, die denen nach Diphtheritis völlig analog
sind, Gegenstand der Behandlung. Es sind dies mehr oder weniger
ausgedehnte Verwachsungen zwischen Bulbus und innerer Lidfläche:
Symblepharon. Die dadurch bedingte Beweglichkeitshemmung des
Auges kann auch die Function des andern **nicht betroffenen** stören,
entweder durch Doppelbilder oder indem **die** beabsichtigten Bewegungen
des Auges schmerzhaft empfunden werden. Sind die Verwachsungen
nur strangförmig, so sind sie leicht zu beseitigen durch einfache Trennung
und tägliche Verhinderung **des** Wiederverwachsens oder continuirliches
Zwischenlegen eines Stanniolplättchens. Dünne Verwachsungen kann man
auch unterbinden und den Faden durchschneiden lassen. Flächenförmige
Verwachsungen machen immer eine plastische Operation nöthig, wobei
Herstellung einer Uebergangsfalte das Schwierigste ist. Desshalb unterscheidet man auch Symblepharon anterius, wo die Uebergangsfalte
noch erhalten ist, von Symblepharon posterius, wo dieselbe mit zerstört
ist. Man hat zu versuchen, wenigstens auf einer Seite, auf dem Bulbus oder
am Lid eine Bindehautfläche herzustellen. Ist noch genügend normale Conjunctiva vorhanden, so ist dies in der Regel nicht schwierig; im andern
Falle hat man auch Lappen aus der Gesichtshaut benutzt, die nach
einiger Zeit das Ansehen von Schleimhaut erlangen. Die vielfachen
Versuche, Transplantationen von Bindehaut von menschlichen und Thier-
augen zu bewerkstelligen, sind zwar insofern geglückt, als die An-
heilung mit Leichtigkeit gelingt. Nach und nach indess verschrumpft
das übergepflanzte Stück und es stellt sich ziemlich der frühere Zustand
wieder her

Bei totalem Symblepharon ist eine Therapie ohne Erfolg; zudem ist hierbei ausnahmslos auch die Hornhaut in einer Art und Weise mitbetheiligt, dass das Sehvermögen auf quantitative Lichtempfindung oder Fingerzählen in der Nähe eingeschränkt ist. Zuweilen kommt es nach Verbrennungen (wie nach Diphtheritis conjunctivae) zu Cystenbildung, namentlich in der untern Uebergangsfalte. Ausschneiden eines Stückes der Wandung, oder Durchführen eines Fadens, den man durchschneiden lässt, führt in kurzer Zeit Heilung herbei.

Die **Karunkel** pflegt meist im Zusammenhang mit der übrigen Conjunctiva erkrankt zu sein. Sie ist das Analogon der Palpebra tertia bei Thieren; ihre Grundlage ist ein rudimentärer Knorpel. Ausserdem enthält sie ein Häufchen Talgdrüsen und an ihrer freien Fläche wimperähnliche Haare.

Eine umschriebene Entzündung ist nicht gerade selten; die Karunkel und der innere Augenwinkel ist dann geröthet und erstere etwas angeschwollen. Dabei besteht ein lästiges Gefühl von Fremdkörper im innern Augenwinkel und meist wird daselbst auch etwas vertrocknetes Secret gefunden. Tritt diese Entzündung acut auf, so empfehlen sich kalte Bleiwasserüberschläge, bei mehr chronischem Verlauf Zinktropfen. Die zuweilen vorkommenden Abscesse sind wohl mit dem Hordeolum in Analogie zu setzen und ebenso die gelegentlich zur Beobachtung kommenden Cysten denen der Liddrüsen. Erstere eröffnet man, sobald sie sich zuspitzen; durch letzere zieht man einen Faden oder excidirt ein Stück der Cystenwand.

Hypertrophie der Karunkel veranlasst Thränenträufeln, weil die Mündungen der Thränenröhrchen vom Auge abgedrängt werden; es kann Exstirpation nöthig werden. Lästige, abnorm gestellte oder abnorm entwickelte Haare entfernt man mit der Cilienpincette. Angeborene Anomalien der Karunkel sind sehr selten; es wurde unter anderem Translocation derselben auf das untere Lid beobachtet.

Von bösartigen Geschwülsten kommen Cancroide und Sarcome vor, welch letztere in der Regel pigmentirt sind; frühzeitige und rücksichtslose Entfernung ist hierbei indicirt; die Entfernung der Karunkel hat keine functionellen Nachtheile zur Folge.

VI. Erkrankungen der Hornhaut.

Die Hornhaut, deren Fasern sich in diejenigen der Sclera continuirlich fortsetzen, wird gebildet durch ein System sich durchflechtender Fasern und Lamellen
von leimgebendem Gewebe, zwischen denen sich unvollständige Endothelschichten
befinden. Ihre äussere Begrenzung ist ein mehrschichtiges Plattenepithel, völlig
analog dem, welches auch die Conjunctiva überzieht, welch letztere indess am
Hornhautrand endigt. Direct unter dem Epithel befindet sich die sogenannte
Bowman'sche Membran; sie wird durchbrochen von den Nervenendfasern, die im
Epithel endigen.

Die Bowman'sche Membran endigt am Hornhautrand; dieselbe ist beim
Säugling sehr wenig entwickelt, beim Embryo kaum angedeutet und findet ihre
Ausbildung erst beim Erwachsenen. Sie ist nur schwer und nur in einzelnen Fetzen
abzupräpariren. Die Hinterfläche der Hornhaut wird von einem continuirlichen,
einschichtigen, von polygonalen Zellen gebildeten Endothel überzogen; vor diesem
befindet sich die leicht zu isolirende Descemet'sche Membran. Continuitätstren-
nungen, analog den Nervenperforationen an der vordern Glasmembran der Hornhaut,
sind bei der Descemet'schen Membran noch nicht nachgewiesen worden. Am
Hornhautrande fasert sich dieselbe auf und bildet die Sehne für die Longitudinal-
oder Meridionalfasern des Ciliarmuskels; an dieser Stelle ist der endotheliale Belag
nicht so vollständig wie an der freien Fläche.

Die Cornea-Scleralgrenze und deren Nachbarschaft ist von grosser physiologischer und pathologischer Wichtigkeit. Fig. 23 (a. f. S.) gibt die Verhältnisse wieder.
Das Maschenwerk von Fasern, welches am Irisansatz zur Sehne des Ciliarmuskels
und zur Descemet'schen Haut geht, umschliesst den sogenannten Fontana'schen
Raum F. Nach aussen vom Ansatz des Ciliarmuskels umzieht ein unvollständiger
mehrfacher Venenring den Hornhautrand (Leber'scher Venenplexus); die grösste
Vene, die dem Ciliarmuskel unmittelbar anliegt, aber auch nicht auf allen Schnitten
gefunden wird, heisst Schlemm'scher Kanal S. Aus beiden kann man gelegentlich
Venenstämmchen nach aussen in's subconjunctivale Gewebe und nach innen gegen
den Ciliarkörper ziehen sehen.

Gefässe enthält die Hornhaut normaler Weise keine; nur die in der Conjunctiva gelegenen „Randschlingen" stehen in gewisser Beziehung zu ihr. Auch in
der Tiefe endigen die Capillaren am Hornhautrand (tiefes Randschlingennetz).

Die am Rand eintretenden, dem ersten Ast des Trigeminus entstammenden
Nerven verlieren alsbald ihr Mark und bilden feine oberflächliche und tiefergelegene
Netze. Aus ersteren stammen die Nervenendigungen im Hornhautepithel, während
die Endigungen aus den tiefergelegenen Netzen noch nicht zweifellos festgestellt
sind (Kerne der Endothelien?).

Die Ernährung der Hornhaut*) geschieht normaler Weise vorwiegend von

---

*) Die Verhältnisse bezüglich der Hornhauternährung und des normalen Stoff-
wechsels im Auge sind noch sehr streitig; in mehrerem sind die Meinungen direct
entgegengesetzt, und doch kann nur eine richtig sein. Die alltägliche klinische
Erfahrung wird vielfach, einzelnen Experimenten gegenüber, viel zu gering angeschlagen.

der vordern Kammer aus, in erster Linie also aus dem Urealgebiete. Die Nähr-
flüssigkeit dringt durch die Kittleisten des Endothels der Descemet'schen Membran
in's Hornhautgewebe ein, imbibirt die Grundsubstanz und bewegt sich innerhalb
der Lymphspalten wesentlich centrifugal nach dem Scleralrand und in's subconjunctivale Gewebe. Von hier aus wird die Gewebsflüssigkeit durch Lymphgefässe,
die sich namentlich auf der Aussenfläche der geraden Augenmuskeln sammeln, in
die gröberen Lymphstämme im innern und äussern Winkel und in den Uebergangsfalten abgeführt. Im Fontana'schen Raum, wo die Descemet'sche
Membran aufgefasert und wo der Endothelbelag lückenhaft ist, dringt die Flüssigkeit leichter ein und bewegt sich innerhalb der gerade hier sich vielfach kreuzenden
Bindegewebsspalten nach aussen bis zur Tenon'schen Kapsel, von wo die Weiter-
beförderung durch die Lymphgefässe der Orbita und die Adventitia der Arterien

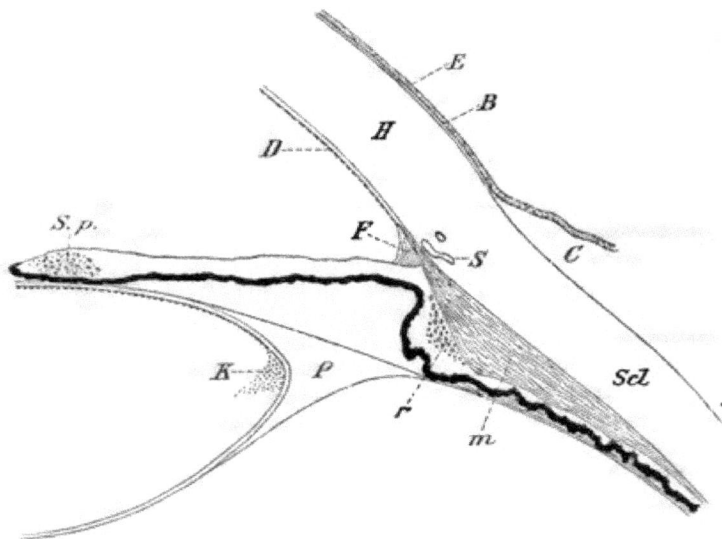

Fig. 23.

H Hornhaut, E Epithel derselben, B Bowman'sche, D Descemet'sche Haut, F Fontana'scher
Raum, S sogenannter Schlemm'scher Canal, C Conjunctiva, Scl Sclera. P Petit'scher Canal,
K Kernzone der Linse, m meridionale, r radiäre Fasern des Ciliarmuskels, S p Sphincter pupillae.

stattfindet. Die Geschwindigkeit der parenchymatösen Flüssigkeitsströmung ist
normaler Weise sehr gering; es bedarf Stunden bis ein Molecül aus der vordern
Kammer durch die Hornhaut bis in die abführenden Lymphgefässe gelangt.

Feste Partikel und Wanderzellen dringen nur vom Iriswinkel und von der
Sclera her in die unverletzte Hornhaut ein, nicht durch die intacte Descemet'sche
Membran.

Das Randschlingennetz der Hornhaut betheiligt sich normaler Weise wenig
an der Hornhauternährung; sein Einfluss erstreckt sich nur 1—2 Millimeter weit.

doch ändert sich dies unter pathologischen Verhältnissen sehr erheblich, wovon später.

Differente Stoffe dringen auch auf umgekehrtem Wege in die Hornhaut und in's Kammerwasser ein und, wie experimentell bewiesen ist, um so rascher und leichter, je centraler sie auf die Hornhaut applicirt werden. Selbstverständlich kann man dies nur an Stoffen zeigen, die noch in minimalster Quantität nachweisbar sind, wie Atropin, Jodkalium und gewisse fluorescirende Farbstoffe. Ist die Flüssigkeitsströmung in der Cornea beschleunigt, z. B. durch Substanzverlust im vordern Epithel oder gar durch Eröffnung der vordern Kammer, so ist dadurch das Eindringen derartiger Stoffe von aussen selbstverständlich sehr erschwert, wie dies auch die klinische Erfahrung zeigt.

Denjenigen Bezirk der Hornhaut, innerhalb dessen der Einfluss der Randcapillaren hervortritt, bezeichnen wir als Randzone; im Mittel können wir 1½ Millimeter als deren Breite annehmen. Zweckmässig ist es auch, wie bei der Conjunctiva, von einer Lidspaltenzone zu sprechen, die natürlich den traumatischen Einwirkungen am meisten ausgesetzt ist.

Zunächst haben wir einige Altersveränderungen der Cornea namhaft zu machen. Da, wo die Randzone der Hornhaut aufhört, wo das Ernährungsgebiet der Randschlingen an das des Kammerwassers grenzt, erscheint bald früher, bald später, selten aber vor den vierziger Jahren, eine graue Trübung des Hornhautgewebes, die man als Greisenbogen, Arcus senilis, Gerontoxon bezeichnet; die äussere Peripherie der Hornhaut bleibt dabei durchsichtig. Offenbar durch mangelhafte Ernährung bedingt, tritt hier eine partielle fettige Degeneration des Hornhautgewebes ein. Die Veränderung ist zuerst oben und unten als graue sichelförmige Trübung sichtbar und nimmt mit der Zeit an Intensität zu; selten aber bildet sich ein vollständiger Ring, meist bleibt innen und aussen ein heller Zwischenraum übrig. Während der Greisenbogen im hohen Alter kaum pathologisch genannt werden kann, obschon er auch hier nicht selten fehlt, erregt auffallend frühzeitiges Auftreten desselben vor dem 40. oder gar 30. Jahre Bedenken betreffs der Resistenzfähigkeit des Hornhautgewebes, namentlich wo Operationen in Frage kommen. Oberflächliche umschriebene Necrosen im Arcus senilis, auch bei leichten oberflächlichen Augenentzündungen sind übrigens keine Seltenheit; ihre Behandlung ist die gleiche, wie die anderer oberflächlicher Hornhautgeschwüre: feuchte Wärme.

Ein weiteres Vorkommniss im höheren Alter sind Drusenbildungen an der Descemet'schen Membran Dieselben werden in der Nähe des Iriswinkels als höckerige Prominenzen der Glashaut angetroffen, über denen bei einiger Grösse das Endothel zu fehlen pflegt. Wegen des gleichen Brechungsvermögens von Hornhaut und Kammerwasser sind sie am Lebenden nicht nachzuweisen, und da sie klinisch **ohne jede** Bedeutung sind, haben sie nur pathologisch-anatomisches Interesse.

Die Erkrankungen der Hornhaut sind theils oberflächliche, theils parenchymatöse; letztere sind im Grunde genommen Uveal- und Scleralaffectionen, die in das Hornhautgebiet hinüberspielen.

Die oberflächliche Hornhauterkrankungen sind entweder durch Conjunctivalaffectionen inducirt, oder diesen letzteren analoge Exantheme, oder Traumen. Wir unterscheiden den Epithel- und den Substanzverlust der Hornhaut; bei letzterem ist die Bowman'sche Membran und das Hornhautgrundgewebe mit von dem Defect betroffen. Bei einer Ansammlung von Rundzellen im Gewebe sprechen wir von einem Hornhautinfiltrat, und hat dieselbe zu einer Zerstörung des Gewebes geführt, ohne die Epitheldecke darüber **zerstört zu haben, was** jedenfalls äusserst selten ist, von einem Hornhautabscess. Durch Eröffnung eines Hornhautabscesses oder durch zellige Infiltration eines Substanzverlustes entsteht das Hornhautgeschwür und, wenn gleichzeitig eine Infection stattgefunden hat, **das inficirte** Hornhautgeschwür.

Mit Eröffnung des Hornhautgewebes **treten** wichtige Aenderungen im Stoffwechsel ein: es findet ein allgemeiner und beschleunigter Flüssigkeitsstrom nach der betreffenden Stelle statt, und durch diesen wird zugleich das Material zur Wiederherstellung geliefert. Da die Secretion der Augenflüssigkeiten nicht, oder doch nicht in entsprechendem Maße zunimmt, so resultirt daraus sehr häufig eine fühlbare Verminderung des Augendrucks. Inficirt sich der Substanzverlust, so kommt es zur Auswanderung aus den Randgefässen, wodurch eine demarkirende Entzündungszone gebildet wird, die, wenn die Zerstörung der Hornhautsubstanz nicht gar zu rasch fortschreitet, die Infectionskeime eliminirt **und** die Heilung einleitet.

Bleibt der Substanzverlust längere Zeit bestehen, so kommt es, je jünger **das** Individuum ist, um so rascher zu Neubildung von Gefässen aus dem Randschlingennetz **der** Conjunctiva (Pannus). Dadurch, dass nach der offenen Stelle hin der Seitendruck des Gewebes auf die Capillaren aufgehoben ist, tritt an der nächstliegenden Stelle des Hornhautrandes erst Hyperaemie, dann **eine** umschriebene Auswanderung von **Rundzellen ein.** Diese letzteren lockern **und** erweichen das Gewebe **an** dem betreffenden **Orte** und es **kommt** dort zu Sprossenbildungen der Gefässe, an deren Spitze immer eine kleine Anhäufung von Rundzellen den Weg durch das Gewebe bahnt. Hierdurch erklärt es sich, dass man bei microscopischen Querschnitten die Gefässe unter dem Epithel in einer **Rinne der** Hornhautsubstanz **in** rundzellenhaltiges, scheinbar neugebildetes Gewebe eingebettet findet. Später findet Umwandlung in Spindelzellen und eine Art Vernarbung statt, wodurch sich in vielen Fällen die Gefässe wieder zurückbilden. Haben die Gefässe ein Geschwür erreicht, so wird fast immer der weiteren Zerstörung Einhalt gethan; die Gefässbildung ist ein günstiges Zeichen und muss vorkommenden Falles befördert werden. Der günstige Einfluss der Gefässe auf die Resorption erklärt sich durch den in den perivasculären Lymphräumen verkehrenden Säftestrom.

Bei intensiver Infection behält diese die Oberhand über die demarkirende Thätigkeit des Gewebes, und es tritt progressive Zerstörung desselben ein. In den rapidest verlaufenden Fällen, z. B. **bei** gonorrhoischer Conjunctivitis mit Hornhaut-

Allgemeines. 145

affection, blättert die Hornhaut geradezu ab, ohne sich auch nur zu trüben, ehe noch die Reaction des Gewebes zu **Stande kommt.** In weniger intensiven Fällen offenbaren sich die progressiven Stellen durch eine stark eitrige Infiltration. Ist dies allseitig der Fall, so wird die ganze Hornhaut zerstört und stösst sich an der Stelle des Arcus senilis ab, wo das directe Bereich der Randgefässe beginnt; die Iris liegt in toto frei zu Tage (totaler Irisvorfall). Beschränkt sich die Zerstörung der Hornhaut auf eine Stelle und geht dort in die Tiefe, so liegt schliesslich die Descemet'sche Membran bloss, baucht sich durch den Augendruck **vor** und ist als spiegelnde, ca. stecknadelkopfgrosse Prominenz sichtbar (Keratocele). Wird auch sie durchbrochen und ist die vordere Kammer eröffnet (Hornhautperforation), so fliesst das Kammerwasser ab, die Iris wird hyperaemisch, die Pupille verengert sich, und es tritt jetzt noch viel intensiverer Zufluss nach **der** Geschwürsstelle und noch viel energischere Drainage des Gewebes ein, als vorher. Dadurch wird sehr oft der Anstoss zum Stillstand des Processes gegeben und Heilung herbeigeführt. Man benutzt diese Erfahrung, indem es nicht selten gelingt, durch künstliche Perforation **der Hornhaut einen** progressiven infectiösen Process zum Stillstand zu bringen. Selbstverständlich ist nach Eröffnung der Kammer der Augendruck auf ein Minimum herabgesetzt, das Auge fühlt sich „matsch" an. Liegt die Hornhautperforation central, so füllt sie sich allmälig durch Granulationsgewebe aus, durch dessen Vernarbung die Kammer wieder hergestellt und die Heilung vollendet wird. Bleibt die Perforationsöffnung längere Zeit bestehen und in Folge dessen die Kammer aufgehoben, so spricht man **von** einer Hornhautfistel. Ist die Perforation nicht central, so legt sich zunächst die Iris an und wird durch das hinter ihr sich wieder ansammelnde Kammerwasser vorgebaucht: Irisprolaps. Derselbe bedeckt sich nach **und nach mit Granulationen, durch deren** Narbencontractur die Prominenz ausgeglichen wird. Mit der gebildeten Hornhautnarbe bleibt die Iris verwachsen (vordere Synechie der Iris). Doch kann, indem sich der Irisprolaps zwischen die Wundränder wie ein Pressschwamm einlegt, die Heilung sehr verzögert werden. Bei tiefen Geschwüren, namentlich wenn schon Keratocele besteht, kann jeder Druck auf das Auge, Bücken, Pressen mit den Lidern die Perforation herbeiführen. Geschieht dies sehr brüsk, so spritzt das Kammerwasser im Strahle heraus, und es kann die Kapsel der sich plötzlich nach vorn drängenden Linse platzen, **worauf sich** grauer Staar entwickelt, was eine sehr missliche Complication ist. Bei **tiefen** Geschwüren ist desshalb äusserste Vorsicht für Arzt und Patient unerlässlich, um diese Eventualität zu vermeiden. Von der bei Perforation im Säuglingsalter eintretenden vorderen Polarcataract war schon bei der Blennorrhoea neonatorum die Rede.

Hat sich ein Substanzverlust mit Epithel überdeckt, so resultirt zunächst ein Hornhautabschliff oder eine Hornhautfacette **und** erst allmälig gleicht sich der Niveauunterschied wieder aus. Hatte Infiltration in irgend erheblichem Mafse stattgefunden, so bleibt eine Hornhauttrübung zurück, die je nach Form und Stärke als Trübung, **Nubecula,** oder Hornhautfleck, **Macula** corneae bezeichnet wird. **Diese** pflegen sich im Laufe der Zeit noch mehr oder weniger aufzuhellen, um so bedeutender, je jünger das betreffende Individuum ist. Eine sehr dichte Hornhauttrübung wird Leucoma genannt, wenn sie sich über die ganze Hornhaut erstreckt Leucoma totale, und wenn mit derselben die Iris in Form vorderer Synechien verwachsen ist Leucoma adhaerens. Durch grosse Leucome wird in Folge der Narbenzusammenziehung eine Abflachung und Verkleinerung der

Knies, Augenheilkunde. 10

Hornhaut bedingt. Nichtsdestoweniger pflegt das Narbengewebe, aus dem sie bestehen, relativ nachgiebig zu sein, namentlich wenn die Iris mit der Hinterfläche
in grösserer Ausdehnung verwachsen ist, und es kommt unter normalem oder pathologisch erhöhtem Augendruck sehr häufig zu Ectasien der Leucome, zur Bildung
sogenannter Narbenstaphylome, die partiell oder total sein können. Das
Epithel über Leucomen und Staphylomen ist verdickt, mit sehr ausgesprochenen
Riff- oder Stachelstellen und sendet mehrfach Fortsätze in das unterliegende Narbengewebe. Später treten dann nicht selten partielle Verkreidungen und umschriebene Epithelverdickungen (Schwielenbildung) über Leucomen und Staphylomen auf. Geht ein grosser Theil der Hornhaut oder dieselbe in toto zu Grunde,
so kommt es, namentlich wenn ein infectiöser Process vorhanden ist, sehr häufig
zur Weiterverbreitung der Entzündung auf Iris, Corpus ciliare und Choroidea, zur
Vereiterung des Auges (Choroiditis suppurativa) mit nachfolgender Schrumpfung desselben (Phthisis bulbi). Auch ohne Perforation wird nicht selten,
besonders bei infectiösen Processen, eine Entzündung der Iris eingeleitet, die sich
durch Trübung derselben, Verwachsungen ihres Randes mit der vordern Linsenkapsel (hintere Synechien) oder gleichzeitig auch durch Ansammlung von Eiter
in der vordern Kammer (Hypopyon) manifestirt.

Je jünger und kräftiger ein Individuum ist, desto rascher und vollständiger
heilen die Hornhautprocesse, da die Reactions- und Widerstandsfähigkeit der Gewebe gerade bei der gefässlosen Hornhaut von grösster Wichtigkeit ist; desshalb
ist auch eine gefässhaltige pannöse Hornhaut trotz der Functionsstörung viel
widerstandsfähiger gegen Infectionen, weil sie intensiver ernährt ist und weil die
Nähe der Capillaren die Reaction dagegen beschleunigt.

Von den durch Conjunctivalerkrankungen veranlassten
Hornhautaffectionen war eigentlich schon bei ersteren die Rede.
Es sind theils Randgeschwüre an der Stelle, wo der Arcus senilis
aufzutreten pflegt, theils traumatische Epithel- und Substanzverluste in der Lidspaltenzone, die sich inficiren. Bei acuter
Affection droht proportional der Heftigkeit die Gefahr der Ausbreitung
und Zerstörung, bei chronischer kommt es eher durch häufige Wiederholung zu mehr oder weniger ausgedehnten Trübungen, womit Gefässentwicklung (Pannus) verbunden sein oder fehlen kann.

Die Behandlung ist in erster Linie eine prophylactische, indem
man auf das Sorgfältigste jede mögliche Epithelverletzung vermeidet.
Bei oberflächlichen Geschwüren führen, wenn der Conjunctivalprocess
ein chronischer und wenig infectiöser ist, also beim Conjunctivalcatarrh
und bei den Hornhautaffectionen im spätern Verlauf der Follicularblennorrhoe, warme Ueberschläge oder Cataplasmen am raschesten zur
Heilung. Die Behandlung der Conjunctivalkrankheit muss einstweilen ausgesetzt werden. Droht Perforation der Hornhaut, so ist Eserin — nur
bei centralen Geschwüren Atropin! — (2—3 mal täglich ein Tropfen
einer $\frac{1}{2}$ %igen Lösung) anzuwenden; ist sie eingetreten, so muss bis

zur Verheilung ein **täglich zu** wechselnder antiseptischer Druckverband angelegt werden.

Bei acut infectiösen Conjunctivalprocessen **hat** man womöglich die Behandlung der Bindehaut fortzusetzen, **doch** vermeide man eine Schorfbildung, da ein solcher **wie** ein Fremdkörper wirkt **und** häufig Verschlimmerung herbeiführt. Feuchte **Wärme** und Verband sind selten anwendbar, weil dadurch zugleich die Intensität der Infection gesteigert wird, und so muss man sich dann meist auf täglich mehrmaliges Einträufeln von Eserin und häufiges sorgfältiges Ausspülen des Conjunctivalsackes mit milden antiseptischen Lösungen von Bor- oder Salicylsäure beschränken. Wo **wegen der** Conjunctivalkrankheit Kälte anzuwenden wäre, muss dies fortgesetzt werden. Von der Behandlung der **Folge**zustände wird **später noch** besonders die **Rede sein.**

Die nicht traumatischen Oberflächenerkrankungen der Hornhaut sind exanthematischer Natur. Obschon anatomisch von einer Conjunctiva **corneae** nicht eigentlich die Rede sein **kann**, so besteht doch klinisch eine völlige Analogie mit den entsprechenden Conjunctivalaffectionen; **es** ist desshalb auch empfehlenswerth, die analoge Nomenclatur durchzuführen. Häufig besteht gleichzeitig die nämliche Erkrankung auf Bindehaut und Hornhaut, **aber** die Hornhautaffection beherrscht die Situation.

Bei weitem die häufigste und wichtigste exanthematische Erkrankung der Hornhaut ist **das Eczem** derselben, auch **Keratitis phlyctaenulosa,** von S t e l l w a g fälschlich Herpes corneae genannt. **Dasselbe** ist vorwiegend Kinderkrankheit. Von **der** ersten Dentition an nimmt die Häufigkeit **sehr rasch** zu, während es vorher **sehr** selten ist, um gegen die Pubertät hin wieder weniger häufig zu werden. **Doch** kommt **es** auch **noch in** den zwanziger Jahren **vor,** gelegentlich sogar in **sehr** schweren Formen. **Von** den dreissiger Jahren an wird es **nur wenig** mehr angetroffen. Viele Kranke, aber **bei Weitem** nicht alle, zeigen Zeichen von Scrophulose, Drüsenschwellungen, anderweitige Eczemeruptionen im Gesichte, unförmliche Anschwellung von Nase und Oberlippe in Folge von Eczem der Nasenschleimhaut u. s. w. Andere Patienten sind sehr zart, mit feiner Haut, ohne übrigens krank zu sein, andere sind bis auf das Augenleiden kerngesund und kräftig.

Die einzelne Eruption beginnt als rundliches graues Infiltrat, punktförmig bis zu einigen Millimetern Durchmesser, über dem die Epitheldecke etwas erhoben ist, sich aber sehr bald abstösst, worauf ein infiltrirter Substanzverlust, ein e c z e m a t ö s e s G e s c h w ü r übrig bleibt. Zur Bildung einer eigentlichen Pustel kommt **es** dabei so wenig, wie auf der Conjunctiva. Diese eczematösen **Geschwüre** können einzeln und mehrfach auftreten; immer **besteht** gleichzeitig mehr oder weniger intensive blauröthliche pericorneale Injection des subconjunctivalen Gewebes, sogenannte Ciliarinjection, die sich nur bei Randphlyctaenen auf die Nachbarschaft des ergriffenen Bezirks beschränkt, in den andern **Fällen** die ganze Cornea **umgibt**. Die Randphlyctaenen sind meist zahlreich und klein, **die mehr** central gelegenen mehr vereinzelt und grösser, doch kommt **auch das** umgekehrte Verhältniss vor. Nicht selten sind gleichzeitig **noch** alte Hornhautflecken von früheren Eruptionen her vorhanden. Gifford und Burchardt haben **aus** Hornhautphlyctaenen Coccen gezüchtet.

Die subjectiven Symptome können sehr unbedeutend und sehr heftig sein. Schmerzen, Thränen und Lichtscheu können in verschiedenem Grade vorhanden sein und fehlen, ohne dass dies vom **Umfange** der Hornhautaffectionen abhängig wäre. Sehr oft überwiegt die Lichtscheu. **Die** erkrankten Kinder schliessen krampfhaft **die Lider**, suchen die dunkelsten Winkel auf, liegen fortwährend auf dem Gesicht und drücken die Hände vor die Augen, alles Momente, wodurch der Ausbreitung **des** Eczems auf Conjunctiva und Gesicht Vorschub geleistet wird. Zuweilen ist die krampfhafte Contractur des Musculus orbicularis palpebrarum so **gross**, dass die **Lider** sich von selbst oder **bei** dem Versuch, sie zu öffnen, umkrempen und nur mühsam und, wenn der Zustand einige Tage gedauert hatte und die blossliegende Conjunctiva infiltrirt, oedematös und in eitrige Secretion gerathen ist, fast **gar** nicht mehr reponirt werden können.

Iwanoff hat gezeigt, dass es sich bei einer einzelnen Phlyctaene um zellige Infiltration um ein feines Nervenstämmchen unmittelbar unter der Bowman'schen Membran handelte. Hierdurch findet die oft so heftige Lichtscheu mit Orbiculariskrampf als Reflexwirkung ihre Erklärung. Da die Lichtscheu aber auch von Anfang an fehlen kann, so ist es wahrscheinlich, dass die Infiltrate auch an andern Orten vorkommen können. Das vordere Epithel ist an der betreffenden Stelle von Rundzellen durchsetzt und abgehoben. Bildet sich das Geschwür, so wird entweder nur das Epithel abgestossen, worauf baldige Heilung eintritt, oder es wird auch die Bowman'sche Membran zerstört, und diese regenerirt sich nur langsam und unvollständig. Bei der Heilung resultirt dann zunächst ein mehr oder weniger ausgedehnter und gesättigter Fleck, der sich später grösstentheils wieder aufhellt, um so leichter, je weniger tiefgehend die Erkrankung und je jünger das Individuum ist.

Therapeutisch ist im Beginne das unzweckmäfsige Verhalten des Patienten energisch zu bekämpfen. Er darf nicht im Dunkeln bleiben, nicht das Auge berühren und soll im Bett auf dem Rücken liegen, was unter Umständen zu erzwingen ist. Sehr zweckmäfsig gegen die Lichtscheu ist das Tauchen des ganzen Gesichtes, 15 bis 20 Secunden lang, in ein grosses Waschbecken voll Wasser von Zimmertemperatur, worauf mit einem trockenen Handtuch das Gesicht energisch abgerieben wird. Diese Procedur kann 6 bis 8 mal täglich wiederholt werden; meist werden schon nach dem erstenmale die Augen spontan geöffnet. Zur Milderung der Schmerzen und der Empfindlichkeit ist es gut, einige Tropfen Atropinlösung einzuträufeln, bis die Pupille gut erweitert ist; warme Umschläge von Kamillenthee, etwa dreimal täglich je eine Stunde lang und fleissig zu wechseln, oder Cataplasmen, so heiss sie vertragen werden, befördern bedeutend die Reparation der Geschwüre. Ausserdem sorgt man für frische Luft, regelmässige Ernährung und behandelt sorgfältig ein gleichzeitig bestehendes Eczem der Nasenschleimhaut, das sonst die Quelle endloser Recidive abgeben kann. Die Wirkung einer antiscrophulösen Behandlung, die häufig zu gleicher Zeit indicirt ist, ist zu fernliegend, um auf eine bestehende Hornhautaffection einen directen Einfluss auszuüben.

In den meisten Fällen kommt man mit der angegebenen Behandlung zum Ziel; in andern aber, namentlich wenn zur gleichen Zeit ein heftiger eczematöser Conjunctivalcatarrh besteht, inficiren sich die Geschwüre, ihr Rand wird gelblich, die graue Infiltration in der Nachbarschaft vergrössert sich (Hoftrübung), kurz sie werden progressiv. Entweder breiten sie sich vorwiegend in die Fläche oder vorwiegend in die Tiefe aus. In ersteren Fällen sind nicht selten Randgeschwüre der Ausgangspunkt, und es kann sich der grösste Theil der Hornhaut hierbei trüben, während die eitrige gelbe Infiltration des Geschwürsrandes sich gleichfalls ausbreitet. Die Hornhautoberfläche ist dann nicht mehr glatt und glänzend, sondern matt und wie gestichelt wegen Unregelmässigkeiten im vordern Epithel. Nicht selten betheiligt sich dabei auch die Iris unter Bildung von hinteren Synechien und von Hypopyum, das bei Kindern übrigens sehr rasch auftritt und wieder verschwindet. Die zellige Infiltration kann hierbei vorwiegend unter Epithel und Bowman'scher Membran liegen, während das Geschwür von dem sie ausging, relativ klein blieb. Diese schweren eczematösen Erkrankungen sind sehr gefährlich; die Hornhaut kann in mehr oder weniger grosser Ausdehnung zu Grunde gehen mit nachfolgender Leucom- und Staphylombildung, mindestens bleiben ausgedehnte Hornhauttrübungen zurück. Warme Umschläge genügen hier meistens nicht. Die Behandlung besteht in der Einträufelung von Eserin und in der Application eines sorgfältigen antiseptischen Schnürverbandes, der täglich zu wechseln ist und wodurch es nicht selten gelingt, eine schwer bedrohte Hornhaut zu retten. Ist eine Stelle des Geschwüres sehr tief und droht Perforation, so ist die künstliche Eröffnung des Geschwürsgrundes mit einer Paracentesenadel oder mit einem Graefe'schen Staarmesser von Nutzen, wobei aber Linsenverletzung und zu rascher Abfluss des Kammerwassers (der zudem sehr schmerzhaft ist) zu vermeiden sind. Als Nachbehandlung wird Eserin und antiseptischer Verband bis zur Heilung angewandt, die nach der künstlichen Perforation meist bald erreicht wird. Das Hypopyum an sich erfordert bei Kindern keine besondere Behandlung.

Ueberwiegt beim eczematösen Geschwüre das Fortschreiten in die Tiefe, so haben wir ein sogenanntes trichterförmiges Geschwür. Es kommt zu Keratocele und Perforation, mit welch letzterer gewöhnlich die Heilung sich einzuleiten pflegt. Sie kann künstlich herbeigeführt werden, wenn sich der Process ohne Besserung zu sehr in die Länge zieht. Auch hier besteht die Behandlung in Eserin und Verband. Kommt es bei peripher gelegenen Geschwüren zu Irisprolaps, so setzt man zunächst die gleiche Behandlung fort. Vergrössert sich derselbe aber, so kann man ihn zur Schrumpfung bringen, wenn man ihn mit dem Galvanocauter oder mit einem spitzen Höllensteinstift betupft (mit sofortiger Neutralisation durch Kochsalzlösung). Meist ist es besser, ihn mit einem Graefe'schen oder Beer'schen Staarmesser zu spalten oder mit demselben nach oben oder unten einen kleinen Lappen zu bilden und ihn mit der Scheere abzuschneiden. Eventuell ist dieses zu wiederholen, im Uebrigen fährt man mit Eserin und Verband bis zur Heilung fort.

Bei längerem Bestehen eczematöser Geschwüre kommt es fast immer zu Gefässentwicklung (Pannus). Waren zahlreiche kleine Randphlyctaenen vorhanden, so zeigt dies noch lange nachher der Randpannus der betreffenden Stelle an, lauter kleine Gefässchen, die sich gleichweit in die Hornhaut hineinerstrecken, selten aber weiter als 2 Millimeter. Aehnliches sieht man bei älteren Leuten nach häufig recidivirenden sogenannten catarrhalischen Randgeschwüren. Aber auch zu central gelegenen Geschwüren bilden sich oft Gefässe, und nach öfteren Recidiven findet man die ganze Hornhautoberfläche von zahlreichen Gefässen überzogen: Pannus eczematosus (oder scrophulosus). Fast immer ist dann auch die Hornhaut in grösserem Umlange getrübt, zuweilen aber hat sie sich während des Bestehens der Gefässe soweit aufgehellt, dass man im durchfallenden Licht den schwarzen Gefässbaum auf rothem Grunde zu sehen bekommt. Aehnliches kommt gelegentlich auch bei Pannus aus anderen Ursachen, z. B. nach Follicularblennorrhoe oder nach parenchymatösen Hornhauterkrankungen vor.

Bei den eczematösen Hornhauterkrankungen sind Recidive ausserordentlich häufig, namentlich wenn gleichzeitig noch Eczem der Nasenschleimhaut oder im Gesicht besteht. Diese Affectionen sind desshalb sehr sorgfältig zu behandeln, auch dann noch, wenn die Hornhauterkrankung zur Heilung gebracht worden ist. Ebenso begünstigt das Weiterbestehen von eczematösem Catarrh das Auftreten von Hornhautrecidiven und ist desshalb gleichfalls sorgfältig auszubehandeln. Nicht selten werden eczematöse Hornhautaffectionen und zwar gerade recht schwere Formen als Nachkrankheit von Scharlach und besonders von Masern beobachtet; auch in der Reconvalescenz nach schweren Krankheiten oder Wochenbetten kommen sie gerne vor.

Das Endresultat eczematöser Hornhauterkrankungen ist je nach dem Grad und der Ausdehnung derselben eine Trübung, ein Flecken, Leucom, Pannus, Leucoma adhaerens, partielles oder totales Staphylom, von deren Behandlung später noch die Rede sein wird.

Die Differentialdiagnose stützt sich darauf, dass das Eczem bei weitem die häufigste Hornhauterkrankung im kindlichen Alter ist, ferner auf das Vorhandensein noch anderer Eczemeruptionen auf der Gesichtshaut, Nasenschleimhaut und Conjunctiva und auf die rundliche Form der einzelnen Infiltrate und Geschwüre, die zwar mehrfach vorhanden sein können, niemals aber, wie bei Herpes, zusammengehörige Gruppen bilden.

Eine besondere Form eczematöser Hornhauterkrankung ist die sogenannte büschelförmige Keratitis (Keratitis fascicularis): Zu einem grösseren Randgeschwür hin hat Gefässentwicklung stattgefunden. Anstatt aber, dass jetzt desselbe zur Heilung neigt, bleibt der centrale Geschwürsrand prominent und infiltrirt und wandert gegen das Hornhautcentrum, indem er ein Bündel parallel laufender Gefässe nachzieht. Im Bereiche der Gefässe ist die Bowman'sche Membran zerstört; dieselben liegen in einer mit Rundzellengewebe ausgefüllten Hornhautrinne und pflegen sich mit der Vernarbung desselben zurückzubilden, wonach eine characteristische Trübung zurückbleibt, die am Kopfe der büschelförmigen Keratitis am dichtesten ist. Unterdessen kann aber das Geschwür bis zum Hornhautcentrum und darüber gewandert sein und schwere Sehstörung veranlassen. Zuweilen wird beim

Erreichen der Hornhautmitte ein winkliges Umbiegen in der Fort-
pflanzungsrichtung beobachtet. Häufig ist die Affection auf beiden
Augen gleichzeitig oder nach einander, sehr selten gleichzeitig mehrfach auf einem Auge allein vorhanden.

Man hat alle Ursache, das Fortschreiten dieser Affection so frühzeitig als möglich aufzuhalten. Nur wenn zufällig gerade der Kopf
die Hornhautmitte erreicht hat, ist es zweckmäfsig, ihn etwas weiter
wandern zu lassen, da sonst gerade an der für das Sehen wichtigsten
Hornhautstelle die intensivste Trübung zurückbleibt. Geräth der Process
nicht durch täglich einmalige Application einer starken gelben Salbe
(0,3 gelbes Quecksilberoxyd auf 10,0 Vaselin) in Stillstand, so ätzt
man am besten den progressiven Rand bei guter Fixation des Auges
möglichst umschrieben mit einem spitzen Höllensteinstift und
neutralisirt sofort mit Salzwasser oder zerstört ihn mit dem Galvanocauter; darnach lässt man ein paar Stunden kalte Umschläge machen.
Eventuell darf man die Procedur nach einigen Tagen wiederholen. Das
Durchschneiden der Gefässe am Eintritt in die Cornea, das meist wiederholt werden muss, führt nicht so sicher zum Ziel.

Von andern Exanthemen kommen die beiden Herpesformen auf
der Cornea vor. Der gewöhnliche Herpes, auch Herpes febrilis
genannt, ist nicht gerade selten. Meist nach einem leichten Unwohl-
sein, Husten, Schnupfen, im Verlaufe einer Pneumonie, oft aber
auch ohne eine solche Veranlassung, kommt es mit oder ohne gleichzeitige Herpeseruption an andern Orten, Nase, Oberlippe, Augenlider
u. s. w. unter stechenden Schmerzen und Gefühl von Fremdkörper im
Auge zum Auftreten einer Gruppe von wasserhellen Bläschen auf der
Hornhaut. Characteristisch ist deren eigenthümliche Gruppirung in
Reihen und häufig mit Verzweigungen. Dies tritt noch mehr hervor.
wenn die Bläschen, was sehr bald geschieht, platzen und durch
Confluiren nicht zu verkennende lineare Epithelverluste bilden, die
durch zahlreiche Ausbuchtungen ihre Entstehung aus einzelnen
Bläschen documentiren. Nur mit gewissen traumatischen Epithelab-
schürfungen ist eine Verwechslung möglich, vor der aber die Anamnese
schützt. Ciliarinjection kann fast völlig fehlen, oder in erheblichem
Grade vorhanden sein; die Pupille ist verengert. In sehr günstigen
Fällen kann mit Atropin und Verband in einigen Tagen Heilung eintreten; meist kommt es zu mehr oder weniger erheblicher Infiltration
des blossliegenden Cornealgewebes und zur Geschwürsbildung. Häufig
ist dabei die Empfindlichkeit der Hornhaut herabgesetzt. Die Heilung
wird dann sehr hinausgezogen und kann Wochen und Monate in Anspruch

nehmen, besonders wenn sich die Geschwürsränder eitrig infiltriren und gleichzeitig die Betheiligung der Iris sich durch Verwachsungen mit der Linsenkapsel und Hypopyum documentirt. Zu wirklich progressiven Processen und zu Perforation der Hornhaut kommt es jedoch bei einfachem Herpes nur sehr selten, auch wenn sich die Heilung sehr in die Länge zieht. Immer bleibt darnach eine dichte Hornhauttrübung zurück, die eventuell bedeutende Sehstörung veranlassen kann. Recidive auf dem gleichen Auge, selbst mehrfache wurden beobachtet; das Auftreten gleich von Anfang an doppelseitig oder nach einander auf beiden Augen ist sehr selten.

Die Behandlung besteht in der Anwendung von Atropin, nur dann, wenn Perforation drohen sollte, von Eserin; sodann in der abwechselnden Application eines guten Schlussverbandes und von Umschlägen mit warmen Bor- oder Salicylsäurelösungen. Bald wird das Eine, bald das Andere besser vertragen. Jedenfalls thut man gut, den Patienten auf die möglicherweise lange Dauer des Processes aufmerksam zu machen.

Wenn Herpes zoster des ersten Astes des Trigeminus mit Eruptionen auf der Hornhaut sich combinirt, so stellt dies eine viel schwerere Erkrankung dar, als die eben besprochene. Der Beginn ist ähnlich, doch kommt es fast ausnahmslos zu sehr umfangreichem Infiltrate des Substanzverlustes und seiner Nachbarschaft. Die Anfangs noch gesonderten Geschwüre confluiren, erhalten einen gelben, infiltrirten, progressiven Rand und vergrössern sich zu ganz unregelmäfsigen Substanzverlusten auf der noch weithin infiltrirten Hornhaut, die dann nichts mehr für Herpes Characteristisches darbieten. Diese progressive Eiterung in die Fläche und Tiefe nimmt häufig ihren Ausgang in mehr oder weniger umfangreiche Perforation, mit ihren Folgen. Bald schon zeigen hintere Synechien und Hypopyum die Betheiligung der Iris an; das Auge ist weich, die Hornhaut gefühllos. Selbstverständlich besteht der Hornhautaffection entsprechend bedeutende Ciliarinjection, zuweilen auch starke Hyperaemie und Oedem der übrigen Conjunctiva bulbi. Die neuralgischen Schmerzen sind in Stärke und Dauer die gleichen, wie bei Herpes zoster ohne Hornhautaffection und können den Patienten zur Verzweiflung bringen. Lediglich dadurch und durch einen schleppenderen Verlauf, der sich auf viele Wochen ausdehnen kann, unterscheidet sich der Herpes zoster der Hornhaut von einer andern Krankheit derselben, welche wir später als neuroparalytische Keratitis kennen lernen werden.

Die Behandlung besteht in der Anwendung von Morphiuminjectionen in die Schläfe, so oft diese nöthig erscheinen, und in der Anwendung warmer antiseptischer Umschläge oder von Jodoformeinstäubungen oder eines antiseptischen Verbandes, der leider häufig recht schlecht vertragen wird. Droht Perforation, so ist Eserin einzuträufeln, im Uebrigen fortzufahren. Die Heilung kann in jedem Stadium eintreten, und die Behandlung der Folgezustände ist die gleiche, wie nach andern Hornhauterkrankungen.

Auch bei **Variola** kann die Hornhaut betheiligt werden, und zwar geschieht dies in einem zwar wechselnden, aber ziemlich bedeutenden Procentsatz der Erkrankungen. In Ländern, wo die Blattern herrschen, liefern sie ein sehr bedeutendes Contingent zu den Erblindungen. Nach Horner beginnt die Affection als Conjunctivalpustel am Hornhautrand, in deren Nachbarschaft sich sehr rasch die Hornhaut infiltrirt. Das ursprüngliche Conjunctivalgeschwür breitet sich auf die Hornhaut aus, bekommt dort einen gelben, eitrigen progressiven Rand und kann die ganze Hornhaut zerstören, worauf es zu totalem Irisprolaps und weiterhin entweder zu Staphylombildung oder zu Phthisis bulbi kommt. Das Hornhautgeschwür kann auch wesentlich nur in die Tiefe sich ausbreiten, wonach Perforation und nur umschriebener Irisvorfall eintritt, der heilen kann, ohne dass nothwendig das Auge zu Grunde geht. Findet keine Perforation statt und hört das Fortschreiten des Processes auf, so findet man nach der Heilung eine characteristische sichelförmige Hornhauttrübung.

Die Behandlung muss sich auf öfteres Auswaschen des Conjunctivalsackes mit milden antiseptischen Lösungen beschränken, wobei Vorsicht anzuwenden ist, um nicht das Platzen der verdünnten geschwürigen Hornhaut zu veranlassen. Ausserdem lässt man zwei- bis dreimal täglich einen Tropfen Eserinlösung einträufeln. Umschläge und Verband lassen sich wegen der Blatterneruption auf den Lidern nicht anwenden.

Als Keratitis acnosa sind verschiedentlich Hornhautaffectionen bezeichnet worden, die bei Acne im Gesicht auftraten und besondere Eigenthümlichkeiten zu zeigen schienen. So entsinne ich mich einer Patientin in den dreissiger Jahren, wo im Laufe vieler Jahre ab und zu rundliche Infiltrate in der Hornhaut auftraten, die sich allmählich zurückbildeten und eine Trübung zurückliessen, ohne dass es je zu einer Geschwürsbildung gekommen wäre. Allmählich war die ganze Hornhaut beiderseits vollständig von Trübungen bedeckt, zu denen theilweise Gefässe zogen, wobei eine sehr merkliche Abflachung zu constatiren war; jede Behandlung erwies sich auf die Dauer als erfolglos. Während der ganzen Dauer der Hornhauterkrankung traten ab und zu ausgedehnte Acneeruptionen im Gesicht auf. Von andern Autoren werden hiervon gänzlich verschiedene Hornhautaffectionen als acnöse Keratitis bezeichnet, so dass man bis auf Weiteres von der Aufstellung einer Keratitis acnosa als besonderer Erkrankungsform absehen muss. Ebenso verhält es sich mit der Aufstellung einer Keratitis luposa.

Verwundungen und Verletzungen der Hornhaut sind ein sehr häufiges Vorkommniss. Epithelverluste pflegen je nach der Ausdehnung in 24 Stunden oder längstens in einigen Tagen unter einfachem Verbande sich vom Rande aus zu überhäuten. Sollte stärkere Ciliarinjection bestehen oder Empfindlichkeit vorhanden sein, so kann man Cocain oder Atropin geben. Ist der Verlauf ganz rein, so tritt an dem scharfen oft zackigen Epithelverlust eine eben nur mit seitlicher **Beleuchtung** sichtbare Trübung **auf,** die nach vollendeter **Heilung spurlos** verschwindet.

Besteht ein **wirklicher** Substanzverlust der Hornhaut, **oder eine** tiefere, gerissene oder Lappenwunde. so ist natürlich **die Heilungsdauer** länger. Das offen liegende Hornhautgewebe **trübt sich** durch Rundzelleneinwanderung (Wundkeratitis), und diese **graue** Trübung erstreckt sich auch noch über die **Nachbarschaft** des Substanzverlustes in verschieden grosser Ausdehnung. **Bei** zweckentsprechender Behandlung sieht man **von** Tag zu Tag den **scharf** abgegrenzten Rand **des** Epithels weiter vorrücken, womit der Umfang der Trübung abnimmt. Schliesslich ist der ganze Substanzverlust epithelüberdeckt, **aber** noch vertieft (Facette), und die Ausgleichung der Niveaudifferenz pflegt **noch** längere Zeit in Anspruch zu nehmen. Die Trübung kann grösstentheils wieder verschwinden, bei irgend wie erheblicheren Substanzverlusten bleibt aber eine Macula zurück. Während des ganzen Verlaufes besteht Ciliarinjection und enge Pupille, doch kommt es nicht zur Betheiligung der Iris an der Entzündung.

Die Behandlung besteht in einem antiseptischen Schlussverband, der täglich gewechselt und bis zur vollständigen Ueberdeckung des Substanzverlustes **mit** Epithel getragen werden muss. Atropin **kann** nach Bedürfniss angewandt werden. Bei frischen Fällen wirken Jodoformeinstäubungen sehr günstig.

Bei perforirenden Wunden fliesst das Kammerwasser ab, und gewöhnlich liegt die Iris in mehr oder weniger grosser Ausdehnung in der Wunde. mit der sie schon nach wenigen Stunden verklebt ist. Ist dies nicht der Fall, so können glatte Schnittwunden schon nach wenigen Minuten wieder so fest zusammenhalten, dass sich die Kammer herstellt. Nach einigen Stunden tritt eine leichte graue Trübung der Schnittränder ein, die sich nach einigen Tagen wieder verliert; es bleibt aber eine sichtbare lineare Narbe zurück. Vorsichtigerweise wird man einige Tage einen Verband tragen lassen, um Wiederaufgehen der vordern Kammer thunlichst zu vermeiden.

Liegt die unverletzte Iris in der Wunde und kommt man ganz frisch dazu, so gelingt es zuweilen, nach Einträuflung einiger Tropfen Eserin und sorgfältiger Desinfection des Conjunctivalsackes und der vorliegenden Iris, letztere mit einem Spatel oder einer Sonde wieder zu reponiren und unter Anwendung von Eserin und Schlussverband völlige Heilung zu erzielen. Sobald aber die Verletzung einige Stunden alt ist, bleibt nichts übrig, als die vorliegende Iris, aber unter Vermeidung jeden Zuges daran und bei sorgfältiger Fixation des Bulbus, mit einer feinen Scheere abzukappen; darauf wendet man Eserin und antiseptischen Schlussverband bis zur Heilung an, die unter Bildung einer mit der Iris adhaerirenden Hornhautnarbe vor sich geht. Liegt die Iris nur in der Hornhautwunde und ist nicht prolabirt, so braucht man dieselbe nur dann abzuschneiden, wenn ein nachträglich sich bildender Irisvorfall eintritt.

Quetschung der Hornhaut kann rein oder mit Wunden derselben complicirt vorkommen. In beiden Fällen kommt es zu ausgedehnten wolkigen Hornhauttrübungen, die sehr hartnäckig sind und sich zuweilen erst nach Monaten vollständig oder auch nur theilweise wieder aufhellen. Ist die Hornhaut noch genügend durchsichtig, so hat man im durchfallenden Lichte den Eindruck, als ob die Hornhaut leicht gefältelt wäre. Da aber an deren Oberfläche, abgesehen vielleicht von etwas unregelmäfsigem Epithel, nichts Derartiges zu sehen ist, so handelt es sich lediglich um Hohlräume im Hornhautgewebe, die mit Flüssigkeit gefüllt sind (vergl. die sog. Streifenkeratitis nach der Staaroperation, besser streifenförmiges Quetschungsoedem genannt). Der Augendruck ist fast immer vermindert, und nicht selten ist die Empfindlichkeit der Hornhaut längere Zeit herabgesetzt. Ein gequetschtes Auge kann wochenlang etwas injicirt sein und bei der geringsten Anstrengung roth werden und thränen, welcher Zustand sich dann nur sehr allmählich verliert. Atropin und Schlussverband sind die anzuwendenden Mittel; auf die Hornhauttrübung können wir nur sehr wenig einwirken.

War gleichzeitig mit der Quetschung auch ein Epithel- oder Substanzverlust der Hornhaut verbunden, so pflegt im Allgemeinen die Regeneration sich bedeutend zu verzögern. Durch Immigration aus dem Conjunctivalsack können secundäre Infiltrationen der Hornhaut eintreten, die meist in concentrischer Form sich um den Epithelverlust gruppiren. Auch diese Affectionen sind äusserst hartnäckig. Indicirt sind Atropin und antiseptischer Schlussverband bis zur Ueberhäutung des Substanzverlustes. Später kann man zu warmen Ueberschlägen, noch später zu gelber Quecksilberoxydsalbe (0,15 : 10,0 Vaselin) oder

zu Calomeleinstäubungen übergehen, wenn alle Reizerscheinungen verschwunden sind. Die restirende Hornhauttrübung ist sehr hartnäckig;
es kann im weiteren Verlauf wochenlang zu blasiger Erhebung des
Epithels über derselben kommen, theils mit, theils ohne Druckerhöhung
im Auge, oder es treten nachträglich Schwielenbildungen und Verkalkungen im Epithel auf, die ärztliche Behandlung in Anspruch nehmen.
Eine ausgedehntere Hornhautquetschung ist fast ausnahmslos eine schwere
Augenerkrankung von langer Dauer.

In die gleiche Kategorie der Quetschungen mit Epithelverlust gehören auch die so häufigen Fälle, wo ein kleines Kind der Mutter oder
der Pflegerin, die es trägt, in's Auge greift. Obschon die Quetschung
hier relativ unbedeutend sein **muss**, da es selten zu Hornhauttrübung
kommt, so zieht sich die Heilung des Epithelverlustes nicht selten ganz
auffallend in die Länge, namentlich dann, wenn die Sache Anfangs für
unbedeutend angesehen und vernachlässigt wurde. Cocain oder Atropin
und Schlussverband sind hier am Platz, die, wenn gleich von vornherein
angewendet, in einigen Tagen die Mehrzahl der Fälle zur Heilung bringen.

Aehnliche Verzögerungen im Heilverlauf beobachtet man durch andere analoge
Verletzungen, die gleichfalls Anfangs nicht gehörig beachtet werden, wenn z. B.
beim Gehen im Walde ein kleiner Zweig in's Auge schlägt. Sehr heftige Schmerzen
können in beiden Fällen das auffälligste Symptom sein, ohne dass sie sich aus dem
Befund genügend erklären lassen. Nicht selten treten Schmerzrecidive mit oder
ohne Veränderung an **der** verletzten Stelle ein, **was** sich über Wochen und Monate
erstrecken kann und ausgiebigen Gebrauch von Morphium und local Cocain verlangt.

Aetzungen und Verbrennungen geschehen an der Cornea
mit den gleichen Substanzen, wie an der Conjunctiva, welch' letztere
fast immer in grösserem oder geringerem Grade und Umfange mitgegriffen
ist. Die Hornhaut **ist** dabei **in der** Ausdehnung der Verletzung **von**
getrübtem Epithel bedeckt **und** unempfindlich. Letzteres ist **auch**
der Fall, wenn die Verbrennung nur ganz oberflächlich ist, wegen **der**
Zerstörung der Nervenendigungen. Bald **stösst** sich das abgestorbene
Epithel in Fetzen ab und allmählich auch die necrotisch gewordene
Hornhautsubstanz; die Regeneration findet relativ langsam statt. Je
nach der Tiefe und Ausdehnung der Zerstörung kommt **es** zu Restitutio
in integrum, wenn nur das Epithel oberflächlich zerstört war, zu Flecken,
Leucom oder, nach mehr oder weniger vollständiger Abstossung der
Hornhaut, zu Irisprolaps, Leucoma adhaerens, Staphylombildung, ge-
legentlich auch, wenn sich die Wunde inficirt, zu eitriger Uvealentzündung mit nachfolgender Phthisis bulbi. Combinirt sind diese Endausgänge eventuell mit denen in Folge gleichzeitiger Zerstörung der
Conjunctiva, also mit Symblepharonbildung in verschiedenster Aus-

dehnung. Es ist sehr schwer, oft geradezu unmöglich, gleich von
Anfang an die richtige Prognose zu stellen. Manchmal heilt eine anscheinend schwere Verbrennung in wenigen Tagen; ein andermal führt
eine scheinbar leichte zu Zerstörung der Hornhaut. Man thut desshalb
gut, sich in den ersten Tagen vorsichtig auszusprechen. Gerade bei
den so häufigen Kalkverbrennungen kann man sich nach beiden Richtungen
sehr leicht täuschen. Zeigt sich die Hornhaut nach Abstossung des
Epithels nur wie angehaucht, ist ihre Empfindlichkeit nicht ganz verloren, so ist die Prognose günstig zu stellen; es wird sich der normale
Zustand oder nur eine leichte Trübung herausbilden. Je gesättigter
die Trübung ist, um so tiefer geht im Allgemeinen die Zerstörung und
um so zweifelhafter ist der Ausgang.

Die Schmerzen und die sichtbare entzündliche Reaction ist gewöhnlich unmittelbar nach der Verbrennung relativ unbedeutend. Erst
nach einiger Zeit stellt sich Thränen, Ciliarinjection u. s. w. ein und
treten Schmerzen auf, die gerade bei schwerer Hornhautzerstörung sehr
gering sein können.

Die beste Behandlung besteht nach Reinigung des Conjunctivalsackes
und Entfernung allenfalls noch in demselben freiliegender Fremdkörper,
Mörtel- oder Metallstückchen u. s. w., gleich von Anfang an in warmen
Ueberschlägen. Man nimmt dazu entweder Chamillen oder Cataplasmen, am besten aber eine warme antiseptische Lösung (z. B. 0,3 %ige
Salicylsäurelösung oder 3 %ige Borsäurelösung zu gleichen Theilen mit
heissem Wasser), die continuirlich bis zur Heilung anzuwenden ist.
Bei heftigen Schmerzen gibt man einige Tropfen Cocain, bei drohender
Perforation Eserin, beides nur nach Bedürfniss. Einfache Epithel-
regeneration über der Hornhaut nimmt etwa 14 Tage in Anspruch,
bald mehr, bald weniger Bei tieferer Zerstörung der Hornhaut ist
immer eine mehrwöchentliche Behandlungsdauer in Aussicht zu stellen.

In Folge von häufig sich wiederholenden und auf die Lidspaltenzone der Hornhaut einwirkenden Schädlichkeiten tritt eine eigenthümliche
Affection auf, das Hinüberwachsen einer Bindehautfalte auf die Cornea,
das sogenannte Flügelfell oder Pterygium.

Dasselbe beginnt als dreieckige Conjunctivalfalte am innern oder
äussern Hornhautrand, die sich vergrössert, wobei ihre Spitze gegen
den Hornhautmittelpunkt vorrückt. Dieses Wachsthum geht übrigens
sehr langsam, und es dauert mehrere Jahre, bis das Pupillargebiet
erreicht ist und damit eine Sehstörung eintritt. Häufig findet man, als
Folge der Einwirkung der gleichen Schädlichkeiten auf das Lidspalten-

gebiet der Bindehaut, eine mehr oder weniger entwickelte Pinguecula (Seite 131).

Wir haben uns vorzustellen, dass zuerst ein kleines Hornhautgeschwür am Rande auftritt, einige Zeit besteht und dass der Geschwürsgrund bei der Heilung mit der benachbarten Conjunctiva verwächst und eine kleine Falte derselben herüberzieht. In der kleinen Rinne zwischen diesem Kopfe des Pterygium's und der anliegenden normalen Hornhaut setzen sich nun leicht Staubpartikelchen oder andere kleine Fremdkörper fest und bedingen kleine Geschwürchen, bei deren Vernarbung die Conjunctiva wieder etwas weiter auf die Hornhaut herübergezogen wird. Dies sind die ab und zu auftretenden entzündlichen Exacerbationen, bei denen man häufig an der Spitze des Pterygiums ein kleines Geschwür oder ein kleines Infiltrat nachweisen kann. Subjectiv sind, abgesehen von den Exacerbationen, während deren die Symptome einer catarrhalischen Keratitis, Thränen und stechende Schmerzen vorhanden sind und, abgesehen von der kleinen Entstellung, keine Beschwerden vorhanden. Erst beim Vorrücken über das Pupillengebiet tritt Sehstörung ein.

Das Pterygium ist meist gleichzeitig auf beiden Augen vorhanden. wenn auch in verschiedenen Entwicklungsphasen. Das am innern Hornhautrande pflegt ceteris paribus am meisten vorgeschritten zu sein. Es verzieht die Karunkel, deren drüsige Elemente auf die Conjunctivalfläche ausgebreitet erscheinen, gegen die Cornea, so dass bei oberflächlicher Betrachtung eine Karunkel zu fehlen scheint. In seltenen Fällen entsteht eine Pterygium auch an andern Orten der Hornhaut, am häufigsten wohl noch nach unten.

Von oben und unten her lässt sich eine Sonde leicht unter das Pterygium bis zu dessen Mittellinie vorschieben (siehe Fig. 24). Dasselbe bildet darnach zwei Taschen, da nur in der Ausdehnung der Spitze, also 1 bis 2 mm weit, Verwachsung mit der Cornea eintritt und die übrige Conjunctiva lediglich aus der Nachbarschaft herbeigezogen ist. Ueber der Cornea ist auch an der Unterfläche der Conjunctivalfalte das Epithel vorhanden und mit dem der Cornea verschmolzen, was sich leicht aus der Entwicklung des Pterygiums erklärt.

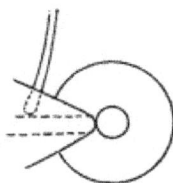
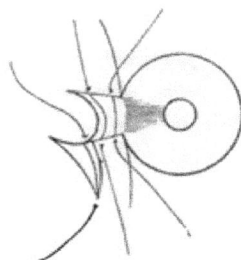

Fig. 24.   Fig. 25.

Bei microscopischer Untersuchung besteht das Pterygium aus demselben Gewebe, wie die Conjunctiva; stellenweise kann man auch die wirr durcheinander liegenden Fasern der Pinguecula nachweisen. Durch das Verschieben der zwei Conjunctivalflächen an einander entsteht in der Mitte eine Art seröser Höhle, die

mit der Neubildung gewisser Schleimbeutel in Analogie zu setzen wäre. Gelegentlich
gibt sie Veranlassung zu Cystenbildung im Pterygium.

Die Therapie besteht in Vermeidung aller Schädlichkeiten, die zur
Geschwürsentwicklung auf der Hornhaut Veranlassung geben können.
Da aber die subjectiven Symptome so äusserst gering sind, so wird
man in dieser Beziehung selten viel erreichen. Ist gerade ein Geschwürchen vorhanden, so lässt man ein paar Tage warme Ueberschläge
machen. Kleine Pterygien lässt man unberührt oder exstirpirt sie nur
auf besonderen Wunsch des Patienten mit einem rhomboidalen Stück
Conjunctiva. Bei grossen (siehe Fig. 25 a. v. S.) sucht man die Bindehaut
möglichst zu erhalten, da bei einer Exstirpation zu viel davon verloren
ginge. Man legt den Sperrelevateur ein, fasst den Hals des Pterygiums
mit einer Hakenpincette, präparirt dasselbe mit einem Graefe'schen oder
Beer'schen Staarmesser sorgfältig von der Hornhaut ab und löst es
noch einige Millimeter weiter. Alsdann spaltet man die Conjunctiva
nach abwärts mit einem Scheerenschnitt an der Basis des Pterygiums
und näht in die hierdurch entstehende Lücke den Kopf desselben ein,
worauf man auch die übrige Conjunctiva vereint. Man kann auch
das Pterygium in der Mittellinie spalten und je eine Hälfte nach oben
und nach unten vernähen (Knapp): das Princip aller Operationen ist,
zwischen den Kopf des Pterygiums und die Hornhaut normale Bindehaut
zu verlagern. Macht man zu dem Zwecke Entspannungsschnitte, so
muss deren Convexität gegen die Cornea gerichtet sein, da man
sonst die Conjunctiva über der letzteren zusammenziehen würde. Unter
antiseptischem Schlussverband tritt in einigen Tagen Heilung ein, doch
kommen auch bei unmittelbar gutem Erfolg oft Recidive vor.

Fremdkörper auf und in der Hornhaut sind ein sehr häufiges Vorkommniss. Entweder sitzen sie locker auf, wie Kohlenstückchen, Sandkörnchen, Sägemehl, Flügeldeckel von kleinen Insecten, Samenhülsen
u. s. w., oder sie sitzen fest, wie z. B. Metallsplitter, die mehr oder
weniger tief in die Hornhaut eindringen, ja in die vordere Kammer
hineinragen können. Sobald der Fremdkörper über die Hornhautfläche
hervorragt und eine rauhe Oberfläche hat, sind die Symptome (Schmerzen,
sich steigernd bei der geringsten Bewegung, Thränen, enge Pupille,
Ciliarinjection) recht heftig, im andern Falle können sie vollkommen
fehlen.

Liegt der Fremdkörper oberflächlich, so entfernt man ihn leicht
mit einer Staarnadel oder mit einem kleinen scharfen Hohlmeisel, nachdem man vorher einige Tropfen Cocain eingeträufelt hat. Ein oder
zwei Tage Verband genügen zur Heilung.

Bei einiger Uebung wird man die Fremdkörper auf der Hornhaut leicht bei gewöhnlichem Tageslicht erkennen, dunkle am besten, wenn man sie auf die Iris, durchsichtige, wenn man sie auf die schwarze Pupille projicirt. Ist der Fremdkörper klein oder durchsichtig (Glassplitter), so ist seitliche Beleuchtung nicht zu entbehren, die auch bei der Entfernung nothwendig sein kann.

Bleibt der Fremdkörper längere Zeit auf der Hornhaut sitzen, so infiltrirt sich seine Umgebung, und er kann schliesslich durch Eiterung eliminirt werden; doch ist dies nicht gerade häufig. Gewöhnlich bleibt er im Geschwür sitzen, hindert dessen Heilung, ermöglicht dadurch Infection aus dem Conjunctivalsack und muss schliesslich doch noch entfernt werden, widrigenfalls Hornhautperforation eintreten kann. Samenhülsen sitzen gewöhnlich mit der concaven Seite auf der Hornhaut, und da ihre **convexe** Oberfläche glatt ist, so machen sie wenig oder keine subjectiven Symptome, werden auch gelegentlich für etwas Anderes gehalten, z. B. für Irisprolaps. Die Infiltration pflegt nicht bedeutend zu sein, doch erstrecken sich nach einiger Zeit ausnahmslos Gefässe vom Hornhautrand zum Fremdkörper (umschriebener Randpannus). Derartige Fremdkörper können wochen- und monatelang getragen werden; schliesslich veranlassen sie aber doch Usur der Hornhaut an der betreffenden Stelle bis zur Perforation, worauf das ausfliessende Kammerwasser die Samenhülse wegspült. Ist das Geschwür schon sehr tief, so kann schon ein leichter Druck auf's Auge, z. B. bei beabsichtigter Entfernung des Fremdkörpers, die Perforation veranlassen. Ist dies geschehen, so ist Eserin und Verband anzuwenden, um Verwachsung der Iris mit der Hornhaut womöglich zu verhüten.

Eisensplitter fliegen sehr häufig in glühendem Zustande gegen das Auge, brennen sich in die Hornhaut ein und sind dann von einem sogenannten Rosthofe — einer durch Eisenoxyd braun gefärbten necrotischen Hornhautzone — umgeben. Wenn möglich sollte dieser mit dem Eisensplitter entfernt werden, was aber nicht immer gelingt, namentlich nicht bei frischen Fällen. Dieser Rosthof kann eine bleibende rostfarbene Trübung verursachen, oder sich nach einigen Tagen als kleiner brauner Ring abstossen, wonach aber ebenfalls eine Macula zurückbleibt.

Sitzt ein Fremdkörper in der Hornhautsubstanz, oder ragt er gar in die vordere Kammer, so ist seine Entfernung viel schwieriger. Namentlich in letzterem Falle sind Extractionsversuche mit Pincetten oft gefährlich, weil dadurch der Fremdkörper nicht selten in die vordere Kammer gestossen wird, von wo seine Entfernung äusserst schwer oder gar unmöglich werden kann. Es ist desshalb anzurathen, den Fremd-

körper — fast immer ein Metallsplitter — mit einem passenden, hinter
denselben gebrachten Instrument herauszuhebeln. Nach Einlegung des
Sperrelevateurs fixirt man den Bulbus und schneidet mit einem Staarmesser soviel von der Hornhautsubstanz neben dem Fremdkörper weg,
bis man hinter denselben gelangen kann, worauf die Entfernung nicht
mehr schwer ist. Ragt der Fremdkörper in die vordere Kammer, so
verfährt man ähnlich, nachdem man vorher eine krumme Lanze hinter
dem Fremdkörper in die Kammer eingeführt hat. Mittelst dieser lässt
man dann den Fremdkörper durch einen Assistenten gegen die Hornhaut
andrücken. Schwierig wird die Sache, wenn schon vor Einführung der
Lanze das Kammerwasser abgelaufen ist. Zuweilen thut auch jetzt noch
eine spatelförmige Sonde die gleichen Dienste, doch lassen sich allgemeine Regeln nicht angeben. Es gibt übrigens auch Fälle, wo eine
Extraction erst gelingt, nachdem man den Fremdkörper in die vordere
Kammer gestossen hat. Zweckmässig wartet man dann ein paar Minuten,
bis sich die Kammer wieder hergestellt hat, falls dies nach der Art
der Verletzung überhaupt möglich ist.

Falls man momentan nicht in der Lage ist, einen Fremdkörper
aus der Hornhaut entfernen zu können, so lege man einstweilen einen
festen, das Auge immobilisirenden, eventuell antiseptischen Verband an.
Unter demselben pflegen sich gewöhnlich die Reizerscheinungen sehr
bedeutend zu vermindern, und man kann oft einen oder mehrere Tage
zuwarten, bis Zeit oder Gelegenheit günstiger geworden ist.

Inficirte Geschwüre haben wir schon bei den blennorrhoischen Conjunctivalprocessen kennen gelernt, wo sie, je nach der Intensität des
letztern, mehr oder weniger rasch einen grösseren oder geringeren Theil
der Hornhaut zerstören. Das Zeichen der stattgehabten Infection ist
der progressive Rand. Während unter normalen Verhältnissen ein Geschwür auf grau infiltrirtem Boden scharf den glänzenden Epithelrand
erkennen lässt, ist letzterer beim inficirten Geschwür an einer oder
an mehreren Stellen, oder im ganzen Umfang gequollen und in Folge
eitriger Infiltration von gesättigt graugelber Farbe. An der betreffenden
Stelle ist das Hornhautgewebe abgestorben und, offenbar aus dem Conjunctivalsack, von Eiterzellen infiltrirt; die eingedrungenen Organismen
finden sich nicht hier, sondern weiter gegen das Gesunde, wo sie die
Saftcanälchen der Hornhaut erfüllen und erweitern. Hieran schliesst
sich dann noch peripherer die Reactionseinwanderung von weissen Blut-
körperchen aus den Randgefässen an. An der Stelle, wo der Geschwürsrand eitrig infiltrirt ist, ist das Geschwür progressiv, vorwiegend in die
Fläche, weniger rasch in die Tiefe. Aus diesem Grunde hat man auch

die Affection Ulcus serpens (Sämisch) genannt. Sehr bald zeigen hintere Synechien, Trübung des Kammerwassers und Eiter in der vordern Kammer (Hypopyum) die Mitbetheiligung der Iris an, wesshalb auch der Name Hypopyumkeratitis (Roser) üblich ist.

Im Anfang zeigt sich der Eiter nur auf dem Boden der vordern Kammer und schliesst die gelbe Färbung mit einer horizontalen geraden Linie ab. Allmählich steigt er höher und höher, erreicht das Pupillargebiet und kann die ganze vordere Kammer erfüllen. Ueber seine Herkunft, ob aus der Hornhaut, ob aus der Iris, ob aus dem Ciliarkörper, ist man noch nicht einig. Zuweilen sieht man an der Hinterwand der Hornhaut Streifen, wie wenn der Eiter vom Geschwüre aus auf den Boden der Kammer herabsänke. Dennoch ist die Herkunft aus dem Geschwüre nicht anzunehmen, da die Descemet'sche Membran für Zellen nicht durchgängig ist. Ein Herabsinken im Gewebe der Hornhaut, vor der Descemet'schen Membran kann nicht wohl stattfinden, und so ist es denn am wahrscheinlichsten, dass die Eiterzellen aus dem Uvealgebiet stammen. Dieselben werden von dem vermehrten Flüssigkeitsstrome gegen das Geschwür hin und an die Hinterfläche der Hornhaut mitgeführt, und sinken von da, weil sie die Descemet'sche Membran nicht durchdringen können, langsam auf den Boden der vordern Kammer.

Das Ulcus serpens kann in jedem Stadium zur Heilung kommen; ohne Kunsthülfe ist dies jedoch nur selten der Fall, ehe nicht ein grosser Theil der Hornhaut, oder auch diese ganz zerstört ist. Immer ist während des Verlaufes starke Injection der Conjunctiva bulbi, nicht selten mit ausgedehnter Chemosis vorhanden. Dagegen sind die Schmerzen auffallend gering oder fehlen ganz, sowie ein Mal die Infection stattgefunden hat. Da sie Anfangs, so lange es sich um einen Substanzverlust, eine Wunde oder ein einfaches Geschwür der Hornhaut handelte, gewöhnlich vorhanden waren, so wird deren Wegbleiben sehr häufig vom Patienten irrthümlich für eine spontane Besserung angesehen, und die Affection jetzt erst recht vernachlässigt. Es ist desshalb gerade keine grosse Seltenheit, dass man die, vorwiegend aus der ärmeren Bevölkerung stammenden, Patienten erst dann zu Gesicht bekommt, wenn die Hornhaut schon zum grössten Theil zerstört ist, oder wenn das Hypopyum schon die ganze Kammer ausfüllt.

Das typische Ulcus serpens kommt nur bei Erwachsenen vor. Offenbar ist der regere Stoffwechsel in der jugendlichen Hornhaut einer Infection von aussen nicht günstig. Hypopyum wird gelegentlich auch bei eitrigen Hornhautaffectionen im kindlichen Alter angetroffen, verschwindet aber häufig spontan und ist keineswegs von so schwerwiegender Bedeutung, wie später. Das Hauptcontingent stellen die Altersklassen von 4—6 Decennien. Veranlassung ist gewöhnlich eine kleine, oft kaum beachtete Verletzung durch eine Getreidegranne während der Ernte oder durch ein Zweiglein beim Holzsuchen im Walde und dergl. Uebrigens kann

jeder Epithel- oder Substanzverlust der Hornhaut bei entsprechender
Vernachlässigung sich inficiren und in ein Ulcus serpens übergehen,
z. B. Randgeschwüre, eczematöse Geschwüre, Verbrennungen u. s. w.
In vielen Fällen ist eine Infectionsquelle nicht nachweisbar, oft hat
wohl gleich im Momente der Verletzung **eine** Infection stattgefunden.
Manchmal besteht chronischer Conjunctivalcatarrh, sehr häufig aber,
etwa in der Hälfte der Fälle, wird Dacryocystoblennorrhoe angetroffen, die **durch** einseitiges Lidrandeczem wahrscheinlich gemacht
und durch Ausdrücken von Eiter aus dem Thränensack **mit** Sicherheit
nachgewiesen **wird**.

Die **Prognose** ist immer zweifelhaft, auch bei scheinbar günstigen Fällen,
da sich **der Grad** einer etwaigen Quetschung, der offenbar von grosser Bedeutung
ist, nicht abschätzen lässt. Im Allgemeinen ist die Prognose um so günstiger, je
jünger **und kräftiger** das Individuum, je umschriebener der progressive Rand
und **je** kleiner das Hypopyum ist. Dacryocystoblennorrhoe verschlimmert im Ganzen
die **Prognose**, aber nicht absolut, da es sowohl leichte Fälle mit, als auch schwere
ohne Thränensackerkrankung gibt. Man täuscht sich leicht über den Umfang und
namentlich auch über die Tiefe des **Geschwürs**, da der verdünnte Geschwürsgrund
sich vorbaucht und im Niveau der gesunden Hornhaut liegen kann. Als Ausgang
ist auch im günstigsten Falle ein centrales Leucom zu erwarten, das sich übrigens
später oft noch recht bedeutend aufhellt. In vielen Fällen gehen die Augen durch
Staphylombildung und Eiterung zu Grunde, und eine grosse Anzahl einseitig Blinder
kommt auf Rechnung des „traumatischen inficirten Lidspaltengeschwürs der Hornhaut.“

In leichten Fällen ohne Mitbetheiligung **des** Thränensacks kann
man mit sorgfältiger Reinigung des Conjunctivalsackes und mit Ueberschlägen von warmen antiseptischen Lösungen auskommen; in andern
wird ein gut angelegter, täglich zu erneuernder, nasser antiseptischer
Schlussverband besser vertragen **und** kann gleichfalls zum Ziele führen.
Ist Dacryocystoblennorrhoe vorhanden, so muss ein Thränenröhrchen
gespalten, täglich sondirt und womöglich auch täglich der Thränensack
mit warmen antiseptischen oder adstringirenden Lösungen gehörig aus-
gespritzt werden. Beim antiseptischen Verbande — Umschläge sind in
diesen Fällen nicht zu empfehlen — comprimirt man die Gegend des
Thränensacks noch besonders durch einen aufgelegten Wattebausch, damit kein Secret aus demselben zurückfliessen kann. Nach Becker
ist es noch wirksamer, wenn die ganze Gegend der Karunkel mit
Jodoform ausgefüllt **wird**. Führt dieses nicht zum Ziele, so kann
man den progressiven **Rand** zu zerstören suchen, entweder durch
Aetzung mit einem in Carbolsäure oder starke Chlorzinklösung ge-
tauchten feinen Pinselchen, oder durch Auskratzen mit einem kleinen
löffelartigen Instrument, oder auf galvanocaustischem Wege, worauf

wieder antiseptisch zu verbinden ist. In vielen Fällen thut ein- bis zweimal im Tage dick eingestreutes Jodoform, wobei man das Auge offen lässt, sehr gute Dienste. Womöglich soll der Patient zu Bette liegen, und nur in den leichtesten Fällen darf hiervon abgesehen werden.

Schreitet trotz Allem das Geschwür fort, so macht drohende Perforation zunächst Eserin nothwendig. Ausserdem haben wir noch in der künstlichen Spaltung des Geschwürs ein äusserstes Mittel an der Hand, ein schwer bedrohtes Auge zu retten. Diese wird nach Sämisch mit einem Graefe'schen Staarmesser ausgeführt; dasselbe wird im Gesunden eingestochen, hinter dem Geschwür durch- und wieder im Gesunden ausgeführt, worauf man unter sorgfältiger Vermeidung einer zu raschen Druckänderung langsam und vorsichtig den Schnitt vollendet. Man hat es so einzurichten, dass die hauptsächlichsten progressiven Stellen gerade in die Schnittrichtung fallen. Das Ausfliessen des Kammerwassers und die dadurch bewirkte Hyperaemie im Auge pflegen sehr schmerzhaft zu sein, doch tritt gewöhnlich bald ein Nachlass ein. Das Hypopyum liegt meist als zusammenhängender Klumpen in der Wunde und muss häufig noch besonders mit der Pincette entfernt werden. Es wird dann ein nasser antiseptischer Verband angelegt, aber so lange sich wieder ein Hypopyum ansammelt und so lange ein progressiver Rand vorhanden ist, muss die Hornhautwunde täglich mit einer Sonde, oder einem kleinen Spatel, oder mit dem Knopfe eines Weber'schen Thränensackmessers wieder aufgestochert werden. Es wäre falsch, gleich von vornherein auch das unbedeutendste Ulcus serpens mit der Spaltung zu behandeln, da in solchen Fällen manchmal die Schnittnarbe fast das einzige Residuum des ganzen Processes sein kann. Diese Operation muss für die schweren Fälle vorbehalten bleiben, umsomehr, da trotz vor- und nachheriger Anwendung von Eserin sehr häufig vordere Synechien zurückbleiben, die schon an und für sich späterhin dem Auge gefährlich werden können, und da häufig später Linsentrübung auftritt.

Ulcus corneae rodens, fressendes Hornhautgeschwür, nannte man gewisse dem Ulcus serpens verwandte Formen, wo an vielen kleinen Stellen ein progressiver Rand vorhanden ist, der an andern wieder ausheilt. Die gleichen Stellen der Hornhaut können mehrmals betroffen werden, Hypopyum kann fehlen. Es besteht wesentlich Neigung zur Ausdehnung in die Fläche, während die Tiefe des Geschwürs selten bedeutend ist. Ich sah einigemale derartige Formen bei heruntergekommenen Individuen aus gewöhnlichen Randgeschwüren bei Conjunctivalcatarrh durch Infection sich entwickeln. Die Behandlung dieser sehr hartnäckigen Affection ist ziemlich machtlos; die schliesslich resultirende, mehr oder minder dichte Trübung erstreckt sich fast über die ganze Hornhaut. Warme Umschläge mit schwach antiseptischen Lösungen sind am meisten zu empfehlen; nächstdem wäre noch am ehesten Jodoform zu versuchen.

Als ein traumatisches inficirtes Geschwür müssen wir auch die sogenannte Neuroparalytische Keratitis auffassen, d. h. diejenige Entzündungsform, die bei Anaesthesie der Hornhaut aufzutreten pflegt. Aus Thierexperimenten hatte man gefolgert, dass der erste Ast des Trigeminus besondere trophische Nerven für die Hornhaut enthalte neben den sensibeln, besonders desshalb, weil, wenn bei Durchschneidung des Trigeminus in der Schädelhöhle bei Kaninchen die zu innerst gelegenen Fasern zufällig stehen geblieben waren, trotz Anaesthesie der Hornhaut die Entzündung nicht eintrat. Ausserdem kommt bei Facialislähmung, wo das Auge äusseren Traumen besonders ausgesetzt ist, nichts Derartiges vor. Snellen hat aber gezeigt, dass, wenn man traumatische Einwirkungen auf das Auge verhindert, die neuroparalytische Entzündung trotz langen Bestandes der Empfindungslosigkeit der Hornhaut nicht auftritt; dieser Satz gilt für Thierexperimente und entspricht auch den klinischen Erfahrungen. Leichte Traumen der Hornhaut werden nicht gefühlt und desshalb auch nicht beachtet und vernachlässigt. Dieses erleichtert die Infection der Wunde, und nur insofern zeigt der Verlauf etwas Eigenthümliches, als wegen Anaesthesie der Hornhaut die reflectorische Reaction gegen die Entzündungserreger sehr vermindert ist, oder ganz ausbleibt. Daher der fast unaufhaltsame Verlauf, der für die neuroparalytische Keratitis characteristisch ist. Die Invasion, Infiltration und consecutive Zerstörung findet wesentlich von aussen statt, während die Gewebsreaction ausbleibt. Trotzdem kann auch diese Affection in jedem Stadium ausheilen. Verlauf und Endausgänge sind die des Ulcus serpens, nur mit schleppenderem Verlauf.

Die Behandlung findet verschiedene Schwierigkeiten. Am meisten bewährt es sich noch, die Lider durch oberflächliche Nähte zusammenzuhalten, was man bei Durchschneiden der Fäden wiederholen kann. Vorher kann man den Conjunctivalsack mit leicht antiseptischen Lösungen auswaschen. Bei drohender Perforation ist Eserin einzuträufeln. Verbände und Ueberschläge wirken oft schädlich, da das Auge unter ihnen geöffnet wird, und die Hornhaut sich bei Bewegungen reibt, was bei der Anaesthesie nicht gefühlt wird und natürlich die Substanzverluste im Epithel und damit die Eingangspforten für Infection vergrössert und vermehrt. Wegen mangelnder Reaction des Gewebes ist der Ausgang

meist ein unglücklicher: **Verlust** des Auges durch Staphylombildung
oder Phthisis bulbi.

Zur neuroparalytischen Keratitis gehört **auch** die häufig **bei** Herpes zoster ophthal-
micus und zuweilen bei Basedow'scher Krankheit auftretende Hornhautaffection;
auch bei diesen pflegt die Cornea unempfindlich zu sein. Weiterhin gehört hierher
die marantische oder xerotische Keratitis, wie sie bei Kindern mit erschöpfenden
Diarrhoen, bei Erwachsenen namentlich nach Cholera, gelegentlich **aber auch** bei
anderen schweren Erkrankungen angetroffen **wird.** Bei dem apathisch **mit** halb-
geöffneten Augen ohne Lidschlag daliegenden Patienten, wo Berührung der Cornea
keine Reflexe mehr auslöst, vertrocknet Conjunctiva und Cornea im **Lidspalten-**
gebiet **zu** einer gelblichen **oder** bräunlichen Kruste, durch deren Risse **die Pilz-**
infection stattfindet. Hebt **man sie** ab, **so** liegt **die** Hornhautsubstanz bloss und
zeigt sich grau infiltrirt, vorwiegend durch Bacterien **in** den Safteanälchen, aber
auch durch Rundzellen aus **dem** Conjunctivalsack. Die relativ niedrige Temperatur
der vertrocknenden **Partien scheint** übrigens **einer raschen** Bacterienentwicklung
nicht besonders günstig zu sein. Meist sterben derartige Kranke; **erholen sie sich,**
so kann beim Erwachen der Gewebereaction Heilung in jedem Stadium eintreten.
Die Behandlung ist dann wie beim Ulcus serpens. Eine mehr oder weniger umfangreiche Trübung bleibt aber mindestens zurück, **die** sich jedoch, namentlich bei
Kindern, im Laufe der Zeit noch unerwartet aufhellen kann. Je nach der Ausdehnung der Vertrocknungsnecrose auf **der Conjunctiva können** aber auch noch
andere Schädigungen zurückbleiben.

Die bei Facialislähmung meist beobachteten Hornhautaffectionen
sind wiederholt eintretende traumatische Keratitiden, vorwiegend an
dem beim Schlafe nicht gedeckten untern Hornhautrand. Ihr Verlauf
zeigt nichts Abnormes; nach öfterer Wiederholung findet man Randpannus an der betreffenden Hornhautstelle.

Es empfiehlt sich, die **Folgezustände** der bisher besprochenen
Entzündungen **der** Hornhaut im Zusammenhange zu besprechen, da es
gleichgültig **ist, auf welche** Art dieselben entstanden sind. Zunächst
handelt es sich **um Hornhautfacetten**, d. h. epithelüberdeckte
Substanzverluste **mit** durchsichtigem Grunde, und um **Hornhautflecken** (Nubeculae, Maculae, Leucomata), **d. h.** epithelüberdeckte
Stellen mit unterliegendem getrübtem Hornhautgewebe (bindegewebige
Narbe). Sind sie frisch, **so** kann **eine** bedeutende **oder** vollständige
Niveauausgleichung, resp. Aufhellung **noch** stattfinden, um so eher, je
jünger und kräftiger das Individuum und **je** geringgradiger die Veränderung ist. Die **Aufhellung** pflegt in **den ersten** Tagen und Wochen
am meisten sichtbar zu sein und später weniger mehr in die Augen zu
fallen. Befördert **wird sie** durch täglich einmaliges Einstreichen von gelber
Salbe (Hydrarg. oxydat. **flav.** via humida parat. 0,1—0,2 auf 10,0
Vaselin), die dann im Conjunctivalsack gut verrieben wird. Dies sollte
mindestens 4 bis 6 Wochen **fortgesetzt** werden. Will man noch länger

mit einer Behandlung fortfahren, was besonders bei ausgedehnten Trübungen nach multipler eczematöser Keratitis oft wünschenswerth erscheint, so kann man die Salbe mit Terpenthinöl (Rp. Ol. Terebinth. rectificativ. Ol. olivar. āā 15,0; S. täglich einen grossen Tropfen in's Auge zu thun), oder mit einer Jodkaliumlösung vertauschen (Rp. Kal. jodat. 0,2; Natr. bicarbonic. 0,5; Aq. dest. 20,0; S. drei bis viermal täglich einen Tropfen in's Auge zu thun). Es ist gut, von Zeit zu Zeit abzuwechseln, oder etwa nach 6 Wochen für 14 Tage auszusetzen und dann wieder fortzufahren, weil sich die Cornea sonst zu sehr an das betreffende Mittel gewöhnt. Die Reaction muss in längstens einer halben Stunde vorüber und das Auge muss am nächsten Tage völlig reizlos sein, wenn man die Anwendung des betreffenden Mittels wiederholen soll. Ueber die sogenannte Electrolyse der Hornhautflecken besitze ich keine eigene Erfahrung.

In sehr vielen Fällen haben die Hornhauttrübungen ein für die vorangegangene Affection characteristisches Aussehen. Dies gilt namentlich für Herpes, büschelförmige Keratitis, Variolapusteln, Operationsnarben u. s. w.

Die Sehstörung durch Hornhautflecken im Pupillenbereich ist je nach der Ausdehnung derselben verschieden und wird als unregelmässiger Astigmatismus bezeichnet. Leichte diffuse Trübungen bringen bedeutendere Sehstörung hervor, als sehr dichte, aber scharf umschriebene. Ausserdem kommt bei gesättigten Trübungen, bei Leucom, auch noch die Entstellung in Frage.

Das Sehen kann bedeutend verbessert werden durch Ausschneidung eines Stückes Iris, wenn irgendwo in der Peripherie noch völlig durchsichtige Hornhaut vorhanden ist: optische Iridectomie.

Bei maximal erweiterter Pupille muss bedeutende Verbesserung der Sehschärfe constatirt werden. Man prüft dann mittelst eines vor das Auge gehaltenen etwa 1½ mm breiten Spaltes, in welchem Meridian, eventuell mit Zuhülfenahme von Gläsern, die Sehschärfe am grössten ist. In dieser Richtung hat man die Iridectomie anzulegen. Man thut gut, sich dieselbe durch Vergleichung mit benachbarten Conjunctivalgefässen genau zu merken, da das Auge bei dem Versuche, es zu fassen, nach oben flieht und dabei Drehbewegungen ausführt. Nach Einlegung des Sperrelevateurs und Fixation des Bulbus mit einer Fixirpincette, mit welcher man möglichst viel Conjunctiva nahe an der Hornhaut und möglichst gegenüber der anzulegenden Iridectomie fasst, sticht man mit einer schmalen krummen Lanze genau am Hornhautrande horizontal zur Hornhautbasis ein; der Schnitt soll womöglich nicht grösser als 4 Millimeter sein. Beim Herausziehen legt man den Griff des Instrumentes stark zurück und zieht es langsam mit leichter Seitendrehung, die Iris als Deckung für die Linsenkapsel benutzend, zurück. Die vorgefallene Iris fasst man mit einer gekrümmten Irispincette, zieht sie nur leicht an.

drückt dagegen die Scheere (oder das Wecker'sche **Iridotom**) beim Schneiden gegen den Bulbus, um ein genügendes Stück **Iris zu bekommen.** Fällt die Iris nicht gleich von selber vor, so bewirkt man dies, indem man **mit** der geschlossenen Irispincette einen leichten Druck auf die periphere Wundlippe ausübt. Selten braucht man die Iris mit der Pincette aus der Kammer zu holen, **ausser.** wenn sie durch hintere oder vordere Synechien festgehalten **ist. Man führt dann die geschlossene Irispincette** bis 1 mm vom Pupillarrand **ein**, lässt sie klaffen, soweit es die Wunde erlaubt. schliesst sie wieder und schneidet das herausbeförderte Stück Iris ab, **unter** Vermeidung jedes stärkeren Ziehens daran, wesentlich durch Druck der **Scheeren**branchen gegen die Wunde.

Es empfiehlt **sich, zur** eigentlichen Iridectomie die Fixirpincette dem Assistenten **zu geben und die Iris selber** abzuschneiden, nicht das Abschneiden **durch** den Assistenten besorgen zu lassen und beide Pincetten zu behalten. **Gehen die** Irisecken bei leichtem Reiben der Hornhaut mittelst des oberen Lides nicht spontan zurück, so reponirt man sie vorsichtig mit Hülfe eines kleinen Spatels, bis sie ihre richtige Lage eingenommen haben. Die Blutung **ist**, ausser bei Synechien, gering und nicht von schlimmer **Bedeutung.** Die Heilung erfolgt meist anstandslos unter antiseptischem Verbande **in etwa** vier Tagen. Dann kann man das Auge offen **und** den Patienten aufstehen lassen. Nach 8 Tagen kann er entlassen werden. Während **der** Operation soll weder Atropin- noch Eserinwirkung vorhanden sein, da in beiden Fällen das spontane Zurückgehen **der** Iris **in die** vordere Kammer meist nicht stattfindet. und auch die Reposition **der** narcotisirten Iris schwieriger ist. Aus dem gleichen Grunde darf auch nur **oberflächlich cocainisirt werden.**

Bei auffälliger Entstellung durch ein Leucom kann man bedeutende Verbesserung durch Tätowiren desselben **bewirken.** Nachdem man in einem kleinen Glasschälchen gute chinesische Tusche **mit etwas** verdünnter Salicyl- oder Borsäurelösung recht dick angerührt **und das zu operirende** Auge durch **Cocain** narcotisirt hat. legt man den Sperrelevateur **ein und macht dann** mit irgend **welchem** Tätowirinstrument eine grosse Anzahl **etwas schräge** Stiche in die zu färbende **Stelle.** Am **einfachsten** benutzt man einen gewöhnlichen Bleistifthalter. **in welchen 4 gute** Nähnadeln so eingesteckt **werden,** dass alle Spitzen gleichweit hervorragen. **Diese** taucht man in die **Tusche und sieht** nach etwa 20 Stichelungen nach. ob **die Fär**bung genügend ist. **indem man** Tusche und Thränenflüssigkeit mit etwas **Wund**baumwolle aufsaugt. **Man kann** ohne Schaden hundert und mehr Stichelungen in einer **Sitzung vornehmen und** gewöhnlich die **ganze** Operation auf einmal vollenden. Narcose **ist** nicht nöthig. **Die Fixation** des Auges darf nur mit **einer** Pincette ohne Zähne gemacht werden, **da sich sonst auch** die kleinen Conjunctivalwunden färben, was Entstellung verursacht. **Das Auge muss** bei Vornahme der Tätowirung absolut blass und reizlos **sein, sonst wird** alle Tusche in wenigen Tagen wieder eliminirt. Ein leichter Verband **während** zweier Tage genügt **als** Nachbehandlung. Tritt stärkere Reizung ein, so gibt man Atropin und lässt den Verband fortsetzen ; meist wird dann sämmtliche Tusche abgestossen. Nach 14 Tagen. manchmal schon früher, kann die Tätowirung behufs Vervollständigung der Wirkung wiederholt werden.

Meist wird man sich damit begnügen, eine centrale schwarze Pupille in einem hässlichen Leucom herzustellen. Färbungen mit andern Mitteln zur Nachahmung einer Iris sind auch schon versucht, aber wieder verlassen worden. Zuweilen ist es auch vortheilhaft, eine durchscheinende, nur zum Theil das Pupillengebiet deckende Trübung durch Tätowiren undurchsichtig zu machen, falls sie nämlich bedeutende Sehstörung durch Diffusion des Lichtes bewirkt. Doch erfordert die richtige Beurtheilung solcher Fälle grosse Erfahrung. Im Laufe der Zeit, bald rascher, bald langsamer, pflegt jede tätowirte Stelle der Hornhaut blasser zu werden.

Ueber grösseren Leucomen tritt meist mit der Zeit Schwielenbildung des Epithels, nicht selten zusammen mit theilweisen Verkalkungen auf. Die Oberfläche ist dann rauh mit stellenweise stärkerer Trübung und kreideweisser, gelblicher oder bräunlicher Färbung. Ab und zu kommt es unter Ciliarinjection, Thränen und Schmerzen zu kleinen oberflächlichen Necrosen in alten Leucomen, die aber unter warmen Umschlägen rasch heilen. Man ist, wenn dies häufiger eintritt, oder wenn die rauhe Hornhautoberfläche schon an und für sich Reizerscheinungen verursacht, zuweilen genöthigt, den schwieligen und verkalkten Epithelüberzug mit einem Graefe'schen oder Beer'schen Staarmesser abzukratzen (Abrasio corneae). Die Heilung erfolgt meist leicht unter Atropin und Verband, doch muss die kleine Operation manchmal wiederholt werden.

Nicht zu verwechseln mit Schwielenbildung und Verkalkung in alten Leucomen sind die Bleiincrustationen der Hornhaut, wenn ein Hornhautgeschwür mit Bleiwasser behandelt wurde. In der schliesslichen Hornhautnarbe sieht man dann eine Reihe weisser, oder, wenn dem Bleiwasser Tinctura opii crocata zugesetzt war, gelber Rauhigkeiten, deren Herkunft durch die Anamnese sicher gestellt wird. Häufig verursachen sie, wie Fremdkörper, lange dauernde Reizerscheinungen; ihre Behandlung besteht in der Abrasion. Hornhautgeschwüre dürfen nie mit Bleiwasserüberschlägen behandelt werden!

Für Leucoma adhaerens gilt das gleiche, wie für gewöhnliche Leucome. Bei ersterem besteht aber eine entschiedene Neigung zu Entzündungen mit Druckerhöhung im Auge (Glaucoma secundarium), zuweilen mit Blasenbildung auf der Hornhaut. Hiervon wird noch später bei den Uvealerkrankungen die Rede sein.

Bei Hornhautnarben, namentlich wenn sie meridional oder aequatorial verlaufen, beobachtet man nicht selten einen hohen Grad von regelmässigem Astigmatismus, der durch Cylindergläser corrigirt werden kann. In der Richtung der Narbe wird die Hornhaut stärker gekrümmt, in der darauf senkrechten abgeflacht, doch pflegt sich dies

später meist wieder auszugleichen; es kann sogar noch später der umgekehrte Effect eintreten.

Pannus, Neubildung oberflächlich gelegener Hornhautgefässe,
immer mit mehr oder minder Hornhauttrübung verbunden, kann, wie
wir gesehen haben, das Resultat der verschiedensten Hornhautaffectionen
sein. Totaler Pannus ist meist Folge von recidivirender eczematöser
Keratitis, oder von Follicularblennorhoe; partieller kommt bei den
gleichen Affectionen, nach lange liegen bleibenden Fremdkörpern, häufigen Randgeschwüren u. s. w. vor. Pannus der obern Hornhauthälfte
ist characteristisch für ein gewisses Stadium der Follicularblennorrhoe.
Nach umfänglichen traumatischen Zerstörungen sind gewöhnlich im
resultirenden Leucom mehr oder weniger reichliche Gefässe enthalten;
gelegentlich können aus denselben kleine B l u t u n g e n in's Hornhautgewebe stattfinden.

In vielen Fällen bilden sich die Gefässe wieder von selber zurück;
in anderen genügt consequente Behandlung mit starker gelber Salbe
(0,3 : 10,0) hierzu. Reicht dies nicht aus, so kann man die Hornhaut
direct mit 2procentiger Höllensteinlösung bestreichen, da sie gegen
Traumen viel widerstandsfähiger ist, als eine nicht vascularisirte.
Zuweilen kommt man zum Ziel, wenn man die in die Hornhaut eintretenden Gefässe noch im Scleralgebiet durchschneidet, was eventuell wiederholt werden kann. (C i r c u m c i s i o n der H o r n h a u t). In verzweifelten Fällen kann man Jequirityinfus einpinseln; man hat sogar direct
Trippereiter in den Conjunctivalsack gebracht und eine gonorrhoische
Conjunctivitis künstlich hervorgerufen. Hiervon war schon Seite 124
die Rede.

Partieller **Irisprolaps** kann unter Bildung eines Leucoma adhaerens
heilen; ist er grösser, so bildet sich meistens ein partielles Hornhautstaphylom. Ist die ganze Hornhaut zerstört, besteht totaler Irisprolaps,
so kommt es entweder, wie auch in ungünstigen Fällen gelegentlich
bei partiellem, zu Infection der Uvea von aussen, Choroiditis suppurativa,
oder wenn sich die Entzündung auch auf das retrobulbäre Gewebe ausdehnt, zur Panophthalmie mit Ausgang in Schrumpfung des Augapfels
(Phthisis bulbi), oder zur Bildung eines totalen Hornhautstaphyloms.
In letzterem Falle granulirt die vorliegende Iris und producirt reichliches Narbengewebe, das sich vom Rande her allmählich mit Epithel
überzieht. Im fertigen Zustande wird das Staphylom gebildet durch
1—4 mm dickes Narbengewebe, innen von pigmentirten Resten des
Irisgewebes, aussen von unregelmässigem Epithel überzogen, das reichlich Stachelzellen enthält und zahlreiche kurze Fortsätze nach innen

sendet. Die Linse ist gewöhnlich mit der Hinterfläche des Staphyloms
verwachsen und kann normal, theilweise getrübt, oder ganz geschrumpft
sein. Wegen Verlegung der vordern Abflusswege der Augenflüssigkeiten tritt Druckerhöhung ein, die zur stetigen Ausdehnung und Verdünnung des relativ nachgiebigen Narbengewebes im Staphylom, später
auch zur Vergrösserung des ganzen Bulbus führt. Es können inter-
current Schmerz- und Entzündungsanfälle auftreten oder fehlen. Ein
derartiges staphylomatöses Auge hindert die Lidbewegung und die
associirten Bewegungen des andern Auges. Schwielenbildung, Verkalkungen, oberflächliche Necrosen treten wie bei Leucomen auf, namentlich in der Lidspaltenzone, wenn beim Lidschluss ein Theil des Staphyloms unbedeckt bleibt. Eine oberflächliche Necrose kann durch Infection
zu suppurativer Choroiditis mit Ausgang in Schrumpfung führen; das
gleiche tritt ein, wenn durch Trauma das vergrösserte Auge platzt.

Therapeutisch kommt entweder die Entfernung des ganzen Auges
(Enucleation), oder die Abtragung des Staphyloms in Frage.
Erstere Operation, worüber später, hat den Vortheil der leichtern Aus-
führbarkeit, und dass in 8 Tagen der Patient wieder völlig arbeitsfähig ist.
Sie kann in allen Fällen ausgeführt werden; es ist aber schlechte Be-
weglichkeit eines eventuell einzulegenden künstlichen Auges vorhanden,
und bei Kindern bleibt nach Entfernung eines Auges die Orbita im
Wachsthum zurück, was nur selten durch geeignete Mafsnahmen ver-
hindert werden kann und eine auffällige Asymmetrie des Gesichtes zur
Folge hat.

Eine Staphylomabtragung kann nur an einem völlig reizlosen Auge vorgenommen werden, da sonst suppurative, oder, was noch schlimmer ist, chronisch
schrumpfende Choroiditis dem operativen Eingriff auf dem Fusse folgt. In tiefer
Narcose legt man den Sperrelevateur ein, durchschneidet rings um die Cornea
herum die Conjunctiva und löst sie eine Strecke weit von der Sclera los. Es wird
dann an ihr mit Czerny'scher Seide eine sogenannte Tabaksbeutelnaht angelegt und
ganz lose geknüpft. Mit einem Beer'schen Staarmesser bildet man, in der Ebene
der Hornhautbasis durchstechend, einen grossen obern Lappen, worauf man denselben mit der Pincette fasst und mit einem Scheerenschnitt das ganze Staphylom
abtrennt. So wie dies geschehen ist, zieht man die Conjunctiva über den blossliegenden Glaskörper — die Linse muss mit entfernt werden — zusammen und
vollendet den Knoten, womit die Operation beendigt ist. Die Nachbehandlung
besteht in einem festen, nassen antiseptischen Schlussverbande und sollte der Patient
bis zur Verheilung, 2—3 Wochen, zu Bette bleiben. Gewöhnlich reisst der Faden
nach einigen Tagen aus, doch hat sich dann die Wunde schon sehr bedeutend verkleinert, und die weitere Heilung erfolgt anstandslos. Die Sclera selber zusammen
zu nähen, wie auch vorgeschlagen wurde, empfiehlt sich weniger, da die Spannung
eine sehr viel bedeutendere ist. Auch nach der Heilung muss der Stumpf noch
geschont werden und vor 2—3 Monaten kann kaum ein künstliches Auge getragen

werden, das dann aber sehr gut beweglich ist. Ungünstig ist starke Blutung aus
der Choroidea während oder nach der Operation; es tritt dann meistens Choroiditis
suppurativa mit Ausgang in Phthisis bulbi ein. Das Gleiche ist **der** Fall, wenn
sich die Wunde oder der vorliegende Glaskörper auf irgend eine Weise inficirt.
Bleibt der Stumpf entzündet und auf Druck oder spontan empfindlich (Phthisis
dolorosa), so muss er entfernt werden.

Ein partielles Staphylom excidirt man am besten mit einem ellip-
tischen Schnitt und vernäht die Wundränder mit feiner carbolisirter
Seide. Meist schneiden die Fäden durch, weil das verdickte, starre
Staphylomgewebe sich schlecht aneinander legt und stark spannt. Die
Nachbehandlung besteht in nassem antiseptischem Verbande bis zur
Heilung.

Ist nach ausgedehnten Oberflächenzerstörungen die Conjunctiva mehr
oder weniger weit auf das frühere Hornhautgebiet herübergezogen, so
nennt man dies Pterygium traumaticum; durch Verwachsung der
epithelentblössten Hornhaut mit der Innenfläche der Lider kommt, wie
bei der Conjunctiva, ein Symblepharon zu Stande. Für etwaige
Operationen gelten die gleichen Grundsätze, wie bei der Conjunctiva.
Meist geben nur Bewegungshindernisse, die sich auch dem gesunden
Auge fühlbar machen, zu Operationen Veranlassung; an eine Verbesserung des schwer geschädigten Sehvermögens ist selten zu denken.

Von den tiefen Erkrankungen der Hornhaut ist bei Weitem die
häufigste die **parenchymatöse Keratitis** — K. interstitialis diffusa,
K. profunda, K. scrophulosa (Arlt), K. syphilitica (Hutchinson) —,
gegenüber den oberflächlichen Erkrankungen aber ist sie immerhin eine
seltenere Affection. Dieselbe wird vorwiegend bei Kindern etwa vom
4. Lebensjahre an bis zur Pubertätszeit angetroffen, und zwar überwiegt entschieden das weibliche Geschlecht. Später wird die Krankheit sehr selten, doch kommt sie gelegentlich auch einmal in den
dreissiger Jahren oder gar noch später vor; eher wird gelegentlich ein
Recidiv in späterer Zeit beobachtet.

Die parenchymatöse Keratitis beginnt am Rande unter mehr oder
weniger starker Ciliarinjection; Lichtscheu kann hierbei von Anfang
an in sehr hohem Grade vorhanden sein, oder vollständig fehlen;
Schmerzen sind nicht vorhanden. Eine dichte graue Trübung schiebt
sich von einer Stelle der Peripherie her über die Hornhaut; es können
noch von andern Seiten ähnliche Trübungen gegen das Hornhautcentrum
vorrücken, oder nur eine einzige, die in 2—3 Wochen die ganze
Hornhaut fast gleichmässig überzieht. Ihre Oberfläche erscheint wie
mattes Glas und in Folge von Unregelmässigkeiten im Epithel wie
gestichelt; häufig ist der Augendruck fühlbar vermindert, zuweilen die

Empfindlichkeit der Hornhaut deutlich herabgesetzt, sehr selten wird Blasenbildung auf ihrer Oberfläche angetroffen. In diesem Stadium ist die Trübung meist so dicht, dass weder Iris noch Pupille gesehen werden können, am gesättigtsten im Centrum, und dem entsprechend ist auch die Sehstörung sehr bedeutend. Bei seitlicher Beleuchtung lässt sich, wenigstens oberflächlich, die scheinbar diffuse Trübung in eine Unzahl feiner Strichelchen auflösen: wie die microscopische Untersuchung zeigt, die mit Rundzellen erfüllten Saftcanälchen.

Bald nachdem die Trübung der Hornhaut ihren höchsten Stand erreicht hat, beginnt Aufhellung von der Peripherie her; auch in den centraleren Partien zeigen sich hellere Stellen, dann nehmen sie ein mehr wolkiges Aussehen an. Unter fortschreitender Aufhellung nimmt der ganze Process in etwa 6—10 Wochen ein Ende; fast immer aber bleiben leichte wolkige Trübungen, namentlich in den centralen Hornhautpartien zurück, die mehr oder weniger Sehstörung verursachen.

Während diese reinen Formen von parenchymatöser Keratitis (Keratitis parenchymatosa simplex) ohne jede Spur von Gefässbildung einhergehen, kann diese in andern Fällen einen grossen Umfang annehmen. Der ursprünglichen Trübung auf dem Fusse folgend, zieht eine Unzahl dicht gedrängter, feiner, parallel verlaufender Gefässchen auf die Hornhaut und verleiht ihr ein fleischrothes Ansehen, das ganz gleichmäfsig sich über die ganze Cornea ausbreiten kann (Keratitis parenchymatosa vasculosa). In andern Fällen treten sie nur stellenweise auf und sind weniger dicht gedrängt. Nach einiger Zeit bilden sich die Gefässe vollständig wieder zurück, die Trübungen zum grössten Theile, und das Endresultat ist wie in den reinen Fällen, nur der Verlauf in die Länge gezogen (3—4 Monate und länger). Die Gefässe stammen aus Scleralgefässen und liegen in den tieferen Schichten der Hornhaut (tiefer Pannus), zuweilen sichtbar in verschiedenem Niveau.

Nicht selten treten nach Ablauf der Krankheit Recidive auf, die, weil die Individuen jetzt älter sind, schleppender verlaufen und meist verhältnissmäfsig dichtere Trübungen hinterlassen. Das Recidiv kann mit Gefässbildung einhergehen, während dies bei der ursprünglichen Erkrankung nicht der Fall war. In je späterem Alter die Affection auftritt, um so sicherer tritt mehr oder weniger umfangreicher tiefer Pannus auf.

In mindestens 4/5 der Fälle tritt die parenchymatöse Keratitis doppelseitig auf, selten aber auf beiden Augen gleichzeitig; meist ist ein Zwischenraum von 4 bis 10 Wochen vorhanden. Da der Beginn der Erkrankung von den Angehörigen häufig übersehen, und dieselbe erst bei Eintritt der **Sehstörung** entdeckt wird, so gelingt es fast nur am zweiten Auge, **die allerersten Anfänge zu beobachten.** Ja es kommt vor, dass sogar die einseitige Sehstörung von den Eltern nicht bemerkt wird, und die Kranken erst **dann** zum Arzte gebracht werden, wenn das zweite Auge schon erheblich gelitten hat. Da dann das im Resorptionsstadium befindliche ersterkrankte Auge das scheinbar weniger afficirte ist, so konnte der Irrthum eintreten, dass man dieses für das später afficirte hielt und den Beginn der Erkrankung, der überhaupt nicht häufig zu sehen ist, in das Hornhautcentrum verlegte.

Die Keratitis parenchymatosa kann intrauterin verlaufen und die Ursache von angeborenen Hornhauttrübungen abgeben.

Nach **dem geschilderten** Verlaufe muss sie als Einwanderungs-Keratitis aufgefasst werden, und zwar wird man nicht fehl gehen, wenn man den Ursprung der Wanderzellen im Gebiete der Ciliararterien sucht: bei der Gefässarmuth der **Sclera** weniger in dieser, als in den anliegenden Theilen des Ciliarkörpers, wofür namentlich die Natur der Complicationen spricht.

Nur etwa ein Drittel der Fälle verläuft ohne **solche.** aber nicht alle lassen sich im **Verlaufe** der Krankheit wegen der dichten Hornhauttrübung diagnosticiren; wir können sie **oft erst** nach Ablauf der Keratitis aus ihren Resten erkennen. **Am** häufigsten **ist** Iritis; sie documentirt sich **durch** Verwachsungen des Pupillarrandes mit der Linse (hintere Synechien) **und** Beschläge **auf der Hinterwand der** Hornhaut. Seltener weisen **Trübungen im vorderen Theil des Glaskörpers** auf exsudative Entzündung **des Corpus ciliare,** oder ophthalmoscopisch sichtbare Heerderkrankungen **auf** Betheiligung des vordern Abschnittes der Choroidea hin; beide **gehören** aber immer noch **zu** den oft angetroffenen Complicationen. **Auch entzündliche** Heerderkrankungen in der **Sclera** (Scleritis) **pflegen in schweren** Fällen **nicht zu fehlen.** Diese Complicationen **können** völlig **die Situation beherrschen** und durch Staphylombildungen (Scleritis) oder pathologische Druckerhöhung, sogenanntes **Secundärglaucom** (Iritis), das Auge auf's Aeusserste gefährden. In besonders schweren Fällen kann **auch** ein derartiges **Auge** in Folge der Ciliarkörper- und Choroidalentzündung durch concentrische Schrumpfung, Netzhautablösung u. dgl. **zu Grunde** gehen. In jedem Falle verlängern Complicationen die Dauer des **Processes,** und machen die Prognose entsprechend weniger günstig Die leichter verlaufenden Fälle sind **bei** Weitem die häufigsten, die schweren **Formen relativ seltenere Erscheinungen.**

Schon die Thatsache, dass die Keratitis parenchymatosa gewöhnlich auf beiden Augen und dass sie vorwiegend in einer gewissen Altersperiode vorkommt, macht constitutionelle Ursachen wahrscheinlich. **Als solche ist**

nun mit aller Sicherheit **congenitale Syphilis** nachgewiesen worden
(**Hutchinson**), und etwa zwei Drittel der **Fälle,** in welchen man genügend Nachforschungen anstellen **kann,** lassen dieses Moment erkennen.
Abgesehen von den Fällen, wo **Syphilis zur Zeit** der Zeugung bei den
Eltern direct nachgewiesen **werden konnte,** stützt sich **der Nachweis** der
congenitalen **Syphilis** auf zahlreiche vorausgegangene **Fehlgeburten** der
Mutter, auf überstandene specifische Exantheme kurz nach der Geburt,
auf Vorhandensein eines eingesunkenen Nasenrückens in **Folge** specifischer **Ozaena** mit Knochenerkrankung u. dgl. Es sind meist anaemische
zartgebaute **Kinder mit feiner Haut.** geistig gut entwickelt; Rhagaden
oder **Narben** an den Mundwinkeln, Drüsennarben in der Ellenbogen-
beuge, Tophi am Schienbein, **gutartig** verlaufende Gelenkentzündungen
namentlich am Knie, **Gaumen- und** Rachengeschwüre, -Narben und
-Defecte, chronische **Heiserkeit,** mehr oder **weniger** hochgradige Taubheit u. s. w. können nicht selten constatirt werden. Bei älteren Individuen mit nachweisbarer congenitaler Lues sah ich einigemale Prurigo
universalis.

Die von **Hutchinson***) entdeckte Zahndeformität wird bei
vielen **Kranken angetroffen;** sie kann aber auch bei wirklich vorhandener
congenitaler Lues **vermisst** und andererseits, **wenn auch selten,** bei
Mangel derselben gefunden werden.

Obschon parenchymatöse Keratitis zweifellos auch ohne hereditäre
Syphilis **vorkommen kann, ist.** im Gegensatz **zu der von Arlt** ge-
wählten Bezeichnung Keratitis scrophulosa, nach meiner Erfahrung
ausgesprochene Scrophulose eine geradezu seltene Erscheinung. Die
erworbene Syphilis steht selten in Beziehung zur Keratitis parenchymatosa.

Was die **Prognose** betrifft, so empfiehlt **es sich,** den Angehörigen
der Patienten Mittheilung zu machen bezüglich der langen Dauer, der
Wahrscheinlichkeit der Erkrankung auch des zweiten Auges und des
verhältnissmäfsig **günstigen** Endausganges, **wenn** nicht schwere Complicationen **hinzutreten oder von Anfang an vorhanden** sind.

Die **Behandlung** ist theils eine allgemeine, theils eine locale.
Betreffs ersterer ist hervorzuheben, dass eine eigentliche antispecifische
Behandlung recht selten indicirt ist und sich selten wirksam zeigt,

---

*) Die mittleren **obern** bleibenden Schneidezähne sind characteristisch . . .
Bei hereditär Syphilitischen sind **diese** Zähne gewöhnlich kurz und schmal mit
einer breiten verticalen Einkerbung an **der** Schneide und ihre Ecken sind abgerundet. **Hutchinson.**

wenn die Keratitis das einzige Zeichen constitutioneller Lues ist.
Methodisch gebrauchte Salzbäder wirken häufig günstig; daneben kann
man Syrupus ferri jodati (10,0 mit Aq. Menth. und Aq. destill. aa 45,0;
S. 3 mal täglich einen Theelöffel zu nehmen) längere Zeit fortgebrauchen
lassen. Consequent und energisch angewandte feuchtwarme Ueberschläge, täglich mindestens vier Stunden lang, kürzen entschieden den
Verlauf ab. Daneben unterhält man Atropinmydriasis, um eine etwaige
complicirende Iritis in Schranken zu halten oder dem Auftreten einer
solchen vorzubeugen, gibt aber nicht mehr Atropin, als zum Weithalten
der Pupille nöthig ist. Gegen die übrigen Complicationen ist direct
wenig auszurichten; bei Druckerhöhung kann die Eröffnung der vordern
Kammer mit der Punctionslanze (Fig. 4 h Seite 8): Paracentese der
Hornhaut, gelegentlich sogar eine Iridectomie nöthig werden.

Verschiedenlich wurde versucht, den Process ganz im Beginne, namentlich
wenn Gefässentwicklung vorhanden war, durch Umschneidung der betreffenden
Stelle bis in die Sclera hinein abzukürzen; die Resultate sind aber nicht er-
muthigend. Bis zu einem gewissen Grade müssen wir, ganz im Gegentheil,
die Gefässentwicklung als etwas günstiges, die Resorption beförderndes ansehen.
Jede reizende Behandlung wirkt schädlich und ist geradezu ein Kunstfehler. Erst
wenn die Krankheit abgelaufen und jede Spur von Ciliarinjection verschwunden ist,
darf man gegen die übrig bleibenden Trübungen vorgehen, und zwar beginnt man
mit den mildesten Mitteln: Jodkaliumlösung oder Terpenthinöl mit Olivenöl zu
gleichen Theilen. Erst nach weiterem Verlauf von Wochen geht man zu Calomeleinstäubungen oder zur Anwendung einer schwachen gelben Salbe über, welche
man einen um den andern Tag abwechselnd in beide Augen einstreicht (siehe
übrigens Seite 167). Bleiben Glaskörpertrübungen zurück, so kann man deren
Resorption durch eine leichte Schwitzcur (Holzthee mit Einwicklungen, nicht Pilocarpininjectionen) oder durch Gebrauch eines schwachen Jodwassers zu befördern
suchen. Ueber die spätere Behandlung der Complicationen sehe man bei den betreffenden Krankheiten nach.

Zuweilen trifft man bei Malaria, Gelenkrheumatismus
(Arlt) und anderen Infectionskrankheiten eine Immigrationskeratitis,
die der parenchymatösen analog verläuft, aber ohne Gefässbildung;
entzündliche Affectionen im vordern Abschnitt der Choroidea oder im
Ciliarkörper werden wohl die Ursache derselben abgeben, aber allerdings
schwer nachzuweisen sein.

Die pyaemische Keratitis ist Folge einer pyaemischen oder
puerperalen Embolie in Choroidea oder Netzhaut; auch sie ist eine
Immigrationskeratitis, aber eine septische. Die von allen Seiten ein-
wandernden Eiterzellen zerstören das Gewebe (Ringabscess) und,
wenn es der Kranke noch erlebt, so kommt es zu totaler Abstossung
der Hornhaut. Da die Prognose der Grundaffection in solchen Fällen
eine lethale ist, so beschränkt man sich auf symptomatische Behandlung.

Von der bei Scleritis auftretenden Keratitis — zungenförmiges Hornhautinfiltrat oder sclerosirende Keratitis — wird bei den Erkrankungen der Sclera die Rede sein.

Iritis kann in zweierlei Art die Hornhaut in Mitleidenschaft ziehen. Bei den meisten acuten Formen findet man eine mehr oder weniger dichte parenchymatöse Hornhauttrübung, die im Centrum am besten sichtbar ist und eine Verschleierung des Sehens bedingt. Bei seitlicher Beleuchtung findet man, dass sie aus zahllosen feinen grauen Strichen zusammengesetzt ist, den erweiterten und wahrscheinlich mit eingewanderten Rundzellen erfüllten Saftcanälchen der Hornhaut. Mit Ablauf der Iritis verschwindet die Trübung wieder spontan, ohne Rückstände zu hinterlassen. Bei der sogenannten Iritis serosa findet man ausserdem noch als characteristischen Befund Beschläge der Hinterwand der Hornhaut, entweder als feine graue oder bräunliche Punkte, oder als grössere rundliche Trübungen, oder endlich als ausgedehnte confluirende weissliche Plaques, sämmtlich vorwiegend an der untern Hälfte der Hornhaut. Alle diese Formen kommen auch bei parenchymatöser Keratitis mit Betheiligung der Iris vor. Kleine Beschläge verschwinden später wieder unter geeigneter Behandlung, höchstens mit Hinterlassung einzelner Pigmentpunkte auf der Descemet'schen Membran. Bei grössern Plaques pflegt sich dagegen auch eine Trübung des davorliegenden Hornhautgewebes einzustellen, die zu bleibenden Flecken führt. Sollte die Diagnose der Beschläge einmal Schwierigkeiten machen, was wegen der characteristischen Form und Lage selten der Fall sein wird, so kann man etwas Calomel einstäuben, welches das Niveau der vordern Hornhautfläche bezeichnet und den Abstand der Beschläge von dieser sichtbar macht. Auch die Betrachtung der Hornhaut mit der sogenannten binoculären Loupe, einem Convexglase von etwa 6.0 D und so grossem Durchmesser, dass gleichzeitig mit beiden Augen durchgesehen werden kann, gestattet die Wahrnehmung von Niveauunterschieden.

Bei Druckerhöhung im Auge, wenn dieselbe erheblicheren Grades ist (sogenannten glaucomatösen Zuständen), wird gleichfalls eine parenchymatöse Hornhauttrübung beobachtet. Dieselbe ist diffus, im Hornhautcentrum am gesättigtsten, und die Hornhautoberfläche darüber matt und gestichelt, wie bei parenchymatöser Keratitis. Sie bewirkt Nebligsehen bei Tage und Regenbogenfarbensehen um Lichter bei Nacht. Sie kommt und geht mit der Druckerhöhung und entsteht höchst wahrscheinlich nur dadurch, dass unter erhöhtem Druck mehr Kammerflüssigkeit in die Hornhaut gepresst wird, als unter normalen Verhältnissen. Diese kann nicht entsprechend rasch abfliessen, erweitert, wie microscopische Präparate zeigen, die Saftcanälchen, macht die Hornhautfasern quellen und bewirkt die Trübung durch unregelmäfsige Lichtbrechung. Die Stichelung im vordern Epithel ist durch Ausfall von Zellen und Flüssigkeitströpfchen in demselben bedingt (Fuchs), die der gleichen Quelle entstammen. Am Hornhautrande, in der Nähe der ausgiebigeren Abflusswege, kommt dies nicht zu Stande; derselbe bleibt klar. In schweren Anfällen ist zugleich die Hornhaut unempfindlich (durch Quellung der Nervenendigungen in Serum?), und es kann sich das vordere Epithel mehrfach in Blasen abheben.

Spontan entstehende Trübungen im Lidspaltengebiet der Hornhaut, sogenannte bandförmige (v. Graefe) oder gürtelförmige (Arlt)

Keratitis gehören meist in's Gebiet der epithelialen Schwielenbildungen
mit oder ohne Trübung der darunter gelegenen Hornhaut; auch sind
amyloide Einlagerungen nachgewiesen worden. Abgesehen von Leucomen
und Staphylomen, kommen sie auf Augen vor, die in Folge von Entzündungen im Uvealgebiet erblindet sind. Eine eigenthümliche Hornhauttrübung im Lidspaltengebiet, die in seltenen Fällen bei Greisen
spontan ohne Schmerzen und Entzündungserscheinungen auftritt, besitzt
grosse Analogie mit den Veränderungen bei Arcus senilis.

Als **angeborener** Fehler kommt abnorme Grösse der Hornhaut
(Megalocornea) und abnorme **Kleinheit** derselben vor (Microcornea), theils mit, theils **ohne** entsprechende Grössenveränderung
des Auges. Auch kommen Verschiedenheiten in den Dickeverhältnissen
vor, die normalerweise etwa zwischen 1,1 mm (am Rande) und 0,9 mm
im Centrum schwankt. Am Lebenden lassen sich diese letzteren nicht
unterscheiden; nur bei Operationen macht sich zuweilen eine abnorme
Dünnheit der Hornhaut unangenehm geltend, da die primäre Verklebung
der Wunden darunter leidet. Gegenstand einer Therapie sind diese
Abnormitäten selbstverständlich **nie.**

Anders verhält es **sich mit dem sogenannten Keratoglobus,** in
spätern Stadien **auch** als Buphthalmus (Ochsenauge) oder Hydrophthalmus bezeichnet, der entweder angeboren vorkommt, oder doch
in den ersten Lebensjahren auftritt und eine progressive, entzündliche
Erkrankung darstellt. Wir finden **zuerst** eine kuglige Vergrösserung
der Hornhaut, die sich noch scharf von **der** angrenzenden **Sclera** absetzt.
Die brechenden Medien sind klar, **die** Iris entsprechend mitvergrössert,
die Kammer vertieft. Von Zeit **zu** Zeit kommen meist schmerzlose,
entzündliche Anfälle, während welcher das Auge hart und die Hornhaut
diffus getrübt ist, mit gestichelter Oberfläche. In den Zwischenräumen
kann sich Alles wieder zurückbilden, aber nach einiger Zeit kann man,
wenn die Medien klar bleiben, Aushöhlung des Sehnerven nachweisen.
Später treten die entzündlichen Anfälle häufiger auf; die **der** Hornhaut
benachbarte Scleralzone verdünnt sich, wird bläulich, die scharfe Rinne
am Hornhautansatz gleicht sich aus, die Hornhaut trübt sich mehr und
mehr und das Sehvermögen nimmt ab. **Der** ganze Bulbus vergrössert
sich bedeutend, und die Excavation der Papille wird immer tiefer. Das
Auge wird bald nicht mehr völlig von den Lidern überdeckt; dem
entsprechend entwickeln sich Trübungen und Gefässbildungen in der
Lidspaltenzone **der** Hornhaut. **Nach** längerer oder kürzerer Zeit — es
können Jahre darüber hingehen — ist das Sehvermögen erloschen; die
ausgedehnten und **verdünnten** Bulbuswandungen platzen bei einem

leichten Trauma, und eine acute Eiterung mit Ausgang in Phthisis bulbi
macht der Affection ein Ende. Geschieht dies nicht, so treten Schwielenbildungen, Verkalkungen u. s. w., wie bei bandförmiger Keratitis auf.
Der Zustand kann lange bestehen bleiben; gewöhnlich kommt es aber
doch später zu dem oben genannten Ausgange, weil die Krankheit meist
doppelseitig auftritt und bei dem erblindeten Patienten sehr leicht ein
An- und Aufstossen des Auges eintritt. Oft kommt es zu oberflächlichen
Necrosen in der bandförmigen Keratitis, und auch an diese kann sich
Infection von aussen, Ulcus serpens, und weiterhin eitrige Uvealentzündung anschliessen.

In andern Fällen sind mehr oder weniger sichtbare Zeichen von
Entzündung der Iris und des Ciliarkörpers v o r Auftreten des Keratoglobus vorhanden; diese Formen gehören genau genommen zu den
Uvealaffectionen. Aber auch die scheinbar reinen Formen gehören in
dieses Kapitel; denn die anatomische Untersuchung zeigt ausser der
Sehnervenaffection, dass die Irisperipherie in grosser Ausdehnung mit
der Hornhaut verwachsen ist. Dadurch werden die wichtigen Abflusswege im Fontana'schen Raume verlegt und der Augendruck erhöht.
Intercurrente entzündliche Exacerbationen mit erhöhter Secretion machen
die acuten Steigerungen.

Die Behandlung besteht während leichter Anfälle in der Anwendung
des Eserin's; ausserdem sollte möglichst früh eine Iridectomie ausgeführt
werden, ehe sich die Rinne zwischen Cornea und Sclera
ausgeglichen hat. In spätern Stadien ist letztere Operation sehr
gefährlich und sehr häufig von Ausfliessen des verflüssigten Glaskörpers
gefolgt. In solchen Fällen schneidet die Entfernung des erblindeten
Auges (Enucleation) den ganzen Process kurzer Hand ab, während
Staphylomoperationen nicht zu empfehlen sind. Bei intercurrenten
Necrosen der Hornhautoberfläche macht man Cataplasmen, die auch
bei Vereiterung des Auges aus irgend welchem Grunde am Platze sind.

Keratoconus pellucidus heisst eine seltene Krankheit, bei der
die Hornhaut mehr oder weniger rasch deutlich sichtbare Kegelform annimmt. Meist ist nur die Mitte derselben vorgebaucht und verdünnt,
zuweilen auch getrübt. Die Sehstörungen sind die excessiv starker
Myopie mit unregelmäfsigem Astigmatismus und starker Herabsetzung
des Sehvermögens, öfters Polyopie (Seite 44). Zuweilen bessern Cylindergläser; auch hat man schon durch eigens geschliffene, parabolische Gläser
(Rählmann) Besserung erzielt. Die Behandlung dieser noch nicht
genügend aufgeklärten Krankheit bestand in Aetzen und Ausschneiden
der Hornhautmitte, manchmal mit recht gutem Erfolge.

Geschwülste kommen fast nur am Hornhautrande vor und sind schon bei denen der Conjunctiva besprochen worden. Nur Dermoide bedecken zuweilen die Hornhaut selbst in grösserem Umfange. Sie sind selbstverständlich möglichst frühzeitig zu entfernen, worauf aber ein dichtes Leucom zurückzubleiben pflegt.

Ob man gewisse, **scharf** umgrenzte, graue Infiltrate der Cornea **mit centraler** gelber Färbung, mitten im Hornhautgewebe unter intactem Epithel gelegen, **wie** ich sie einige Male bei Syphilitischen sah, als Gummata auffassen darf, **erscheint** fraglich. Diese Affectionen heilten unter Anwendung von Cataplasmen sehr langsam, nachdem vorher Gefässentwicklung von der Peripherie her stattgefunden hatte. Die zurückbleibende Trübung war verhältnissmäfsig gering, die Hornhautoberfläche aber an der betreffenden Stelle deutlich eingesunken. Eine antispecifische Behandlung hatte übrigens nicht viel Einfluss auf den Verlauf, der sich auf etwa 6 Wochen erstreckte.

Bei Leprösen erkrankt die Hornhaut sehr häufig entweder dadurch, dass sich wirkliche lepröse Geschwulstbildungen auf und in derselben entwickeln, oder mehr secundär als „Keratitis punctata".

VII. Erkrankungen der Sclera.

Die Lederhaut, Tunica sclerotica, des Auges besteht aus **sehr** dicht verfilzten Fasern von leimgebendem Bindegewebe, zwischen denen spärliche Bindegewebszellen unvollkommene Endothellagen bilden. Die Fasern der Lederhaut gehen continuirlich in diejenigen der Hornhaut über, welch' letztere auch chemisch ähnliches Verhalten zeigen. Am dünnsten, etwa 0,8 mm, ist die Sclera im Aequator; nach vorn gegen die Hornhaut nimmt sie erheblich — bis über 1,0 mm — an Dicke zu, indem sie durch die Sehnen **der** geraden Augenmuskeln verstärkt wird. Diese letzteren verflechten und verfilzen sich mit den Fasern der Lederhaut und können bis zu deren Innenfläche in der Nachbarschaft des Schlemm'schen Canals verfolgt werden. Am Sehnerveneintritt spaltet sich die Sclera in die dickere äussere (Dural-) und dünnere innere (Pial-) Scheide des Sehnerven und hilft zugleich in Gemeinschaft mit der Choroidea die sogenannte Lamina cribrosa des letzteren bilden, wovon später noch die Rede sein wird. Nur hier in unmittelbarster Nachbarschaft des Sehnerven ist die Sclerotica mit der **Choroidea** fest verwachsen; im Uebrigen befindet sich zwischen diesen beiden Häuten das lockere, leicht verschiebliche, aus pigmentirten Sternzellen bestehende Bindegewebe der sogenannten Suprachoroidea, und lediglich die in die Choroidea eintretenden, die Sclera durchsetzenden Gefässe und Nerven vermitteln eine gewisse Verbindung beider Membranen.

Gegen die Suprachoroidea besteht keine scharfe Grenze, sondern ein allmählicher Uebergang, und oft zeigen auch noch die innersten Scleralschichten **pigmentirte Zellen.**

Von Wichtigkeit ist die Kenntniss der **Perforationsstellen** der Sclera. Abgesehen vom Sehnerven treten Arterien, Venen und **Nerven** durch dieselbe. Die kurzen hintern Ciliararterien, zwei nasal- und temporalwärts vom Sehnerven, deren Aeste einen Ring, den Zinn'schen oder Jäger'schen Ring, bilden, **alle** anderen im hintern Pole des Auges, hinter der Macula lutea, durchbohren die Sclera auf dem kürzesten **Wege**. Dazu kommen noch zwei lange hintere Ciliararterien, je **eine innen und aussen** ziemlich entfernt vom Opticus.

Im Aequator **des Auges treten** die Venae vorticosae durch die Sclera, meist vier, in der **Mitte** zwischen je zwei geraden Augenmuskeln liegend. Vorn, etwa 5 mm vom Hornhautrande entfernt, durchbohren die vorderen Ciliararterien das Scleralgewebe, in der gleichen Gegend treten die vorderen Ciliarvenen nach aussen. Das lymphoide Gewebe **der** Adventitia der Gefässe bildet eine directe Communication zwischen den Lymphräumen der Suprachoroidea und der Tenon'schen Kapsel (gewissermafsen der Gelenkpfanne des Auges).

Ausser den Gefässen treten noch etwa ein Dutzend **lange und kurze** Ciliarnerven in der Gegend des hintern Poles durch die Sclera; während die Gefässe letztere meist senkrecht auf dem kürzesten Wege durchbohren, treten die Nerven, namentlich einzelne, oft in sehr schräger Richtung hindurch. Bei gesteigertem intraocularem Drucke bilden **die** Perforationsstellen Loci minoris resistentiae, also die Umgebung des Opticus, der hintere Pol, **der Aequator und** die pericorneale Zone.

Die Sclera besitzt eigene Gefässe, **doch nur in sehr** spärlichem Mafse; ihre Erkrankungen sind selten primär, meist **von der** Uvea und Cornea aus inducirt; andrerseits findet auch oft ein Uebergang auf diese beiden Membranen statt.

Die Scleritis, auch Episcleritis genannt, tritt immer in Heerdform auf. In der pericornealen **Zone**, im Bezirk **der vordern** Ciliargefässe, tritt ein bläulichrother hyperaemischer Fleck auf, und es macht sich bald darauf eine hügelartige Prominenz daselbst bemerkbar, über der die Conjunctiva verschieblich ist. Bei leichtem Fingerdruck auf diese Stelle lässt sich die begleitende Conjunctivalhyperaemie wegdrücken, und es bleibt nur noch die violette Scleralhyperaemie zurück. Die hüglige Hervorragung vergrössert sich einige Zeit lang und wird hierbei blasser, von mehr gelblichem Farbentone; später flacht **sie sich ab**, oft unter endlicher Zurücklassung eines schiefergrauen Fleckes. Dieser Verlauf pflegt 4—6 Wochen in Anspruch zu nehmen. Selten ist hiermit die Krankheit abgeschlossen; meist entwickeln sich nach einiger Zeit, oft schon, noch ehe die erste Affection geheilt ist, in der Nachbarschaft neue Heerde, die auf gleiche Weise verlaufen, so dass schliesslich die ganze Hornhautperipherie umwandert wird (Scleritis migrans). Auf diese Weise kann sich der Verlauf auf Monate und Jahre ausdehnen, namentlich dann, wenn früher oder später auch das andere Auge in gleicher Art erkrankt, was häufig der Fall **zu** sein pflegt. Der Augendruck kann normal, vermindert oder erhöht **sein**, doch kommen excessive Grade nur bei Complicationen **vor**.

Die subjectiven Symptome sind sehr verschieden, oft minimal, nur ein lästiges Gefühl oder etwas Empfindlichkeit im **Auge**; in andern Fällen sind sie sehr heftig: Quälende Schmerzen im Auge, namentlich auch Nachts und vermehrt durch Druck auf's Auge, **zu denen** mehr oder weniger intensive Kopfschmerzen hinzutreten können, **hochgradige** Lichtscheu, aber **keine** eigentliche Sehstörung; diese wird nur **bei Com-**plicationen beobachtet. **Von** letzteren kommt häufig Iritis vor, **die** sich durch Bildung hinterer Synechien kennzeichnet. Tritt umschriebene Choroiditis hinzu, so verwächst **an der betreffenden Stelle die Cho-**roidea mit der Sclera und erstere wird atrophisch, **was** zuweilen mit dem Augenspiegel nachgewiesen werden kann. Da aber auch **die Sclera hier ver-**dünnt zu sein pflegt, so ist die betreffende Stelle der Bulbuswand weniger widerstandsfähig und gibt bei normalem oder erhöhtem Augendruck nach (**partielles Scleralstaphylom**). Die Betheiligung der Cho-roidea kann aber auch eine allgemeine sein und **wird** durch ophthal-moscopisch sichtbare, im Augengrund zerstreute Heerde, häufiger durch Glaskörperflocken u. s. w. nachgewiesen. Die practisch wichtigsten Complicationen sind aber diejenigen durch Betheiligung der Cornea, die sogenannte **sclerosirende Keratitis.** Liegt ein scleritischer Heerd nahe der Hornhaut, so ist nicht selten die letztere in ihren Randpartien infiltrirt, und nach Ablauf der Affection bleibt die betreffende Stelle milchglasähnlich oder porcellanartig (Arlt) getrübt, **so dass,** wenn eine grössere Anzahl scleritischer Anfälle vorüber **ist,** die Hornhaut scheinbar verkleinert und unregelmäfsig begrenzt ist. Dies kann fast das einzige Residuum einer langjährigen Scleritis sein und hat, da das Sehen nicht gestört ist, wenig zu bedeuten. In andern schweren Fällen aber schreitet von dem scleritischen Randheerde eine zungenförmige ge-sättigte Trübung **bis zur** Hornhautmitte und darüber vor, **die später** nur wenig oder gar nicht sich aufhellt. In Folge mehrfacher scleritischer Anfälle kann so allmählich der grösste Theil oder die ganze Hornhaut in ein gesättigt trübes Gewebe verwandelt werden, und trotz des Fehlens tieferer Störungen das Sehvermögen **auf** quantitative Lichtempfindung beschränkt sein. Wieder in andern Fällen findet **eine** umfangreiche Aufhellung, namentlich am Rande statt, so dass, abgesehen **von** den mehr centralen Trübungen, scheinbar nur **ein** sehr ausgebildeter Arcus senilis vorhanden zu sein scheint. Ist die Hornhaut grösstentheils oder völlig getrübt, so ist sie deutlich abgeflacht; hellt **sich** ein grösserer Theil wieder auf, so resultirt hochgradiger unregelmäfsiger, gelegentlich auch einmal regelmäfsiger Astigmatismus, welch' letzterer natürlich **mit** Gläsern corrigirt werden kann.

Bei schweren Formen von Keratitis parenchymatosa ist complicirende Scleritis nicht selten; hier ist dann aber immer Iris, Corpus ciliare und Choroidea in erheblichem Mafse betheiligt. Die erweichten sclerochoroiditischen Stellen bilden später bläuliche Buckel um die Hornhaut herum, oder wenn der Process mehr diffus verläuft, so verstreicht die Cornea-Scleralgrenze, und der ganze vordere Bulbusabschnitt vergrössert sich. Fast immer ist in solchen Fällen auch der intraoculare Druck fühlbar erhöht, doch braucht dies nicht nothwendig der Fall zu sein.

Die reinen Formen von Scleritis mit und ohne Betheiligung der Cornea kommen vorwiegend bei Erwachsenen vor; nicht selten ist arthritische, namentlich aber rheumatische Diathese vorhanden; in vielen Fällen aber ist keinerlei constitutionelle Ursache nachzuweisen. Im Kindes- und Jünglingsalter spielt die hereditäre Lues (als ursächliches Moment für schwere parenchymatöse Keratitis) eine Rolle. Doch habe ich auch ohne letztere mehrfach Scleritis mit sclerosirender Keratitis, die zu totaler Hornhauttrübung führte, bei Personen um die zwanziger Jahre auf hereditär-syphilitischer Basis gesehen.

Die Behandlung ist häufig recht unbefriedigend. Bei einfacher Scleritis gebe man Atropin, gerade so viel, um eine gehörige Pupillenerweiterung herbeizuführen zur Verhütung von Iritis; ist letztere bereits vorhanden, was sich durch Bildung von Verwachsungen mit der Linse anzeigt, so muss energischer atropinisirt werden. Trockene Wärme, in Form sogenannter Kräutersäckchen consequent angewandt, wirkt meistens am wohlthuendsten (Seite 5). Oft werden dadurch die Schmerzen gelindert; ist dies aber nicht in genügendem Grade der Fall, so sind Abends Morphiuminjectionen in die Schläfe oder Chloral (1—1,5 : 30 Vin. Malacens.) unentbehrlich. Wird Rheuma oder Gicht vermuthet, so gebe man Natrium salicylicum 2,0—4,0 pro dosi, Abends zu nehmen. Dieses Mittel wirkt zuweilen auch bei Fehlen dieser Constitutionsanomalien günstig. Eine leicht abführende Behandlung ist immer empfehlenswerth; auch vergesse man nie, den Kranken auf die lange Dauer seines Leidens und die Wahrscheinlichkeit von Rückfällen aufmerksam zu machen. Von der localen Behandlung der Heerde durch Massage (Pagenstecher), die oft sehr schmerzhaft und durch Scarification (Adamuek, Schöler), die bei verdünnter Sclera gefährlich werden kann, sah ich bis jetzt keinen durchschlagenden Erfolg, obschon sie in einzelnen Fällen günstig wirkten; Andere haben damit bessere Resultate erzielt. Glaskörpertrübungen, die nach Ablauf der Scleritis zurückbleiben, erfordern eine Schwitzcur mit Holztrank und Einwicklungen oder mit

Pilocarpin. Gegen die Hornhautaffection sind wir so gut wie machtlos; erst nach völligem Ablaufe des Processes ist es gestattet, Mittel zur Aufhellung der Trübungen zu versuchen. z. B. Calomeleinstäubungen, Jodkaliumeinträufeln, Terpenthinöl, gelbe Salbe, doch sei man mit Reizmitteln sehr vorsichtig und beginne mit dem allermildesten (Jodkalium). Nach Horner wirkt Arsenik innerlich sehr lange fortgebraucht recht günstig. Gelegentlich kann auch eine optische Iridectomie (siehe Seite 168) in Frage kommen.

Bei andern Augenleiden wird durch das Hinzutreten von Scleritis die Prognose zwar verschlechtert, die Behandlung aber selten modificirt.

Vor Verwechslung mit breiten Phlyctaenen, die nicht selten gemacht wird, schützt der Umstand, dass die Conjunctivalhyperaemie bei letztern leicht völlig mit dem Finger wegzudrücken ist, während dann bei Scleritis die tiefe, bläulichrothe Ciliarinjection erst recht hervortritt. Ausserdem ist bei einiger Aufmerksamkeit das phlyctaenuläre Geschwür nicht zu übersehen, während die scleritischen Buckel von glattem Epithel überzogen sind.

Eher kann **Entzündung des Sehnenansatzes** eines geraden Augenmuskels oder **Myositis** eines solchen für Scleritis gehalten werden. Diese Affection ist durch Aetiologie (Rheumatismus) und Verlauf (öfter lange Dauer, Recidiviren, Schmerzhaftigkeit spontan und bei Berühren) der Scleritis sehr ähnlich und jedenfalls auch nahe mit ihr verwandt. Zu beachten ist, dass bei Myositis oder Sehnenentzündung die mehr gelbröthliche, deutlich oedematöse Anschwellung sich genau auf den Muskel oder dessen Sehnenansatz beschränkt. Die Behandlung ist übrigens die gleiche; auch können Colomeleinstäubungen sehr günstig wirken. Selbstverständlich kommt es aber nie zu den bei Scleritis so häufigen Complicationen.

Ausbuchtungen der Sclera, **Scleralstaphylome,** sind immer Folge einer vorausgegangenen Sclerochoroiditis, wobei sowohl die Scleritis, als auch die Choroiditis, resp. Uveïtis, das Primäre sein kann. Entweder gibt das zellig infiltrirte Gewebe in Folge „entzündlicher Erweichung" dem normalen oder erhöhten Augendrucke nach, oder es kommt zur Atrophie, gewissermafsen Narbenbildung in den beiden mit einander verwachsenen Membranen und erst später, meist in Folge erhöhten Augendruckes, zur Ausdehnung des Narbengewebes. Ist der Augendruck normal oder vermindert, so können ausgedehnte Verwachsungen zwischen Sclera und der dann immer atrophirten Choroidea ohne Ausbuchtung bestehen; bei Druckerhöhung dagegen bilden diese Verwachsungsstellen den Locus minoris resistentiae. Doch kann unter gewissen Verhältnissen auch ohne Druckvermehrung im Auge Staphylombildung eintreten. Immer sind die Staphylome innen mit Resten von Choroidalgewebe überzogen.

Je nach der Lage unterscheidet man Choroidalstaphylome, Staphylome des Ciliarkörpers und sogenannte Intercalar-staphylome; sie können einfach oder mehrfach, partiell oder total vorkommen. Die ersten beiden Namen sind leicht verständlich. Das Intercalar- oder eingeschaltete Staphylom sollte dem Namen nach zwischen Ciliarkörper und Irisansatz entstehen. Es kommt dann zu Stande, wenn ursprünglich die Irisperipherie mit der Cornea verwachsen und der Fontana'sche Raum obliterirt war. Wenn sich nun diese Verwachsungsstelle mehr und mehr ausdehnt und verdünnt, so hat es den Anschein, als ob die Iris am cornealen Rande des Staphyloms angesetzt sei, während die pigmentirten Reste ihres Gewebes die Innenfläche des Staphyloms überziehen und microscopisch leicht bis zum Ciliarkörper verfolgt werden können.

Therapeutisch sind die Scleralstaphylome ziemlich unnahbar. Ist keine Druckerhöhung im Auge vorhanden, so kann das Sehvermögen, dem Stande der brechenden Medien entsprechend, erhalten bleiben. Ist aber von Anfang an die Spannung vermehrt, oder tritt im weiteren Verlauf vermehrte Tension hinzu, so geht das Auge früher oder später zu Grunde. War eine Scleritis der Ausgangspunkt und ist die Cornea hierbei nicht in grösserem Umfange in Mitleidenschaft gezogen, so liegen die Dinge verhältnissmäfsig günstig; sind die Staphylome secundär durch Uvealerkrankungen bedingt, so ist die Prognose schlecht, weil dann fast ausnahmslos schwere Complicationen vorhanden sind oder später auftreten. Die Endausgänge sind die gleichen, wie bei den Hornhautstaphylomen (siehe Seite 172), und auch die Behandlung richtet sich nach denselben Grundsätzen.

Primäre **Geschwulstbildungen** in der Sclera gehören zu den grössten Seltenheiten; es sind Fibrome, Knochenbildungen, Teleangiectasien beobachtet worden. Auch kommen Pigmentirungen der Sclera, namentlich in der pericornealen Zone oder an der Durchbruchsstelle eines vorderen Ciliargefässes vor. Zu einem therapeutischen Eingriff geben sie wohl nie Veranlassung.

Secundär kommt dagegen Geschwulstbildung in der Sclera nicht selten vor. Es sind theils die am Cornealrande sitzenden Epithelialcarcinome, die allmählich auch in's Gewebe des Sclera-Cornealfalzes vordringen, theils, und viel häufiger, Sarcome der Choroidea, des Corpus ciliare und der Iris oder Gliome der Netzhaut, welche von innen her

in die Sclera eindringen. **Entweder** wird nach vorhergehender Verwachsung des suprachoroidalen Raumes das Scleralgewebe durch die
Geschwulst aufgeblättert, oder dieselbe schickt Zapfen auf dem Wege
der perforirenden Gefässe nach aussen, wonach es zur Entwicklung
grosser extrabulbärer Geschwülste **kommen kann**. In seltenen Fällen
sind es auch gummöse oder tuberculöse Neubildungen (Granulome) des
Uvealtractus, die Betheiligung und Perforation der Sclera herbeiführen
können. **Gummata** kommen auch primär in der Sclera vor und er-
heischen natürlich eine entsprechend antispecifische Behandlung. geben
aber trotzdem eine schlechte Prognose. Bei den andern Geschwülsten
besteht die einzige Therapie in der möglichst frühzeitigen Entfernung
des ganzen Auges.

Wunden der Sclera sind selten rein, fast immer mit Zerreissung
oder Quetschung des Bulbusinhaltes verbunden, welch' letztere die
Situation beherrschen. Einfache Wunden vernäht man nach sorgfältiger
Desinfection **mit** Catgut oder Seide und lässt bis **zur** Heilung einen
Verband tragen; meridionale klaffen bedeutend weniger, als äquatorial
verlaufende, wegen **des bei** letzteren wirkenden Muskelzuges. Bei
complicirten Wunden ist immer Infection des Uvealtractus zu befürchten
mit Ausgang in eitrige Entzündung oder Schrumpfung, wovon später
noch die Rede sein wird.

Von geringerer directer Gefahr sind die subconjunctivalen
Rupturen bei Einwirkung von stumpfer Gewalt. Die Sclera reisst hierbei
in einiger Entfernung vom Hornhautrande und concentrisch zu demselben,
meist nach oben, in grösserem oder geringerem Umfange ein, und Linse
sowie Iris können durch den Riss unter die Conjunctiva austreten.
Gleichzeitig ist das Auge mehr oder weniger vollständig mit Blut
gefüllt. Durch continuirliches Auflegen **eines** Eisbeutels kann **man das**
Blut zur Resorption bringen und zuweilen wieder ein **befriedigendes**
Sehvermögen, **eventuell** ohne Linse und Iris, erlangen, falls Lichtschein
und Projection von Anfang an gut waren. Tritt schleichende Entzündung
des Auges ein, so muss es sobald als **möglich** entfernt **werden**. Die
unter der Conjunctiva befindliche Linse **entferne man erst**, wenn die
Heilung der Scleralwunde sicher angenommen werden kann, etwa nach 4 bis
6 Wochen. Iris- und Choroidalreste rührt man, wenn sie subconjunctival
liegen, **am** besten nicht an, obschon sie zuweilen eine umfangreiche
Pigmentirung der Conjunctiva veranlassen können.

Weit seltener als vor dem Ansatze **der** geraden Augenmuskeln, zer-
reisst **die** Sclera weiter rückwärts oder **im** Aequator; doch kann auch
durch solche Rupturen **die Linse austreten**. Hat keine umfängliche

Blutung stattgefunden, so erkennt man derartige Einrisse an der Weichheit des Auges und an der tiefen vordern Kammer. Iris und Linsensystem sind zurückgesunken und schlottern bei Bewegungen, als Zeichen des stattgehabten Glaskörperaustritts. Nach einiger Zeit pflegt dann mehr oder weniger umfangreiches gelbliches Conjunctivaloedem sich anzuschliessen. Obschon die meisten dieser Fälle ohne weiteren Nachtheil heilen, ist es doch gut, den Kranken Anfangs mit Ruhe und sorgfältigem Verbande zu behandeln und einige Wochen in der Beobachtung zu behalten, da sich auch an solche scheinbar unbedeutende Verletzungen schleichende Entzündungsvorgänge im Uvealtractus anschliessen können, die das betroffene Auge in grosse Gefahr setzen.

Reine einfache Wunden der Sclera heilen mit linearer Narbe; bei Mitbetheiligung der Uvea bildet sich eine mehr oder weniger starke Einziehung der betreffenden Stelle, wenn nicht durch Infection tiefgehendere Entzündungsvorgänge hervorgerufen wurden.

VIII. Erkrankungen des Uvealtractus.

Die Uvea oder Gefässhaut ist das Haupternährungsorgan des Auges. Allerdings besitzt auch die Netzhaut ein eigenes Gefässsystem, welches indess bei Thieren ganz oder theilweise fehlen kann, während es beim Menschen für die Function der innern Netzhautschichten unentbehrlich ist; doch tritt das Blutquantum der Netzhaut gegen das in der Gefässhaut circulirende sehr zurück.

Die Uvea überzieht die Innenfläche der Sclera vom Sehnerveneintritt bis zum Hornhautrande, wo sie sich in das frei in die vordere Kammer hängende Diaphragma der Iris fortsetzt. Ausser am Foramen opticum und an der Descemet'schen Membran, „der Sehne des Ciliarmuskels", bilden nur die aus der Sclera in die Choroidea tretenden Gefässe und Nerven eine directe Verbindung zwischen diesen Membranen; im Uebrigen liegt zwischen beiden das lockere, leicht verschiebliche, aus pigmentirten sternförmigen Zellen und deren Ausläufern bestehende Bindegewebe der Suprachoroidea. In ihr verlaufen gröbere Gefässe und Nerven, welche direct vom hintern Pole des Auges nach vorn ziehen; letztere bilden stellenweise besonders im vordern Abschnitt, feine Geflechte mit Ganglienzellen.

In der eigentlichen Choroidea oder Aderhaut lassen sich mehrere Schichten unterscheiden. Auf die Suprachoroidea folgt nach innen die Schichte der gröberen Gefässe, zwischen welchen mehr oder weniger pigmentirtes Bindegewebe sich befindet. Die Gefässanordnung ist characteristisch: Wesentlich meridional verlaufende grobe Maschen (Arterien) im eigentlichen Fundus oculi, 4—5 sternförmige Büschel, Vasa vorticosa (Venen) im Aequator. Nach innen von den grossen Gefässen liegt die Choriocapillaris, eine einfache Schichte sehr weiter und engmaschiger Capillaren, welche Eigenschaften am ausgesprochensten am hintern Pole des Auges, in der Gegend der Macula lutea, zu finden sind. Nach innen von der Choriocapillaris, unmittelbar dieser anliegend, findet man eine feine Glasmembran, deren feinere Structur (sstreifig mit feinen Leistensystemen an der Innenfläche) bis jetzt nur von theoretichem Interesse ist, und auf dieser das Pigmentepithel. Dasselbe ist eine einfache Lage platter polygonaler Zellen, die auf dem Durchschnitt einen äussern pigmentfreien, den Kern enthaltenden, und einen innern mehr oder weniger stark braun pigmentirten Theil erkennen lassen. Genetisch gehört das Pigmentepithel zur Netzhaut und ist ein Theil der primären Augenblase, während die Choroidea dem mittleren Keimblatte entstammt, ebenso wie die Pialscheide des Opticus; Sclera und Duralscheide sind spätere Bildungen. Die stärkste Pigmentirung zeigt die Choroidea am hintern Pole in der Maculagegend, woselbst sie auch am dicksten (0,9 mm) ist; beides nimmt gegen die Peripherie ab.

Die Perforation der Choroidea am Sehnerveneintritt ist nur eine theilweise. Fortsätze ihres Gewebes vereinigen sich mit dem Zwischenbindegewebe des Opticus zur Lamina cribrosa, und hier finden gleichzeitig capillare Anastomosen zwischen Netzhaut und Chóroidalgefässen statt.

Da, wo die Netzhaut ihren nervösen Character verliert, an der sogenannten Ora serrata, circa 5 mm vor dem Aequator bulbi, geht die Choroidea in den Ciliarkörper über, durch Einlagerung musculöser Elemente und Faltenbildung an der Innenfläche. Der aus glatten Muskelfasern bestehende Ciliarmuskel liegt zwischen Suprachoroidea und den übrigen Schichten, ist hinten flächenförmig, gewinnt nach vorn an Dicke und erhält durch Hinzutreten von Ringfasern (siehe Seite 142) auf Meridionalschnitten die Gestalt eines Dreiecks. Die Schichte der grossen Gefässe und die Choriocapillaris, welche beide nicht mehr so scharf von einander getrennt sind, erhebt sich erst in flachen meridionalen Falten und bildet auf der Höhe des Ciliarmuskels die halskrausenförmigen Ciliarfortsätze, aus lockerem Bindegewebe mit reichlich gröbern und feinen Gefässen bestehend. Die Glasmembran lässt sich als feine structurlose Membran über die Ciliarfortsätze verfolgen. Auch das Pigmentepithel ändert sich; die Zellen werden zuerst grösser, klumpiger und nehmen allmählich das Aussehen eines Cylinderepithels an, welches die Ciliarfortsätze überzieht. Innen vom Pigmentepithel liegen von der Ora serrata an die hyalinen Fasern, welche die Zonula Zinnii zusammensetzen.

Der Ciliarmuskel inserirt sich an der Descemet'schen Membran; an seinen Sehnenfäden, in ziemlich loser Verbindung mit dem Ciliarkörper, setzt sich die Regenbogenhaut, Iris, an. Sie besteht aus lockerem, welligem Bindegewebe mit mehr oder weniger pigmentirten Zellen und enthält reichlich Gefässe, Capillaren und Nervengeflechte mit Ganglienzellen. Auf der Vorderfläche lässt sich, besonders bei jugendlichen Individuen, ein Endothelhäutchen nachweisen, welches auch die fadenförmigen Fortsätze überzieht, welche vom Irisansatze zur Descemet'schen Membran gehen (ligamentum pectinatum) und mit der Sehne des Ciliarmuskels zusammen den sogenannten Fontana'schen Raum bilden. An der Hinterfläche der Iris setzt sich continuirlich von den Ciliarfortsätzen her das Pigmentepithel fort in Form von nahezu cubischen, sehr dunkel pigmentirten Zellen, welche am Pupillarrande aufhören.

Es lässt sich nachweisen, dass das Pigmentepithel nach vorn von der Ora serrata nur scheinbar einfach ist. Es besteht aus einer äusseren stark pigmentirten und einer inneren pigmentlosen Zellenlage. Nur erstere entspricht dem eigentlichen Pigmentepithel; letztere ist das Aequivalent der Netzhaut. Die primäre Augenblase reicht also vom Sehnerveneintritt bis zum Rande der Pupille.

Vor dem Pigmentepithel liegt eine einfache Schicht glatter Muskelfasern, die wesentlich radiär verlaufen und den Dilatator pupillae darstellen. In der Nähe des Pupillarrandes wird eine ringförmige, auf dem Durchschnitte dreieckige, Prominenz der vorderen Irisfläche durch den gleichfalls aus glatten Fasern bestehenden Sphincter pupillae gebildet, dessen Bündel mit denen des Dilatator in mehrfacher Verbindung stehen. Normalerweise lassen sich in der ganzen Uvea nur vereinzelte oder gar keine frei im Gewebe befindlichen Wanderzellen nachweisen.

Arterielles Blut erhält die Uvea aus den kurzen und langen hinteren und aus den vorderen Ciliararterien. Die hinteren Ciliararterien sind stark gewundene Aestchen der Arteria ophthalmica; die kurzen treten in der Umgebung des Sehnerven (ca. 3—4) und am hintern Pol des Auges in der Maculagegend (12—20) zur Choroidea. Die langen Ciliararterien, zwei an der Zahl, innen und aussen vom Sehnerven, verlaufen in der Suprachoroidea bis zum Irisansatze, wo sie durch Theilung in je einen oberen und unteren Ast den sogenannten Circulus arteriosus iridis major bilden, aus welchem Gefässe für den Ciliarkörper und die Iris entspringen. Letztere bilden in der Nähe des Sphincter pupillae noch den meist unvollständigen Circulus arteriosus iridis minor. Die vorderen Ciliararterien entspringen, 6—10 an der Zahl, aus den Gefässen der geraden Augenmuskeln, durchbohren nahe am Hornhautrand die Sclera und betheiligen sich am Circulus iridis major und dessen Verzweigungen.

Das venöse Blut sammelt sich grösstentheils in den Venae vorticosae, welche im Aequator des Auges in den Zwischenräumen zwischen den geraden Augenmuskeln liegen und in die Vena ophthalmica cerebralis einmünden. Ein kleinerer Theil des venösen Blutes, namentlich wohl aus der Iris, sammelt sich in einem ringförmigen Venenplexus (Leber'scher Venenplexus und Schlemm'scher Canal) in der Corneascleralgrenze gleich aussen von den Sehnenansätzen des Ciliarmuskels an die Descemet'sche Membran. Aus diesem entspringen mehrere nach aussen verlaufende Stämmchen, welche schon äusserlich in der Conjunctiva sichtbar sind.

Das Gefässsystem der Uvea ist in sich abgeschlossen; nur am Sehnerveneintritt bestehen capillare Anastomosen mit den Gefässen der Netzhaut. Wegen sehr zahlreicher Anastomosen auch zwischen dem System der hinteren und vorderen Ciliargefässe und der Weite der Capillaren findet bei theilweisen Circulationshindernissen sehr leicht und rasch ein collateraler Ausgleich statt. Wir können nach der Gefässvertheilung in der Uvea einen vorderen und hinteren arteriellen Bezirk unterscheiden, welche beide durch einen venösen im Aequator getrennt sind.

Innervirt wird die Uvea durch die aus dem Ganglion ciliare entspringenden langen und kurzen Ciliarnerven, welche sämmtlich im hinteren Pole und dessen Nachbarschaft durch die Sclera treten. Die sensibeln Fasern stammen aus dem Nasociliaris (Radix longa), die motorischen aus dem zum Musculus obliquus inferior gehenden Zweige des Oculomotorius (Radix brevis); die sympathischen Fasern entspringen aus dem Plexus caroticus im Sinus cavernosus. Die Ciliarnerven bilden ganglienzellenhaltige feine Geflechte in der Suprachoroidea und in der Iris und innerviren die Muskeln. Für Sphincter pupillae und Musculus ciliaris verlaufen die Fasern in den Bahnen des Oculomotorius, für den Dilatator pupillae im Sympathicus. Nach Durchschneidung sämmtlicher Ciliarnerven ist auch die Hornhaut und ein ihr benachbarter Theil der Conjunctiva unempfindlich, aber ohne bestimmte Grenzen und häufig nicht vollständig. Die Empfindlichkeit kann nach einiger Zeit ganz oder theilweise zurückkehren.

Die Choroidea dient zur Ernährung der äusseren Netzhautschichten, welchen sie, ausser den Sehsubstanzen (Sehpurpur) namentlich wohl Sauerstoff liefert; die aus ihr stammende Flüssigkeit durchströmt grösstentheils die Netzhaut und gelangt in den Glaskörper, welcher wie die Netzhaut bei pathologischen Zuständen in der Choroidea in Mitleidenschaft gezogen wird.

Die Ernährung der Linse wird hauptsächlich aus den Gefässen der Ciliarfortsätze besorgt, welche gerade in nächster Nähe vom Linsenäquator liegen, wo sich die Wachsthumsvorgänge in der Linse wesentlich abspielen. Bei Erkrankungen der Choroidea und des Ciliarkörpers zeigen sich desshalb mit grosser Regelmäfsigkeit früher oder später pathologische Veränderungen auch im Linsensystem. Die im Glaskörperraume befindliche Flüssigkeit filtrirt durch die Linse, zum grösseren Theil aber durch den Petit'schen Canal in die vordere Kammer, wo sie mit der von der Iris gelieferten Flüssigkeit zusammen das Kammerwasser bildet, welches zum Theil zwischen den Endothelzellen der Descemetschen Membran hindurch in die Hornhaut eindringt und nach dem subconjunctivalen Gewebe abfliesst, zum grösseren Theil aber im Iriswinkel nach dem Tenon'schen Raume und von da in die Lymphgefässe der Orbita austritt.

Es besteht demnach im Auge wesentlich eine Flüssigkeitsströmung von hinten nach vorn, wie auch experimentell bewiesen ist; doch ist dies offenbar nicht der einzige Weg für die Gewebsflüssigkeit. Ein Theil gelangt auch sicher in den Suprachoroidalraum, der als Lymphraum betrachtet werden muss, und dieser communicirt durch die Lymphscheiden der Gefässe direct mit dem gleichfalls einen Lymphraum darstellenden Tenon'schen Raum. Durch Injectionen lässt sich ein Zusammenhang dieser beiden auch mit dem Zwischenscheidenraum des Sehnerven nachweisen. Wahrscheinlich ist auch, dass ein gewisser Theil der intraocularen Flüssigkeit durch die Lymphscheiden der Sehnervengefässe und dessen interstitielles Gewebe nach aussen tritt, doch überwiegt weitaus der Abfluss aus der vorderen Kammer, und die übrigen Abflusswege können denselben in keiner Weise ersetzen.

Choroidea und Pigmentepithel bedingen die **Farbe des Augengrundes.** Normalerweise ist dieselbe ziemlich gleichmäfsig, nur im Bereiche des **Macula lutea** etwas dunkler, meist von leicht körnigem Aussehen. In der Peripherie wird die Pigmentirung unregelmäfsiger. Je dunkler pigmentirt ein Individuum überhaupt ist, um so dunkler **ist auch der** Augengrund; **derselbe** kann beinahe schwarz erscheinen. Bei Hellblonden dagegen lässt das wenig pigmenthaltige Pigmentepithel die Einzelheiten der Choroidea theilweise durchscheinen: man sieht dann das Injectionspräparat der Choroidea, rothe Gefässmaschen auf hellrothem Grunde, über welche die Netzhautgefässe hinwegziehen.

Von **Altersveränderungen** der Uvea wäre hervorzuheben, dass die Pigmentirung im Allgemeinen zunimmt, wodurch Anfangs blaue Augen später braun und ganz dunkel werden können; die Neu-

geborenen haben bekanntlich fast alle blaue Augen. Ausserdem wird
mit dem Alter die Pupille enger und die Irisbewegung im Ganzen
träger. Wie bei der Descemet'schen Membran, so treten auch an
der Glaslamelle der Choroidea im vorgerückteren Altern Drusenbildungen auf, rundliche confluirende warzige Excrescenzen dieser
Membran, namentlich gegen die Ora serrata hin, die aber nur microscopisch sichtbar sind. Werden sie grösser, so weicht über ihnen das
Pigmentepithel auseinander, und nicht selten lagern sich Kalkmoleküle
in ihnen ab. Nur in sehr seltenen Fällen ist die Drusenbildung an
der Glaslamelle der Choroidea der Gegenstand ophthalmoscopischer
Beobachtung, wenn nämlich diese Veränderung in der Nähe des Sehnerven eintritt und grössere Dimensionen annimmt. Man erkennt dann
daselbst weisslich glänzende bucklige Excrescenzen, die wachsen und
confluiren, und es kann in solchen Fällen auch durch Druck auf die
Sehnervenfasern zu Atrophie derselben und zu Sehstörungen kommen.
Jede Therapie ist machtlos dagegen.

Als angeborene Anomalien sind abnorme Pigmentirungen zu
nennen, verschiedene Farbe beider Augen, Pigmentflecken
und kleine Melanomknötchen der Iris, die meist unverändert das
ganze Leben hindurch fortbestehen. Wie an anderen Orten entwickeln
sich aber auch gelegentlich Sarcome aus ihnen. Sie sind desshalb
möglichst frühzeitig zu entfernen, sobald mit Sicherheit ein Wachsthum
constatirt wird. Ohne Gefahr für das Auge kann dies nur bei Knötchen in der Iris geschehen, die sammt benachbartem Gewebe mittelst
einer Iridectomie vollständig zu entfernen sind. An anderen Orten
muss, sowie die Geschwulstbildung sicher ist, wegen der Bösartigkeit
der pigmentirten Uvealsarcome das ganze Auge entfernt werden. Umschriebene angeborene Pigmentflecke kommen auch in der Choroidea
vor und sind dann ophthalmoskopisch sichtbar; Gegenstand irgend
welcher Therapie sind sie nicht und machen auch keine Symptome.

Umgekehrt wird auch nicht selten abnorm schwache Pigmentirung beobachtet. Albinismus. Er kommt in den verschiedensten
Graden vor, entweder aufs Auge beschränkt oder zugleich mit abnorm
geringer Pigmentirung auch an anderen Körperstellen (Haaren u. s. w.);
häufig ist er vererbt. In den höchsten Graden sieht das Auge wie bei
weissen Kaninchen aus, die Iris ist röthlich, die Sclera wird von aussen
durchleuchtet und bei gewissen Blickrichtungen erscheint desshalb die
Pupille roth. Bei durchfallendem Lichte erkennt man durch die Iris
hindurch die Ciliarfortsätze und deren Veränderung bei der Accommodation. Ophthalmoscopisch ist der Augengrund völlig pigmentlos, die

gröberen Ciliargefässe sind sichtbar mit gelblichweissen, **nicht** pigmentirten Zwischenräumen **und** geben genau **das** Bild **eines** Injectionspräparates der Choroidea, **über** welchem die viel dünneren Netzhautgefässe oft wenig auffällig sind; **nur in der Gegend der** Macula lutea ist eine mehr diffuse, bräunlichrothe Färbung des Augengrundes vorhanden. Microscopisch sind sämmtliche Elemente der Choroidea wohl erhalten, aber **ohne** Pigmentkörner. Immer ist in solchen **Fällen** die Sehschärfe erheblich herabgesetzt, es besteht Nystagmus und **nicht** selten ist hochgradige Hypermetropie, sowie Astigmatismus vorhanden; zuweilen findet man gleichzeitig noch andere angeborene Anomalien. In anderen Fällen ist **die** Refraction Anfangs um Emmetropie herum, **und** es entwickelt sich **im** weiteren **Verlauf** mehr oder weniger hochgradige Myopie. Bei geringeren Graden erscheint die Iris blaugrau, der Fundus oculi ist nicht so absolut pigmentfrei, **und es** kann bei fehlendem Nystagmus normale Sehschärfe besteben. Hingegen ist bedeutende Lichtempfindlichkeit vorhanden, die durch gute Beschattung des Auges oder dunkle Brillen bekämpft werden kann.

Der Albinismus kann auf die Choroidea oder die **Iris** oder auch nur auf einzelne Theile derselben beschränkt (Macula lutea, Iris sector) vorkommen.

Nicht zu verwechseln mit den angeborenen Pigmentdefecten ist die sogenannte Rarefication des Pigmentes, wovon später.

Von seltenen angeborenen Anomalien sind **noch** zu erwähnen doppelte oder mehrfache Pupille **(Polycorie)**, mehr oder weniger excentrische Lage derselben **(Ectopia pupillae)**, letzteres nicht selten mit Lockerung der Linse und Verschiebung derselben nach der entgegengesetzten **Seite** (Ectopia lentis). Auch Mangel der Iris **(Irideremia) wird als** angeborener Zustand beobachtet. Alle diese Anomalien kommen einseitig und doppelseitig vor, nicht selten ererbt oder mehrfach **in der gleichen** Familie; die Functionen des Auges sind normal oder nur wenig gestört, wenn nicht Complicationen vorhanden sind.

Wichtiger sind die **Spaltbildungen** der Uvea **(Coloboma iridis, corporis ciliaris** und **choroideae)**; sie entstehen bei mangelhaftem Schluss der (durch Einstülpung der secundären Augenblase bedingten) foetalen Augenspalte und liegen nach unten und meist etwas nach innen. Beim Colobom der Iris hat die Pupille eine birnförmige Gestalt mit der Spitze **nach** unten; es unterscheidet sich von einem künstlichen Colobom nach Iridectomie dadurch, dass bei ersterem die Architectonik der Iris entsprechend **zum** freien Pupillarrand verläuft, bei letzterem

dagegen durchschnitten ist. Das Colobom der Iris kann bis zum Cornealrand reichen oder nur eine Einkerbung des Pupillarrandes darstellen;
in letzterem Falle lässt sich nicht selten eine Art Naht (Raphe) bis
zum Irisansatze verfolgen. Nicht selten fehlt an der Stelle des Coloboms
die Zonula Zinnii und bei durchfallendem Lichte erkennt man dann
eine Einkerbung des Linsenrandes an der betreffenden Stelle; dies kann
nach und nach zu völliger Loslösung der Linse führen.

Auch das Choroidalcolobom liegt in der Richtung der foetalen
Augenspalte nach unten und kommt mit und ohne Iriscolobom vor.
Es zeigt ophthalmoscopisch ein sehr auffallendes Bild. Ein parabolischer
Sector des Augengrundes ist ectatisch (durch parallactische Verschiebung
und Refractionsdifferenz kenntlich, siehe Seite 23) und die weissliche
oder bläuliche, sehnig glänzende Färbung zeigt das totale Fehlen der
Choroidea an. Nicht selten findet man im Colobom unregelmäfsig zerstreute Pigmentflecken und sehr häufig ist es von einem starken Pigmentsaum umgeben. Im Colobom sind nur wenig Gefässe sichtbar,
die der Sclera angehören, die Netzhautgefässe umkreisen es, doch kommt
es auch vor, dass sie Aestchen in's Colobomgebiet aussenden. Nach
hinten nähert sich das Colobom mehr oder weniger dem Sehnerven oder
schliesst denselben ein; in letzterem Falle lässt sich der Sehnerveneintritt entweder als rosig gefärbte Scheibe erkennen, aus der das Netz-
hautgefässbündel entspringt; oder die Netzhautgefässe entspringen ganz
unregelmäfsig, so dass von einem geschlossenen Sehnerveneintritt nicht
mehr gesprochen werden kann. Nach vorn kann das Choroidalcolobom
gleichfalls bogenförmig aufhören, oder es spitzt sich zu und endigt in
einer Raphe des Ciliarkörpers, die aber nur am anatomischen Präparat
sichtbar ist. In anderen Fällen beschränkt sich das Colobom wesentlich
auf den Sehnerven und dessen Umgebung, Coloboma vaginae nervi
optici; wahrscheinlich sind gewisse so häufige Astigmatismusformen
mit sogenanntem Staphyloma posticum nach unten als die geringsten
Grade dieser Spaltbildung anzusehen. Bei kleinen Colobomen kann
nahezu normale Sehschärfe bestehen, nur ist ein entsprechender Gesichtsfelddefect nach oben vorhanden. Zuweilen lässt sich aber auch im
Bereich des Coloboms Empfindlichkeit für intensive Lichtreize und sogar
für Farben mit richtiger Localisation nachweisen. Bei höheren Graden
von Colobom ist oft deutlicher Microphthalmus vorhanden, oder hochgradige Hypermetropie mit oder ohne Astigmatismus. Zugleich ist die
Sehschärfe vermindert, und es besteht Nystagmus.

Anatomisch hört die Choroidea am Rande des Coloboms meist mit starker
Pigmentanhäufung auf, nur das Pigmentepithel kann die Innenfläche überziehen,

enthält aber dann kein Pigment. Auch Netzhautelemente sind, wenngleich in sehr unregelmäfsiger Anordnung, schon mehrfach im Gebiete des Coloboms nachgewiesen, sowohl lichtempfindende wie leitende; hierdurch wird die Erklärung für die Lichtempfindung bei richtiger Localisation aber mangelndem Unterscheidungsvermögen gegeben.

Das sogenannte Coloboma maculae luteae, eine querelliptische complete Atrophie der Choroidea in der Gegend des hinteren Augenpoles mit unregelmäfsiger Pigmentirung und oft mit Pigmentsaum, wobei durch die Refractionsdifferenz eine mehr oder weniger erhebliche Ausbuchtung der betreffenden Stelle nachgewiesen werden kann, muss in den meisten Fällen als Product foetaler Sclerochoroiditis angesehen werden, da die Macula lutea nicht in den Bezirk der foetalen Augenspalte fällt.

Nahe verwandt mit den Colobombildungen ist der angeborene **Microphthalmus** und **Anophthalmus.** Bei ersterem ist der Bulbus in allen Dimensionen verkleinert und die Sehschärfe herabgesetzt; es besteht meist hochgradige Hypermetropie und oft Nystagmus. Bei sehr hohen Graden werden fast regelmäfsig noch andere Veränderungen angetroffen, z. B. Linsentrübungen u. s. w. Es kommen alle Uebergänge vor bis zum vollständigen **Fehlen** eines oder beider Augen. In letzterem Falle kann ein Conjunctivalsack vorhanden sein oder gleichfalls fehlen. Fast immer gelang es aber bei der anatomischen Untersuchung des sogenannten Anophthalmus Reste des **Auges** und seiner Adnexa, wenn auch nur als erbsengrosses Rudiment, in der Orbita aufzufinden. Wie bei den anderen angeborenen Uvealanomalien, so besteht auch hier die einzige Therapie in der Correction allfallsiger Refractionsanomalien, eventuell mit Zuhülfenahme dunkler Gläser.

Was als **Membrana pupillaris perseverans,** Ueberreste der foetalen Pupillarmembran, beschrieben wird, verdient nur zum Theil diesen Namen. Von der Vorderfläche der Iris, da wo der Sphincter pupillae liegt, entspringen einzelne oder mehrere Fäden, die frei in die vordere Kammer hängen, oder zum gegenüber liegenden Pupillarrande gehen oder aber mit pigmentirtem Gewebe in Verbindung stehen, das dem Linsencentrum im Pupillargebiete aufsitzt. Characteristisch für die Annahme der persistirenden Pupillarmembran ist der Ursprung der Fäden von der vorderen Irisfläche, während intra vitam entstandene Verwachsungen zwischen Iris und Linse vom freien Pupillarrande ausgehen. Doch hat man schon mehrfach beobachtet, dass, wenn solche Verwachsungen im Säuglingsalter entstehen (Blennorrhoea neonatorum), der Ursprung desselben allmählich auf die vordere Fläche der Iris

rückte, so dass später genau das gleiche Bild vorhanden war. Desshalb
ist es wohl eher am Platze, gerade die Fälle mit sehr ausgesprochenem
Pupillarexsudat als Ueberbleibsel einer foetalen Iritis anzusprechen.
Die haarfeinen Fäden oder feinen Netze, welche durch die Pupille
ziehen, so wie die so häufigen vereinzelten Pigmentpunkte auf der Linse,
die man gelegentlich in ganz normalen Augen findet, sind wohl eher
Rudimente der Pupillarmembran. Die Functionsstörung ist meist gering;
sollte bei grossem Pupillarexsudat aber eine erheblichere bestehen, so
wäre eher durch eine optische Iridectomie Abhülfe zu schaffen, als
dass man riskirte, beim Losreissen der Membran die Linse zu ver-
letzen.

Bei den **entzündlichen Uvealkrankheiten** unterscheidet man je
nach dem hauptsächlich afficirten Theile eine Entzündung der Iris
(Iritis), des Ciliarkörpers (Cyclitis) und der Choroidea (Choroiditis).
Selbstverständlich sind dieselben nicht scharf abgegrenzt; es kommen
sowohl Uebergänge, als Mischformen vor, welch letztere man als Iridocyclitis, Iridochoroiditis u. s. w. bezeichnet. Es wäre vielleicht eher
gerechtfertigt, die Entzündungen im vorderen und hinteren arteriellen
Gebiet der Uvea zu trennen, doch wollen wir möglichst bei der gebräuchlichen Benennung bleiben.

Alle Uvealentzündungen haben eine ausgesprochene Neigung zur
Doppelseitigkeit, doch derart, dass die Affection nicht gleichzeitig auf
beiden Augen auftritt, sondern ein längerer Intervall zwischen der Erkrankung des ersten und der gleichartigen Entzündung des zweiten
Auges liegt. Häufig ist die Disposition zu den einzelnen Uvealerkrankungen ererbt; nicht selten entwickeln sie sich auf dyscrasischer
Basis.

Iritis nehmen wir an, wenn Ciliarinjection, Irishyperaemie
und Entzündungsproducte gleichzeitig vorhanden sind. Fehlen
die letzteren, so können wir nur von Irishyperaemie sprechen, fehlt
Ciliarinjection und lässt sie sich nicht durch ganz leichte Insulte (Reiben
des Auges, Atropineinträufelung u. dergl.) in characteristischer Form
hervorrufen, so müssen wir annehmen, dass es sich nur um Entzündungs-
reste, um eine abgelaufene Entzündung handelt.

Die Ciliarinjection ist völlig die gleiche, wie wir sie schon
bei Keratitis und Scleritis kennen gelernt haben. Hyperaemie ändert
die Farbe der Iris; braune Augen werden dunkler mit einer Beimengung
von Roth, blaue Augen nehmen eine grünliche Färbung an. Je nach
der Art der Entzündungsproducte unterscheiden wir eine plastische,
seröse und eitrige Iritis, wobei aber allerlei Uebergänge bestehen.

Die plastische Iritis ist characterisirt durch das Auftreten von Verwachsungen der Iris mit der hinteren Linsenkapsel (hintere Synechien) oder, abgesehen von Verletzungen, mit der Hornhaut (vordere Synechien). Für die Annahme einer Iritis serosa ist das Auftreten von Beschlägen der Hinterwand der Hornhaut und der Linsenkapsel mafsgebend; meist sind hierbei aber auch noch die tieferliegenden Theile der Uvea betheiligt.

Bei der eitrigen Iritis treffen wir Eiter in der vorderen Kammer (Hypopyum) oder im Irisgewebe an (Irisabscess); sie ist entweder Folge eitriger Hornhautprocesse oder inficirter Wunden der Iris selbst. Von ersteren war schon beim Ulcus serpens corneae die Rede, die letzteren werden bei den Verletzungen der Uvea besprochen werden.

Die plastische Iritis tritt in den verschiedensten Graden der Acuität und Intensität auf. Die acuten Formen zeigen tiefe bläulich-rothe Ciliarinjection, zuweilen sogar Oedem der Conjunctiva (Chemosis) und Lidschwellung mit oder ohne vermehrte Thränensecretion; die hyperaemische Iris zeigt im ersten Anfange nicht selten nur einen vermehrten Glanz, die Pupille ist eng (Iritis imminens). Schon nach wenigen Stunden, zuweilen erst nach einigen Tagen wird die Iris trüb, verliert ihren Glanz und sieht wie bestäubt aus; ihre Zeichnung wird verwischt und jetzt tritt auch mehr oder weniger reichliches Exsudat auf, das zur Verklebung des Pupillarrandes mit der Linsenkapsel führt, oft aber auch im freien Pupillargebiet auf letzterer abgelagert wird. Zugleich ist das Kammerwasser getrübt und oft durch beigemischten Blutfarbstoff gelb gefärbt; wenn es abgelassen wird, gerinnt es sofort, was normales nicht thut. Die Trübung und gelbe Färbung des Kammerwassers verursacht zum Theil das veränderte Aussehen der Iris; selten ist sie so stark — Wanderzellen, Endothelien und deren Reste, sowie Pigmentkörner —, dass eine Art gräulicher Bodensatz gebildet wird, kein eigentliches gelbgefärbtes Hypopyum, wie bei der eitrigen Iritis. Dagegen kommt es bei sehr heftiger Iritis nicht selten vor, dass das Kammerwasser spontan in der Kammer gerinnt (Iritis mit sogenanntem fibrinösem oder gelatinösem Exsudat). Das Fibringerinnsel, ein Abguss der vorderen Kammer, contrahirt sich, zerfällt später und wird nach und nach spurlos resorbirt. In einem gewissen Stadium kann es wegen seiner Form mit einer in die vordere Kammer luxirten Linse verwechselt werden, was schon mehrfach geschehen ist, bei einer genauen Prüfung aber nicht vorkommen dürfte. Diese Gerinnung des Kammerwassers kann sich gelegentlich wiederholen.

Auch die Hornhaut bleibt bei acuter Iritis nicht unbetheiligt; bei seitlicher Beleuchtung und Loupenvergrösserung sieht man die parenchymatöse Trübung derselben sich in zahllose feine, kreuz und quer verlaufende, graue Streifchen auflösen, die mit Flüssigkeit oder mit Wanderzellen gefüllten interstitiellen Saftcanälchen.

Die hinteren Synechien sind bei enger Pupille nur wenig auffallend, springen aber sofort in die Augen, sowie dieselbe erweitert wird. Anfangs sind sie dunkelbraun pigmentirt, punktförmig und ziehen sich bei Erweiterung der Pupille zu Fäden aus, wodurch die Pupille ein äusserst characteristisches Ansehen bekommt. Reissen sie, so bleibt ein Pigmentpunkt auf der Linse zurück, der sich nur sehr langsam, manchmal gar nicht resorbirt. Sind die Synechien sehr zahlreich, so kann nach deren Zerreissung ein förmlicher Pigmentring vom Umfange der verengerten Pupille zurückbleiben. Nicht selten ist dann auch das Pupillargebiet selber durch ähnliches Exsudat: zellenreicher Detritus mit reichlich Pigmentkörnern, verlegt. Ist die Entzündung recht heftig, oder die Pupillenerweiterung nur unvollkommen, so können sich auch bei halberweiterter Pupille noch frische Synechien bilden, die dann sehr viel schwerer zu zerreissen sind (periphere hintere Synechien). Frische Synechien sind gesättigt braun, manchmal fast schwarz; nach längerer Zeit werden sie mehr schiefergrau und schliesslich fast weiss; das gleiche gilt auch vom Pupillarexsudat.

Schmerzen in Auge, Stirn und Schläfe, gegen den Kopf, gegen das Ohr, in die Zähne ausstrahlend, sogenannte Ciliarschmerzen, können äusserst heftig sein, besonders Nachts, oder fast ganz fehlen bis auf einen gewissen Druck in und hinter dem Auge; auch auf Druck und Berührung kann dasselbe mehr oder weniger empfindlich sein.

Die Function des Auges kann durch grosse Lichtscheu bedeutend gehemmt sein, doch kann diese auch vollkommen fehlen. Die Sehschärfe selber ist nur mäfsig herabgesetzt, etwa auf $^2/_3$ bis ein Drittel, selten noch geringer, entsprechend der Trübung der Hornhaut und des Kammerwassers. Nur bei umfänglichem Pupillarexsudat ist dementsprechend eine erhebliche Sehstörung vorhanden. Die Tension ist ziemlich normal, meist etwas vermindert. Ausnahmslos ist Verbreiterung der Netzhautvenen und mäfsige Schlängelung derselben mit dem Augenspiegel nachzuweisen; theilweise muss man diese Erscheinung aber auf Rechnung des vorher angewandten Atropin setzen. (Siehe S. 2).

Bei sehr acuter und heftiger Iritis und bei sehr empfindlichen Personen kommt es gelegentlich sogar zu leichtem Fieber, gastrischen

Erscheinungen u. dgl.; doch müssen **namentlich** letztere gar nicht selten dem reichlichen Einträufeln des Atropin zugeschrieben werden.

Die acute Iritis kann unter geeigneter Behandlung in 2—4 Wochen ablaufen, subacute Formen brauchen länger; nicht selten werden beide Augen nach einander befallen, was den Verlauf sehr in die Länge ziehen kann.

Bei den **chronischen Iritiden**, die sehr häufig auf Constitutions-anomalien zurückzuführen sind, und fast ausnahmslos früher oder später doppelseitig auftreten, sind die Erscheinungen weniger heftig; es wechseln freie Intervalle mit acuteren **Anfällen, und die Recidive können** sich auf Jahre, sogar **auf Jahrzehnte** vertheilen, mit monate- und jahre-langen Zwischenräumen. In solchen Fällen weisen nur die **mehr oder** weniger zahlreichen, theils frischen, **theils** alten Synechien **auf die** Krankheit hin. **Nach jedem Anfall** bleiben gewöhnlich einige **neue** Verwachsungen zurück und fast regelmäfsig sind auch die tiefern **Ge-**bilde des Auges früher oder später in Mitleidenschaft gezogen (Cyclitis, Glaskörpertrübungen u. s. w.). Linsentrübungen (grauer Staar), Ader-hautentzündungen, Ablösung **der Netzhaut** u. s. w. werden nicht selten in weiterem **Verlaufe** beobachtet, und **das Auge kann** langsam dergestalt zu Grunde gehen. **Dagegen** kann auch andererseits die Neigung zu Recidiven allmählich nachlassen, und nur die alten Synechien weisen auf das frühere Uebel hin, während **die** Function des Auges **wenig** ge-stört ist.

Eine Aenderung im Krankheitsbild **tritt** auf, sobald **es zu einer** völligen Verwachsung des Pupillarrandes mit der **Linsenkapsel, zu** einer ringförmigen hintern **Synechie**, gekommen ist. Dies tritt selten oder nie gleich **bei dem ersten** Anfall, sondern erst **im Verlaufe** subacuter oder chronischer Iritis **nach** mehrfachen Rückfällen **auf.** Noch durch eine **kleine freie** Lücke **kann der** natürliche Flüssigkeits-strom im Auge seinen Abfluss nach aussen durch **Cornea und Fontana'-**schen Raum finden; **hört** aber **diese** Communication auf, so steigt der Augendruck **sehr** erheblich. **Die am Pupillarrand** angelöthete Iris wird vorgebaucht, bis sie der Hinterwand der Hornhaut anliegt (Napfkuchen-form), und theils durch den erhöhten Druck, theils in Folge der hier-durch bedingten Ernährungsstörungen geht das Sehvermögen in einigen Tagen oder Wochen zu Grunde durch Atrophie der leitenden **Netzhaut-**elemente und Aushöhlung des Sehnerveneintrittes. Da die subjectiven Störungen hierbei, abgesehen von der Abnahme des Sehvermögens, namentlich die Schmerzen gewöhnlich nicht erheblicher **sind, als bei** sonstigen Recidiven, so geschieht es nicht gerade selten, **dass der**

Patient aus Gleichgültigkeit ein **Auge** auf diese Weise zu Grunde
gehen lässt. Die schmerzhaften Augenentzündungen erweisen sich
desswegen hier, wie in andern Fällen, oft günstiger.

Die acute Iritis ist nicht selten einseitig und kommt meist im
kräftigsten Jünglings- und Mannesalter vor, die chronischen Iritiden
dagegen sind fast immer doppelseitig und entwickeln sich sehr häufig
auf dyscrasischer Basis und bei körperlich heruntergekommenen Individuen. Bei Kindern gehört Iritis zu den grossen Seltenheiten; erst
gegen die Pubertätszeit kommen gelegentlich chronische Iritiden vor,
gewöhnlich aber mehr in der Form der später zu beschreibenden
Iritis serosa.

Acute Iritis kann traumatischer Natur sein; sehr auffällig ist
oft nach solchen Traumen — Schlag auf das Auge — eine sehr beträchtliche Herabsetzung des intraocularen Druckes, der sehr langsam,
erst im Verlaufe von Wochen wieder zur Norm zurückkehrt. Auch
ganz schleichende Formen entwickeln sich gelegentlich nach Verletzungen
und können, da sie wenig Symptome machen, leicht lange Zeit übersehen werden. In vielen Fällen wird Erkältung als Ursache einer
acuten Iritis angegeben, ohne dass wir, bei Mangel einer andern
plausibeln Ursache, genügende Klarheit über den Vorgang besitzen.
Verschieden davon ist die eigentliche rheumatische Iritis (bei
Personen, die mehrfach an multiplem Gelenkrheumatismus gelitten
haben), theils gleichzeitig mit Gelenkaffectionen, theils ohne diese. Es
sind meistens sehr acute und schmerzhafte Formen, die unter solchen
Umständen auftreten und nicht selten wird hierbei die spontane Gerinnung des Kammerwassers (gelatinöses linsenförmiges Exsudat) beobachtet, nach dessen Auftreten gewöhnlich ein bedeutender Nachlass der
Symptome sich einstellt. Sehr ähnlich sind die acuten Iritiden, die
bei arthritischer Diathese (Iritis arthritica) und bei Tripper-
infection (Iritis gonorrhoica) angetroffen werden; in letzterem
Falle bildet nicht selten eine gonorrhoische Kniegelenksentzündung das
Mittelglied und stellt die Analogie mit der eigentlich rheumatischen
Iritis her.

Bei Weitem die häufigste Ursache einer Iritis ist die erworbene
Syphilis: **Iritis specifica,** und zwar gehört sie zu den früheren secundären Symptomen; nicht selten sind gleichzeitig noch Exantheme vorhanden. Man kann wohl sagen, dass jede Iritis in erster Linie auf
Syphilis verdächtig ist. Die specifische Iritis unterscheidet sich in
nichts von andern Formen und kommt in verschiedener Acuität meist
erst an einem, später auch am andern Auge vor, kann aber auch ein-

seitig bleiben. Nur in einem kleinen Procentsatz von syphilitischer Iritis wird eine specifische Neubildung in der Iris, das sogenannte Gumma iridis, beobachtet. Dasselbe tritt gewöhnlich nahe am freien Rande der Iris als gelbröthliches, deutlich prominirendes Knötchen auf, das von einem rothen Gefässkranz umgeben ist; es kann einfach oder mehrfach sein. Nicht selten ist ein Hypopyum vorhanden, mit dessen Auftreten die subjectiven Erscheinungen einen deutlichen Nachlass zeigen. Unter geeigneter Behandlung verschwindet der kleine Tumor spurlos, oder mit Hinterlassung eines missfarbenen atrophischen Fleckes in der Iris; eine breite hintere Synechie an der betreffenden Stelle bleibt fast immer zurück. In andern, glücklicherweise seltenen Fällen wachsen die Geschwülstchen continuirlich, füllen schliesslich die Kammer völlig aus und führen zur Perforation und zum Verlust des Auges; wahrscheinlich handelt es sich nur in diesen Fällen um wirkliche Gummata der Iris, während die häufigeren Formen etwa einer Papel entsprechen dürften.

Auch die sogenannte gummöse Iritis fällt in überwiegendster Mehrzahl in die Periode der secundären Syphilis.

Eine Verwechslung könnte allenfalls mit einem Irisabscess stattfinden, doch würde hier die Aetiologie — Fremdkörper in der Iris — zur Differentialdiagnose ausreichen. Gewisse gleichfalls mit Iritis combinirt auftretende Granulationsgeschwülstchen der Iris unterscheiden sich vom sogenannten Gümma durch ihre mehr graue und grauröthliche Färbung. Nicht selten entwickeln sich in Synechien gelbröthliche Verdickungen, von denen es manchmal unentschieden bleibt, ob sie hierher zu rechnen sind.

Auch bei congenitaler Syphilis kommt reine Iritis vor; tritt letztere bei Kindern auf, so wird sich wohl fast ausnahmslos diese Aetiologie ergeben.

Iritis kommt gelegentlich als Nachkrankheit der verschiedensten acuten Infectionskrankheiten vor; in diesem Falle ist sie selten sehr acut, meist sind es subacute oder mehr chronische Formen, die sich sehr in die Länge ziehen können und in der Regel mit mehr oder weniger Cyclitis (Glaskörpertrübungen) verbunden sind. Auch im Verlaufe von Diabetes, morbus Brightii und Leukaemie wird Iritis beobachtet, bei letzterer zuweilen zusammen mit Entwicklung kleiner leukaemischer Tumoren der Iris. Häufig genug bleibt die Aetiologie unklar. Eine besondere scrophulöse Iritis (Arlt) kann ich mit vielen Anderen nicht annehmen.

Chronische Iritiden kommen wesentlich bei schlecht genährten, oft dyscrasischen Individuen vor. Um die Pubertätszeit und später sind es meistens chlorotische Mädchen, die davon betroffen werden; im späteren

Alter liegt häufig Syphilis zu Grunde, und die acuten Formen können direct in die chronischen übergehen. Oft sind es Mischformen zwischen plastischer und seröser Iritis, und eine Betheiligung noch anderer Gebilde des Auges ist überaus häufig.

Secundär kommt Iritis vor bei Scleritis, Hornhautgeschwüren und -Verletzungen, Linsenverletzungen u. s. w. Auch nach Netzhautablösung kommt es nicht selten zum Auftreten einer mehr oder weniger schleichenden Iritis.

Die **Behandlung** der Iritis besteht im Wesentlichen in der methodischen Anwendung des Atropins. In Zwischenräumen von zehn Minuten lässt man täglich zu einer bestimmten Zeit, am besten Morgens, 6—8 Tropfen einer einprocentigen Atropinlösung einträufeln, bis völlige Erweiterung der Pupille eingetreten ist. In sehr acuten Fällen kann man auch Nachmittags in gleicher Weise 3—4 Tropfen geben. Der Patient legt sich während dieser Zeit ruhig hin und hält die Augen wie zum Schlafen geschlossen. Mehr Atropin zu geben, das Auge völlig mit Atropin zu überschwemmen, hat nicht mehr Wirkung, als die sorgfältige Application von höchstens 8—10 Tropfen im Tage; dagegen ist die Gefahr einer Atropinvergiftung immer grösser. Bitterer Geschmack und Kratzen im Hals nöthigen zu öfterem Ausspülen des Mundes; geröthetes Gesicht, harter beschleunigter Puls, Verdauungsstörungen, Hallucinationen, verlangen grosse Vorsicht in der Weiteranwendung des Mittels, namentlich bei schlecht genährten Patienten. Womöglich soll der Patient zu Bett bleiben, jedenfalls sich im verdunkelten Zimmer aufhalten, und auch in leichteren Fällen, die zur Noth ambulatorisch behandelt werden können, muss eine recht dunkle Brille getragen werden.

In sehr acuten Fällen, wo die Atropinwirkung lange ausblieb, hat man sie nach einer tüchtigen Blutentziehung an der Schläfe noch eintreten sehen; bei gut genährten Individuen ist desshalb eine solche recht wohl am Platze.

Nächstdem ist von sehr guter Wirkung das Einreiben von grauer Quecksilbersalbe in Stirn und Schläfe; meist wird etwas Extractum Belladonnae derselben zugesetzt. (Arlt'sche Salbe; Rp. Ungt. hydrarg. ciner. 25.0; Extract. Belladonn. 0,5—2,5; S. drei- bis sechsmal täglich tüchtig in Stirn und Schläfe einzureiben.) Doch muss sie so angewandt werden, dass nichts davon in's Auge kommen kann; am besten lässt man etwas Verbandwatte darüber binden. Ein tüchtiges Laxans im Anfang wirkt häufig recht günstig. Bei sehr heftigen Schmerzen sind Morphiuminjectionen in die Schläfe nicht zu umgehen; oft sind

Cataplasmen sehr angenehm, während Kälte schlecht vertragen wird. Eine reizlose, bei Kräftigen entziehende, bei Schwächlichen kräftigende Diät ist selbstverständlich.

Ist die Acuität der Entzündung gebrochen, sind die Synechien sämmtlich oder grösstentheils gerissen, so begnüge man sich, nur soviel Atropin zu geben, als hinreichend ist, maximale Erweiterung der Pupille noch längere Zeit zu unterhalten. Bei Idiosyncrasie gegen Atropin benutze man ein anderes Mydriaticum (Seite 2 und 117).

Auch die Causalbehandlung ist sofort energisch in die Hand zu nehmen, bei rheumatischer, arthritischer und genorrhoischer Iritis gebe man täglich eine tüchtige Dosis von Natrium salicylicum (2 bis 4,0 pro die), bei specifischer Iritis beginne man am besten sofort eine energische Schmiercur, und nur, wenn diese nicht durchzuführen ist, nehme man zur subcutanen (Sublimat 0,2; Natr. chlorat. 2,0; aq. dest. 50,0 täglich 2 Spritzen auf einmal) oder innerlichen Behandlung seine Zuflucht.

Bei den chronischen Formen mache man sich zur Regel, nur soviel Atropin anzuwenden, als absolut nothwendig ist, da es oft sehr lange fortgebraucht werden muss. Auch hierbei ist natürlich eine Causalbehandlung indicirt, nur kann man selbstverständlich eine rasche Wirkung hiervon nicht erwarten. Die hier sehr häufigen Complicationen, Cyclitis, Glaskörpertrübungen u. s. w., bedingen eine entsprechende Behandlung, Jodkalium innerlich, Schwitzcuren, Gebrauch jodhaltiger Quellen u. dgl. Droht ringförmige hintere Synechie, oder ist sie bereits eingetreten, so ist sofort eine Iridectomie auszuführen, um die Communication zwischen vorderer und hinterer Kammer herzustellen. Diese Operation kann recht schwierig sein, wenn die Iris schon stark vorgebaucht ist, und kann dann oft nur mit dem Linearmesser ausgeführt werden. Am besten macht man sie nach oben, damit die künstliche Pupille unter das obere Lid fällt; nur wo reichliches Exsudat das natürliche Pupillargebiet verdeckt, mache man sie als gleichzeitig optische Iridectomie nach einer andern Richtung. Immer wird man in Fällen mit (hinteren oder vorderen) Synechien eine beträchtliche Blutung in die vordere Kammer haben, da das Irisgewebe, durch die Synechien festgehalten, sich nicht zusammenziehen kann; dies hat aber weiter keine Bedeutung, das Blut wird in einigen Tagen resorbirt.

Von der Meinung ausgehend, dass die zurückbleibenden Synechien Ursache der Recidive seien, hat man eine Reihe von Methoden zur Zerreissung derselben (Corelyse) erfunden; man ist allgemein davon zurückgekommen. Wo nur einzelne wenig ausgedehnte Synechien vorhanden sind, lässt man sie ruhig stehen; sind sie reichlicher und ausgedehnter, so ist entschieden eine Iridectomie vorzuziehen. Man kann öfters beobachten, dass eine ewig recidivirende Iritis in dem Momente zum Stillstande kommt, in welchem letztere Operation kunstgerecht ausgeführt worden ist. Wo die Sache nicht drängt, wähle man hierfür einen entzündungsfreien Intervall aus.

Die **Iritis serosa** (Aquocapsulitis, Hydromeningitis) characterisirt sich durch das Auftreten von Beschlägen auf der Hinterwand der Hornhaut und auf der vordern Linsenkapsel. Bei seitlicher Beleuchtung (und Loupenvergrösserung) sieht man zahlreiche, verschieden grosse rundliche graue oder bräunliche Punkte, manchmal nur einzelne, oft in einer parabelähnlichen Form die untern zwei Drittel, zuweilen auch die ganze Hornhaut bedeckend; meist sind auch ähnliche, aber kleinere auf der vordern Kapsel der Linse zu sehen. Die übrigen Zeichen sind die einer Iritis, doch fehlen meist hintere Synechien. Der Augendruck ist verschieden, bald vermehrt, bald vermindert, häufig wechselnd. Ist der Druck fühlbar erhöht, so pflegt auch die Pupille erweitert zu sein, sonst weicht sie nicht viel von der gewöhnlichen Weite ab. In schwereren Fällen können grössere Plaques ausgedehnten Partien der Hornhaut aufliegen, meist unguisförmig am untern Rande; über derartigen grösseren Beschlägen kommt es weiterhin zu bleibenden Hornhauttrübungen. Um sich zu vergewissern, dass die Trübungen auf der Hinterwand der Hornhaut liegen, braucht man nur ganz wenig Calomel einzustäuben, worauf bei seitlicher Beleuchtung die Distanz zwischen den Calomelstäubchen vor, und den Beschlägen hinter der Hornhaut deutlich wird; man kann dazu auch die binoculäre Loupe (Seite 178) anwenden.

Die Iritis serosa ist das, was man früher eine „asthenische" Krankheit nannte; sie wird meist bei Blutarmen, häufig bei weiblichen Individuen in den Entwicklungsjahren, angetroffen. Die schweren Formen entstehen nicht selten auf constitutioneller Basis, z. B. bei congenital syphilitischen Kindern, und sind dann gewöhnlich mit andern Uveal- und Hornhauterkrankungen complicirt.

Microscopisch bestehen die Beschläge aus zerfallenden Rundzellen, Detritus und Pigmentkörnchen; oft ist auch der Fontana'sche Raum durch solches Material verlegt, und damit hängen wohl die Druckschwankungen zusammen. Ueber den Beschlägen geht das Endothel der Descemet'schen Membran zu Grunde, regenerirt sich bei kleinen Beschlägen aber bald wieder nach deren Resorption, während bei ausgedehnten bleibende Hornhauttrübung einzutreten pflegt. Ausserdem wird aber microscopisch auch zellige Infiltration der Iris, der

Ciliarfortsätze und der Choroidea gefunden, während das Pigment-epithel ziemlich intact ist. Die zellige Infiltration setzt sich sogar in den Sehnervenkopf und von da, innerhalb der Pialscheide des Opticus, bis zum Chiasma fort, sodass man wohl das Recht hat, die Krankheit als Uveïtis serosa zu bezeichnen.

Die Iritis serosa ist selten sehr acut, meist schleichend, oft sehr chronisch, mit intercurrenten heftigeren Anfällen. Ciliarinjection kann völlig fehlen, ist aber dann durch Reiben des Auges leicht hervor-zurufen, erheblichere Schmerzen sind selten vorhanden, die Functions-störung ist in reinen Fällen gering, und desshalb wird die Krankheit nicht selten lange Zeit übersehen. Es kommen sowohl bei gewöhn-licher Iritis einzelne Beschläge, als bei Iritis serosa hintere Synechien vor; überhaupt existiren alle Uebergänge zwischen diesen beiden Affectionen. Complicationen sind sehr häufig, besonders Glaskörper-trübungen.

Ophthalmoscopisch entdeckt man nicht selten choroiditische Heerde im vordern Abschnitt des Auges, die Netzhaut ist glanzlos, der Sehnerv trüb, geröthet, mit mehr oder weniger erweiterten Venen, nach Ablauf der Krankheit graugelblich verfärbt; ebenso findet man in den spätern Stadien meist ausgedehnte Rarefication im Pigmentepithel (siehe später), alles als Zeichen der Betheiligung des gesammten Ader-hauttractus. Auch nach völliger Heilung entwickelt sich häufig später Linsentrübung, und bei allen Staarformen in den dreissiger und vier-ziger Jahren hat man auch an abgelaufene Iritis serosa zu denken. Einzelne Pigmentpunkte auf der Hinterwand der Hornhaut, Reste der resorbirten Beschläge, können die Diagnose sichern. Oft sind die Be-schläge der Hornhaut nur Theilerscheinung schwerer constitutioneller Irido-cyclo-chorio-keratitis und treten gegenüber der Gesammtkrankheit in den Hintergrund.

Die Behandlung ist theils eine allgemeine, roborirende, ähnlich der bei Keratitis interstitialis diffusa (siehe Seite 176), theils eine locale. Am besten wird feuchte Wärme vertragen; Atropin gebe man nur nach Bedarf, um Synechien zu verhindern, und setze es bei Druck-steigerung ganz aus. Nehmen die Beschläge überhand, so mache man eine Punction der vordern Kammer; durch Reiben der Augen kann man dann mechanisch die Mehrzahl der Beschläge loslösen und beim Abfliessenlassen des wieder angesammelten Kammerwassers mit heraus-schwemmen. Bei dauernder Drucksteigerung, oder häufigen acuten Exacerbationen ist eine Iridectomie, am besten nach oben, zweck-mäfsig; sind reichlich Glaskörpertrübungen vorhanden, so lasse man

eine — aber vorsichtige! — Schwitzcur mit Pilocarpin, Holztrank oder
Einwickelungen machen. Jede stark angreifende oder schwächende Behandlung ist zu vermeiden.

Cyclitis, d. h. die Mitbetheiligung des Ciliarkörpers an Entzündungen, wird ebenso, wie Iritis aus ihren Entzündungsproducten erkannt;
sie treten im Wesentlichen in drei Formen auf: 1. als mehr oder
weniger flottirende **Trübungen** im vordersten Theile des Glaskörpers,
2. als plastisches, weiterhin **schrumpfendes** Exsudat in der hintern
Augenkammer und hinter der Linse (cyclitische Schwarte), 3. als grauliches, granulationsähnliches **Exsudat** auf dem Boden der vordern
Kammer (cyclitisches Hypopyum). Eitrige Cyclitis kommt
nur nach Verletzungen vor, und wird davon später die Rede sein.
Characteristisch für Cyclitis wird angesehen ein mehr oder weniger
heftiger **Schmerz** bei Druck auf die Ciliargegend, besonders
aussen oben; doch kann derselbe in seltenen Fällen auch fehlen.
Eine genügende Erklärung für diese bestimmte Localisation haben wir
nicht. Ciliarinjection und Schmerzen können in sehr verschiedenem
Mafse vorhanden sein, fast fehlen, oder, namentlich Nachts, beinahe
unerträglich sein; sie können in die Stirne, Schläfe, in die Zähne und
noch weiter ausstrahlen (sogenannte Ciliarschmerzen). Der Augendruck ist fast ausnahmslos und oft sehr erheblich vermindert.

Cyclitis mit vorwiegend Glaskörpertrübungen wird am häufigsten
in der Reconvalescenz von acuten Infectionskrankheiten
beobachtet. Wohl jede derselben hat schon gelegentlich diese Nachkrankheit hervorgebracht. Das grösste Contingent stellt der Typhus
recurrens, demnächst die andern Typhusformen. Obwohl die Mehrzahl der Erkrankungen leichte zu sein pflegen, kommen doch auch
sehr schwere, auch plastische Formen vor, sowie Complicationen mit
Iritis und Choroiditis. Die einzelnen Epidemien verhalten sich hierin
sehr verschieden. Die Behandlung sei, dem Reconvalescenzstadium
entsprechend, eine wesentlich roborirende, Atropin ist nur bei Mitbetheiligung der Iris und nur soviel nöthig zu verwenden. Resorption
der Flocken findet je nach deren Menge unter passendem diätetischem
Verfahren und genügender Bewegung in 2—4 Monaten statt und
kann bei gutem Kräftezustand durch eine vorsichtige Schwitzcur unterstützt werden. Jede schwächende Behandlung kann direct schädlich
wirken und hierher gehören auch die Dunkelcuren; eine dunkle Schutzbrille genügt in fast allen Fällen. Jodeisensyrup, oder ein jodhaltiges
Mineralwasser einige Wochen nehmen zu lassen, wird häufig am Platze

sein. Die schweren, mehr plastischen Formen bedürfen natürlich, je nach den Complicationen, einer energischeren localen Behandlung.

Die plastische oder schrumpfende Cyclitis kommt ausser nach Verletzungen wohl nur auf constitutioneller Basis zur Beobachtung und ist häufig nur Theilerscheinung einer allgemeinen Uveïtis: Iridocyclitis, Iridochoroiditis. Ererbte und die spätern Stadien der erworbenen Syphilis, alle zu Anaemie führenden Krankheiten und Constitutionsanomalien u. dgl., können die Grundlage abgeben. Das schrumpfende Exsudat verlöthet entweder die ganze Hinterfläche der Iris mit der Linse (flächenförmige hintere Synechie), oder es zeigt sich als gelbliche „cyclitische Schwarte", nicht selten mit nachträglicher Gefässentwicklung, hinter der Linse, welch' letztere weiterhin in die vordere Kammer dislocirt werden kann. Die Hornhaut bleibt gewöhnlich lange durchsichtig, dagegen tritt früher oder später ausnahmslos Linsentrübung ein. Wenn der in den acuten Stadien infiltrirte Glaskörper schrumpft, kommt es auch zur Ablösung der Netzhaut, besonders wenn — wie fast immer — auch die Choroidea an dem entzündlichen Process betheiligt ist.

Die Behandlung ist sowohl eine der eventuellen Constitutionsanomalie angepasste, als eine locale. Die unerträglichen, besonders in der ersten Hälfte der Nacht auftretenden Schmerzen, machen oft eine abendliche Morphiuminjection in die Schläfe nöthig; meist werden sie durch energisch angewandte, möglichst heisse Cataplasmen ebenfalls gemildert. die überhaupt während der acuteren Perioden zu empfehlen sind. Die auf die Pupille wirkenden Mittel versagen fast immer; droht flächenförmige hintere Synechie, so ist eine Iridectomie nöthig, womöglich an einer Stelle, wo die Iris noch nicht verwachsen ist, da sonst das Pigmentblatt derselben auf der Linsenkapsel haften bleibt. An den noch freien Stellen ist die Färbung der Iris der natürlichen ähnlich, oder hyperaemisch, an den verwachsenen ist sie heller verfärbt und atrophisch. Eine in die vordere Kammer dislocirte Linse muss entfernt werden. Oft spottet eine derartige Krankheit jeder Therapie; die angelegte Iridectomieöffnung verwächst wieder, und das Auge geht schliesslich durch allgemeine Schrumpfung (Phthisis bulbi) zu Grunde. Das Sehvermögen kann sehr verschieden sein und entspricht wesentlich dem Zustande der brechenden Medien: Trübungen der Hornhaut, Pupillarexsudat, Linsen- und Glaskörpertrübungen sind mafsgebend; die Projection ist meist gut, so lange die Netzhaut noch anliegt, später fällt sie für die abgelöste Partie aus, was den Anfang vom Ende bedeutet.

Die Cyclitiden auf constitutioneller Basis sind fast immer doppelseitig, wenn auch nicht immer gleichzeitig auftretend und gleich heftig;
die traumatisch inficirten können längs des Sehnerven auf das andere
Auge übergehen. Sie pflegen sich meist sehr in die Länge zu ziehen;
jahrelang können Perioden der Ruhe mit acuten Anfällen wechseln. Die
Prognose ist desshalb auch in anscheinend nicht besonders schweren
Fällen mit Vorsicht zu stellen.

Bei den **Krankheiten des** Ciliarkörpers und seiner Nachbarschaft
muss auch das sogenannte **Glaucom** zur Sprache kommen, das in den
meisten Lehrbüchern eine gewisse Sonderstellung einnimmt, unzweifelhaft
aber **hierher** gehört.

Wie die bisher besprochenen Krankheiten **tritt auch** das Glaucom
in sehr verschiedener Acuität auf. Schmerzen und Ciliarinjection können
fast völlig fehlen und **ausnehmend** heftig mit Conjunctivaloedem und
Lidschwellung einhergehen; **es kann** sich jahrelang hinausziehen oder
in einem einzigen Anfalle das **Auge** völlig zu Grunde richten. Das
acute Glaucom zeigt alle Symptome eines acuten iridocyclitischen
Anfalls: Ciliarinjection, Chemosis, Lidschwellung, Verfärbung der Iris;
die Schmerzen verhalten **sich** verschieden, fehlen selten und wurden
zuweilen mit einer heftigen Migräne verwechselt. Als unterscheidende
Merkmale kommen aber hinzu eine eigenthümliche Hornhauttrübung,
weite Pupille, enge vordere Kammer, fühlbare Zunahme
des Augendruckes und Sehstörungen. Das Hornhautepithel sieht wie gestichelt aus; daneben besteht diffuse parenchymatöse **Trübung der** Hornhaut (vergl. Seite 178), die in
der **Mitte** am stärksten ist und zusammen mit der weiten Pupille oft
einen eigenthümlich grünlichen Schimmer der letzteren veranlasst, der
zu dem Namen „Glaucom" Veranlassung gab. Die Empfindlichkeit
der Hornhaut auf Berührung ist fast ausnahmslos mehr oder weniger
herabgesetzt. Die Pupille ist weit und starr; zuweilen zeigen
sich einige hintere Synechien oder Reste von solchen auf der Linsenkapsel. Die hyperaemisch verfärbte Iris ist nach vorn gerückt,
oft der Hornhaut nahezu anliegend, wodurch die Tiefe der vordern
Kammer vermindert erscheint. Die Härte des Auges kann enorm
erhöht sein, so dass sich dasselbe wie eine Marmorkugel anfühlt; in
andern Fällen, besonders auch im weitern Verlauf des Anfalles ist die
Druckerhöhung weniger stark, kann ausnahmsweise sogar fehlen. Das
Sehvermögen nimmt rasch ab unter concentrischer Einengung
des Gesichtsfeldes und kann auf der Höhe des Anfalles völlig erloschen
sein; die Abnahme ist meist erheblicher, als der Hornhauttrübung ent-

sprechen würde. Wenn ein Einblick **mit** dem Augenspiegel möglich ist, so erblickt man den Sehnerv geröthet, trüb, leicht geschwellt; die Venen sind erweitert und geschlängelt und die Arterien pulsiren sichtbar. Die weite Pupille und der erhöhte Augendruck bei den sonstigen Erscheinungen einer Iritis oder Iridocyclitis ist characteristisch für das acute Glaucom.

Meist lässt der Anfall **nach** einigen Tagen auch ohne Behandlung wieder nach, die Entzündungserscheinungen werden geringer, das Sehvermögen kehrt zurück, die Hornhaut hellt sich auf, und **es kann ein** ziemlich normaler **Zustand auf** längere oder kürzere **Zeit** eintreten; später treten dann **wieder** Anfälle auf, **wie** beim subacuten und chronischen Glaucom, nur in grösserer Heftigkeit, und unter denselben Erscheinungen wie dort. Zuweilen **wird** das Sehvermögen schon im ersten Anfalle dauernd vernichtet (Glaucoma fulminans). In andern Fällen stellt sich kein ganz normaler Zustand wieder ein; es wechseln Zeiten relativer Ruhe und heftiger Entzündungserscheinungen, welch' letztere immer mehr überhand nehmen **und** dauernd werden, bis das Auge zu Grunde gegangen ist.

Der Anfall kann ganz ohne **Vorboten eintreten.** was im Ganzen selten ist; meist sind vorher schon sogenannte **Prodromalerscheinungen** vorausgegangen. Dieselben zeigen sich als zeitweiliges Nebligsehen, besonders gegen Abend; Lichter erscheinen von einem eigenthümlichen regenbogenfarbigen Ringe **umgeben**, wie wenn man sie durch eine behauchte Glasscheibe betrachtete; häufig ist die Accommodation deutlich eingeschränkt. Objectiver Befund **hierbei ist** Arterienpuls, öfters auch deutliche Pupillenerweiterung und leichte centrale Hornhauttrübung. **Nach** dem Schlaf am andern Morgen ist scheinbar Alles wieder in Ordnung. Diese prodromalen Erscheinungen waren entweder nur **ganz** vereinzelt, oder hatten **sich in** der letzten Zeit vor dem acuten Anfall gehäuft. Gemüthsbewegungen, **namentlich deprimirender Natur, sowie alle pupillenerweiternden Momente, namentlich auch Anwendung der Mydriatica,** können sowohl prodromale als wirkliche Anfälle hervorrufen.

Sind die Symptome der einzelnen Anfälle weniger heftig, so spricht man von Glaucoma subacutum, und von diesem kommen alle Uebergänge vor zum **Glaucoma chronicum.** Dasselbe geht meist aus Prodromalerscheinungen hervor; dieselben nehmen allmählich an Intensität und Häufigkeit zu, ohne dass einstweilen sichtbare Entzündungserscheinungen vorhanden wären. Allmählich nimmt das Seh-

vermögen ab und kehrt auch in den Intervallen nicht mehr zur Norm
zurück. Schon früh lässt sich eine concentrische Einengung des
Gesichtsfeldes, namentlich innen oben, nachweisen, während
die Farbenempfindung nicht gestört ist. Allmählich erreicht
die Gesichtsfeldgrenze von innen her den Fixirpunkt, wodurch auch das
centrale Sehvermögen, das bis dahin noch ziemlich gut sein konnte,
erheblich leidet. Ziemlich lange noch kann nach aussen vom Fixirpunkt
ein Gesichtsfeldrest erhalten bleiben, innerhalb dessen sogar noch
Farben unterschieden werden können; schliesslich tritt völlige Erblindung ein.

Gleichzeitig mit der Abnahme des Sehvermögens entwickelt sich
sogenannte glaucomatöse Excavation des Sehnerven. Der Nerv
wird blass, sehnig weisslich verfärbt, oft mit bläulicher oder grünlicher
Nuance, die Lamina cribrosa zeigt sich deutlich als ein sehniges Maschenwerk, in dem die einzelnen Nervenbündel zu erkennen sind; die Gefässe
rücken nach dem innern Rande des Sehnerven, und die Oberfläche des
Opticus sinkt mehr und mehr ein. Im ausgebildeten Zustande treffen
wir eine randständige, bis 2 mm tiefe (Refractionsdifferenzen von
4,0 D zwischen Rand und Tiefe der Excavation sind keine Seltenheit),
kesselförmige Excavation, um deren inneren Rand sich die pulsirenden
Netzhautgefässe herumbiegen. Meist ist der Sehnerv noch von einem mehr
oder weniger breiten, bräunlich oder gelblich verfärbten Ring atrophischer
Choroidea, dem sogenannten Halo, umgeben. Im übrigen Augengrund finden wir nur noch Rarefication des Pigmentepithels (siehe später)
in grösserer oder geringerer Intensität. Sichtbare Glaskörpertrübungen
sind sehr selten; dagegen findet man nicht selten in der äussersten
Peripherie atrophische Choroidalheerde. Die glaucomatöse Excavation
entwickelt sich auch in den acuten Glaucomformen nach längerem Bestehen oder gehäuften Anfällen. Ihr Verhältniss zur Sehstörung ist
wechselnd; es kann weit vorgeschrittene, selbst scheinbar totale Excavation bei noch ziemlich gutem Sehen angetroffen werden. Bei trüben
Medien dient die Verschiebung der Gefässhauptstämme an den innern
Sehnervenrand zur Diagnose; ist auch dies nicht mehr sichtbar, z. B. bei
weit gediehener Linsentrübung, so ist die Einengung des Gesichtsfeldes
von innen oben her zu berücksichtigen; im weiteren Verlaufe tritt
nämlich nicht selten Staarbildung auf (Cataracta glaucomatosa).

Die Pupille verhält sich im chronischen Glaucom wechselnd, ist
oft erweitert und reagirt träg; nach längerem Bestehen pflegen die
nahe am Hornhautrande sichtbaren Scleralvenen oft sehr auffällig
erweitert zu sein. Schmerzen sind nicht vorhanden.

Der Augendruck ist keineswegs immer fühlbar erhöht; ja es kommen
Fälle vor, wo es zur völligen Erblindung des Auges kommt unter Entwicklung von glaucomatöser Excavation und der hierbei typischen Sehstörung, ohne dass je im Verhalten der Pupille und des Augendruckes
eine Abnormität zu constatiren wäre, sogenanntes **Glaucoma simplex.**
Meist hingegen treten doch nach längerer oder kürzerer Zeit wirkliche
entzündliche Glaucomanfälle auf, die an Intensität zunehmen und die
gleichen Ausgänge wie bei den acuten Glaucomformen nehmen. Mit
der Erblindung des Auges (sog. Glaucoma absolutum) ist nämlich die Leidensgeschichte desselben noch nicht abgeschlossen; bei
Glaucoma simplex und chronicum beginnt sie meist jetzt erst recht.
Die Anfälle häufen sich, werden immer schmerzhafter, die Remissionen
immer unvollständiger und kürzer, und die sichtbaren Entzündungserscheinungen werden immer auffälliger. Dieser Umschlag kann jederzeit eintreten, und hierdurch zeigen die verschiedenen Glaucomformen
ihre innere Zusammengehörigkeit.

Schliesslich entwickelt sich Schwielenbildung und Verkalkung auf
der Hornhaut (bandförmige Keratitis); auch Blasenbildung wird
gelegentlich beobachtet (Keratitis bullosa). Es treten Hornhautgeschwüre auf, die ähnlich der neuroparalytischen Keratitis verlaufen,
sich inficiren und weiterhin zur Zerstörung des Auges führen; oder es
findet nach einer gewissen Zeit spontaner Uebergang in schrumpfende
Cyclitis statt, die unter Druckabnahme Phthisis bulbi veranlasst,
oder es kommt zu Staphylombildungen. In letzterem Falle entwickeln sich da, wo früher die erweiterten Scleralvenen sichtbar waren,
eine Reihe bläulich durchscheinender oder schieferig verfärbt aussehender
Buckel, die oft die ganze Cornea umgeben; weiterhin kann sich auch
das ganze Auge vergrössern. Endlich kommt es aber auch hier entweder spontan, oder nach Perforation, oder durch inficirtes Hornhautgeschwür zur Phthisis bulbi. Bis zu diesem Ende kann eine Reihe
von Jahren vergehen.

Glaucom ist im Ganzen keine sehr häufige Krankheit und wird oft verkannt,
was zu den grössten und folgenschwersten Kunstfehlern des practischen Arztes
gehört; meist werden die chronischen Formen bei ältern Leuten ohne weiteres für
Altersstaar erklärt und auf eine spätere Extraction desselben vertröstet. Hierzu
verführt allerdings leicht der Umstand, dass bei gewöhnlicher Beleuchtung wegen der
Weite der Pupille die Zeichnung des Linsensternes bei alten Leuten oft ohne weiteres
sichtbar ist und auch bei seitlicher Beleuchtung zu Täuschung führen kann. Ein
Blick mit dem Augenspiegel erweist aber sofort die Durchsichtigkeit der Linse.
Uebrigens muss man auch auf die Combination von Glaucom und Staar Rücksicht
nehmen, da sich sowohl in einem glaucomatösen Auge Staar entwickeln, als auch

14 *

in der Entwicklung des letzteren Glaucomformen, namentlich die chronischen, auftreten können.

Das Glaucom tritt meist auf beiden Augen in der gleichen
Form auf, wenn auch nicht selten in grossen Zwischenräumen. Es
wird vorwiegend im höhern Lebensalter angetroffen, etwas häufiger bei
Frauen im Klimacterium, namentlich bei Jüdinnen. Nicht selten ist
eine Art Erblichkeit, indem mehrere Geschwister oder auch die Nach-
kommen von Glaucomkranken daran leiden. Bevorzugt ist der hypermetropische Refractionszustand, weniger häufig werden Emmetropen,
selten Myopen und diese fast nur von chronischen Formen, betroffen.
Eine Ursache ist meist nicht zu eruiren; Gicht wird von Einigen beschuldigt. Die einzelnen Anfälle, auch die prodromalen, werden leicht
durch deprimirende Gemüthsaffecte hervorgerufen. Bekannt
sind Glaucomausbrüche auf dem anscheinend völlig gesunden zweiten
Auge, kurz nach Operation des ersten an derselben Krankheit; doch
kann dieser Effect auch durch andere Operationen, z. B. Enucleation
eines Auges, sogar Herniotomie u. s. w. hervorgerufen werden. Anwendung der Mydriatica hat schon häufig Anfälle provocirt und ist
geradezu in zweifelhaften Fällen als Reagens benutzt worden, obschon
natürlich das Ausbleiben eines Anfalles nichts gegen Glaucom beweist.

In andern Fällen ist die Aetiologie klarer, beim sogenannten
Secundärglaucom. Alles, was entzündliche Processe in der Gegend
des Ciliarkörpers und des Corneoscleralrandes veranlasst, kann gelegentlich zu Glaucom führen, das sich in Nichts, auch nicht anatomisch,
vom sogenannten genuinen unterscheidet. Hervorzuheben wären vordere
Synechien, namentlich von grösserer Ausdehnung, Reizung durch
quellende Linsensubstanz oder durch Dislocation der
Linse in die vordere Kammer oder den Glaskörperraum. Ein Krankheitsbild, ähnlich dem acuten oder subacuten Glaucom, gibt auch die
ringförmige hintere Synechie, der totale Pupillarverschluss bei
Iritis. Maligne Tumoren der Choroidea und Netzhaut veranlassen
fast ausnahmslos in einem gewissen Stadium mehr oder weniger acute
Glaucomformen. Ebenso führen zuweilen Netzhauthämorrhagien
gerade zu sehr bösartigen Formen: Glaucoma hämorrhagicum.
Man sagt dann, die Krankheit trete in ihr Stadium glaucoma-
tosum.

Die Therapie des Glaucoms besteht in der Anwendung der
pupillenverengernden Alcaloide und in einem operativen Verfahren. Ersteres wirkt nur palliativ. Meist angewandt wird Eserin
($1\frac{1}{2}\%$); aber auch Pilocarpin (2%) oder die gewöhnliche, zu

Injectionen dienende Morphiumlösung (ca. 5 %) kann ebenso gut verwendet werden. Alle diese vermögen Prodromalanfälle in kurzer Zeit zu beseitigen; auch gegen wirkliche Anfälle wirken sie entschieden günstig und abkürzend. Mehr als etwa 6 Tropfen Eserinlösung pro die sollten nicht leicht gegeben werden; mehr nützt nichts und führt leicht zu Vergiftungserscheinungen. Aber die Wirkung aller dieser Alcaloide ist nur eine vorübergehende und lässt auch oft im Stich. Wie schon erwähnt, können ihre Antagonisten, die pupillenerweiternden Mittel gelegentlich Glaucomanfälle hervorrufen.

Wirkliches Heilmittel ist eine gut ausgeführte **Iridectomie.** Dieselbe wird am besten nach oben angelegt und gehört bei Glaucom zu den schwierigen Operationen; sie soll recht peripher, der Einstich etwa 1 mm vom Hornhautrande entfernt, die äussere Schnittlänge nicht unter 8 mm, nicht über 10 mm und auch die Irisexcision recht vollständig und peripher sein. Je nach den Umständen kann Gräfe's Messer oder eine breite krumme Lanze verwendet werden; letztere ist schwieriger anzuwenden, ermöglicht leichter Linsenverletzung, gibt aber einen egaleren Schnitt. Im Allgemeinen kann man sagen, dass je frühzeitiger die Operation ausgeführt und je acuter der Anfall ist, um so günstiger sich der Erfolg gestaltet. Sowohl vor als nach der Operation ist das Auge unter energischer Eserinwirkung zu halten. In einer Reihe von Fällen genügt eine Iridectomie zur dauernden Heilung, in andern muss sie wiederholt werden, am besten gerade gegenüber nach unten. In andern Fällen hingegen bleibt das Auge auch nach der Iridectomie hart, die Entzündung geht weiter und das Auge geht verloren (Glaucoma malignum); letzteres kommt auch vor bei Glaucomen, die bis zur Operation relativ chronisch verlaufen waren. Auch bei chronischem Glaucom ist eine möglichst frühzeitige Iridectomie indicirt, womöglich schon in der Prodromalzeit, wenn die Diagnose sicher ist; ich habe davon eine Reihe sehr schöner Erfolge gesehen. **Bei Glaucoma** simplex **ganz ohne** sichtbare Entzündungserscheinungen bleibt häufig die Operation ohne jede Wirkung; **der** Process geht einfach weiter, namentlich auch wenn er ganz ohne fühlbare Druckerhöhung verläuft.

Wir haben schon gesehen, dass nicht selten **eine** Glaucomiridectomie einen acuten Anfall auf dem scheinbar gesunden andern Auge hervorruft; auf diese Möglichkeit ist der Patient oder wenigstens seine Angehörigen immer vorzubereiten. Auch andere Zufälle können auftreten: Die Kammer kann sich wochen-, selbst monatelang nicht schliessen und doch der Enderfolg ein günstiger sein, wenn nur nicht trotz aufgehobener Kammer

Druckerhöhung fortbesteht. In andern Fällen tritt sogenannte cystoide Vernarbung ein, die langdauernde Reizerscheinungen unterhält, sogar der Ausgangspunkt für gefährliche Entzündungen werden kann. Die ganze Narbe oder ein Theil derselben, besonders die Ecken bauchen sich mehr oder weniger vor; zuweilen öffnet sich die Narbe periodisch, lässt das Kammerwasser austreten und schliesst sich dann wieder. Ursache ist Verwachsung des Irisstumpfes mit beiden Wundlippen, denn die Innenfläche der ectatischen Narbe ist immer von Resten auseinandergezerrten Irisgewebes überzogen. Genügt Aetzung der betreffenden Stelle mit spitzem Lapisstift oder leichtes Betupfen mit dem Galvanocauter nicht zur Abflachung der Narbe, so trägt man sie am besten ab und lässt bis zur Wiedervereinigung einen sorgfältig angelegten Schluss- oder Druckverband tragen.

Sehr häufig treten auch nach vorsichtig ausgeführter Iridectomie, durch den erheblichen Wechsel im Augendruck bedingt, Blutungen aus den offenbar brüchigen Netzhautgefässen ein, die ophthalmoscopisch leicht nachzuweisen sind. Meist sind sie ohne grosse Bedeutung und werden allmählich resorbirt; ist dagegen gerade die Macula betroffen, so resultirt eine erhebliche Sehstörung, die sich selten wieder völlig hebt.

Am eclatantesten ist die Wirkung der Iridectomie im acuten Glaucom: Ein nahezu blindes Auge kann in wenig Tagen bleibend zur Norm gebracht werden. In mehr subacuten und chronisch entzündlichen Fällen ist die Besserung weniger auffallend und entspricht etwa dem Zustande, wie er in den freien Intervallen zu sein pflegt; doch ist eine langsame nachträgliche Besserung nicht ausgeschlossen. In ganz chronischen Glaucomen tritt nicht selten noch etwas Verschlimmerung auf, ehe der stationäre Zustand eintritt, auch bei sonst ganz günstigem Verlaufe. Dies ist auch die Ursache, warum, wenn die Gesichtsfeldgrenzen nahezu den Fixirpunkt erreicht haben, das centrale Sehen nach der Iridectomie verloren gehen kann. In solchen Fällen wird direct von ihr abgerathen.

Ist das Auge schon längere Zeit vollständig erblindet (Glaucoma absolutum), so muss von jeder Operation an demselben entschieden abgerathen werden, auch wenn äusserlich wenig Entzündungserscheinungen vorhanden sind, da sehr häufig nach Iridectomie an solchen Augen die Erscheinungen des Glaucoma malignum beobachtet werden. Sind die Schmerzen unerträglich, so ist bestes und raschestes Heilmittel die Entfernung des ganzen Auges (Enucleation).

Bei secundären Glaucomen erfordert vordere Synechie eine nicht zu schmale periphere Iridectomie; das gleiche ist natürlich bei Pupillarver-

schluss nöthig. Geblähte Linsenreste und dislocirte Linsen müssen zeitig
entfernt werden, eventuell gleichfalls mit oder nach Iridectomie. Bei
malignen Tumoren ist möglichst frühzeitige Entfernung des ganzen
Auges vorzunehmen, sobald die Diagnose gesichert ist. Besondere Vorsicht verlangt das Glaucoma hämorrhagicum, das sehr **gern nach** Iridectomie in maligne Formen übergeht. Wenn irgend möglich, sollte doch
Iridectomie gemacht **werden**; häufig begnügt man sich, nur den Scleralschnitt auszuführen ohne Irisexcision **(Sclerotomie)**, und zwar zuweilen
mit gutem Erfolg. Die Operation ist unter gehöriger Eserinwirkung
auszuführen, und ist sorgfältig darauf **zu** achten, dass das Kammerwasser
nicht **zu** rasch abfliessen kann, **um** die darnach eintretende Druckänderung möglichst allmählich **zu bewirken**. Am besten macht **man**
mit dem Gräfe'schen Messer (Fig. 4 a Seite 8) einen Schnitt, **wie**
zur Iridectomie, vollendet denselben **aber** nicht, sondern lässt in **der**
Mitte eine Brücke stehen, **um Irisvorfall zu** vermeiden. Es sind auch
zur Sclerotomie verschiedene Instrumente **angegeben worden**. die es
ermöglichen sollen, einen möglichst **grossen** Scleralschnitt **ohne** Irisvorfall auszuführen. Alle operativen Eingriffe bei Glaucom erfordern
viel Gewandtheit, **auch** die Nachbehandlung kann recht schwierig werden; sie ist desshalb am besten dem Specialisten zu überlassen, dem
der eserinirte Kranke baldmöglichst zuzuschicken ist.

Die **pathologische Anatomie** des Glaucoms ist bis jetzt nur unvollkommen
gekannt, weil fast nur abgelaufene **Fälle zur** Untersuchung kommen. Im anscheinend vollständig normalen Auge **eines** Individuums, dessen anderes Auge an
chronischem Glaucom erblindet war, **fand** ich **als** einzigen Befund zellige Infiltration
des Corpus ciliare, der Cornea und Sclera in der Umgebung des Schlemm'schen
Canals. Schon in sehr frühen Stadien können choroiditische Heerde in der **äussersten**
Peripherie der Choroidea auftreten (Fuchs). Ausser den Zeichen einer Cyclitis,
je nach der Acuität des Processes — zellige, eventuell hämorrhagische Infiltration
der Iris, des Corpus ciliare, der Cornea-Scleralgrenze, der Conjunctiva u. s. w. —
findet man als wichtigsten Befund Verwachsung der Irisperipherie mit
der Cornea und Obliteration des Fontana'schen Raumes, meist durch
ein der Vorderfläche der Iris aufliegendes zellenreiches Exsudat bedingt. Dadurch
ist die Abflachung **der vordern Kammer** verursacht, während die Linse, wenigstens
anfänglich, noch sich an ihrem normalen Orte befindet. (Fig. 26 und 27 geben
typische Beispiele, ersteres eines acuten, letzteres eines sehr chronisch verlaufenen
Glaucoms; vergl. hiermit Fig. 23 auf Seite 142). Die Verwachsung ist nicht
überall gleich weitgehend, fehlte aber in keinem einzigen der zahlreichen von mir
untersuchten Fälle. Allerdings sind auch Beobachtungen vorhanden, in denen dieselbe vermisst wurde; in einzelnen Fällen hatte Eiterung im Auge nachträglich
die Verwachsung wieder gelöst, in andern handelte es sich um Glaucoma simplex.
Die Hornhautlamellen sind häufig durch Flüssigkeit auseinander gedrängt, es
finden sich sogar Tröpfchen zwischen dem vordern Epithel. Die eigentliche Choroidea
erscheint ziemlich normal, meist mehr oder weniger atrophisch, die Linse ist oft

mehr oder weniger getrübt, ohne characteristischen Befund. Oefter ist der Glaskörper in seinen vordern Parthien von den Ciliarfortsätzen abgelöst (vordere Glaskörperabhebung. Pagenstecher.) Der Sehnerv zeigt die ophthalmoscopisch sichtbare Aushöhlung, die Lamina cribrosa ist concav zurückgebogen, die Sehnervenfasern sind atrophisch zu Grunde gegangen; die Netzhaut zeigt Atrophie der Nervenfaser- und Ganglienzellenschicht, erscheint sonst normal. Häufig sind alte Excavationen durch neugebildetes Bindegewebe mehr oder weniger wieder ausgefüllt. In lange dauernden Fällen finden sich ausserdem allerhand Producte chronischer Entzündungen: Gefässdegenerationen verschiedener Art, Infiltration des Glaskörpers, Wucherungen im Pigmentepithel, Netzhautablösung und so fort. Veränderungen, die der chronischen Uveitis entsprechen und nichts für Glaucom Characteristisches haben.

Wir müssen nach diesen Befunden das Glaucom als eine Cyclitis oder Iridocyclitis deuten, bei welcher es durch Exsudat auf die vordere Fläche der Iris zur Verwachsung derselben mit der Hornhaut kommt, also **Iridocyclitis mit vorderer Synechie.** Warum in einem Fall vordere, im andern hintere Synechie eintritt, wissen wir nicht; letzteres kommt offenbar um so leichter zu Stande, je enger

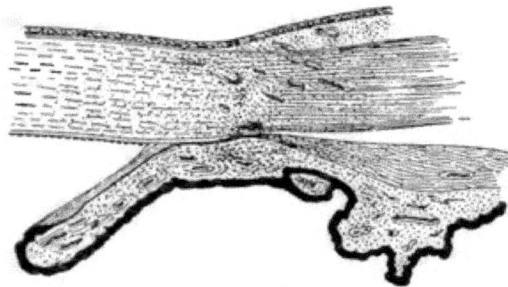

Fig. 26.

schon an und für sich die vordere Kammer ist, im höhern Alter, bei Hypermetropie, bei vorderer Synechie und so fort. Hierdurch sind alle Symptome des acuten Glaucom's auf's vollständigste erklärt: Die cyclitischen Erscheinungen, der erhöhte Druck durch Verlegung des wichtigsten Abflussweges, Oedem und Unempfindlichkeit der Hornhaut, sowie die weite Pupille, wodurch eben der Unterschied von gewöhnlicher Cyclitis gegeben ist.

In den subacuten und chronischen Fällen von Glaucom ist offenbar die Verlegung des Fontana'schen Raumes nicht von Anfang an eine vollständige, wie ja auch Iritis selten gleich im ersten Anfalle zu Ringsynechie führt. Der Abfluss ist erschwert, genügt aber für gewöhnlich, indem bis zu einem gewissen Grade Compensation durch andere Abflusswege (Cornea, eventuell Sehnerv) möglich ist. Entsteht nun bei diesem schleichend verlaufenden entzündlichen Process aus irgend einem Grunde ein stärkerer Afflux, so haben wir den glaucomatösen Anfall. Alles, was Congestionen zum Auge verursacht, namentlich Alles, was pupillenerweiternd wirkt und das Blut der Iris dem Ciliarkörper zutreibt (deprimirende psychische Momente, alle Mydriatica), vermag einen acuten Anfall auszulösen. Aehnliches müssen wir wohl auch in vielen Fällen von Glaucoma simplex annehmen, die in Dauer und Verlauf an gewisse Fälle von Iritis serosa erinnern, welche sich gleichfalls jahrelang hinausziehen können. Auch die erweiterten Scleralvenen um die Hornhaut deuten auf das Corpus ciliare als Sitz des schleichenden Entzündungsprocesses.

Was die unmittelbare Ursache der glaucomatösen Entzündung ist, wissen wir so wenig, wie bei den andern genuinen Iritiden und Cyclitiden; in England wird oft Gicht beschuldigt, doch kann dieselbe höchstens als disponirende Constitutionsanomalie angesehen werden. Leichter liegt die Sache beim Secundärglaucom. Hier wird die Entzündung direct fortgeleitet bei vordern Synechien, Linsenquellung und Linsendislocationen, oder es werden reizende Stoffe producirt, die bei ihrem Austritt aus dem Auge Entzündung erregen, wie bei malignen Tumoren, die auch in ihrer unmittelbaren Nachbarschaft das Gleiche, sogenannte reactive Entzündung, veranlassen. So sah ich z. B. bei Choroidalsarcom noch vor dem Auftreten glaucomatöser Erscheinungen in der Umgebung des Schlemm'schen Canals zahlreiche Pigmentkörner, die nur aus der Geschwulst stammen konnten. Aehnliches haben wir wohl auch beim hämorrhagischen Glaucom nach Netzhautblutungen anzunehmen.

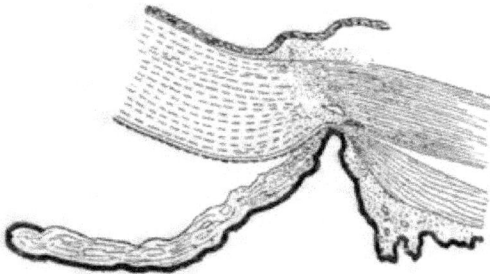

Fig. 27.

Zweifelhaft ist, ob die glaucomatöse Sehnervenexcavation lediglich als Drucksymptom aufgefasst werden muss. Ich habe sie ganz typisch gesehen in Fällen, wo nie Drucksteigerung nachzuweisen war. Offenbar kann Erweichung des Sehnerveneintrittes auch bei normalem Druck zu Excavation führen; nur so lassen sich die totalen Excavationen bei gutem Sehvermögen erklären. Durch das Abflusshinderniss wird ausser der Druckzunahme auch eine mangelhafte Ernährung der Augengewebe veranlasst, welche namentlich in chronischen Fällen vielleicht grössern Einfluss auf den Verlauf der Krankheit hat, als der erhöhte Druck selber.

Um von Früheren zu schweigen, so hat v. Graefe zuerst das Hauptmerkmal des Glaucom's in der Druckerhöhung gefunden und dadurch die besondern Symptome: weite Pupille, Hornhautaffection, Sehnervenexcavation u. s. w. zu erklären gesucht. Er nahm an, dass eine secretorische Choroiditis den erhöhten Druck und dadurch alles andere bedinge. Ihm verdanken wir auch das bis jetzt noch immer sicherste Heilmittel, die Iridectomie. Glaucoma simplex trennte er als Amaurose mit Sehnervenexcavation von den übrigen Glaucomen. Später wurde durch Donders die Theorie aufgestellt, der erhöhte Druck komme durch Nerveneinfluss zu Stande. Im Glaucoma simplex (bei dem aber die Druckerhöhung geradezu fehlen kann) sah er die eigentliche Krankheit; die Entzündungserscheinungen seien nur Complicationen. Eine scheinbare Stütze erhielt diese Ansicht durch die Untersuchungen von Grünhagen und Hippel, die durch Reizung des Trigeminus ganz enorme Drucksteigerung bei Versuchsthieren erhielten; dieselbe wird aber im normalen Auge durch vermehrten Abfluss regulirt, und es gelingt nicht, auf diese Weise Glaucom zu erzeugen. Später entdeckte ich die constante Verwachsung des Fontana'schen Raumes bei Glaucomen und stellte daraufhin die oben kurz zusammengefasste Theorie auf. Sie wird oft fälschlich als mechanische Glaucomtheorie bezeichnet; aber nicht das Glaucom selber, sondern nur der erhöhte Druck bei demselben wird dadurch ebenso mechanisch erklärt, wie durch gesteigerten Zufluss. In den letzten Jahren wurden von verschiedenen Seiten Versuche gemacht, chronisch entzündliche Erscheinungen an den Gefässen, oder die mit dem Alter zunehmende Breite der Linse oder die vordere Glaskörperablösung (wie wir später sehen werden, nur ein Zeichen von Uveïtis an der betreffenden Stelle) als Ursache zu beschuldigen; sie konnten desshalb nicht gelingen, weil diese Befunde absolut nichts für Glaucom Characteristisches darstellen. Gegenwärtig ist die Wichtigkeit der Verlegung des Fontana'schen Raumes für das acute und chronisch entzündliche Glaucom wohl allerseits zugegeben, und es besteht nur noch Streit darüber, ob dies etwas primäres oder etwas secundäres darstelle, z. B. bedingt durch Schwellung der Ciliarfortsätze (Weber) oder Folge des vorher schon entweder durch secretorische Choroiditis oder durch Nerveneinfluss erhöhten Druckes. Grosse Verwirrung hat auch in die Lehre vom Glaucom hineingebracht, dass man die Begriffe Glaucom und Druckerhöhung identificirte; letztere ist ein Symptom des Glaucom's und von allen wohl das constanteste, aber doch nicht in allen Fällen vorhanden; sie ist nicht das Glaucom selber.

Beim Glaucoma simplex hingegen ist es höchst wahrscheinlich, dass die hierbei vorhandene zeitweilige Druckerhöhung auch andere Ursachen als nur Obliteration des Fontana'schen Raumes haben kann, nur fehlen bis jetzt noch alle sicheren Anhaltspunkte, wo die Ursache zu suchen ist: Möglicherweise chronische Verdichtung des Gewebes an der Cornea-Scleralgrenze, möglicherweise auch Anderes. Ob in den Sehnerven das Abflusshinderniss zu verlegen ist (Stilling), ist desshalb unwahrscheinlich, weil auch langdauernde Stauungen in demselben (Stauungspapille), wobei dort sicher ein Ausflusshinderniss besteht, nie zu Glaucom oder fühlbar erhöhtem Druck führen. Gewisse Fälle von Glaucoma simplex gehören wahrscheinlich gar nicht hierher, indem Sehnervenatrophie bei grosser physiologischer Excavation genau das gleiche Bild geben kann.

Bezüglich der Iridectomiewirkung ist es wohl am einfachsten anzunehmen, dass durch den Schnitt im Scleralrande ein neuer Abflussweg aus der vordern Kammer in's subconjunctivale Gewebe geschaffen werde, was bei Betrachtung der Narbe am histologischen Präparate sehr einleuchtet. Bewiesen wird dies dadurch, dass der einfache Schnitt ohne Iridectomie, die Sclerotomie, genau den gleichen Effect haben kann, während Iridectomie bei normalem Druck denselben nie herabsetzt. Verwächst dagegen die Iris oder ihr Stumpf wieder mit beiden Wundlippen, so ist der Effect vereitelt; wir bekommen im günstigsten Falle eine ectatische Narbe. Desshalb ist auch die Iridectomie, und zwar möglichst vollständig und peripher, überall vorzuziehen. Die Ansicht, dass die Irisexcision das Wesentliche sei und durch Verminderung der secernirenden Fläche, oder als Neurectomie, oder durch neugebildete Gefässcommunicationen im Stumpfe druck-

vermindernd wirke, erscheint dem gegenüber sehr unwahrscheinlich, namentlich
auch, weil schon Glaucom bei angeborenem und erworbenem Fehlen der Iris —
wo nur ein kleiner Irisrest vorhanden ist — beobachtet wurde. Es erhellt, dass
eine Punction vorübergehend ähnlich wie eine Iridectomie wirken kann. Die
Wirkung der Miotica muss wohl in directer Einwirkung auf die Muskeln und auf
die Synechie, nicht in einer problematischen druckvermindernden Kraft derselben
gesucht werden.

Eine Art Gegenstück zum Glaucom bildet die sogen. **essentielle
Phthisis bulbi,** die in einer anfallsweise auftretenden Druckverminderung meist mit gleichzeitiger Herabsetzung des Sehvermögens besteht.
In einer Anzahl dieser sehr seltenen Fälle handelte es sich offenbar
um schleichende Cycliditen, in andern ist der Grund ganz unklar.

Die Sichtbarkeit der **Erkrankungen der Choroidea** ist durch das
Verhalten des Pigmentepithels bedingt; sonst können wir sie nur aus
ihren Producten in Netzhaut und Glaskörper und durch das Verhalten
des in capillarem Gefässzusammenhang stehenden Sehnerveneintrittes
erschliessen. Desshalb sind sie zum Theil noch unvollkommen bekannt,
und pathologisch-anatomische Untersuchungen geben oft ein ganz un-
erwartetes Resultat; so fand ich z. B. bei einer Iritis serosa die ganze
Choroidea reichlich zellig infiltrirt, trotzdem ophthalmoscopisch nur
Hyperaemie der Papille und mangelnder Netzhautglanz constatirt werden
konnte. Auch kann ein ophthalmoscopisch sehr auffallender Befund bei
geringfügiger Functionsstörung angetroffen werden.

Bei der Wichtigkeit der Aderhaut als Hauptblutlieferant für das
ganze innere Auge und bei dem meist chronischen Verlauf ihrer Affectionen kann uns die häufige **secundäre** Betheiligung anderer Theile:
der Netzhaut und des Sehnerven, des Glaskörpers, der Linse und der
Sclera nicht Wunder nehmen.

Die Netzhaut verliert schon früh ihren normalen Glanz;
sie kann nach Zerstörung des Pigmentepithels in grösserer oder geringerer Ausdehnung mit der Choroidea verwachsen und von der
Verwachsungsstelle aus mit Pigment infiltrirt werden, oder
auch an der entzündlichen Infiltration von Anfang an theilnehmen
(Chorioretinitis). Nach lange bestehender Choroiditis kommt es
leicht, z. Th. auch in Folge von Schrumpfungsvorgängen in Glaskörper
und Netzhaut, zur Ablösung der letzteren. Der Sehnerv betheiligt
sich in den acuten Perioden mit Hyperaemie und Trübung; in
den entzündungsfreien Intervallen ist er eher blasser, grau, trübe.
In lange andauernden Fällen mit destructiver Betheiligung der Retina
ist er oft sehr auffallend gelbgrau gefärbt mit Verengerung seiner

Gefässe (gelbe Atrophie). Mehrfach konnte zellige Infiltration
des Sehnervenkopfes, weiterhin des Sehnerven selbst und
seiner Pialscheide bis zum Chiasma nachgewiesen werden.

Der Glaskörper enthält häufig flottirende Trübungen, microscopisch kleine, nur subjectiv bemerkbare fliegende Mücken und
gröbere Flocken und Membranen, die dem Augenspiegel sichtbar sind;
nicht selten ist ihre Entstehung aus kleinen Hämorrhagien. Oft
auch wird nur eine staubförmige, fast diffuse Trübung in den hintersten
Schichten desselben gefunden, die den Augengrund leicht verschleiert
(in vielen Fällen diffuser Chorioretinitis, aber auch von Retinitis allein).
Verflüssigung der hintersten Parthien des Glaskörpers und Ablösung desselben, sowie Glaskörperschrumpfung (cf. vordere Ablösung bei Glaucom. Seite 216) wird häufig bei chronischen diffusen
Choroiditiden gefunden.

Die Linse betheiligt sich sehr häufig, aber meist erst spät, durch
Staarbildung; characteristisch sind sehr schmalstreifige, langsam progressive Formen, sowie hauptsächliche Localisation am
hinteren Pole, sogen. hintere Polarcataract. Bei einem grossen
peripheren Choroidalheerde sah ich einmal feinstreifige Staarbildung
lediglich im Meridiane des Heerdes in der Linse auftreten. Sind sehr
zahlreiche schmale, getrübte Streifen in der Corticalis mit durchsichtigen
Zwischenräumen vorhanden, so ist dies der sogen. Gitterstaar, auch
Choroidalstaar genannt. Regelmässig sind bei Choroiditis auch
die Suprachoroidea und die innersten Schichten der Sclera zellig infiltrirt; letztere ist dadurch erweicht und giebt dem Augendruck nach,
entweder diffus (vorwiegend Axenverlängerung des Auges) oder
in Heerden (Scleralstaphylome). An Stelle der letzteren besteht
immer Verwachsung der Uvea mit der Sclera und Atrophie der beiden
verwachsenen Membranen.

Die Sehstörung hängt hauptsächlich von der Mitbetheiligung
der Netzhaut, erst in zweiter Linie von der Trübung der brechenden
Medien — Glaskörper und Linse -- ab. Sehr häufig wird in Folge
der Vergrösserung des Auges Refractionsveränderung im positiven Sinne,
Abnahme der Hypermetropie, Entstehung oder Zunahme von Myopie
beobachtet.

Doppelseitigkeit, successives Auftreten auf beiden Augen in gleicher
oder ähnlicher Form ist bei den nicht traumatischen Choroidalkrankheiten, wie bei denen der Uvea überhaupt, überaus häufig.

Wir unterscheiden **diffuse** und heerdförmige Choroiditis; letztere ist, weil ophthalmoscopisch viel **deutlicher**, besser bekannt und soll zuerst besprochen werden.

Die **Choroiditis disseminata** characterisirt sich durch mehr oder weniger zahlreiche, ophthalmoscopisch sichtbare Flecken, über welche die Netzhautgefässe unverändert hinwegziehen. Dieselben sind meist rundlich und von verschiedenster Grösse; im frischen Zustande **sind sie** zuweilen deutlich prominent, schmutzig gelbröthlich oder orangefarben und nicht scharf begrenzt. Später werden sie immer blasser, lagern mehr oder weniger dunkles Pigment, besonders am Rande ab und erscheinen schliesslich gelblich weiss, sehnig glänzend; sind sie von erheblicher Grösse, so lassen sie öfter die der Sclera eigenen oder sie durchbohrenden Gefässe (Ciliararterien und Wirbelvenen) offen sichtbar zu Tage liegen. Dadurch, dass **diese** Flecken sich am Rande vergrössern, dass neue zwischen denselben erscheinen und zusammenfliessen, kann ein sehr buntes und auffälliges Augenspiegelbild erscheinen, durch seine Regellosigkeit leicht zu unterscheiden von dem nachher zu besprechenden der Pigmentrarefication; doch können diese beiden Processe auch zusammen vorkommen. Zuweilen trifft man nur einige wenige Heerde, namentlich im Aequator, an; **in** anderen Fällen sind kleine rundliche, pigmentumsäumte Heerde über den Fundus regellos zerstreut (Choroiditis areolaris), in noch anderen ist der ganze Augengrund von unregelmässig gestalteten frischen und alten Heerden dermassen bedeckt, dass das bunteste Bild von schwarz, braun, orange, gelb und völlig atrophischen weisslichen Stellen entsteht, die nur wenige Reste unveränderten Augengrundes zwischen sich lassen. Der Sehnerv ist zu den Zeiten, wo frische Heerde auftreten, hyperaemisch, trüb, mit verwaschenen Rändern, förmliche Neuritis zeigend, in den ruhigeren Zwischenräumen blass, matt, leicht graulich getrübt und schärfer begrenzt. Die Netzhaut ist ausnahmslos glanzlos und um die Papille **in** den acuteren Stadien oft deutlich **streifig getrübt.** Glaskörpertrübungen sind selten. Grosse (über papillengrosse) atrophische Heerde sind oft deutlich vertieft, was durch den Verlauf der Netzhautgefässe und durch die Refractionsdifferenz erkannt wird.

In schweren Fällen ist die Betheiligung der Netzhaut eine sichtbare: es wandert Pigment in **dieselbe ein**, kenntlich durch seine Knochenkörperchen ähnlichen Formen und dadurch, dass es sichtbar vor der Choroidea im Niveau der Netzhautgefässe liegt, deren Scheiden zuweilen deutlich pigmentirt sind, oder aber die Netzhautbetheiligung zeigt sich als chorioretinitischer Heerd, weisslichgelbe verwaschene Flecken, die je nach ihrer Lage die Netzhautgefässe verdecken oder noch durchscheinen lassen, und die nach ihrem Verschwinden gleichfalls eine atrophische Choroidalstelle mit Pigmentirung der Retina zurücklassen (Chorioretinitis disseminata).

Die Symptome sind meist wenig characteristisch: im Beginn und während der acuten Schübe Lichtempfindlichkeit, leichte Ermüdung. Funkensehen, lästiger Druck hinter dem Auge u. dergl. Die Sehstörung kann gering sein, auch wenn die Maculagegend von Heerden übersäet ist. Nicht selten beobachtet man acut auftretende Kurzsichtigkeit von 2—3,0 D. In anderen Fällen ist die Sehstörung erheblich, immer, wenn Pigmentirung der Netzhaut gefunden wird. Sind blos die äusseren Schichten der Netzhaut zerstört, so besteht ein heerdförmiger Gesichtsfelddefect; ist auch die Nervenfaserschicht mit ergriffen, so ist ein sectorenförmiges Scotom vorhanden. Die Krankheit kann sich auf viele Jahre erstrecken, auch mit Cyclitis, Iritis, Keratitis parenchymatosa u. dergl. compliciren; in vielen Fällen entwickelt sich später feinstreifige Cataract oder typischer Gitterstaar.

Choroiditis disseminata kann angeboren vorkommen, ist dann häufig complicirt und ein Symptom hereditärer Lues. Die Pubertätsjahre sind bevorzugt; besonders bei anaemischen und chlorotischen Individuen pflegen zu dieser Zeit die gutartigeren Formen aufzutreten. In späteren Jahren treten häufiger bösartige Formen auf, nicht selten als tertiäre Syphiliserscheinung und mit noch anderen Augenaffectionen combinirt. manchmal in der Form der Choroiditis areolaris. Immer ist die Krankheit eine chronische; Jahre lang wechseln acute Schübe und Zeiten der Ruhe. Das Verhalten des Sehnerven, sowie die Sichtbarkeit frischer Heerde ist hier mafsgebend. Einmal habe ich sehr ausgesprochene Neuritis der Erkrankung des zweiten Auges an Choroiditis disseminata um vier Wochen vorausgehen sehen.

Einzelne, besonders chorioretinitische Heerde kommen als Nachkrankheiten der verschiedensten acuten Infectionskrankheiten vor (Scharlach, Masern, Pocken), auch bei Malaria; häufiger sind aber diffuse Formen.

Die pathologische Anatomie entspricht dem Spiegelbefund: frische Heerde zeigen sich als Rundzelleninfiltration in den verschiedenen Schichten oder in der ganzen Dicke der Choroidea; das Pigmentepithel ist erhalten, nur pigmentlos. In schweren Fällen ist auch die Sclera infiltrirt; es tritt Wucherung und Zerstörung des Pigmentepithels ein, die Netzhaut verwächst mit der Choroidea, und von der Verwachsungsstelle aus infiltrirt sich die Netzhaut mit Rundzellen und Pigment. Schliesslich atrophirt Choroidea und Netzhaut an der betreffenden Stelle, bei grossen Heerden auch die mitverwachsene Sclera, welche dann verdünnt und weniger widerstandsfähig ist. **Wir finden häufig** zellige Infiltration an der Peripherie alter **Heerde, die** sich dadurch vergrössern. Der Sehnerv ist immer mehr oder weniger zellig infiltrirt, und ich konnte **die** zellige Infiltration desselben, sowie die seiner Pialscheide auf beiden Augen eines Individuums bis zum Chiasma verfolgen. Die zahlreichen Verwachsungen zwischen Choroidea und Netzhaut in schweren Fällen sind wahrscheinlich Ursache, **dass es** relativ selten zu Netzhautablösung bei Choroiditis disseminata kommt.

Die Therapie ist roborirend, eventuell antispecifisch. Die locale Behandlung hat **nur** einen Nutzen bei den acuten Schüben; desshalb ist das Verhalten des Sehnerven genau **zu** controlliren. Locale **Blut**entziehungen (nur bei kräftigen Personen!) oder trockene Schröpfköpfe an den Schläfen, Dunkelheit, ruhige Bettlage etwa 8—14 Tage lang, sowie die methodische Anwendung des Eserin*). drei Mal täglich einen Tropfen in's ergriffene **Auge,** sind hierbei zu empfehlen. Die Eserinbehandlung — bei nicht acuten Anfällen nur Abends — kann drei bis vier Mal im Jahre etwa 4 Wochen lang wiederholt werden. Ausserdem lasse man das Auge nach Möglichkeit schonen und eine nicht zu dunkle Schutzbrille tragen. Zuweilen wirkt eine mäfsige Schwitzcur — Einwickelungen **oder** Pilocarpininjectionen — günstig auf den Verlauf.

Die **diffuse Choroiditis,** mit mangelnder oder untergeordneter Betheiligung **des** Pigmentepithels, ist eine recht häufige Krankheit; sie kann nur **aus ihren** Folgen erkannt werden. Der Beginn der chronischen Form ist oft ganz unmerklich oder **unter** denselben unbestimmten subjectiven Symptomen, wie bei Choroiditis disseminata. Sehr früh schon verliert die Netzhaut ihren normalen Glanz, und der Sehnerv zeigt sich geröthet, **mit** erweiterten Venen und verwischten Grenzen (Neuritis). Der Augendruck ist häufig leicht erhöht, was sich durch eine oft recht auffällige Erweiterung der Pupille verräth. Während das Pigmentepithel wenig betheiligt ist, ist **es um so** regelmäfsiger **die Sclera in** ihren innersten Schichten; **sie** ist zellig infiltrirt, dadurch erweicht und giebt in Folge **davon dem Augendruck nach. Das** Resultat ist Vergrösserung des Auges, besonders seines hinteren Abschnittes: Kurzsichtigkeit durch Axenverlängerung, das subjectiv **und objectiv** auffallendste Symptom der Krankheit (siehe Seite 35 ff.). Fast immer zeigt sich gleichzeitig an **der** Aussenseite des Sehnerveneintrittes eine characteristische Veränderung: Bügel, Meniscus, hinteres Staphylom. Aus einer schmutzig-gelblichen oder -bräunlichen Verfärbung entwickelt

---

*) Die Anwendung des Eserin oder anderer pupillenverengernder Mittel soll nicht auf den Augendruck wirken, sondern lediglich das dem Augengrund, speciell der Choroidea zuströmende Blut, zum Theil wenigstens, **zur** Iris leiten und den Fundus dadurch entlasten. **Atropin** macht Hyperaemie **des Fundus und des** Sehnerven!

sich eine sichelförmige Choroidalatrophie, die an Breite und Ausdehnung
langsam zunimmt und schliesslich den ganzen Sehnerv umgreifen kann
(Ringstaphylom). Ist der Bügel stationär, so ist sein Rand gegen
die Macula lutea hin scharf begrenzt, häufig mit einem Pigmentsaume
eingefasst; ist er noch progressiv, so sind seine Grenzen verwaschener;
der völlig atrophische Theil geht durch mehr oder weniger bräunlich
oder schmutzig-orange gefärbtes Gewebe in den normal aussehenden
Augengrund über. Kleine Bügel sind nicht merklich vertieft, grosse
aber sehr deutlich (eigentliches Staphyloma posticum) und zeigen oft
den Eintritt der hinteren Ciliararterien auf dem weissen Scleralgewebe.
Dieses Entstehen und Wachsthum des hinteren Staphylomes erfolgt
genau wie das eines beliebigen choroiditischen Heerdes durch Infiltration
und nachträgliche Atrophie des Gewebes der Choroidea. Die Ursache,
dass gerade am Aussenrande des Sehnerven diese Veränderung auftritt,
ist wohl die, dass gerade hier bei der Ausdehnung, die wesentlich den
hinteren Abschnitt des Auges betrifft, am meisten Zerrung stattfinden
muss. Grosse Staphylome vergrössern sich auch nicht selten dadurch,
dass in ihrer Nachbarschaft discrete choroiditische Heerde auftreten,
die weiterhin mit demselben zusammenfliessen.

Die Grösse des Bügels oder Staphylomes giebt einen ungefähren
Anhaltspunkt über die Ausdehnung der stattgehabten pathologischen
Axenverlängerung; die Refraction allein ist hierfür nicht mafsgebend,
da der myopische Process in Augen jeder Refraction eintreten kann.

Die Choroiditis myopica kann jederzeit stille stehen; sie verläuft nicht continuirlich, sondern in einzelnen Schüben mit weiter
Pupille und geröthetem Opticus; in der Zwischenzeit erscheint letzterer
mehr grau. Der einmal verlorene Netzhautglanz stellt sich nie wieder
her. Häufig sehen wir in der Pubertätszeit den Netzhautglanz verloren
gehen, den Sehnerv anfangs verwaschen und geröthet, später mehr grau
und scharf begrenzt werden, ohne dass es weder zur Bildung eines
Bügels noch zu Kurzsichtigkeit kommt: Myopia imminens.

In einer Reihe von Fällen (ca. $\frac{1}{4}$) kommt es später doch noch
zu Veränderungen im Pigmentepithel, aber in diffuser Form. Dasselbe
verliert sein Pigment mehr oder weniger vollständig und hierdurch
wird das Maschengewebe der gröberen Choroidalgefässe mit pigmentirten
Zwischenräumen sichtbar (Rarefication des Pigmentepithels);
das Augenspiegelbild kann ein sehr auffälliges sein. Dieses ist ein atrophischer Vorgang und existiren alle Uebergänge zu völliger Choroidalatrophie. Auch das Choroidalpigment in den Intervascularräumen verschwindet dann mehr und mehr, die Gefässe selber werden schmaler

und blässer, und schliesslich sieht man nur noch einen gelblichen Augengrund mit den Netzhaut- und einzelnen Scleralgefässen, sowie den Eintrittsstellen der Vasa vorticosa und der hinteren Ciliargefässe. Alles dies ist am ausgesprochensten im eigentlichen Fundus oculi, in der Gegend der Macula lutea und des Sehnerven; die Atrophie ist oft am deutlichsten längs der grösseren Netzhautgefässe. Rarefication des Pigmentepithels mit und ohne Uebergang in Choroidalatrophie kommt nur bei chronischen entzündlichen Uvealaffectionen vor (Glaucom, Myopie, nach Choroidalruptur, bei Retinitis pigmentosa u. s. w.). Erstere allein macht an und für sich wenig Sehstörung, weil die Netzhaut hierbei wenig leidet; beim Uebergang in Atrophie ist sie dagegen erheblich und oft mit Einengung des Gesichtsfeldes bei erhaltener Farbenempfindung verbunden (durch Sehnervenatrophie in Folge Zugrundegehens der äusseren Netzhautschichten). Zuweilen findet man Choroidalatrophie spontan als rein atrophischen Vorgang im höheren Alter auftreten.

Die Choroiditis diffusa oder myopica tritt (wie die disseminirte und wie Iritis serosa, nur ungleich häufiger) mit Vorliebe in der Pubertätszeit auf; sie verliert sich gewöhnlich bis zum 20. oder 25. Jahre (zeitlich progressive Myopie), kann aber auch bis in's Alter dauern (bleibend progressive Myopie) und zeigt dann häufig Complicationen. Selten ist sie angeboren und dann gewöhnlich mit anderen schweren Uveal- und anderen Affectionen combinirt; selten auch entwickelt sie sich erst nach Ablauf der Jünglingszeit. Sehr häufig leiden mehrere Glieder derselben Familie an Myopie. Sie kann jederzeit zum Stillstande kommen, und hängt die Sehstörung von der erreichten Refraction ab; ist dieselbe emmetropisch oder negativ, so braucht gar keine Sehstörung vorhanden zu sein. Gelegentlich geben leichte Verletzungen eines Auges den Anstoss zur Entwickelung von Myopie (traumatische Myopie). Hornhautflecken und Alles, was das Sehvermögen erheblich herabsetzt, z. B. Linsentrübungen, wenn sie im Kindesalter schon vorhanden sind, begünstigen das Auftreten derselben, und es entwickeln sich dann meist schwere und späterhin complicirte Formen.

Als **Complicationen,** die hauptsächlich erst in späterer Zeit, in den vierziger und fünfziger Jahren, einzutreten pflegen, wären zu nennen: Glaskörpertrübungen, „fliegende Mücken", staubförmige, flockige, fadige, häutige Trübungen, zuweilen Cholestearin, die in den hinteren, verflüssigten Theilen des Glaskörpers frei beweglich, nicht selten auch im Centralcanal des Glaskörpers (und dann mehr fixirt) sind; hintere

Polarcataract (Seite 220), feinstreifige, oft sehr langsam progressive Staarformen in etwa 10 % der Fälle (natürlich kann auch gewöhnlicher Altersstaar auftreten); Choroiditis disseminata besonders in der Nachbarschaft des hinteren Staphyloms und mit diesem zusammenfliessend; choroiditische Veränderungen in der Maculagegend; Choroidalblutungen, besonders gleichfalls in der Macula; Netzhautablösung (Seite 219) spontan oder auf geringfügige Ursachen hin.

Alle diese Complicationen haben mehr oder weniger Sehstörung zur Folge. Fliegende Mücken, die subjectiv oft sehr lästig empfunden werden, namentlich wenn sie auch beim Lesen und Schreiben und bei geschlossenen Augen sichtbar sind, haben so lange wenig zu bedeuten, als sie nicht eine objectiv nachweisbare Störung der Sehschärfe verursachen und mit dem Spiegel nicht sichtbar sind. Bei gröberen Glaskörperflocken und bei Staar entspricht die Sehstörung der Lage und Dichtigkeit der Trübung. Choroiditis in der Maculagegend verräth sich oft schon sehr früh durch Verzerrtsehen im Fixirpunkt (sogen. Metamorphopsie): senkrechte und wagrechte Linien, Gitter u. dergl. erscheinen auffallend geknickt und eingebogen; späterhin entwickelt sich an der betreffenden Stelle ein Gesichtsfelddefect (centrales Scotom), der natürlich wegen seiner Lage erhebliche Sehstörung verursacht. Unter zeitweiligen Verschlimmerungen und Besserungen pflegt sich das Scotom zu vergrössern, und das centrale Sehen geht langsam verloren, oft mit Sichtbarsein eines schwarzen Fleckes im Fixirpunkte (positives Scotom). Der Spiegelbefund kann verschieden sein: man findet oft lange vorher schon eine eigenthümliche, unregelmäfsige Pigmentirung in der Maculagegend, bräunliche und dunklere Stellen von einem gelblichen Netzwerk durchzogen, oft auch nur stärkere Pigmentirung. Verdächtig ist auch, wenn das Staphylom einen zungenförmigen Fortsatz nach der Macula hin aussendet. Weiterhin kann einfach mehr oder weniger vollständige Choroidalatrophie der befallenen Stelle mit oder ohne Pigmentirung eintreten. Der Process entspricht entweder genau dem Auftreten eines oder mehrerer Heerde von Choroiditis disseminata, die in der Mitte atrophiren und in der Peripherie sich vergrössern; oder es treten auch kleine Blutungen auf, die meist eine sehr starke Pigmentirung veranlassen. Je stärker die Pigmentirung, um so erheblicher pflegt auch die Sehstörung zu sein; ebenso besteht bei totaler Atrophie der Choroidea mit Zerstörung der äusseren Netzhautschichten ein completes Scotom. Bei einfach atrophischen Vorgängen: mehr gelbliche Verfärbung der betreffenden Stelle mit unregelmäfsiger Pigmentirung, kann das Sehen noch ein leidliches sein. Totale Erblindung kommt nie vor; meist gestattet das periphere Sehvermögen dem Kranken noch, allein umhergehen zu können.

Maculablutungen machen ein entsprechendes Scotom, meist mit bleibender Sehstörung, und sind mit dem Spiegel leicht als solche zu erkennen; ebenso entspricht der Netzhautablösung ein correspondirender Ausfall im Gesichtsfeld.

Die Therapie kann nur eine prophylactische und symptomatische sein: prophylactisch ist von grösster Wichtigkeit möglichste Schonung der Augen zur Pubertätszeit und vorher. Gute Beleuchtung, richtige Schulbänke u. dergl. sind wohl sehr am Platze; mit solchen Mitteln allein aber vermag man, wie die Erfahrung zeigt, keine erhebliche Verminderung der Myopie zu erzielen. Viel wichtiger ist geringere Inanspruchnahme der Augen in ausgedehntestem Mafse, was aber bei unserem modernen Zwangsbildungsgange schwer zu erlangen sein dürfte. Die Hälfte Derjenigen, welche eine deutsche Mittelschule oder eine entsprechende Anstalt durchmachen, wird dadurch in mehr oder minderem Mafse dauernd an den Augen geschädigt. Noch wichtiger wird Schonung, wenn Neuritis und Verlust des Netzhautglanzes die Myopia imminens andeuten, und hier tritt zugleich die symptomatische Behandlung in ihre Rechte. Von den vielgerühmten und viel angewandten Atropincuren (3—4 Wochen Aufenthalt im Dunklen und täglich 2—3 Tropfen Atropin eingeträufelt) habe ich selten einen dauernden Erfolg gesehen. Zudem schneidet diese Behandlung in die gewohnte Lebensweise tief ein, und Atropin macht erfahrungsgemäfs Hyperaemie des Augengrundes. Dagegen kann ich die methodische Anwendung des Eserin (Morphin oder Pilocarpin) sehr empfehlen. Man träufelt 4—6 Wochen lang Abends in beide Augen einen Tropfen $^1/_2\,^0/_0$ Eserinlösung und kann diese Behandlung 3—4 Mal im Jahre wiederholen. Ausserdem lässt man alles meiden, was den venösen Abfluss vom Kopfe her hindern kann: gebückte Haltung, enge Halskragen u. dergl. Man richte es so ein, dass die Eserinbehandlung zur Zeit der acuten Schübe eintrete, die sich durch Zunahme der subjectiven Erscheinungen, gerötheten Sehnerv und meist weite Pupille verrathen. Natürlich wird durch Eserin die Myopie nicht aus der Welt geschafft werden; entschieden aber wird ihr Verlauf gemildert, eine Reihe von Fällen aufgehalten. Ist schon Vergrösserung des Bulbus eingetreten, so ist diese irreparabel. Obwohl die Mehrzahl der Fälle leicht verläuft, kann man doch unmöglich schon im Beginne wissen, ob nicht eine sehr schwere Form sich entwickeln wird.

Wegen der Behandlung der Complicationen ist an den

entsprechenden Stellen (Glaskörper, **Linse**) nachzusehen; zu erwähnen
wäre nur die der Maculaaffection. Am erfolgreichsten ist sie zur
Zeit der acuten **Schübe**, während bei ganz chronisch-atrophisch verlaufenden Processen wenig zu erreichen ist. Ausser Eserinbehandlung
ist Bettruhe und mehrwöchentliche Dunkelheit anzurathen. Blutentziehungen an der Schläfe fand ich — trotz mehrfach geäusserten
gegentheiligen Ansichten — häufig von Nutzen. Drei oder vier Blutegel oder 1—2 Cylinder des künstlichen Blutegels (Heurteloup) einige
Male wiederholt mit dreitägigem **Intervalle** dürften etwa am Platze
sein; doch nur bei sonst kräftigen Individuen (vergl. Seite 6). Bei
Anaemischen **kann man sich** mit trockenen Schröpfköpfen genügen
lassen, und wenn es auch nur wäre, um die Patienten, „die sich sonst
ganz gesund fühlen" und denen „nichts weh thut", besser im Bett
halten zu können. Je acuter der einzelne Schub von Macula-choroiditis
ist, um so eher kann man auf Besserung hoffen, während man in
anderen Fällen zufrieden sein muss, den Status quo erhalten zu haben.
Wegen der häufigen Recidive ist diese Affection oft eine grosse Geduldsprobe für Arzt und **Patienten**; die Prognose ist immer zweifelhaft.

Wohl die Mehrzahl der Autoren huldigt der Ansicht, dass es sich bei der
Myopie lediglich um passive Zerrungs- und Dehnungsverhältnisse handle, die eine
Axenverlängerung des Bulbus zur Folge hätten. Mafsgebend hierbei war der
Spiegelbefund, der als im wesentlichen normal bezeichnet wird; die späteren Complicationen **sollen** dann etwas rein Accidentelles darstellen. Der Befund ist aber,
wie sich aus dem oben Gesagten ergiebt, absolut nicht so negativ. Schon Donders
macht auf die Sehnervenhyperaemie im Beginne der Myopie aufmerksam und nennt
dieselbe direct eine Krankheit; auch Schiess fand häufig Neuritis bei Beginn,
legte aber mehr Werth auf das gleichzeitige Vorhandensein von Accommodationskrampf, den er für die wesentliche Ursache der Myopie erklärte und dem entsprechend Atropincuren empfahl. In jüngster Zeit habe ich auf das regel-
mäfsige Vorkommen der Neuritis im Beginne der Myopie und während der acuten
Schübe dieser Krankheit aufmerksam gemacht, und dieselbe zusammen mit dem
Verluste des Netzhautglanzes nur für Theilerscheinung einer diffusen Choroiditis
fundi erklärt, womit die spärlichen anatomischen Befunde[*]) übereinstimmen. Weiss
fand zellige Infiltration der Choroidea, der innersten Scleralschichten und des Sehnerven bis weit nach rückwärts; in einem abgelaufenen Falle war die Choroidea
sehr schwierig in Schichten zu trennen und mit der Sclera verwachsen: beides

---

[*]) Die pathologische Anatomie der Myopie, namentlich der beginnenden, liegt
noch sehr im Argen Ich richte desshalb an die Leser dieses Büchleins die dringende
Bitte, falls sie in der Lage sind, über Augen jugendlicher Myopen, etwa vom 11.
bis 16. Jahre, zu verfügen, dieselben möglichst frühzeitig enucleirt sammt Sehnerven und Chiasma in Müller'scher Flüssigkeit (4% Kali bichromic. 2% Natr.
sulfuric) entweder mir oder irgend einem in Augenuntersuchungen Erfahrenen zukommen zu lassen.

offenbar chronisch entzündliche Vorgänge andeutend. Ausserdem findet man Ablösung und Schrumpfung des Glaskörpers; erstere kann einen mit dem Spiegel sichtbaren Reflex verursachen (Weiss). Hauptursache ist anstrengende Beschäftigung
der Augen zur Pubertätszeit (in ca. 80% nachweisbar), wo die Wachsthumshyperaemie des Auges aufhört; es ist dies auch die Lieblingszeit für andere Uvealerkrankungen. Ueberanstrengung der Interni beim Nahesehen (Förster). Zerrung
eines relativ kurzen Sehnerven (Weiss u. A.), starke Anspannung der beiden
Obliqui (Stilling) — Alles dies kommt aber ebenso bei Nichtmyopen vor —
mögen hierbei immerhin ungünstig wirken. Wesentlich ist die Arbeitshyperaemie
der Choroidea, und daraus erklärt sich auch, dass der Culminationspunkt der Affection
im eigentlichen Fundus oculi, in der Gegend des deutlichsten Sehens, in der Macula
lutea liegt. Dass bei der fortwährenden Inanspruchnahme der Augen zur Nahearbeit die für gewöhnlich nicht schwere Erkrankung eine schwere und
dauernde werden kann, wird wohl nicht Wunder nehmen. Wir haben dann nicht
nöthig, die später sichtbaren sogenannten Complicationen als, wenn auch ziemlich regelmäfsig, doch zufällig eintretende Eventualitäten anzusehen: sie sind einfach weitere Stadien der dem Ganzen zu Grunde liegenden Krankheit und genau
dieselben Affectionen, wie sie auch bei den übrigen chronischen Choroidal- und
Uvealerkrankungen beobachtet werden. Tritt Myopie schon in einem früheren
Alter auf, oder ohne dass Ueberanstrengung der Augen Veranlassung giebt, so
sind dies meist schwere, bleibend progressive Formen. Daher ist sie bei Landleuten
seltener, aber auch gefährlicher.

Der Befund bei alten hochgradigen Myopien entspricht den ophthalmoscopisch
sichtbaren Veränderungen. Ueber dem Staphylom kann das Pigmentepithel ganz
oder theilweise erhalten sein, wenngleich ohne Pigment; später ist die Choroidea
auf ein dünnes mit der Sclera verwachsenes Häutchen reducirt. Auch die äusseren
Netzhautschichten können über dem Staphylom ganz oder theilweise fehlen. Hervorzuheben wäre noch die bei hochgradiger Myopie nie fehlende Erweiterung des
Zwischenscheidenraumes des Sehnerven mit Verdünnung der Sclera in der Nachbarschaft des Sehnerven. Da gerade hier die stärkste Zerrung stattfinden muss, so wird
die zellig infiltrirte und dadurch erweichte Sclera auch hier am meisten nach-
geben müssen. Die Verziehung des Sehnerven über seine Eintrittsstelle
nach aussen und das Herüberziehen der mehr oder weniger veränderten Choroidea
an der Innenseite derselben (Nagel) ist am anatomischen Präparate meist viel
deutlicher als im Spiegelbild zu erkennen.

Dass Kinder und Verwandte Kurzsichtiger recht häufig ebenfalls später an
Myopie erkranken, kann bei dem ähnlichen Bildungsgange nicht Wunder nehmen,
eher dass dieses Erblichkeitsverhältniss nur in $1/4$—$1/3$ der Fälle nachweisbar ist;
gerade bei diesen war aber gleichzeitig in über 90% übermäfsige Augenanstrengung
in der Pubertätszeit nachweisbar. Man hat streng zu unterscheiden zwischen
positiver Refraction, bei der paralleles Licht vor der Netzhaut zur Vereinigung
kommt, und zwischen dem krankhaften myopischen Process, der allerdings in
der Mehrzahl der Fälle positive Refraction zur Folge hat. Halten wir diese
Trennung fest, so finden wir sowohl Myopie (Choroiditis diffusa posterior ectatica)
ohne positive Refraction (Kurzsichtigkeit) als das umgekehrte Verhältniss.

Eine andere Form chronischer Choroiditis diffusa mit sehr lang-
samem Verlaufe und Neigung zu Rarefication des Pigmentes. Atrophie

der Netzhaut und Pigmentirung der Retina ist die viel seltenere
Retinitis oder besser Chorioretinitis pigmentosa, von der aus
conventionellen Gründen bei den Netzhauterkrankungen die Rede sein
wird.

Glaskörpertrübungen nach Infectionskrankheiten verdanken meist einer Cyclitis ihren Ursprung (Seite 206); dagegen kommt
öfters nach Meningitis, viel seltener nach anderen acuten Infectionskrankheiten, eine besondere Form von plastisch-eitriger Choroiditis
vor. Die Krankheit tritt fast nur bei kleinen Kindern einige Zeit
nach Erscheinungen von Meningitis, meist einseitig auf: ohne Schmerzhaftigkeit tritt Ciliarinjection mit oder ohne Iritis auf, der Fundus
oculi ist diffus graugelblich getrübt, der Bulbus weich. Die Trübung
wird immer gesättigter gelb und reicht bis hinter die Linse, die schliesslich
ganz in cyclitische Schwarte eingebettet sein kann; es besteht absolute
Blindheit. Allmählich werden die sichtbaren Entzündungserscheinungen
geringer, der infiltrirte Glaskörper und die abgelöste Netzhaut schrumpft,
das Auge wird blass, kleiner und bleibt weich. Hornhaut und Linse
können lange durchsichtig bleiben, doch tritt später fast immer Linsentrübung, oft mit Verkreidung ein, und ebenso trübt sich die Hornhaut
mit Schwielenbildung und Kalkablagerung im Epithel (sogenannte
bandförmige Keratitis); weiterhin pflegt das erblindete Auge, oft in
sehr hohem Grade, auswärts zu schielen. Oft sind noch andere Residuen
von Meningitis vorhanden; ein- oder beidseitige Taubheit, mangelhafte
Entwickelung der Intelligenz und dergl.; die Therapie ist machtlos:
Anfangs Atropin, besonders bei gleichzeitiger Iritis, später feuchte
Wärme.

Aehnlich aber heftiger verläuft die embolische septische Choroiditis bei Pyaemie und Puerperalfieber; ihr Auftreten berechtigt
fast ausnahmslos zu einer Diagnosis lethalis. Der Beginn ist ganz
gleich wie bei der meningitischen Choroiditis, weiterhin werden aber
die Entzündungserscheinungen heftiger, es tritt Lidschwellung und
Chemosis auf, die Hornhaut trübt sich vom Rande her, und es bildet
sich ein Ringgeschwür; später stösst sie sich ab, und das Auge vereitert, wenn nicht schon vorher der Tod eingetreten ist. Die Affection
ist fast immer einseitig, doch ist es auch schon vorgekommen, dass
beide Augen zu Grunde gingen und trotzdem das Leben erhalten blieb.
Die Therapie beschränkt sich, wenn nöthig, auf Morphiuminjectionen
und eventuell auf die Anwendung von Cataplasmen.

Von besonderer Wichtigkeit sind die Verletzungen der Uvea.
Wird bei Einwirkung eines stumpfen Instrumentes der Bulbus nicht

eröffnet, so kommen Lähmungen und Zerreissungen vor. Die Lähmungen betreffen den Ciliarmuskel (**Accommodationsparese**) oder die Iris (**traumatische Mydriasis**) oder beide gleichzeitig. Bei Mydriasis ist die Pupille meist unregelmäfsig erweitert, oft noch mit einzelnen Parthien reagirend. Eserin und der galvanische Strom sind am Platze, doch bleibt die Prognose quoad restitutionem immer zweifelhaft. Bei Zerreissungen der Iris ist am häufigsten der freie Pupillarrand ein- oder mehrfach eingerissen; in anderen Fällen ist die Iris theilweise, selten ganz, vom Ciliarkörper losgelöst (**Irisdialyse**). In beiden Fällen wird mehr oder weniger Blut in der Kammer gefunden (Hyphaema), nach dessen Resorption die Einrissstelle aber nicht immer aufzufinden ist. In seltenen Fällen, vermuthlich nach Einrissen in den Ciliarfortsätzen, kann auch einmal bei seitlicher Beleuchtung Blut im Petitschen Canal gefunden werden. Blutungen und Lähmungen können gleichzeitig vorhanden sein. Manchmal ist die Iris ganz oder theilweise nach hinten umgeschlagen und dadurch scheinbar verschwunden.

Betrifft die Zerreissung die Choroidea, so kann die Netzhaut durch die Hämorrhagie abgelöst und zerrissen, das ganze Auge mit Blut erfüllt sein (Haemophthalmus). Die Prognose richtet sich ganz nach dem Sehvermögen: ist es aufgehoben, so ist sie schlecht; ist Lichtschein und richtige Projection noch vorhanden, so ist Besserung zu erwarten, deren Grad aber von vornherein nicht zu bestimmen ist.

In allen diesen Fällen ist continuirliche Kälte, womöglich Eis, das beste Mittel. Bei grossen Blutungen empfiehlt sich nicht fortwährende Bettlage; mäfsige vorsichtige Bewegung beschleunigt oft sichtlich die Resorption.

Häufig sieht man nach Resorption des Blutes mit dem Spiegel die sogenannte **Choroidalruptur** als weissliche oder gelbliche, in ihren Contouren und am Ende oft gezackte Streifen, die concentrisch zum Sehnervenrande verlaufen; am öftesten 1—3 Papillenbreiten von demselben entfernt, in anderen Fällen in der Peripherie oder gerade durch die Macula gehend. Meist wird nur eine derartige Ruptur gesehen, doch sind schon 3 und 4 gleichzeitig beobachtet worden. Die Netzhautgefässe laufen über die Choroidalrisse hinweg. Späterhin pigmentiren sich häufig die Ränder des Einrisses, während in der Nachbarschaft Rarefication des Pigmentes (Seite 224) auftritt. Die Sehstörung ist am grössten, wenn der Riss durch die Macula geht; in solchen Fällen kann gelegentlich durch Vernarbung Verzerrtsehen (Metamorphopsie) auftreten. Gewöhnlich ist mindestens der der Ruptur entsprechende Netzhautsector im Gesichtsfeld ausgefallen, selten ist gar keine Sehstörung vorhanden. Eis befördert die Resorption gleichzeitig vorhandener Blutungen; weiterhin ist wenig Besserung zu erwarten, öfters nachträgliche Verschlimmerung; meist bleibt dann der Zustand unverändert. Periphere Rupturen werden oft übersehen; desshalb ist nach Verletzungen des Auges durch stumpfe Gewalt die Untersuchung der Peripherie des Augengrundes nie zu vernachlässigen.

Zur Erklärung der eigenthümlichen, dem Sehnerven concentrischen Form der Rupturen reicht die Annahme von Contrecoup nicht aus; am plausibelsten ist wohl Becker's Ansicht, der Sehnerv werde bei derartigen Verletzungen, dem Stiel einer Traube gleich, in den Bulbus hineingetrieben und veranlasse dadurch die Einrisse der mit seiner Eintrittsstelle verwachsenen Choroidea. Ich selbst sah einmal mehrfache typische Choroidalruptur concentrisch zu einer Stichwunde in's Auge. Doch passt diese Erklärung nicht für alle Fälle. Reich z. B. sah schon typische Choroidalruptur nach Blitzschlag (vielleicht durch heftige Contractur des Ciliarmuskels?), ich nach Revolverschuss in den Mund u. s. w.

Ist mit der Choroidea gleichzeitig die Sclera eingerissen, was ohne Verletzung der Conjunctiva geschehen kann, so finden wir eine tiefe vordere Kammer, Schlottern der Iris (Iridodonesis) und Linse und Weichheit des Bulbus als Zeichen des Glaskörperaustrittes. In anderen Fällen ist die ganze Iris abgerissen (Dialysis iridis totalis) und liegt als Knäuel in der vorderen Kammer oder mit der Linse zusammen ausserhalb des Bulbus unter der Conjunctiva, woselbst letztere als gelbliche durchscheinende rundliche Prominenz sichtbar ist (Luxatio lentis subconjunctivalis). Der Riss der Sclera ist fast immer concentrisch zum Hornhautrande, etwa dem Ansatze der geraden Augenmuskeln entsprechend. Meist sind die übrigen Verletzungen des Auges derart, dass wenig oder gar kein Sehvermögen übrig bleibt; doch ist es auch schon vorgekommen, dass ein ganz ordentliches Sehen — bei Linsenluxation natürlich mit Staarbrille — sich wieder einstellte. Prognostisch wichtig ist Lichtschein und Projection, die der vorhandenen Blutung entsprechen müssen. Therapeutisch ist Verband und Kälte am Platze; die subconjunctivale Linse entferne man erst, wenn mit Sicherheit Heilung des Scleralrisses angenommen werden kann: nicht vor 6 bis 8 Wochen.

Bei völliger Zermalmung des Bulbus warte man unter antiseptischem Verbande die Heilung ab; Entfernung des Auges könnte den Verlauf abkürzen, ist aber in solchen Fällen schwierig auszuführen.

Eröffnung des Bulbus mit scharfen Instrumenten verlaufen verschieden, je nachdem gleichzeitig Infection stattgefunden hat, oder nicht. In letzterem Falle entferne man alle prolabirenden Uvealfetzen, nähe Conjunctiva, eventuell auch Sclera mit feiner carbolisirter Seide, stäube Jodoform ein und warte unter antiseptischem (nassem Bor- oder Salicylsäure-) Verbande die Heilung ab. Regeln für jede mögliche Combination lassen sich nicht geben; es hängt zuviel von der Individualität des einzelnen Falles und dem Umfange der Verletzung, von gleichzeitiger Quetschung und dergl. ab. In zweifelhaften Fällen sichert nicht selten ein in der Wunde sichtbarer Glaskörperfaden die Diagnose, dass die Verletzung bis in den Glaskörper reichte, z. B. bei einem Stiche durch Hornhaut, Iris und Linse. Dieser vorgefallene Glaskörper zeigt sich als durchsichtiges, einige Millimeter langes Fädchen, das der Wunde adhaerirt, sich erst allmählich trübt und dann einem Schleimfaden ähnlich sieht. Es können Tage und Wochen vergehen, bis es sich spontan abschnürt. Man hüte sich, daran viel zu ziehen; am besten kappt man es vorsichtig mit einer feinen Scheere ab, aber erst nach einigen Tagen, wenn die übrige Wunde verklebt ist. So lange derartiger Glaskörpervorfall besteht, kann Infection von aussen stattfinden, die Regeln der Antisepsis sind desshalb nie zu vernachlässigen.

Hat gleichzeitig mit der Verletzung Infection stattgefunden, so pflegt bei intensiver Infection das Auge acut zu vereitern (Panophthalmie). Schon nach 24 Stunden kann eitrige Iritis, Hypopyum u. s. w. vorhanden sein; dazu kommt Chemosis, Ciliarinjection, Lidschwellung und gewöhnlich, besonders im Beginne, recht heftige Schmerzen. Die Erscheinungen nehmen zu, bis der Eiter irgendwo, oft an der Stelle der Verletzung, einen Ausweg gefunden hat; es tritt dann unter Nachlass allmähliche Schrumpfung des ganzen Auges (Phthisis bulbi) ein. Der ganze Verlauf kann 2 bis 3 Monate in Anspruch nehmen.

Es kann vorkommen, dass die Eiterung sich längs des Opticus auf die Pia mater fortsetzt und eitrige Meningitis den Tod des Individuums herbeiführt; doch ist dies selten. Therapeutisch sind gegen die Schmerzen Morphiuminjectionen in die Schläfe, zur Beschleunigung der Eiterung Cataplasmen am Platze. Ist die Schmerzhaftigkeit sehr gross, so kann man durch Sprengung der Wunde oder Eröffnung des Bulbus mit einer Lanzette Erleichterung verschaffen. Ist das Auge geschrumpft, ganz zur Ruhe gekommen, blass und reizlos, so kann ein künstliches Auge die Entstellung heben.

Man hat mehrfach empfohlen, durch Enucleation den Verlauf abzukürzen; doch wird dies von den Meisten widerrathen, da einige Male eitrige Meningitis und Tod nachher beobachtet wurde. Dies kommt aber auch ohne Enucleation vor;

letztere unter antiseptischen Cautelen vorgenommen, dürfte eher, durch Abschneiden
der Infectionsquelle, das Weiterschreiten gegen die Meningen hemmen. Hat letzteres
indess schon stattgefunden, so kam sie eben — wie bei der gleich zu besprechenden
sympathischen Ophthalmie — zu spät. Ist das Auge mit Sicherheit als verloren
anzusehen, so ist — falls dies der Patient zugiebt! — möglichst frühzeitige Enucleation das rascheste und sicherste Verfahren.

War die Infection weniger intensiv, so tritt das Krankheitsbild
der auf Seite 207 beschriebenen schrumpfenden Cyclitis auf; zwischen
dieser und der acuten Vereiterung kommen gelegentlich alle möglichen
Uebergänge zur Beobachtung. Diese traumatische Cyclitis, besser Irido-
cyclo-choroiditis kann sich monate-, selbst jahrelang hinausziehen, wobei
kürzere oder längere Perioden der Ruhe mit solchen von acuten Entzündungserscheinungen abwechseln. Schliesslich kommt es auch hier
gewöhnlich zu Phthisis bulbi; doch kann auch nach sehr lange dauernder
Krankheit noch ein leidliches Sehvermögen erhalten bleiben.

Wichtig ist diese traumatische schrumpfende Cyclitis dadurch, dass
in einer Anzahl von Fällen die Entzündung sich auf's andere Auge
fortpflanzt: sympathische Ophthalmie. Ganz schleichend, Anfangs
ohne Schmerzen, frühestens drei Wochen nach der Verletzung, tritt am
anderen Auge Iritis serosa auf: zuerst nur einige Beschläge der Hornhaut und mehr oder weniger Neuritis mit allmählicher Steigerung zu
schrumpfender Cyclitis. Hat einmal die Entzündung des zweiten Auges
begonnen, so ist die Prognose kaum besser, als für das verletzte, also
gewöhnlich nach langer Leidenszeit Erblindung zu erwarten. Wenn
schon in jedem Stadium Stillstand möglich ist und auch gelegentlich
eintritt, so gehören doch Fälle, wo bei wirklich ausgesprochener sympathischer Ophthalmie ein günstiges Resultat erreicht wird, immer
noch zu den Seltenheiten. Es ist sogar vorgekommen, dass auf dem
verletzten Auge Sehvermögen übrig blieb, das sympathisch erkrankte
dagegen völlig zu Grunde ging. In etwa $3^0/_0$ der Fälle, die ihrer
Natur nach geeignet wären, sympathische Entzündung zu veranlassen,
kommt dieselbe zum Ausbruche. Derselbe ist zu befürchten, so lange
Cyclitis besteht, namentlich so lange das verletzte Auge aussen oben
auf Druck empfindlich ist; ein völlig reizloser Stumpf ist ungefährlich.
Dagegen kann sympathische Entzündung noch nach Entfernung des verletzten Auges auftreten — bis zu 3 Wochen später — wenn dieselbe
zu spät vorgenommen wurde. Auch völlig phthisische Augen können
noch nach langen Jahren sich wieder entzünden und gefährlich werden,
wenn nämlich Verknöcherung in Choroidea und Choroidalexsudat
eingetreten ist und Veranlassung zu spontanen Blutungen, weiterhin
zu Cyclitis giebt. Der Knochen im Auge hat meist eine schalen-

förmige Gestalt mit einer Oeffnung in der Mitte, die dem Eintritte des Sehnerven entspricht.

Die sicherste Therapie besteht in rechtzeitiger Entfernung des verletzten erblindeten Auges durch **Enucleation**. Alle Surrogate, besonders auch die zeitweise viel geübte Durchschneidung des Sehnerven und der Ciliarnerven **(Neurotomia optico-ciliaris)**, brauchen länger zur Heilung und sind nicht sicher. Zur Ausführung der Enucleation wird in Narcose erst die Conjunctiva rings um die Hornhaut abgelöst; sodann werden die **Sehnen** sämmtlicher vier Recti, wie bei der Schieloperation durchschnitten, wobei man, je nachdem, an einem Internus oder Externus einen Sehnenansatz stehen lässt. An diesem fasst man den Bulbus, rotirt ihn stark, schneidet mit einer kräftigen krummen Scheere den **Sehnerven** durch und löst nachträglich noch sämmtliche Adhaerenzen dicht am Bulbus. Eine Tabaksbeutelnaht der Conjunctiva kann nach Stillung der meist nicht bedeutenden Blutung die Operation beschliessen, ist aber nicht nothwendig. Man desinficirt gut mit 2 % Carbollösung oder Sublinat (1 : 2000) und lege einen festen antiseptischen Verband an, den man feucht hält und 4 bis 5 Tage bis zur Heilung liegen lässt. In 8 Tagen kann der Patient wieder arbeitsfähig sein und später ein künstliches Auge tragen. Die in neuerer Zeit viel ausgeführte **Exenteratio bulbi,** die Ausräumung des Bulbusinhaltes nach Entfernung des vorderen Abschnittes des Auges, hat vor der Enucleation keinen Vortheil voraus, braucht aber längere Zeit zur Heilung.

Die Behandlung des sympathisch erkrankten Auges ist wesentlich eine symptomatische: Atropin, Cataplasmen, Morphiuminjectionen an die Schläfe und dergl. nach Bedarf; Quecksilbersalbe in die Schläfe, sogar allgemeine Mercurialisation hat wenig Einfluss. Absolute Dunkelheit dagegen wirkt meist sehr günstig. Zuweilen hat eine sehr frühzeitig ausgeführte Iridectomie die totale Flächenverwachsung zwischen Iris und Linse verhindert; später sind operative Eingriffe immer eine sehr gewagte Sache und oft von Verschlimmerung gefolgt. Nur im dringenden Nothfalle sind sie erlaubt. Erst wenn das Auge völlig zur Ruhe gekommen ist, darf man daran denken, das Sehvermögen operativ zu bessern. Die Prognose ist schlimm, aber mit Ausdauer lässt sich zuweilen noch in scheinbar verzweifelten Fällen etwas erreichen.

Als Wege der Uebertragung sympathischer Entzündung sind schon Blut- und Lymphgefässe, Sehnerv und Ciliarnerven beschuldigt worden; gegenwärtig kommen wohl nur noch letztere beide in Frage. Durch die Entzündung eines Auges können auf dem anderen allerlei **Reizerscheinungen** hervorgerufen werden, ähnlich, wie bei einem Fremdkörper unter dem Lid auch das andere Auge in Mitleidenschaft gezogen ist. Derartige Erscheinungen, denen noch Gesichtsfeldverengung und Accommodationseinschränkung hinzuzufügen wären, werden zweifellos auf dem Wege der Ciliarnerven übertragen und durch Enucleation des verletzten Auges prompt abgeschnitten. Anders die **sympathische Entzündung.** Dieselbe tritt meist o h n e V o r b o t e n und o h n e R e i z e r s c h e i n u n g e n auf, und die Enucleation übt wenig oder gar keinen Einfluss auf sie aus. Schon Mackenzie hielt Uebertragung auf dem Wege der Sehnerven für das wahrscheinlichste, später und zum Theil auch jetzt noch wurde angenommen, dass die Reizung der Ciliarnerven Entzündung im zweiten Auge veranlasse. Diese Annahme gab Veranlassung zur Einführung der Neurotomia optico-ciliaris als prophylactische Mafsregel. Dieselbe hat sich aber nicht als sicher bewährt. Durch die Thatsache bewogen, dass bei Iritis serosa*) sich die Entzündung innerhalb des Sehnerven und seiner Pialscheiden bis zum Chiasma verfolgen lässt, die beiderseitige Erkrankung desshalb eine continuirliche ist, behauptete i c h zuerst wieder, dass die sympathische E n t z ü n d u n g eine continuir- lich **fortgepflanzte,** der ursächlichen gleichartige sei. Injectionen in einen Sehnerv in der Richtung gegen das Chiasma gelangen mit Leichtigkeit in die Lymphräume des anderen Sehnerven und weiterhin zum anderen Auge. De u t s c h m a n n konnte experimentell bei Injection von Pilzen in ein Auge das Vordringen derselben in Sehnerv und anderes Auge nachweisen, doch haben Andere negative Resultate er- halten. Am einfachsten ist folgende Erklärung: tritt bei der Verletzung Infection mit starkwirkenden Pilzen, z. B. Staphylococcus pyogenes ein, so bekommen wir Panophthalmie. Fortschreiten der Infection gegen das Gehirn wird durch die heftige Reaction der Gewebe erschwert; tritt sie doch ein, so erfolgt eitrige Menin- gitis. Hat Infection mit weniger energisch wirkendem Material — vielleicht auch **keine?** — stattgefunden, so k a n n sich die Entzündung langsam und schleichend weiter verbreiten und erreicht nach einer gewissen Zeit (2—3 Wochen) das andere Auge, welches in gleichwerthiger Weise erkrankt. Dadurch erklären sich alle Thatsachen, **auch das Auftreten wochenlang** nach Entfernung des verletzten Auges, **auf die natürlichste Weise, und wir** brauchen für die sympathische Ophthalmie, so **wenig wie** für das Glaucom **und** die neuroparalytische Keratitis, eine Sonderstellung anzunehmen.

Ist **mit** der Verletzung des Auges **ein Fremdkörper —** meist ein Eisenstückchen — **in** das Auge gedrungen, so ist, wenn nicht gleich- zeitig Infection stattgefunden hat, der Versuch berechtigt, denselben zu entfernen. Sitzt der Fremdkörper sichtbar in **der** Iris, so wird er am besten durch Iridectomie entfernt. Sitzt **er tiefer,** so kann die Ent- fernung sehr schwierig, selbst unmöglich werden. Häufig bleibt sogar **die** Diagnose ungewiss; besonders bei kleinen Metallsplittern ist die Wunde in **der** Sclera manchmal **fast gar** nicht zu finden. Auch der Augenspiegel lässt bei peripherem Sitze, oder wenn **der** Fremdkörper in ein Blutgerinnsel eingeschlossen ist, öfter im Stiche. Ist der Fremd- körper **von Eisen und kann mit einiger** Sicherheit der Ort vermuthet

---

*) Das gleiche ist auch bei Myopie (W e i s s) und Choroiditis disseminata der Fall. wahrscheinlich auch noch bei anderen Choroidalkrankheiten.

werden, so hat er in einer Reihe von Fällen mit dem Electromagnet
entfernt werden können; doch wird nur selten ein vollkommenes Resultat
erreicht, da meist gleichzeitig Infection stattgefunden hat, die dann
auch ohne Fremdkörper weiterschreitet. In anderen Fällen war der
mechanische Insult der Verletzung oder der Operation zu gross. Metall-
und Glassplitter werden zuweilen jahrelang im Auge ertragen, ohne erhebliche Nachtheile; man lässt sie dann am besten unberührt. Schliesslich treten aber doch fast immer Glaskörpertrübung oder -schrumpfung,
Netzhautablösung und dergleichen Zeichen einer chronischen Choroiditis
auf, die weiterhin in ein acuteres Stadium übergeht.

In Iris und Ciliarkörper bilden sich zuweilen kleine Abscesse
um Fremdkörper; es ist sogar schon dagewesen, dass auf diesem Wege
ein solcher sich spontan entleert hat.

Treten bei einer Verletzung des Auges mit Eröffnung der vorderen
Kammer lebende Epidermis- oder Haarwurzelzellen in letztere ein, so
kann sich nachträglich eine Iriscyste entwickeln, die als durchsichtige
oder durchscheinende Blase zwischen Iris und Cornea sichtbar ist. Gewöhnlich treten im weiteren Verlaufe Entzündungszustände, besonders
in glaucomatöser Form, hinzu und verlangen die Entfernung. Geschieht
letztere nicht vollständig, so giebt es häufig Recidive; desshalb ist die
Prognose älterer Iriscysten immer einigermafsen zweifelhaft.

Umschriebene Verbrennungen der Choroidea. resp. des
Pigmentepithels und wohl auch der äusseren Netzhautschichten. werden
zuweilen bei Personen beobachtet, die unvorsichtigerweise längere Zeit
die Sonne fixirt haben, meist gelegentlich einer Sonnenfinsterniss.
Der dioptrische Apparat des Auges wirkt hierbei als Brennglas. Man
sieht dann in der Fovea centralis oder nahe dabei eine oder mehrere
kleine, runde, gelbliche oder bräunliche Stellen, die der Grösse des
Sonnenbildchens auf der Netzhaut entsprechen. Zugleich besteht ein
entsprechender Ausfall im Gesichtsfeld. Meist tritt nach längerer oder
kürzerer Zeit Heilung ein; doch kann die Sehstörung auch eine
bleibende sein.

Von Geschwülsten der Uvea wären zu erwähnen Melanomknötchen (meist angeboren) der Iris und Lymphome derselben als
meist multiple stecknadelkopfgrosse Geschwülstchen, die sich durch
ihre mehr grauliche Färbung von den früher beschriebenen (Seite 201)
Gummaknötchen unterscheiden. Das Gumma kommt sowohl in Iris,
als in Choroidea und Ciliarkörper auch als grössere conglobirte Knoten
vor, die verkäsen und durch Perforation des Bulbus und begleitende
Entzündungen das Auge zerstören können. Aehnliche Tumoren mit Ent-

zündung der Nachbarschaft und Neigung zum Durchbruche sind tuberculöser Natur. Die Diagnose stützt sich auf die Sichtbarkeit miliarer
Knötchen in der Nachbarschaft und auf die Resultate der Ueberimpfung
auf Kaninchen. Die Therapie ist im wesentlichen eine allgemeine und
symptomatische; häufig wird die Enucleation in Frage kommen, wenn
schon Erblindung eingetreten ist.

Miliare Tuberkel werden bei allgemeiner Tuberculose häufig
mit dem Microscop in der Aderhaut gefunden (Cohnheim). Sind
die Tuberkel grösser, so können sie im Fundus, in der Nachbarschaft
des Sehnerven als runde, an den Grenzen leicht verwaschene, aber nicht
pigmentirte, etwas prominirende Flecken gesehen werden. Sie können
im Zweifelsfalle die Diagnose einer tuberculösen Erkrankung sicher
stellen.

Sarcome der Uvea sind meist stark pigmentirte Spindel- und
Rundzellengeschwülste, selten andere Formen. An der Iris sind sie
leicht zu diagnosticiren und entwickeln sich zuweilen aus Melanomknötchen. Schwieriger ist ihre Erkennung bei Sitz im Ciliarkörper und
in der Choroidea wenn die Geschwulst nicht direct sichtbar ist. Frühzeitig pflegt theilweise oder totale Netzhautablösung hinzuzutreten;
weiterhin entwickelt sich gewöhnlich Glaucom. Netzhautablösung bei
hartem Auge ist desshalb bis zu einem gewissen Grade characteristisch;
doch kommen Ausnahmen oft genug vor. Später wird die Sclera an
Stelle eines Gefäss- oder Nervendurchtritts, besonders gern am Hornhautrande durchbrochen, und die Geschwulst wuchert ausserhalb des
Auges weiter. Durch Eindringen von Geschwulstzellen in die Capillaren
treten Metastasen in allen möglichen Organen, besonders häufig in der
Leber ein. Möglichst frühzeitige Entfernung des Auges ist bei der
grossen Bösartigkeit der Geschwülste die einzig mögliche Therapie.
Solange die Geschwulst intraoculär ist, ist Heilung möglich. Ist Perforation des Bulbus eingetreten, was sich durch Beweglichkeitsbeschränkung und Vortreten des Auges anzeigt, so kann man noch die
Exenteratio orbitae, die Ausräumung des ganzen Orbitalinhaltes
sammt Periost, als letztes Mittel versuchen. Der Erfolg bleibt fast
immer ein localer, indem zu dieser Zeit schon Metastasen in anderen
Organen die Regel bilden.

IX. Erkrankungen der Netzhaut und des Sehnerven.

Die Retina sammt Sehnerv ist ursprünglich eine Ausstülpung der primären Gehirnblase des Embryo, welche selbst wieder von der aus dem Epithel sich entwickelnden Linse eingestülpt wird. Sie besteht desshalb genau genommen aus 2 Blättern, deren **Aeusseres** sich zum Pigmentepithel, deren Inneres sich zur eigentlichen Netzhaut entwickelt. **Letzere erstreckt** sich vom Sehnerveneintritt bis zur Ora serrata und besteht aus **9 Schichten**, von aussen nach innen **fortschreitend**: 1. Zapfen und Stäbchen, 2. Limitans externa, 3. äussere Körnerschicht, 4. Zwischenkörnerschicht, äussere reticulirte Schicht, 5. innere Körnerschicht, 6 innere reticulirte Schicht, 7. Ganglienzellenschicht, 8. Nervenfaserschicht und 9. Limitans interna. In der Fovea centralis ist sie fast ganz auf 1, 7, 8 und 9 reducirt; an dieser Stelle sind auch lediglich Zapfen vorhanden, die gegen die Peripherie immer weniger zahlreich werden. Die Netzhaut endigt übrigens nicht an der Ora serrata; eine Epithelzellenschicht erstreckt sich über Ciliarkörper und Hinterfläche der Iris bis zum Pupillenrand, und eben so weit lässt sich auch das cubische Pigmentepithel verfolgen, sodass die ganze Innenfläche der Uvea mit der Nervenhaut und ihren Rudimenten überzogen ist.

Die Netzhautgefässe treten etwa 1 cm hinter dem Auge in den Sehnerv ein; sie theilen sich im Wesentlichen in zwei Hauptäste nach oben und unten und jeder derselben wieder in einen nasalen und einen temporalen, die Macula lutea umkreisenden Ast. Direct nach letzterer ziehen constant einige kleine Gefässchen vom äusseren Sehnervenrand. Die Varianten der Gefässanordnung kommen wesentlich dadurch zu Stande, dass die Haupttheilung schon im Sehnervenstamm sich vollzieht. Die Netzhautarterien sind Endarterien im Sinne Cohnheim's; nur am Sehnerveneintritt bestehen capillare Anastomosen zwischen dem Gefässsystem der Netzhaut und Aderhaut. Die Capillaren gelangen bis in die Zwischenkörnerschicht; die eigentliche Fovea centralis ist gefässlos. Der Sehnervenkreislauf kann bei Thieren fehlen, beim Menschen ist er unentbehrlich für die Function der Ganglienzellen- und Nervenfaserschicht. Das Bindegewebsgerüst der Netzhaut wird durch die wesentlich senkrecht verlaufenden Müller'schen Stützfasern dargestellt; es bildet feine Netzwerke um die nervösen Elemente. Der Faserverlauf in der Netzhaut entspricht so ziemlich dem der Gefässe. Die speciell aus der Macula lutea kommenden Nervenfasern vereinigen sich zu einem keilförmigen Bündel am Aussenrande der Papille, treten aber weiterhin in die Mitte des Sehnervenstammes. Im Chiasma findet eine theilweise Kreuzung (der grösseren Hälfte) der Sehnervenfasern statt. Fig. 28a (a. f. S.) zeigt das gewöhnlich angenommene Schema. In einem Falle mit einseitiger Opticusatrophie nach Enucleation überzeugte ich mich aber, dass die Kreuzung wie bei Figur 28b stattfand: Das äussere Bündel des Sehnerven lag an der Innenseite im Tractus. Ob dies Verhalten allgemein gültig ist, kann ich nicht entscheiden; wahrscheinlich kommen gewisse Varianten vor. Der rechte Tractus entspricht den rechten Hälften beider Netzhäute, oder den linken Hälften beider Gesichtsfelder (mit senkrechter, durch den Fixirpunkt gehender Trennungslinie), so dass bezüglich dessen, was rechts und links gesehen wird, totale Kreuzung vorhanden ist.

Der Tractus opticus endigt im Wesentlichen in den vordern Vierhügeln, dem Corpus geniculatum externum und im hintersten Theile des Thalamus opticus (eigentlich Corpus geniculatum laterale und pulvinar). Weitere Wurzeln aus dem Hirnstiel, selbst aus dem Rückenmark, sind **noch** zweifelhaft. Ausser den Sehnervenfasern besteht das Chiasma noch aus der sogenannten Commissura inferior, Fasern, welche die beidseitigen Corpora geniculata interna verbinden sollen. Man nimmt an, dass von den vordern Vierhügeln die Pupillenreflexe ausgehen; weiterhin gelangen die Lichteindrücke **durch** die sogenannte Gratiolet'sche Sehstrahlung zur Rindensubstanz des Zwickels, Cuneus (Wahrnehmungscentrum) und des Occipitallappens (Erinnerungscentrum für Seheindrücke), welche zusammen das corticale Sehcentrum darstellen.

Der **Sehnerv** ist umgeben von einer Fortsetzung **der** Pia mater (Pialscheide), **welche** bindegewebige Maschen zwischen die Nervenbündel schickt und im Niveau des Sehnerveneintritts mit ähnlichen Maschen der genetisch identischen Choroidea zur **Lamina** cribrosa sich vereinigt; an dieser Stelle verlieren die Sehnervenfasern ihre Markscheide. Ausserdem erhält der Sehnerv beim Durchtritt durch das Foramen opticum eine Umhüllung von der Dura mater, die viel derbere Duralscheide, die in die Sclera übergeht. Zwischen Pial- und Duralscheide liegt ein zarter Fortsatz der Arachnoidea cerebri, die Arachnoidalscheide des

Fig. 28.

Sehnerven. **Wir können** demnach **am** Sehnerven einen Subduralraum und einen Subarachnoidalraum unterscheiden, **die** mit den gleichnamigen innerhalb des Schädels communiciren. Der Subarachnoidalraum des Sehnerven steht mit den Lymphgefässen der Retina, der Subduralraum mit Tenon'scher Kapsel und Suprachoroidalraum in Verbindung. Injicirt man Flüssigkeit in die Sehnervensubstanz in der Richtung gegen das Chiasma, so dringt dieselbe fast gar nicht in die Tractus optici, gelangt aber leicht durch's Chiasma in den andern Sehnerven bis zum Auge.

Das Pigmentepithel „secernirt" den sogenannten Sehpurpur, eine in der ausgeruhten Netzhaut sich findende lichtempfindliche Substanz, deren Vorhandensein indess **zur** Function des Sehens nicht unerlässlich ist; seine Rolle ist bis jetzt noch **nicht genügend** aufgeklärt. **Die** Pigmentepithelzellen senden zarte Ausläufer zwischen die Stäbchen **und Zapfen**, in welche bei Belichtung Pigmentkörnchen **wandern.**

Ophthalmoscopisch ist die Netzhaut unsichtbar und wird nur durch ihre Gefässe angezeigt; nur **bei** sehr dunklem Augenhintergrund erscheint sie, namentlich in der Nachbarschaft des Sehnerven, wie ein **lichtgrauer Schleier.** Bei jugendlichen Individuen zeigt die Netzhaut

im umgekehrten Bild an der Oberfläche Glanz, namentlich sind licht-
glänzende Streifen längs der Gefässe und ein queres Oval um die
Macula lutea vorhanden. Die Stelle der letzern erscheint immer
dunkler pigmentirt und lässt häufig die Fovea centralis als kleines
Grübchen erkennen. Im aufrechten Bild ist der Netzhautglanz fast
völlig unsichtbar; selten kann er noch im höheren Alter wahrgenommen
werden. Bei den leichtesten entzündlichen Processen, ja schon in Folge
andauernder, anstrengender Augenarbeit geht er verloren.

Der Sehnerv selbst ist entweder gleichmässig rosig gefärbt, **oder
die äussere** Hälfte ist etwas lichter. Häufig ist die sogenannte **physiologische** oder **centrale Excavation** vorhanden, eine centrale
trichterförmige Vertiefung von heller, sehnig glänzender Färbung; bei
grösserer Ausdehnung lässt dieselbe die Lamina cribrosa erkennen, als
sehniges Netzwerk, zwischen dem die grauen Nervenbündel sichtbar
sind. Die physiologische Excavation reicht nie bis zum Rande; immer
muss daselbst noch etwas Sehnervensubstanz als mehr oder weniger
röthlicher Saum vorhanden sein.

Die Venen unterscheiden sich durch grössere Breite und dunklere
Farbe von den Arterien; über letzteren, **wenigstens** den grösseren
Aesten, zeigt sich in der Mitte ein heller Reflexstreifen, der den
Venen nur bei abnorm starker Füllung zukommt. Häufig erkennt man
im aufrechten, schwerer im umgekehrten Bilde ein mit der Radialis
isochrones Pulsiren der Venen, besonders wenn sie starke Biegungen
machen, wie z. B. bei grosser centraler Excavation. Das Pulsiren ist
normaler Weise auf den Papillarbezirk beschränkt; leichter Druck auf
den Bulbus ruft es hervor, oder verstärkt es, starker bewirkt Pulsiren
der Arterien, wie beim Glaucom.

Im Alter wird die Papille matter, trüber, mehr gelblich, wohl in
Folge interstitieller Bindegewebsvermehrung; nur durch Uebung **indess**
lernt man das jedem Alter zukommende Aussehen genauer schätzen.
Die Netzhaut zeigt im Alter fast ausnahmslos hydropische oder cystoide Degeneration ihrer Peripherie gegen die Ora serrata **hin**; doch
ist dies **mit** dem Spiegel nicht sichtbar und ohne Einfluss **auf** die
Function.

Angeborene Anomalien sind nicht zahlreich. Colobom der
Sehnervenscheide gleicht sehr einem grossen hintern Staphylom;
der Sehnerv **und** seine Gefässanordnung zeigen aber allerlei Unregelmässigkeiten. Es liegt ausnahmslos **nach** unten. Die geringsten Grade
desselben, einem kleinen myopischen Bügel nach unten sehr ähnlich,
findet man häufig bei Astigmatismus, besonders wenn die Refraction

(wie am öftesten) im verticalen Meridian am höchsten ist. Nicht
selten ist der Sehnervenrand, besonders gegen die Macula hin, mehr
oder weniger stark pigmentirt; sehr selten dagegen findet man Pigmentirung auf demselben. Die zuweilen beobachteten weisslichen oder
bläulichen angeborenen Sehnervenverfärbungen dürften wohl auf eine
intrauterine, ohne Functionsstörung abgelaufene Neuritis zurückzuführen sein.

Verhältnissmäfsig häufig findet man markhaltige Nervenfasern in Papille und Netzhaut; gewöhnlich nur ein kleines Bündel
„flammenähnlich" weisslich glänzend auf dem Papillenrand; selten sind
es ausgedehntere Plaques, die dem Faserverlauf in der Netzhaut entsprechend, die Macula mehr oder weniger weit umkreisen und die Gefässe theilweise verdecken. Characteristisch sind die geflammten, aus-
gefaserten Grenzen, im Gegensatz zu den verwischten Contouren chorioretinitischer Exsudate. Geringe Grade sind ohne Einfluss auf die
Function des Auges; bei höheren ist meist das Sehen mehr oder weniger
herabgesetzt.

Hyperaemie der Netzhaut ist nur aus der Füllung der Gefässe
zu erschliessen: dieselben sind breiter, häufig geschlängelt, und die
Venen zeigen als Zeichen praller Füllung Reflexstreifen wie die Arterien. Die Papille selbst ist stärker geröthet und dadurch weniger
deutlich abgegrenzt; in hohen Graden sind die von ihr ausgehenden
Gefässe scheinbar vermehrt. Die Symptome sind wenig characteristisch.
die ganze Affection nur Nebenerscheinung von Entzündungen der Netzhaut. Choroidea und des Sehnerven. Mydriatica wirken schädlich. weil sie die Hyperaemie des Augengrundes vermehren; wenn
desshalb eine Behandlung nöthig wäre. so sind Miotica: Eserin, Morphin, Pilocarpin einzuträufeln. In der Asphyxie, bei Kohlensäurevergiftung sehen die Gefässe der Netzhaut fast schwarz aus.

Bei Anaemie sind umgekehrt die Venen blasser, die Arterien
dünner, in hohen Graden (perniciöse Anaemie) die Papille fast
kreideweiss. Zuweilen ist der ganze Fundus sichtbar blasser, bei
Leukaemie kann er eine eigenthümliche orangegelbe (aber durch die
Choroidea bedingte) Färbung annehmen. Geringe Grade von Anaemie
und Hyperaemie sind, wenn nicht einseitig, schwierig zu erkennen, da
grosse individuelle Schwankungen vorkommen. Auch beachte man, dass
hochgradige Hypermetropie Hyperaemie des Fundus vortäuschen kann
(Seite 32).

Abnorme Pulsation der Arterien kommt ausser bei Glaucom
bei Aorteninsufficienz. aber auch gelegentlich bei Basedow'-

scher Krankheit und bei hochgradiger Chlorose vor; zuweilen wird bei
Aorteninsufficienz auch ein mit dem Puls gleichzeitiges Erröthen und
Erblassen der Papille beobachtet.

Atherom der Netzhautgefässe ist recht häufig, aber meist nur
anatomisch nachweisbar; selten — ich habe es nur 3 Mal gesehen —
als partielle gelbe Verfärbung der Arterienwände ophthalmoscopisch
sichtbar. Dagegen manifestirt es sich häufig durch spontane oder auf
ganz geringe Veranlassung hin auftretende Netzhautblutungen, die
wegen regelmäfsig gleichzeitig vorhandenem Atherom der Hirnarterien
von ominöser Bedeutung sind. Die Netzhautblutungen sind von sehr
verschiedener Grösse, in der Nähe des Sehnerven meist strichförmig
und klein, in der Peripherie grösser und rundlich, und machen je nach
ihrer Lage mehr oder weniger Sehstörung, in der Macula zuweilen auch
Metamorphopsie (Seite 226).

Ausser bei Atherom kommen sie vor als Theilerscheinung von
Retinitis, bei hochgradiger Stauung im Sehnerven, in Folge
von Constitutionsanomalien (Schrumpfniere, Diabetes, Leukaemie)
bei Infectionskrankheiten aller Art, bei Vergiftungen (z. B.
Phosphor), bei pyaemischen und septicaemischen Zuständen,
Scorbut, Morbus maculosus, nach ausgedehnten Hautverbrennungen u. dgl. Zu erwähnen wären noch besonders die
so häufigen spontanen Blutungen bei perniciöser Anaemie und
ähnlichen Zuständen; die hierbei oft zu beobachtende weisse Verfärbung
der Hämorrhagien als Vorläufer der Resorption kommt auch sonst bei
umfangreicheren Blutungen vor.

Die Therapie ist natürlich der Grundkrankheit entsprechend eine
allgemeine, ausserdem Ruhe und Schonung; local wären Miotica am
ersten noch anzuwenden. Die Resorption wird gefördert durch mehr-
wöchentlichen Gebrauch von Syrupus ferri jodati, oder einer schwachen
Jodkaliumlösung; auch sind vorsichtige Pilocarpin-, Holztrank- oder
Einwicklungscuren oft recht förderlich. Die vielgeübten Blutentziehungen an der Schläfe sind bei der meist vorhandenen Anaemie selten am
Platze. Bei Neigung zu Blutungen sind alle schroffen Bewegungen,
rasches Bücken, schweres Heben u. dgl. zu vermeiden, Alcoholgenuss
auf's Aeusserste einzuschränken. Die Blutungen werden meist spurlos
resorbirt, selten bleibt etwas Pigment zurück, oft verwandeln sie sich
vor oder während der Aufsaugung ganz oder theilweise in weisse
Flecken. Die Sehstörung nimmt zuweilen währenddessen zu, indem
staubförmige Trübung des Glaskörpers der Resorption vorangeht, wodurch der Augengrund verschleiert wird.

16*

Embolie der arteria centralis retinae kommt total und partiell vor; im erstern Falle tritt plötzlich Erblindung ein. Der Augenspiegel zeigt blasse Papille, äusserst dünne, manchmal kaum sichtbare Arterien und unregelmäfsig, oft unterbrochen gefüllte Venen. Sehr bald tritt diffuse Trübung der ganzen Netzhaut ein, die um den Sehnerven, wo sie am dicksten ist, am dichtesten ist und nur an der dünnsten Stelle, der Fovea centralis, den Augengrund als kirschrothen Fleck durchscheinen lässt. Wird der Embolus zertrümmert und binnen 24, höchstens 48 Stunden die Circulation wieder hergestellt, so kann restitutio eintreten. Im andern Falle bleibt das Auge blind, auch wenn, wie regelmäfsig, nach einigen Tagen ein Collateralkreislauf durch die Anastomosen mit den Choroidalgefässen am Sehnerveneintritt sich ausbildet. Die Netzhauttrübung verschwindet allmählich, aber die Ganglienzellen- und Nervenfaserschicht degenerirt, die Gefässe bleiben dünn und die Papille wird blass und atrophisch.

Bei partieller Embolie fällt plötzlich ein dem betreffenden Ast entsprechender Sector im Gesichtsfeld aus, doch ist meist auch das centrale Sehen schwer geschädigt. Die Netzhauttrübung beschränkt sich auf das betroffene Gebiet. Sehr bald aber kommt es durch collaterale Fluxion zu Blutungen (zum hämorrhagischen Infarct) im embolischen Bezirk, die sich nur allmählich resorbiren. Späterhin zeigen sich daselbst allerlei degenerative Veränderungen in Form von weisslichen, fettig glänzenden Flecken; selten tritt Pigmentirung auf, zuweilen werden reichlich glänzende Krystalle (Kalk oder Cholestearin) in der Netzhaut gefunden.

Nicht immer ist eine Ursache für die Embolie (Herzfehler, vorausgegangener Gelenkrheumatismus u. dgl.) nachweisbar. Die Therapie ist machtlos; prognostisch ist zu berücksichtigen, dass kaum je auch das zweite Auge betroffen wird. Man hat versucht, durch Punction der Kammer den Druck im Auge herabzusetzen und dadurch den Embolus zu zerstückeln oder weiterzuschaffen; die Erfolge sind aber sehr problematisch.

Bei Embolie septischer Massen kommt es zu eitriger Retinitis, die nur im allerersten Anfange ophthalmoscopisch von Choroiditis suppurativa zu unterscheiden ist; der weitere Verlauf und die Prognose ist die gleiche (siehe S. 230).

Netzhautentzündung. **Retinitis,** entsteht sehr häufig auf constitutioneller Basis und betrifft desshalb meist beide Augen. Als besondere Ursachen wären zu nennen: **Albuminurie,** Diabetes, Leukaemie und Syphilis; man vernachlässige desshalb nie die Untersuchung des

Urines und **Blutes.** In einer Reihe von Fällen bleibt die Ursache dunkel. Symptome der Retinitis sind Glanzverlust, diffuse, oft dem Verlauf der Nervenfasern entsprechend fein gestreifte Trübung, Oedem und Faltenbildungen (nur anatomisch sichtbar), Hämorrhagien und Exsudate: weisslich, gelblich oder grünlich fettig glänzende Stellen von Punkt- bis mehrfacher Papillengrösse, die theilweise die Netzhautgefässe verdecken. Eine auffällige Hyperaemie ist nicht immer vorhanden. Oft finden sich gleiche oder ähnliche Veränderungen auf der Sehnervenpapille (Neuroretinitis), oft gleichzeitig Choroiditis = Chorioretinitis. Selbstverständlich ist auch die Retina bei **jeder** Panophthalmie, Cyclitis u. dgl. mehr **oder** weniger mitbetheiligt.

Die Trübung **bei** Retinitis **kann** verschieden stark sein, meist ist sie um den Sehnerven am beträchtlichsten, und dieser selbst dann trübroth mit **verwaschenen Grenzen; ein Theil** der Verschleierung wird offenbar durch staubförmige Trübung der hintersten Glaskörperparthien hervorgebracht. Die Sehstörung ist häufig die des sogenannten **Torpor retinae** (Stumpfheit der Netzhaut): mäfsige Herabsetzung des centralen Sehens, leichte Einengung des Gesichtsfeldes, **Abnahme** der Empfindlichkeit für das violette Ende des Spectrums und **starke** Herabsetzung des Sehvermögens bei verminderter Beleuchtung.

Torpor retinae kommt auch ohne ophthalmoscopischen Befund (Nachtblindheit, Hemeralopie) als endemische und epidemische Krankheit vor, namentlich unter Verhältnissen, die zu chronisch anaemischen Zuständen **führen,** in Gefängnissen, auf Schiffen, nach **lange dauerndem strengem** Fasten u. dgl. Räthselhaft ist noch die gelegentlich auftretende Hemeralopie mit Xerose der Conjunctiva, die vorwiegend jugendliche Individuen betrifft **(siehe Seite 132).**

Ganz analoge Erscheinungen **würden eintreten** bei gelblicher Färbung der Medien; vielleicht **handelt es sich** um eine **Diffussion** der Netzhaut mit gelöstem Blutfarbstoff, **doch ist dies eine blose Vermuthung.** Unter Schonung und kräftiger Diät ist die Prognose der reinen Nachtblindheit durchaus günstig; **sie pflegt in** einigen Wochen zu heilen.

Die sonstigen Sehstörungen bei Retinitis können sehr verschieden ausfallen; nicht selten besteht ein auffälliges Missverhältniss zwischen Sehstörung und Spiegelbefund, und **zwar in** beiden möglichen Richtungen. Anatomisch kann vorhanden sein: Oedem (fadig, fibrinös gerinnende Flüssigkeit in oft grossen Hohlräumen und zwischen Stäbchenschicht und Pigmentepithel) und in Folge davon Verdickung und Faltenbildung der Netzhaut; atheromatöse und sclerotische Veränderungen der Netzhautarterien und als Resultat derselben grössere und kleinere Blutungen, die relativ selten Pigmentirung veranlassen. Die fettig glänzenden Stellen können sein: partielle Verfettungen, sclerotische Ganglienzellen und Nervenfasern, Anhäufungen von Rundzellen und Körnchenzellen, die mit dem Spiegel nicht zu unterscheiden sind.

Die Retinitis albuminurica ist characterisirt durch das **Auftreten** von Blutungen und Extravasaten, einzeln oder gleichzeitig. Im ersten Beginn ist namentlich wichtig das Auftreten von weisslichen „Spritzern" in sternförmiger Anordnung im Centrum der Macula lutea. Später treten grössere Plaques **auch an** anderen Stellen auf, die theilweise aus Blutungen hervorgehen; es kann weiterhin der ganze Augengrund von **Hämorrhagien** und weisslichen Flecken förmlich bedeckt sein, die **in** der Macula und um **den** Sehnerven ihren Culminationspunkt haben.

Es **ist** übrigens hervorzuheben, dass bei Albuminurie **auch Reti**nitis, Neuritis, Neuroretinitis, Blutungen der Netzhaut **in** ganz uncharacteristischer Form vorkommen. Die Ursachen der Albuminurie können sehr verschieden sein: Schwangerschaft, Scarlatina und gelegentlich alle acuten Infectionskrankheiten, die Nephritis zur Folge haben können, Bleicachexie, Cachexia palustris, Amyloidniere, am häufigsten einfache Schrumpfniere. Prognose und Behandlung fällt mit der der Grundkrankheit zusammen; bei **den** acuten Nephritisformen kann Heilung eintreten, bei Schrumpfniere **ist die** Prognose schlecht. Selten zieht sich die Affection mit abwechselnden Besserungen und Verschlimmerungen länger als 2 Jahre hinaus, meist tritt der Tod schon viel früher ein. Die nach länger dauernder Schrumpfniere auftretende Herzhypertrophie **ist** zum Auftreten der Retinitis nicht nöthig. Nicht selten wird die Albuminurie erst durch **den** Spiegelbefund entdeckt; **meist wurde dann der Patient** vorher nur wegen „Magencatarrh" behandelt.

Die Sehstörung fällt sehr verschieden aus; doch ist völlige Erblindung lediglich in Folge von Retinitis albuminurica nicht zu erwarten. Fast immer sind beide Augen befallen, wenn auch eines später und leichter. Ein grosser Theil der sichtbaren Veränderungen ist übrigens weniger entzündlicher Natur: es sind vorwiegend degenerative Processe, Blutungen, Oedeme in Folge von Stauungen und Thrombosirungen in den entarteten Arterien und Capillaren; desshalb beginnen auch die Verfettungen so häufig in der gefässlosen Fovea centralis. Die Therapie ist die der Grundkrankheit.

Ganz ähnlich der Retinitis bei Albuminurie ist die viel seltenere bei Diabetes und Leukaemie; es gilt bei diesen alles von der ersteren Gesagte; auch wäre zu **erwähnen**, dass gelegentlich einmal ganz ähnliche Affectionen ohne Befund in Urin oder Blut angetroffen

werden. In den Fällen, die ich sah, handelte es sich um einseitige
Erkrankung bei anaemischen und chlorotischen jugendlichen Individuen;
unter roborirender Behandlung trat nach Monaten völlige Heilung ein.
Zu erinnern wäre noch, dass die Mydriatica, speciell **das** Atropin,
Hyperaemie der Netzhaut veranlassen; sie sind desshalb möglichst zu
vermeiden, eventuell sogar ist Eserin anzuwenden.

Die Retinitis specifica tritt als diffuse Retinitis auf; Blutungen und Exsudate sind selten, letztere gewöhnlich Gruppen kleiner
rundlicher Heerde von eigenthümlich bräunlich - weisser Färbung.
Auch kann sich die Choroidea in **mehr** oder weniger grosser **Aus-**
dehnung mitbetheiligen. Gerade **bei der** specifischen Retinitis lässt
sich häufig das Vorhandensein **von** staubförmigen Trübungen in den
hintersten Theilen des Glaskörpers bei Untersuchung desselben mit
schwacher Beleuchtung constatiren. Eine andere Form diffuser
Retinitis, die sich im Wesentlichen auf die Macula lutea concentrirt
(Retinitis centralis diffusa), ist gleichfalls meist syphilitischen
Ursprungs. Die Trübung der hier nicht sehr dicken Retina wird bei
oberflächlicher Untersuchung oft übersehen; ausserdem sind nur noch
erweiterte und geschlängelte kleine Netzhautgefässe in der Maculagegend zu sehen. Bei dieser Form kann das centrale Sehen sehr
erheblich geschädigt sein; ausserdem ist die Empfindlichkeit für
violett und blau, manchmal auch für roth herabgesetzt, und ich habe
mehrfach subjectives Farbigsehen, meist Grünsehen beobachtet. Anatomisch wurden in den Netzhautarterien ähnliche Veränderungen beobachtet, wie bei der specifischen Arteriitis der Hirnrinde. In manchen
Fällen wachsen einzelne Gefässbüschelchen in den Glaskörper aus, in
anderen bilden sich bindegewebige gelblich-weisse Auflagerungen und
Stränge auf der Oberfläche der Netzhaut und des Sehnerven (Retinitis proliferans). Die specifische Retinitis tritt meist zwischen
secundärem und tertiärem Stadium auf, ist oft einseitig, meist recht
hartnäckig und gern recidivirend. Sie erfordert eine energische Schmier-
oder Injectionscur und als Nachbehandlung Holztränke, oder längere
Zeit Jodkalium. Dunkelheit, in hartnäckigen Fällen Bettruhe, ist
unerlässlich; **die** Affection kann sich wochen- und monatelang hin-
ziehen.

Eine wohlcharacterisirte Netzhautkrankheit ist die **Retinitis**
(besser wohl Chorioretinitis) **pigmentosa.** Dieselbe verläuft äusserst
chronisch, ist zuweilen vielleicht angeboren, beginnt aber meist in der
Pubertätszeit, indem ohne irgend entzündliche Erscheinungen als Haupt-
symptom Nachtblindheit (Hemeralopie), auffallende Verschlechterung

des Sehens bei schwacher Beleuchtung beobachtet wird (Seite 59 und 245).
Das Gesichtsfeld zeigt sich mehr oder weniger concentrisch eingeengt,
die centrale Farbenempfindung hingegen und das centrale Sehen ist gut.
Im Lauf der Jahre und Jahrzehnte nimmt Hemeralopie und Gesichtsfeldeinschränkung langsam zu, und damit stellt sich eine sehr erhebliche
Störung im Orientirungsvermögen ein, namentlich bei Nacht. Auch bei
sehr hochgradiger Verengung des Gesichtsfeldes auf wenige Grade pflegt
das centrale Sehen ziemlich gut ($\frac{1}{2}$—$\frac{1}{4}$) zu sein, und Farben werden
richtig erkannt. Vollständige Erblindung wird nicht oft beobachtet.
Die Krankheit ist fast immer doppelseitig, kommt öfters mehrfach
in einer Familie vor und soll bei Kindern aus Verwandtenehen relativ
häufig beobachtet werden.

Ophthalmoscopisch findet man im Beginne manchmal gar nichts
oder nur etwas unregelmäfsige, eigenthümlich chagrinirte Pigmentirung
in der Peripherie, wo letztere aber schon normalerweise weniger regelmäfsig zu sein pflegt. Später zeigt sich in der Peripherie erst einzeln,
dann reichlicher, in einer ringförmigen Zone auftretend, Pigmentirung
der Retina in Form von Knochenkörperchen ähnlichen Figuren,
die im Laufe der Zeit immer mehr gegen die Macula fortschreitet; die
Einengung des Gesichtsfeldes geht der Pigmentirung voraus. Zugleich
tritt Rarefication im Pigmentepithel (Seite 224) auf, zuweilen bis zur
fast völligen Atrophie der Choroidea; die Netzhautgefässe werden immer
dünner, und die Papille wird atrophisch blass, oft von eigenthümlich
gelblicher Färbung. Die Gefässe können schliesslich vollständig ver-
öden, nur noch die grössten als gelbliche Streifen sichtbar sein. Ausnahmslos tritt später Staar auf, meist in den Formen der hinteren
Polarcataract und des sogenannten Gitterstaares (Seite 220). Anatomisch
ist der Process aufzufassen als progressive Atrophie der äusseren Schichten
der Netzhaut und des Pigmentepithels; letzteres liefert das Pigment,
welches in die bindegewebig degenerirende Netzhaut eindringt. In seltenen Fällen läuft der Process ohne Pigmentirung der Netzhaut ab; in
anderen blieb die äusserste Peripherie des Gesichtsfeldes erhalten, so dass
ein ringförmiges Scotom vorhanden war. Auch bei anderen Formen von
Chorioretinitis tritt Pigmentirung der Netzhaut auf (Seite 221); dieselbe
ist aber nicht von der Regelmäfsigkeit, wie bei der typischen Retinitis
pigmentosa.

Die Therapie ist von wenig Einfluss. Strychnininjectionen in die
Schläfe (mit 0,001 beginnend, bis 0,003 steigend einmal täglich) können
vorübergehend nützen; auffällige Besserung ist durch Tragen eines
Haarseiles im Nacken behauptet worden.

Solutio retinae, Ablösung der Netzhaut von der Choroidea, wobei das Pigmentepithel an letzterer haften bleibt, tritt ein, wenn eine traumatische oder spontane Blutung zwischen Netz- und Aderhaut erfolgt, wenn ein Tumor oder Cysticercus die Retina abhebt, wenn den Glaskörper durchziehende Narbenstränge — nach Verletzungen oder Operationen — oder der mit der Netzhaut verwachsene schrumpfende Glaskörper einen Zug auf letztere ausübt. Ueber die Hälfte aller Fälle kommen auf Choroiditis und Myopie, auf letztere allein ein starkes Drittel. Da letztere Krankheiten meist beide Augen betreffen, so sieht man nicht selten Netzhautablösung nach einander in beiden Augen auftreten.

Falls die Medien durchsichtig sind, sieht man mit dem Spiegel die abgelöste Netzhaut als weisslich-, gelblich-, grünlich- oder bläulichgrauen Schleier, der faltig ist und bei Bewegungen des Auges flottirt; auf demselben verlaufen die auffallend dunkeln Netzhautgefässe mit entsprechenden Windungen.

Die Oberfläche zeigt den Hervorragungen der Falten entsprechend helle Reflexe. Zuweilen ist im Beginne die Netzhautablösung so durchsichtig, dass sie nur aus dem Verlaufe und der dunkeln Färbung der Gefässe erschlossen werden kann; sie kann dann leicht übersehen werden. Es kommt häufig vor, dass eine Anfangs nach oben gelegene Ablösung sich nach unten senkt, während die ursprünglich abgehobene Parthie sich wieder anlegt. Zuweilen sind Blutungen oder Pigmentirungen auf der abgelösten Netzhaut vorhanden; später treten nicht selten Verfettungen — weisslich glänzende Flecken — oder glitzernde Kalk- und Cholestearinkrystalle auf.

Die Netzhautablösung tritt fast immer plötzlich auf; nach einer heftigen Bewegung oder Anstrengung oder ohne Ursache tritt eine wolken- oder vorhangähnliche Verschleierung eines Theils des Gesichtsfeldes und erhebliche Sehstörung auf. Auch wenn die Macula anliegt, pflegt das centrale Sehen herabgesetzt zu sein; es kann durch Verziehung der Macula zu Metamorphopsie (Seite 226), durch Vortreten der lichtempfindlichen Membran zur Verringerung der Refraction kommen. Der Ablösung entsprechend tritt ein Ausfall im Gesichtsfelde ein; doch kann die abgelöste Netzhaut auf grelle Beleuchtung noch empfindlich sein. Ein oft sehr auffälliges Symptom ist — ausser bei Tumor — Herabsetzung des Augendruckes, die sich bald, aber nicht constant einzustellen pflegt.

Eine Netzhautablösung kann jahrelang unverändert bleiben; da nach einiger Zeit dieselbe nach unten gesunken, der Gesichtsfelddefect

also nach oben ist, können derartige Patienten öfters noch auffallend
gut allein sich zurechtfinden.   In seltenen Fällen kommt sogar spontan
Heilung zu Stande; meist vergrössert sich die Ablösung langsamer oder
rascher, besonders bei schrumpfenden Processen im Glaskörper und wird
schliesslich total.   Die Linse pflegt sich später fast immer zu trüben,
und nicht selten tritt nachträglich Iritis auf.

Die Therapie ist im Ganzen ziemlich machtlos, die Prophylaxe
desshalb nicht unwichtig: Personen, welche zu Netzhautablösung disponiren, namentlich Myopen, deren eines Auge schon erkrankt ist,
müssen alle schroffen Bewegungen, Bücken. Heben und dergl. meiden,
müssen Verstopfung und Alles, was Congestion zum Kopfe macht, fern-
zuhalten suchen und sowohl mit kalten als auch heissen Bädern sehr
vorsichtig sein.   Hat die Ablösung schon stattgefunden, so kann wochen-
langer Druckverband bei ruhiger Rückenlage manchmal guten Erfolg
haben.   Mit Schwitzcuren, speciell Pilocarpin „zur Resorption der
subretinalen Flüssigkeit" sei man sehr zurückhaltend: es kommt vor,
dass unmittelbar danach am bisher gesunden zweiten Auge gleichfalls
Solutio retinae eintritt.   Die Versuche operativen Vorgehens durch
Einstich in die Sclera mit Graefe's Staarmesser (Punctio retinae
solutae) haben einzelne Erfolge erzielt, besonders wenn sie recht frühzeitig vorgenommen wurden und wenn Blutungen Ursache waren.   Bei
Narbenzug oder Tendenz der Retina zu schrumpfen, die bei allen entzündlichen Netzhautablösungen, wozu ich auch die bei Myopie rechne, vorhanden ist, liegt es auf der Hand, dass Ablassen der subretinalen
Flüssigkeit selten genügt, um einen dauernden Erfolg zu erzielen.   In
der Mehrzahl der Fälle ist die Therapie machtlos.

Für das Entstehen von Netzhautablösung bei Myopie hat Leber folgende
Erklärung gegeben: Bei Verwachsungen der Retina mit der Hyaloidea und durch
schrumpfende Auflagerungen auf die Innenfläche der Netzhaut, wie sie in der
That häufig vorhanden sind, besteht eine gewisse innere Zugwirkung, die die Netzhaut in der Richtung einer Sehne abzuheben strebt.' Durch irgend eine Gelegen-
heitsursache entsteht nun, meist in der Peripherie, wo die Netzhaut dünner ist,
ein Einriss, der gestattet, dass die Flüssigkeit, welche den hinteren Theil des Bulbus
(bei verflüssigtem Glaskörper) einnimmt, hinter die Netzhaut treten kann (Ruptura retinae). In der That kann man sehr häufig bei sorgfältiger Untersuchung
den Riss in der Netzhaut sehen; regelmäsig sind die Zipfel nach innen umgeschlagen in Folge der auf der Innenfläche der Retina vorhandenen Zugwirkung.
In anderen Fällen ist aber auch kein Riss nachzuweisen und wenn es auch nicht
möglich ist, ihn bei sehr peripherem Sitze immer am Lebenden zu constatiren, so
ist der eben beschriebene Vorgang nur einer der in Wirklichkeit bei myopischen
Netzhautablösungen stattfindenden, wenn auch bei Weitem der häufigste. Kleine
Blutungen zwischen Choroidea und Netzhaut geben in einer Reihe von Fällen auch

bei Myopie Veranlassung **zu Netzhautabhebung.** Versuche, das Zustandekommen von Netzhautablösungen auf andere Weise, z. B. durch geänderte Diffusionsvorgänge zu erklären, sind wesentlich hypothetischer Natur.

Ueber **Verletzungen** der Netzhaut ist wenig zu sagen: wenn der Bulbus durch **stumpfe** Gewalt (Sodawasserpfropfen und dergl.) getroffen wird, können **Netzhautblutungen** eintreten, oder es kann durch eine Blutung die Netzhaut abgehoben werden. In seltenen Fällen tritt ausgedehnte **Trübung** der Netzhaut, hauptsächlich in der Macula ein, welche wie bei **Embolie (Seite 244) den** kirschrothen Fleck in der Fovea **zeigt.** Unter **Ruhe** und **Eisbehandlung** verlaufen diese Fälle meist günstig, wenn auch die **Trübung wochenlang** anhalten kann. Die Sehstörung ist ähnlich, wie bei **centraler Retinitis,** doch handelt es sich bei Traumen wohl mehr um **oedematöse** Zustände. **Bei frischer** traumatischer Netzhautablösung ist operative Entleerung des subretinalen Ergusses angezeigt, wenn nicht **Complicationen** vorhanden sind.

Bei **Blitzschlag** kommt neben anderen Läsionen des **Auges:** oberflächlicher Verbrennung, Iris- und Accommodationslähmung, Aderhautruptur, Cataract, auch Erblindung **des** Auges, **meist einseitig** vor. In der **Mehrzahl der** Fälle stellt sich nach einigen Tagen **das** Sehvermögen wieder her; **doch** kann nachträglich noch Irido-choroiditis, Neuroretinitis u. dergl. auftreten.

Als primäre **Geschwulst** der Netzhaut ist das **Gliom** zu erwähnen. Es tritt nur im **Kindesalter,** gelegentlich schon angeboren, gar nicht selten doppelseitig auf. Im frühesten Stadium, das aber sehr selten zur Beobachtung kommt, ist die gelblich-weisse Geschwulst mit **kleinen** gleichfarbigen Flecken in der Umgebung mit dem Spiegel sichtbar. Gewöhnlich **wird** sie erst bemerkt, wenn sie grösser geworden ist, die Netzhaut abgehoben hat, und **nun bei** gewissen Blickrichtungen ein gelblicher Schein aus der Pupille leuchtet (sogen. **amaurotisches Katzenauge);** das Auge ist dann immer schon erblindet. Noch deutlicher wird dieses Symptom, **wenn, wie fast** ausnahmslos, später Glaucom mit entzündlichen Erscheinungen und weiter Pupille hinzutritt. Eine Verwechslung kann nur stattfinden mit der plastisch eiterigen Choroiditis nach Meningitis (Seite 230) und mit chronischer Cyclitis. In beiden Fällen ist hinter der Linse eine gelbliche Masse mit neugebildeten Gefässen, event. Blutungen sichtbar. Bei Choroiditis hingegen treten entzündliche Erscheinungen gleich im Anfänge, bei Gliom erst später auf; bei ersterem ist die Pupille meist eng, zeigt einzelne Synechien und der **Bulbus ist** weich, bei letzterem ist die Pupille weit und das Auge hart. Auf Gliomen werden nicht selten dunkler gelbe und glänzende Fleckchen: Verfettungen und Verkalkungen, gesehen. Da aber die Anamnese zuweilen unsicher und die späteren Symptome nicht constant sind, sind auch schon den Geübtesten Verwechslungen vorgekommen; im Zweifelsfalle nehme man lieber Gliom an und enucleire, da es sich ja immer um erblindete Augen handelt.

Die Gliome sind von äusserster Bösartigkeit, noch schlimmer als die Aderhautsarcome. Im Gegensatze zu diesen pflegt das Gliom sich wesentlich per continuum und contiguum fortzupflanzen, hauptsächlich auch längs des schon früh ergriffenen Sehnerven nach dem Gehirn zu; der verdickte inficirte Sehnerv drängt dann den Bulbus vor. Das Gliom wächst von einer gewissen Grösse an rasch, füllt bald den Bulbus aus, der ausgedehnt wird, und perforirt mit Vorliebe am Cornealrand, worauf gewöhnlich ungemein schnelle Wucherung, bis Apfelgrösse und darüber, eintritt.

Die Elemente des Glioms sind kleine grosskernige Rundzellen, die mit denen der Körnerschichten der Netzhaut grosse Aehnlichkeit haben. Bei dem raschen Wachsthum kommt es häufig in Folge mangelhafter Ernährung der Geschwulstzellen im Centrum zu necrobiotischen Vorgängen: Verfettung, Verkäsung, Verkalkung; auch treten häufig grössere und kleinere Blutungen aus den dünnwandigen Capillaren auf.

Bei der grossen Bösartigkeit ist möglichst frühzeitige Enucleation vorzunehmen; den Sehnerv schneide man recht tief ab und untersuche genau, ob er unverdächtig ist, um eventuell noch mehr zu entfernen. Zeigt Vortreibung des Auges und Beweglichkeitsbeschränkung an, dass die Geschwulst schon durchgebrochen ist, so ist die Ausräumung der Augenhöhle vorzunehmen (Seite 238). Gewöhnlich treten schon sehr bald locale Recidive ein, die rasch wachsen, auf der Oberfläche verschwären und verjauchen und durch Septicaemie exitus lethalis herbeiführen; oder der Tod tritt durch Geschwulstbildung in der Schädelhöhle ein. Metastasen treten, ausser in den benachbarten Lymphdrüsen, mit Vorliebe in Knochen: Schädelknochen, Brustbein, Schlüsselbein u. s. w., auf, seltener werden innere Organe, am ehesten noch die Leber, befallen. Die Prognose ist demnach auch bei frühzeitiger Entfernung des Auges immer nur mit grosser Vorsicht zu stellen, da nur wenige Heilungen wirklicher Gliome durch Enucleation gemeldet werden. Bei schon extrabulbärem Wachsthum ist die Prognose absolut ungünstig; trotzdem können Geschwulstoperationen wegen Jauchung oder wegen Schmerzen sich nöthig erweisen.

Bei Aderhautsarcomen kann auch die Netzhaut ergriffen werden, doch geschieht dies weder besonders früh, noch besonders häufig.

Bei der **Santoninvergiftung** wird die Netzhaut für violettes Licht unempfindlich, und es tritt desshalb subjectives Gelbsehen auf. Characteristisch für die periphere Natur der Farbenstörung ist, dass während des Gelbsehens alle Schatten in der Contrastfarbe, also violett, erscheinen: die centrale Violettwahrnehmung ist erhalten, die periphere Violettempfindung ist aufgehoben. Das zuweilen bei beginnendem **Icterus** auftretende Gelbsehen wird einer Einwirkung des Gallenfarbstoffes auf Netzhaut (und brechende Medien) zuzuschreiben sein.

Hyperaemie und Anaemie des Sehnerven wurden schon bei den gleichen Affectionen der Netzhaut besprochen; sie befallen immer beide Gewebe gleichzeitig; wir haben auch schon früher gesehen, dass Hyperaemie des Sehnerven immer in den acuten Stadien von Choroidalerkrankungen angetroffen wird. Im Allgemeinen kann man sagen, dass der Sehnerv nach drei Richtungen hin erkranken kann: Stauung, Entzündung und Atrophie. Erstere, die sogen. **Stauungspapille**, ist (abgesehen von localen Vorkommnissen, z. B. bei Tumor des Sehnerven oder sonstiger Geschwulst in der Orbita) eine Folge vermehrten Druckes in der Schädelhöhle; doch kommt letzterer häufig genug auch ohne Stauungserscheinungen am Sehnerven vor. Mit dem Augenspiegel sehen wir die Papille scheinbar vergrössert (oft auf das Doppelte), stark prominent (bis 4.0 und 5.0 D Differenz gegen den übrigen Augengrund), blass, an den Rändern der Prominenz oft streifig und von bläulicher Färbung, die Gefässe stark geschlängelt und die Venen verbreitert. Häufig finden sich grössere oder kleinere Blutungen auf oder nahe bei der Papille. Sehr bald trübt sich der prominente Sehnerv, bekommt ein eigenthümliches bläulich-graues Ansehen und verschleiert mehr oder weniger die Gefässe auf der Papille, die erst gegen den Rand hin deutlicher werden. Das Spiegelbild kann lange gleich bleiben; später aber wird die Papille wieder blasser, ihre Contouren nehmen an Schärfe zu, sie reducirt sich auf ihre normale Grösse; schliesslich ist sie scharf begrenzt, von weisslich sehnigem Glanze, zeigt deutlich das Maschenwerk der Lamina cribrosa und nicht selten in ihrer Nachbarschaft unregelmäfsig concentrische Pigmentirung der Choroidea. Die Gefässe werden öfter eine Strecke weit von weissen Säumen, den bindegewebig verdickten Gefässscheiden begleitet (weisse Atrophie). Waren Blutungen vorhanden, so werden dieselben vollständig resorbirt, machen aber häufig vorher mehr oder weniger die schon bei den Netzhautkrankheiten erwähnte Metamorphose in weisse Flecken durch.

Bei reiner Stauungspapille kann auch Heilung eintreten ohne Uebergang
in Atrophie, und nur die Schläugelung der Gefässe in einiger Entfernung von der Papille, entsprechend dem Rande der früheren Hervorragung, lässt die abgelaufene Erkrankung erkennen. Nach Ablauf des
ganzen Processes sind die Arterien oft, aber auch bei völliger Blindheit
nicht immer, verdünnt, die Venen von ziemlich normalem Caliber.

Anatomisch findet man den Sehnervenkopf geschwollen, die Retina
zur Seite gedrängt, die Sehnervensubstanz oedematös gequollen, um so
stärker je näher dem Auge, den Zwischenscheidenraum des Sehnerven
erweitert, besonders am Eintritt in die Sclera, wo der Opticus häufig
knopfähnlich verdickt ist (sogen. Ampulle).

Die Symptome sind einmal die der zu Grunde liegenden Hirn-
krankheit (Kopfweh, event. Heerdsymptome) und Sehstörung; nicht
gerade selten findet man fast plötzliches Eintreten von Stauungspapille
und Sehstörung unter Nachlass des bisher bestehenden Kopfweh's. Die
Sehstörung ist übrigens sehr verschieden hochgradig, kann zuweilen
vollständig fehlen, geht aber auch nicht selten bis zu völliger
Blindheit; Scotome (heerd- und sectorenförmige), Farbenstörungen und
dergleichen werden häufig angetroffen. Das Gleiche gilt für die nach
Ablauf der Stauung zurückbleibende weisse Atrophie.

Therapie und Prognose ist die der Grundkrankheit.

Typus der zu Stauungspapille führenden Gehirnkrankheit ist der Tumor
cerebri; namentlich solche in der Umgebung des vierten Ventrikels und Aquaeductus silvii sind häufig Ursache. Doch ist Fehlen der Stauungspapille noch kein
Beweis gegen Tumor. Meist tritt sie doppelseitig, viel seltener einseitig auf, was
von localen Verhältnissen abhängt. Wir müssen annehmen, dass die Stauung in
den Hirnventrikeln sich direct auf den Sehnerven fortpflanzt; das dadurch bedingte
Oedem des letztern macht die Nervenfasern quellen und bewirkt, ausser dem ge-
hinderten Lymphabfluss, durch Compression der Gefässe auch venöse Stauung. Erhöhter Druck im Subduralraum (und Subarachnoidalraum?) des Gehirns, der auch
auf den Sehnerv einwirkt, gibt Anlass zur Entstehung der Ampulle. Ausser bei
Tumor kommt Stauungspapille, aber viel seltener noch bei andern Hirnaffectionen,
vor, z. B. bei Meningitis, Hirnhaemorrhagien u. s. w. Man kann die reine Stauungspapille als Ausdruck der nichtentzündlichen auf den Sehnerv fort-
gepflanzten Drucksteigerung in der Schädelhöhle ansehen, deren Paradigma der
nicht infectiöse Hirntumor ist, die aber gelegentlich auch bei anderen (sogar
entzündlichen!) Affectionen zum Ausdruck kommen kann. Die Stauung an und für
sich scheint geringe oder gar keine Sehstörung zu machen, letztere mehr von begleitenden Umständen bedingt zu sein, da der ganze Process ohne solche ablaufen kann.
Erhöhten Augendruck habe ich nie dabei beobachtet.

Entzündung des Sehnerven kommt in verschiedener Form
vor, einmal als vom Hirn fortgeleitete Neuritis. Die Schwellung tritt
hierbei sehr zurück, der Sehnerv ist getrübt, mehr oder weniger stark

geröthet, oft vom Augengrund gar **nicht** mehr abstechend, die Gefässe, besonders die Venen, sind erweitert und geschlängelt. Bei hochgradiger Neuritis ist zuweilen durch Erweiterung **kleiner** Gefässe die Zahl derselben auf der Papille anscheinend vergrössert. Von bloser Hyperaemie, die auch sehr hochgradig vorkommt, ist die Neuritis durch die gleichzeitig vorhandene Trübung des Gewebes der Papille und der **angrenzenden** Netzhaut verschieden; doch ist **die Grenze** nicht immer scharf zu ziehen. Der Ausgang ist, wie bei Stauungspapille, nach kürzerem oder längerem Bestande in weisse **Atrophie** des Sehnerven. **Die** Papille **ist** aber hierbei kreideweiss **und zeigt fast gar** keine Details, offenbar in Folge von Bindegewebsvermehrung.

Die Sehstörung ist gerade so **wechselnd, wie** bei Stauungspapille, doch im Ganzen viel erheblicher; **selten gar keine,** viel häufiger völlige Blindheit, meist mehr **oder weniger** ausgedehnte Scotome und **Farben-**störungen, die auch nach eventueller Heilung ganz oder theilweise zurückbleiben können. Häufiger, als Stauungspapille, ist **die** Affection einseitig. Die beschriebene Neuritis kommt häufig bei Meningitis zur Beobachtung (Neuritis descendens) und hilft **in** zweifelhaften Fällen die Diagnose derselben bestätigen. Bei einem solchen Falle fand ich das Gewebe des Sehnerven dicht mit Rundzellen durchsetzt, aber nur bis zur Lamina cribrosa, die dem Ansehen nach wie ein Filter wirkte; an dieser Stelle ging die Infiltration auf die Choroidea über. Neuritis, ein- und doppelseitig, kommt aber gelegentlich bei allen möglichen Hirn- und Rückenmarksleiden, bei Albuminurie, Diabetes, Leukaemie u. s. w. vor; auf alle diese Eventualitäten ist immer Rücksicht zu nehmen. Selbstverständlich **kommen** auch alle Uebergänge zwischen Stauungspapille und Neuritis **vor**, z. B. ziemlich **häufig** bei Hirnabscess, die man als **Stauungsneuritis** bezeichnen **kann**. Die Papille sieht dann nicht so durchscheinend aus, **wie** bei reiner **Stauung**, sondern die Trübung überwiegt, **Blutungen** und fettige **Degenerations-**heerde finden sich häufig, welch' **letztere bei** Neuritis fast **gar nicht** vorkommen; meist breitet sich **der Process** später auch auf **die** Netzhaut aus: Neuroretinitis. Die nachfolgende Atrophie ähnelt mehr der nach Neuritis. Hierher gehört auch **die von** Deutschmann durch Einbringen tuberculöser Masse **in den** Schädelraum von Kaninchen experimentell erzeugte Form, die ebenfalls entzündliche Infiltration des Sehnerven **zeigte.**

Neuritis leichtern **Grades findet** sich **auch** häufig bei Choroidalkrankheiten einschliesslich der Myopie während der acuten Stadien; der Process beschränkt sich hierbei offenbar auf mäfsige interstitielle zellige Infiltration und Hyperaemie und lässt die Nervenfasern intact. Desshalb ist auch keine Sehstörung vorhanden, abgesehen vielleicht von subjectivem Funkensehen u. dergl. Doch bleibt nach Ablauf der Affection die Papille ausnahmslos blasser und weniger durchsichtig, wie dies z. B. bei Myopie der Fall ist.

In den bisher besprochenen Fällen war die mit dem Augenspiegel sichtbare Neuritis entweder Theilerscheinung einer Netzhaut- oder Uvealerkrankung oder aus der Schädelhöhle fortgeleitet; der Sehnerv kann aber auch selbstständig erkranken, und zwar ist dies der Fall bei der sogen. **Intoxicationsamblyopie.** In Folge lange dauernden Missbrauches von **Alkohol** und namentlich **Tabak**, seltener bei andern chronischen Intoxicationen z. B. durch Blei, Schwefelkohlenstoff in Kautschukfabriken u. s. w., entwickelt sich ausserordentlich langsam eine typische Sehstörung: ein centrales, unvollkommenes Scotom (S $\frac{1}{3}$—$\frac{1}{20}$) mit Farbenstörung, indem innerhalb desselben nur noch gelb und blau unterschieden wird, während die Gesichtsfeldgrenzen und die Farbenempfindung in der Peripherie ziemlich normal sind. Es handelt sich fast ausnahmslos um Leute, die in der Ernährung stark heruntergekommen sind in Folge chronischer Verdauungsstörungen und Appetitlosigkeit; fast immer ist auch Tremor, fibrilläres Zucken der herausgestreckten Zunge u. dergl. vorhanden. Die Farbenstörung stellt sich meist erst bei der Untersuchung heraus; die Sehstörung wird gewöhnlich als Nebligsehen bezeichnet. Zuweilen ist das Sehen bei herabgesetzter Beleuchtung besser (Nyctalopie), manchmal werden langandauernde farbige Nachbilder gesehen. Ophthalmoscopisch ist ein ganz charakteristischer Befund vorhanden: die innere nasale Hälfte des Sehnerven ist grauroth, trüb und verwaschen, die äussere, temporale, ist blass, mattem Porcellan ähnlich, und zeigt deutlich die Lamina cribrosa. Anatomisch findet man zellige Infiltration der central gelegenen Nervenbündel des Sehnerven, die sich, wie schon gesagt (Seite 239), zur Macula lutea begeben. Der Process spielt Anfangs sicher nur im Bindegewebe und lässt die Nervenfasern intact; denn bei zeitiger Therapie lässt sich meist Heilung erreichen. Hat der Process indess lange bestanden, so degeneriren doch die zur Macula gehenden Fasern, und wir bekommen ein bleibendes, sehr störendes Scotom; sehr selten ist Uebergang in wirkliche complete Atrophie. Wir könnten desshalb die Intoxicationsamblyopie am besten als toxische axiale Sehnervencirrhose bezeichnen; denn um eine Amblyopie, eine Sehstörung ohne Befund, handelt es sich nicht.

Therapeutisch muss natürlich die Schädlichkeit möglichst voll-

ständig entfernt werden; es ist fast immer gut, wegen der mangelhaften
Verdauung Morgens regelmäfsig 6—8 Wochen lang Karlsbader Salz
(ca. 1 Theelöffel voll in heissem Wasser) zu geben; doch muss man
die passende Menge herausprobiren. Das Mittel soll ein-, höchstens
zweimal leichten Stuhlgang machen, nicht aber abführen. Im Uebrigen
ist im Wesentlichen ein kräftigendes Verfahren einzuhalten; jede
schwächende Behandlung wirkt schädlich. Gelingt es, bei dem Patienten
die Enthaltung von der schädlichen Gewohnheit durchzusetzen, so ist
die Prognose meist günstig, um so günstiger, je früher die Behandlung eingreift. Doch wird man an den betreffenden, meist-sehr wenig
energischen Patienten manche Enttäuschung erleben. Vollständige Enthaltung vom Rauchen wird im Ganzen eher durchgesetzt, als nur Einschränkung desselben.

Man hat versucht, die Alcohol- und die Tabakssehstörung zu unterscheiden
und für Beide verschiedene Lage des Scotoms, central und paracentral, angegeben
(Hirschberg); nach meinen Erfahrungen ist eine solche Trennung nicht durchzuführen. Der Tabaksmissbrauch scheint bezüglich dieser Affection das schädlichere
Moment zu sein; meist werden Alcohol und Tabak gleichzeitig ihre Rolle spielen,
beide aber erst, nachdem Ernährung und Constitution des Betreffenden — wegen
mangelhafter Nahrungszufuhr in der chronischen Narcose und wegen chronischen
Rachen-, Schlund- und Magencatarrhs — schon erheblich gelitten haben. Bei gleichzeitiger guter Ernährung kommt kaum je eine Intoxicationsamblyopie zur Beobachtung.

Als retrobulbäre Neuritis werden Sehnervenerkrankungen auf-
geführt, die meist plötzlich zu erheblicher Sehstörung oder Erblindung
führen, während der Augenspiegel, abgesehen vielleicht von dünnen
Arterien, normalen Befund giebt. Die Affection ist gewöhnlich einseitig, die Prognose ungünstig, indem selten Besserung eintritt. Meist
handelt es sich um Sehnervenblutungen. Nach einigen Wochen
pflegt der Sehnerv völlig atrophisch zu werden. Wenn die Blutung
rückwärts vom Eintritt der Vasa centralia in den Sehnerven ihren Sitz
hat, so kann das Caliber der Netzhautgefässe lange normal bleiben.
Ganz ähnliche Symptome findet man nach Traumen, die den Schädel
treffen und die öfters scheinbar ziemlich leicht sind. Berlin hat
gezeigt, dass es sich in solchen Fällen um Schädelbasisfracturen handelt,
die sehr häufig durch das Foramen opticum hindurchgehen und dann
natürlich zu einer Blutung in den hier mit dem Knochen ziemlich
fest verwachsenen Sehnerven und dessen Zwischenscheidenräumen führen.
Nicht selten beobachtet man, dass dann die Sehnervenscheibe sich
später mehr oder weniger stark pigmentirt, ein für derartige Verletzungen geradezu characteristischer Befund.

Stauungspapille, Neuritis, Neuroretinitis kommen gelegentlich in der Reconvalescenz nach fast allen acuten Infectionskrankheiten zur Beobachtung; ebenso findet man sie bei Erblindungen, die nach heftigen Blutungen (aus Magen, Lunge, Darm, Metrorrhagien u. s. w.) auftreten können. Doch ist hierbei der Befund zuweilen auch normal. Die Sehstörung oder Erblindung tritt nicht sofort, sondern meist ein bis zwei Tage nach der Blutung ein. Auf welchem Wege die Erscheinung zu Stande kommt, ist noch nicht genügend bekannt. Ziegler fand in einem Falle, der mit dem Spiegel verwaschene weisse Papille, dünne Arterien und geschlängelte Venen zeigte, fettige Degeneration der nervösen und Stützelemente in den innern Schichten der Netzhaut und im Sehnerven, namentlich in der Nachbarschaft der Lamina cribrosa, also rein ischaemische Vorgänge. Vielleicht entstehen letztere auf vasomotorischem Wege, vielleicht rein mechanisch in Folge ungenügender Blutzufuhr. Die Prognose ist immer zweifelhaft und mit Vorsicht zu stellen. Aehnliches kommt auch nach heftigem Erbrechen ohne Magenblutung vor.

In grossen, aber auch in gar nicht übermäfsigen Dosen kann Chinin bei dazu Disponirten beiderseitige Erblindung oder erhebliche Störung mit Gesichtsfeldbeschränkung herbeiführen. Der Spiegel zeigt, dass es sich hierbei um Arterienkrampf und seine Folgen handelt: die Arterien sind sehr dünn, oft kaum zu sehen, die Papille weiss. Auch hierbei tritt nicht immer Heilung ein: es kann mehr oder weniger erhebliche Sehstörung bei engen Arterien und atrophischer Papille zurückbleiben. Einathmungen einiger Tropfen von Amylnitrit können therapeutisch von Vortheil sein. Auch nach Gebrauch von Natrium salicylicum ist schon Aehnliches beobachtet worden.

Von atrophischen Zuständen des Sehnerven haben wir schon zwei kennen gelernt: die nach peripheren Affectionen der Netzhaut und Choroidea, wegen häufig gelblicher Färbung der Papille auch gelbe Atrophie genannt, und die nach Stauung und Entzündung in Papille und Sehnerv eintretende sogen. weisse Atrophie. In beiden Formen der peripheren gelben und localen weissen Atrophie handelt es sich neben der Atrophie der Nervenfasern um mehr oder weniger Bindegewebsneubildung. Anders bei der centralen, der grauen Atrophie. Bei dieser ist einfach Schwund der Nervenfasern und correspondirend damit der ernährenden Capillaren vorhanden. Bei der weissen Atrophie kann, wie wir gesehen haben, ebenfalls eine centrale Ursache vorhanden sein, doch sind damit immer mehr oder weniger active Processe an der Sehnervenpapille verbunden.

Bei **grauer Atrophie** nimmt das Sehvermögen langsam, fast unmerklich ab; gleichzeitig aber tritt **concentrische** Verengerung des Gesichtsfeldes, oft mit einspringenden Winkeln, **auf.** Schon vor nachweisbarer Abnahme des Sehens und Verengerung des Gesichtsfeldes kann die Farbenempfindung in der Art gestört sein, **dass** die Grenzen derselben, besonders **für** Roth und Grün, sehr erheblich hereingerückt sind. Späterhin **ist die** Farbenempfindung gewöhnlich so, dass **Roth,** Violett und Grün nicht mehr als Farben erkannt werden; **erstere beiden** werden für dunkel oder schwarz angesehen (die beiden Enden **des** Spectrums werden nicht mehr empfunden), letzteres für **grau** erklärt. Nur Gelb und Blau werden noch als Farben erkannt (Zweifarbensehen mit beiderseits eingeengten Spectralgrenzen); übrigens kommen von diesem regelmäfsigen Gange öfters Abweichungen vor. Schliesslich werden Farben überhaupt nicht mehr erkannt. Die Sehstörung hat aber zu dieser Zeit schon derart zugenommen, dass die Farbenstörung subjectiv meist nicht zum Bewusstsein kommt. Gleichzeitig **engt** sich das Gesichtsfeld unregelmäfsig immer mehr ein, **ist zuletzt** schlitz- oder spaltförmig, **oder** es kann nur noch **ein excentrischer Theil** vorhanden sein. Abgegrenzte Scotome, **die nach** Stauungspapille oder Neuritis nicht gerade selten sind, kommen **hierbei nicht vor**; ebensowenig centrale Sehstörungen nach Art derjenigen bei Intoxicationen.

Ophthalmoscopisch erscheint **schon sehr früh der** Sehnerv, namentlich seine äussere Hälfte, wo **die** Nervenfaserschicht am dünnsten ist, entschieden blasser, während die nasale Hälfte noch von normaler Färbung sein kann. **Allmälig** aber verbreitet sich die **graue** Färbung über den ganzen Sehnerv, **derselbe** sinkt leicht ein, **und die Lamina cribrosa** wird **deutlich** sichtbar. **Die Gefässe** behalten **lange** ihr normales Caliber. **Das** Verhältniss zwischen ophthalmoscopischem Befund und Sehstörung **ist** wechselnd: **es kann bei** sehr deutlich **atrophisch** aussehendem Sehnerven **noch** ziemlich **gut sein,** oder **die Sehstörung** gewissermafsen **der** Atrophie **vorauseilen**; letztere Fälle **sind die** rascher verlaufenden.

Anatomisch kann fleckige Atrophie (multiple **Sclerose**) in Sehnerv, Chiasma **und** Tractus opticus gefunden **werden**; in abgelaufenen Fällen ist der Sehnerv verdünnt und von grauer Farbe. Eine Bindegewebsvermehrung, wie bei der Atrophie **nach** Stauung **und Neuritis,** findet hierbei nicht statt.

Meist sind beide Augen befallen, wenn auch gewöhnlich nicht gleichzeitig in demselben Grade, namentlich **bei** der tabischen grauen Atrophie; bei anderer Aetiologie kommt die Affection auch einseitig vor. Obschon in jedem Stadium Stillstand eintreten kann, ist doch Fortschreiten des Processes bis zur völligen Erblindung die Regel, worüber allerdings viele Jahre vergehen können. Die Durchschnittsdauer bis zur Erblindung mag 1—3 Jahre betragen. Am häufigsten wird das kräftige Mannesalter betroffen; doch ist die Affection auch in späteren Jahren nicht selten, wohl aber bei jugendlichen Individuen. Es erkranken viel mehr Männer als Weiber an grauer Atrophie.

In einer Reihe von Fällen besteht die Krankheit für sich, und ist weder früher noch später etwas Anderes nachweisbar. Am häufigsten ist sie Theilerscheinung von Tabes dorsalis. Sie tritt hier öfter schon zu einer Zeit auf, wo höchstens mangelnder Kniereflex oder nur ganz unbestimmte Erscheinungen auf drohende Tabes hinweisen, und ist in diesem Falle diagnostisch und prognostisch von grosser Bedeutung; häufig genug tritt sie auch erst zu florider Tabes hinzu. In etwa dem achten Theil der Fälle von Tabes wird graue progressive Sehnervenatrophie beobachtet. Andere tabetische Augensymptome: Muskellähmungen, Miosis, Pupillenstarre können gleichzeitig vorhanden sein oder fehlen.

Viel seltener tritt graue Atrophie im Gefolge anderer Rückenmarks- und Gehirnkrankheiten auf, der multiplen Sclerose, Bulbärparalyse, progressiven Paralyse, von Geisteskrankheiten u. s. w. Graue Atrophie sichert im Zweifelsfalle die Diagnose auf Tabes dorsalis.

Es ist nicht zu umgehen, hier einige Worte über das Verhältniss zwischen Tabes und erworbener Syphilis einzureihen. Bekanntlich hat in einem hohen Procentsatz von Tabes längere Zeit vorher syphilitische Infection stattgefunden. Bei Tabes mit grauer Atrophie scheint der Procentsatz nach meiner Erfahrung noch höher zu sein, als bei andern Tabesfällen. Graue Atrophie beginnt meist 10—15 Jahre nach der Infection, die in der Mehrzahl der Fälle gar nicht besonders schwer war und oft, sachgemäfs behandelt, nach ein, zwei oder drei Attacken keine Symptome mehr gemacht hatte. Sehr wesentlich für das Verhältniss zwischen Tabes und Syphilis ist aber, dass antispecifische Behandlung fast immer eine, öfter sehr auffällige, Verschlimmerung herbeiführt. Graue Atrophie und Tabes sind desshalb nicht einfach tertiär syphilitische Symptome, sondern sie entwickeln sich lediglich mit Vorliebe bei Individuen, die früher einmal syphilitisch waren. Wie der nähere Zusammenhang ist, darüber können nur Vermuthungen aufgestellt werden. Wahrscheinlich entwickelt sich die Tabes auf der Grundlage syphilitischer Gefässdegenerationen. Nur in wenigen Fällen — abgesehen von denen, wo ein Tabetiker Syphilis acquirirt — sind gleichzeitig noch Symptome florider Syphilis vorhanden; dann wirkt auch eine antispecifische Behandlung günstig. Leider sind, bei der trostlosen Prognose der tabischen grauen Atrophie, diese Fälle recht selten.

Die Prognose der grauen Atrophie ist schlecht, um so verhängnissvoller, weil sie gewöhnlich beide Augen betrifft; doch sei man mit

Mittheilung derselben vorsichtig, da allzuviel Aufrichtigkeit nicht selten zu Selbstmord des Patienten Veranlassung gegeben hat. Abgesehen von der Therapie der Grundkrankheit werden schwache constante Ströme (eine Electrode im Nacken, eine auf dem geschlossenen Auge) empfohlen; doch habe ich auch schon auffallende Verschlechterung danach mehrfach beobachtet. Weiterhin kann man Strychnininjectionen in die Schläfe (0,001—0,003) täglich zwischen rechts und links abwechselnd geben. Jodeisen, eisenhaltige Wässer, vorsichtige Kaltwassercur, gute Ernährung verordnen, doch hoffe man, auch bei zeitweiliger Besserung, nicht zu viel. Jede schwächende Therapie ist dringend zu widerrathen. Bezüglich einer eventuellen antisyphilitischen Behandlung ist oben das Nöthige gesagt.

Verletzungen des Sehnerven kommen durch Stich, Schuss u. s. w. vor. Je nach dem Umfang ist Blindheit oder Sehstörung mit entsprechender Gesichtsfeldeinschränkung vorhanden. Letztere kann constant bleiben; im Ganzen besteht Tendenz zu weiterer Abnahme auch noch nach längerer Zeit. Ophthalmoscopisch wird nach einigen Wochen mehr oder weniger vollständige Atrophie der Papille beobachtet. Das Gefässcaliber hängt davon ab, ob der Sehnerv vor oder hinter dem Eintritt der Centralgefässe verletzt ist. Ausreissung des Sehnerven aus dem sonst unverletzten Bulbus beobachtete ich einmal durch Stoss gegen einen in die Orbita eindringenden Rebstecken; die aus dem höchst eigenthümlichen Augenspiegelbild gestellte Diagnose konnte durch die Section bestätigt werden.

Von **Geschwülsten** am Sehnerveneintritt sind Drusenbildungen schon Seite 192 erwähnt. Psammomähnliche Anschwellung der Papille wurde gelegentlich anatomisch gefunden. Tuberkel- und Syphilomknötchen kommen in Sehnerv, Chiasma und Tractus opticus vor, und veranlassen ausser Sehstörung Stauungsneuritis, Neuritis oder Atrophie der Papille. Ihre Diagnose kann nur auf Grund der Begleiterscheinungen bei vorhandener Tuberkulose oder Syphilis wahrscheinlich gemacht werden. Die orbitalen Geschwülste des Sehnerven, abgesehen von fortgeleiteten Sarcomen und Gliomen: Sarcome, Myxome, Fibrome, Neurome u. s. w., sind sehr selten; sie werden bei den Erkrankungen der Orbita zur Sprache kommen.

Als **centrale Sehstörungen** sollen diejenigen behandelt werden, welche ihren Sitz jenseits der Vierhügelganglien haben. Da in letzteren die Verbindung zwischen Lichteinfall und Pupillarbewegung stattfindet, so wird in reinen Fällen letztere erhalten sein, sogar bei völliger Blindheit. Als characteristisch kann angesehen werden, dass ein ophthalmoscopisch sichtbarer Befund dauernd mangelt, oder, wenn vorhanden, auf andere complicirende Momente zurückgeführt werden muss. Viele centrale Sehstörungen sind Theilerscheinung mehr oder weniger diffuser Hirnrindenerkrankungen; andere können für Localdiagnosen von Wichtigkeit sein, doch bleibt es auch hier oft unentschieden, ob die Störung durch Degeneration an Ort und Stelle oder z. B. durch fortgeleiteten Druck veranlasst wird. Hierfür müssen die übrigen Symptome mafsgebend sein.

Diffuse Reizung der „Sehrinde" kommt als Theilerscheinung von allgemeiner **Reizung der** Hirnrinde vor, sowohl bei anaemischen als hyperaemischen Reizzuständen. Es kommen dann diejenigen Vorstellungen und Vorstellungsgruppen zu Stande, die bei gleichwerthiger physiologischer Reizung entstehen würden: subjective Gesichtsvorstellungen oder Gesichtshallucinationen. Sie kommen für sich allein oder zusammen mit Hallucinationen anderer Sinne vor. Derartige Hallucinationen auf hyperaemischer Basis werden im Anfangsstadium vieler acuter fieberhafter Infectionskrankheiten und nach gewissen Vergiftungen, z. B. durch Atropin, im Morphiumrausch u. s. w., beobachtet. Anaemischer Natur sind wohl die sogen. Inanitionsdelirien, wozu auch die Visionen nach strengem Fasten zu rechnen sind. Hier existiren grosse individuelle Verschiedenheiten; nervöse exaltirte Menschen sind mehr dazu disponirt. Bei Geisteskrankheiten, einschliesslich der progressiven Paralyse, werden oft lange hinter einander die gleichen oder ähnliche Hallucinationen beobachtet; es wirkt also lange **Zeit der** gleiche Reiz auf die Ganglienzellen, bis sie schliesslich zu Grunde gehen. Auch einseitige Hallucinationen kommen vor, die Erscheinungen treten immer von der gleichen Seite her auf; wahrscheinlich ist hierbei zur Zeit nur die Rinde eines Hinterhauptslappens gereizt. Dies wird auch meist bei der optischen Aura vor dem epileptischen Anfall beobachtet, die häufig auftritt als immer genau die gleiche Vision von der gleichen Seite her.

Bei einseitiger Zerstörung der Rinde des Zwickels (Wahrnehmungscentrum) tritt Halbblindheit (Hemianopsie) auf*). Die beiden gleichseitigen Netzhauthälften, oder **anders** ausgedrückt, die beiden Gesichts-

---

*) Statt Hemianopsie war früher allgemein der Name Hemiopie (Halbsehen) im Gebrauch; ob nur halb oder halb nicht gesehen wird, kommt genau genommen auf's Gleiche hinaus. Rechtseitige Hemiopie ist selbstverständlich gleich linkseitiger Hemianopsie.

feldhälften der gegenüberliegenden **Seite** fallen aus. Bei linkseitiger Halbblindheit wird also nur noch in den beiden rechten Gesichtsfeldhälften gesehen, beide rechte Netzhauthälften sind unempfindlich und der Heerd liegt rechts. Die Grenze geht senkrecht, aber nicht genau durch den Fixirpunkt, sondern letzterer liegt immer noch innerhalb der empfindlichen Zone. In einem schmalen (4—5° breiten) verticalen Streifen der Netzhaut sind demnach Fasern von beiden Hemisphären vorhanden. Die Farben sind von normaler Vertheilung und ihre Grenzen schneiden am Rande **des** Defectes **scharf ab.** Das Scotom ist ein negatives (Seite 61). Bei linksseitiger Halbblindheit ist die subjective Sehstörung weniger auffallend, **sehr erheblich** dagegen bei rechtseitiger, weil hierbei das Schreiben und besonders **das** Lesen sehr erschwert wird. Da der Fixationspunkt nämlich **hart an** der Grenze des Defectes liegt, so müssen die Worte aus ihren einzelnen Buchstaben zusammengesucht werden. (Für Solche die Hebräisch lesen, ist das Umgekehrte der Fall.) Die Halbblindheit als isolirte Erkrankung tritt meist unter den Erscheinungen eines leichten Hirnschlages auf, und **die** Sehstörung ist eine bleibende. Der ophthalmoscopische Befund ist **negativ;** die Pupille reagirt auch auf Belichtung der unempfindlichen Netzhauthälfte. Sehr häufig tritt Hemianopsie als Theilerscheinung von Hirnapoplexien auf, besonders von solchen **in** die hintersten Theile der **Capsula** interna.

Auch Zerstörung eines Tractus opticus oder des Vierhügelganglions einer Seite macht Halbblindheit **für** die entgegengesetzte Seite; die Pupillenreaction bei Belichtung des nichtsehenden Netzhauttheiles wird aber ausbleiben. **Auch** wird bei **Affectionen** des Tractus früher oder später theilweise Sehnervenatrophie nicht ausbleiben. Diese Symptome sind aber nicht absolut sicher. Characteristisch für alle diese Formen ist der **Ausfall beider** rechter **oder beider** linker Gesichtsfeldhälften (homonyme Hemianopsie). **Alle andern** Fälle gehören **nicht** hierher, z. B. auch die sogenannte bitemporale Hemianopsie, der Ausfall beider äusserer Gesichtsfeldhälften. Es sind meist progressive Processe (Tumoren, Syphilis, Tuberculose u. s. w.) in der Gegend des Chiasma, **die** zeitweise stationär sein können und hemiopieähnliche Defecte verursachen (vergl. Fig. 28 Seite 240). Selten ist die Grenze genau die typische, vertical nahe am Fixirpunkt vorbeigehende. Wohl aber werden Ausfälle genau correspondirender gleichseitiger Gesichtsfeldsectoren, gewissermafsen unvollständige Hemiopien, centraler Natur sein.

Bei Läsionen **der** Occipitalrinde, welche nicht direct das Wahrnehmungscentrum treffen, tritt **häufig** der Zustand der sogenannten

Seelenblindheit ein, d. h. der mechanische Vorgang des Sehens
besteht noch, dagegen fehlt die Fähigkeit der psychischen Verwerthung
des Gesehenen. Werden die Faserungen zwischen Occipitalrinde und
dem Sprachcentrum betroffen, so tritt je nachdem o p t i s c h e A p h a s i e.
A l e x i e. A g r a p h i e u. s. w. ein, d. h. das Unvermögen, die betreffenden
Functionen auszuüben, soweit dazu die optischen Erinnerungsbilder nöthig
sind. Diese Störungen können auch nur partielle sein, z. B. nur gewisse Buchstaben oder nur gewisse Gruppen von Sehvorstellungen
betreffen.

Eine Reihe von mehr oder weniger vollständigen E r b l i n d u n g e n
o h n e B e f u n d, z. B. bei Ohnmachten, Hysterie, Uraemie, Diabetes,
Epilepsie, Malaria, acuten Infectionskrankheiten u. s. w., müssen als
vorübergehende Ernährungsstörungen der b e i d e r s e i t i g e n Occipitalrinde (oft zugleich auch der ganzen Hirnrinde) aufgefasst werden, die
nur zu zeitweiser Functionsstörung, nicht zum Absterben der Ganglienzellen führen. Ob die Störung durch Intoxication oder durch venöse
Hyperaemie, Anaemie, Gefässkrampf, fliegende Oedeme oder dergl.
veranlasst sein mag, lässt sich im einzelnen Falle nur vermuthen. Die
Pupillenreaction auf Licht kann erhalten sein und fehlen. Wir können
diese Sehstörung geradezu **als beiderseitige** Halbblindheit bezeichnen.
(Analog solchen Hirnrindenprocessen ist **die** vorübergehende periphere
Sehstörung bei mechanischem Druck auf das Auge oder bei vermehrtem
intraocularem **Druck**, wo gleichfalls nach nicht allzulanger Dauer die
Function sich wieder herstellt.)

Einseitige Erblindung kann nicht centraler Natur sein; sie **muss**
ihren Sitz peripher **vom** Chiasma im Sehnerven haben.

Bei Zuständen, die als H y p e r a e s t h e s i a r e t i n a e (Tagblindheit,
Nyctalopie), A n a e s t h e s i a r e t i n a e (Nachtblindheit, Hemeralopie,
Torpor retinae), S c h n e e b l i n d h e i t*) u. s. w. bezeichnet werden, handelt
es sich sicherlich ebenso häufig um eine Ermüdung der centralen wahr-
nehmenden, als der peripheren empfindenden Organe; meist wird wohl
beides gleichzeitig der Fall sein.

Eine eigenthümliche, recht häufige centrale Sehstörung bildet das
sogenannte Flimmerscotom, die Amaurosis partialis fugax (Förster).
Es beginnt **als** unbestimmte subjective Sehstörung, die sich bei genauerer
Untersuchung als beiderseitiges centrales negatives Scotom erweist: Es

---

*) Als Schneeblindheit wird auch der Zustand bezeichnet, wenn wegen trau-
matischer Conjunctivitis — in Folge der vom Schnee reflectirten Sonnenstrahlen —
die Augenlider krampfhaft geschlossen sind und nicht geöffnet werden können.

wird alles direct Fixirte scheinbar undeutlich gesehen ohne Nebel oder dergleichen. Nach kurzer Zeit vergrössert sich der Gesichtsfelddefect zu
völliger Halbblindheit, und gleichzeitig hiermit tritt Flimmern, Farbensehen, Sehen glänzender zackiger Figuren (Teichoskopie, Mauernsehen
Airy) auf. Die Hemianopsie kann auch unvollkommen bleiben, oder
es bleibt die Sehstörung auf das centrale Scotom beschränkt; immer
aber sind genau symmetrische Scotome vorhanden. Der Spiegelbefund ist vor, während und nach dem Anfalle absolut normal. Gewöhnlich dauert der Anfall $\frac{1}{4}$—$\frac{1}{2}$ Stunde, manchmal kürzer, nicht
selten länger, halbe und ganze Tage lang. Es kommt vor, dass täglich
regelmäfsig zur gleichen Zeit wochenlang solche Anfälle auftreten;
andrerseits können jahrelange Intervalle vorkommen.

Zuweilen ist gleichzeitig Migräne, Kopfweh und Uebelkeit bis zum
Erbrechen vorhanden; häufiger geht das Flimmerscotom denselben
voraus; auch bei Supraorbitalneuralgie habe ich es beobachtet. Das
Flimmerscotom ist an und für sich ein absolut harmloses Leiden, kann
aber Complication schwerer Erkrankungen des Nervensystems sein. Am
besten wird es als rudimentärer Migräneanfall aufgefasst.

Das Flimmerscotom kommt in seltenen Fällen gleichzeitig auf beiden Seiten vor und bedingt dann vorübergehende beidseitige Erblindung;
nie dagegen kommt es, trotz gegentheiliger Behauptungen, auf ein Auge
beschränkt vor. Als subjective Lichterscheinung hält es natürlich auch
bei geschlossenem Auge an.

Statt typischen Flimmerscotom's habe ich unter den gleichen Begleit-
erscheinungen schon auftreten sehen: Farbensehen (meist Rothsehen, doch auch
Gelb- und Blausehen) und vorübergehende Störung im Einfachsehen.
Auch hierfür, wie für das Farbensehen scheinen sich untergeordnete Centra in der
Occipitalrinde zu befinden; ob Sehfeld und Farbenfeld in der Hirnrinde neben oder
übereinander liegen, muss die Folge lehren.

Das Flimmerscotom kommt sehr häufig vor, namentlich bei den
gebildeten Ständen; oft hat vorher grosse geistige Anstrengung stattgefunden, oder es bestanden längere Zeit Verdauungsstörungen, anaemische
Erscheinungen, schlechter Appetit u. dergl. In andern Fällen ist nichts
der Art nachzuweisen. Recht oft auch tritt es als Inanitionssymptom
bei Leuten auf, die bei geistiger Arbeit Morgens nicht genügend früh-
stücken.

Die Therapie ist analog der der Migräne; sind bei regelmäfsig
auftretendem Flimmerscotom einzelne der oben genannten Schädlichkeiten
vorhanden, so sind sie zu beseitigen; ebenso das Rauchen, das in einer
Reihe von Fällen entschieden ungünstig wirkte. Gegen den einzelnen
Fall hilft meist nichts, gelegentlich nützt Antipyrin, Chinin, Caffein.

Pasta Guarana, Electrisiren u. dergl.; einmal konnte ich den Anfall durch
energischen Druck auf den gleichseitigen Supraorbitalnerven coupiren.
Meist bleiben nach einiger Zeit die Anfälle von selber weg, ohne dass
man der Therapie grossen Einfluss darauf zuschreiben könnte. Es hält
manchmal schwer, ängstliche und hypochondrische Patienten von der
völligen Harmlosigkeit der Affection zu überzeugen, namentlich nach
erst wenig Anfällen, während man andrerseits oft nur gelegentlich
erfährt, dass Patienten häufig von rasch vorübergehendem Flimmerscotom
heimgesucht werden. Immer aber muss eine genaue Augenuntersuchung
feststellen, dass es sich nicht um subjective Lichterscheinungen, Funkensehen
u. s. w. bei intraocularen Krankheiten oder um prodromale Glaucomanfälle (Nebligsehen, farbige Ringe um Lichtflammen) handelt, sondern
lediglich um typisches centrales Rindenflimmern mit absolut normalem
Augengrund. Auch muss in den freien Intervallen die Function des
Auges völlig normal sein.

Bei anaemischen und nervösen Leuten, namentlich Frauen, macht
nicht selten die geringste Benutzung der Augen asthenopische Beschwerden und mehr oder weniger erhebliche Schmerzen im Auge und
im Kopfe; oder es treten **auch ohne** Veranlassung Schmerzanfälle im
Auge ohne objectiven Befund auf **und** machen jede Beschäftigung mit
dem Auge unmöglich (Neuralgia bulbi). Die Behandlung muss im
Wesentlichen eine roborirende **und** gegen die Ursache der Anaemie und
Nervosität gerichtet sein; sie pflegt aber keine grossen Triumphe zu
feiern. Aehnliche Symptome, aber auch mehr oder weniger hochgradige
Sehstörung, Einschränkung des Gesichtsfeldes, Anomalien in der Farbenempfindung und **Bewegung** des Auges werden bei Hysterischen
beobachtet. Sie bieten der Suggestion ein dankbares Feld.

Zu erwähnen wären hier noch diejenigen Formen von Sehschwäche,
die man aus Nichtgebrauch erklärt, sogenannte **Amblyopia ex anopsia.**
Die Nervenbahnen der Centralorgane sind beim Neugeborenen noch unvollkommen entwickelt, die Nervenfasern nur erst theilweise mit Mark-
scheiden versehen. Erst unter dem Einfluss der von aussen wirkenden
Sinneseindrücke und Reize stellen sich allmählich die Verbindungen
zwischen den einzelnen Ganglienzellengruppen her. Daher kommen auch
die grossen Unterschiede im Erfolge gewisser Hirnexperimente beim
Neugeborenen und Erwachsenen: bei ersterem können vicariirend sich
andere Verbindungen herstellen, **bei** letzterem nicht.

Bei angeborener Linsentrübung z. B., die erst nach 5 bis
6 Jahren entfernt wird, ist ein solcher Fall gegeben: Es tritt ohne
jeglichen ophthalmoscopischen Befund so gut wie nie volle Sehschärfe

ein. Beim Mangel der zur Entwicklung normaler Verbindungen zwischen Retina und Hirnrinde nöthigen feineren Gesichtsempfindungen kommen dieselben eben nicht zu Stande; es tritt nicht selten eine Art von Seelenblindheit ein: Die Gegenstände werden gesehen, aber nicht erkannt. Distanzschätzung ist keine vorhanden u. s. w. Erst allmählich wird gelernt, die Sehempfindungen zu verwerthen, aber selten gelingt es in völlig normaler Weise.

Hierher gehört auch die Schwachsichtigkeit des schielenden Auges bei Strabismus convergens, der sich in frühester Jugend entwickelt. Diese Sehstörung ist nicht eigentlich angeboren und nicht eigentlich erworben, sondern in Folge Unterdrückung der vom einen Auge ausgehenden Sehreize kommen die zum vollkommenen Sehen nöthigen Verbindungen seiner Retina mit der Hirnrinde nicht zu Stande; es ist eine extrauterine Entwicklungshemmung. Je früher es zu Strabismus kommt, je früher also die Sehreize unterdrückt werden, um so erheblicher ist die Sehstörung; ja es kann sogar, in Folge vicariirender Verbindungen ganz analog den Experimenten an neugeborenen Thieren, eine andere Stelle der Netzhaut die Function der Macula übernehmen und Verbindungen mit dem Centrum für centrales Sehen in der Hirnrinde eingehen. Natürlich ist die Function dieser vicariirenden Macula eine unvollkommene, weil die Netzhaut an der betreffenden Stelle nicht die zum Feinsehen nöthige Structur besitzt; immerhin kann nach Operation des Schielens lästiges Doppeltsehen eintreten. Selbstverständlich werden die unvollkommenen Bilder eines sehschwächeren Auges leichter unterdrückt; ein Auge mit Hornhautflecken, Astigmatismus u. dergl. wird desshalb mehr zum Schielen neigen, als ein normales. Tritt das Einwärtsschielen erst zu einer spätern Zeit auf, so ist die Sehstörung des schielenden Auges viel geringer, beim alternirenden Schielen kann sie ganz fehlen; in solchen Fällen kann man übrigens nicht selten bei Beginn des Schielens Doppeltsehen constatiren, das erst allmählich unterdrückt wird. In Folge Unterdrückung und mangelhafter Ausbildung der binoculären Gesichtseindrücke wird hier häufig auch nach der Operation kein binoculäres, stereoscopisches Sehen erlangt, sondern auch beim Sehen mit beiden Augen wird immer das Bild des einen unterdrückt; man nennt dies mangelnde Fusion der Doppelbilder. Letztere kommt auch für sich vor als Symptom cerebraler Processe (vrgl. oben bei Flimmerscotom), z. B. bei Beginn progressiver Paralyse. Bei Unvermögen, das Bild eines Auges zu unterdrücken (was im spätern Alter immer schwerer zu erlernen ist), kann der dadurch bewirkte Wettstreit der Empfindungen längere Zeit eine sehr unan-

genehme Sehstörung bewirken, die nur durch Verschluss eines Auges
beseitigt werden kann.

Die simulirte Blindheit und Sehschwäche ist selbstverständlich
keine Sehstörung; ihr Nachweis gehört in den Abschnitt der Sehprüfungen (Seite 65).

X. Erkrankungen des Glaskörpers und der Linse.

Glaskörper und Linse sind diejenigen Gewebe des innern Auges,
die kein selbstständiges Gefässsystem besitzen und desshalb in ihrer
Ernährung auf andere gefässhaltige Theile angewiesen sind. Für beide
kommen in Betracht Netzhaut, Aderhaut und Ciliarkörper, und so sehen
wir denn im Gefolge von Krankheiten der genannten Gebilde auch Veränderungen in Glaskörper und Linse eintreten. Ja man kann sogar mit
einiger Sicherheit sagen, dass, abgesehen von directen Verletzungen,
alle pathologischen Veränderungen mehr oder weniger secundärer
Natur sind.

Der normale Glaskörper stellt eine wasserklare gallertige Substanz dar, die
unter dem Microscop keine feinere Structur erkennen lässt; durch Reagentien dagegen lässt sich ein schaliger Bau wahrscheinlich machen. Seine Oberfläche ist
überzogen von der structurlosen Membrana hyaloidea, die auch mit der innern
Oberfläche der Netzhaut mehr oder weniger in Verbindung steht, sich aber normalerweise glatt von ihr loslösen lässt. An der Ora serrata ist Hyaloidea und Limitans
interna mit der Netzhaut fester verwachsen. Sie trennen sich aber an den Firsten
der Ciliarfortsätze wieder; doch liegt erstere der hintern Wand des sogenannten
Petit'schen Canales unmittelbar an. Die durch die Hinterfläche der Linse bewirkte
Einsenkung des Glaskörpers heisst tellerförmige Grube. Am Rande des Sehnerveneintritts stülpt sich die Hyaloidea zu dem mit Flüssigkeiten injicirbaren
Centralcanal des Glaskörpers ein, der in der Nähe des hintern Linsenpoles
blind endigt; er ist in der Foetalzeit von der aus der Art. centr. retinae auf der
Papille entspringenden Arteria hyaloidea durchzogen, die zum hintern Pole
der Linse geht und die Hinterfläche derselben mit einem Netz von Capillaren
überzieht.

Der normale Glaskörper enthält nur sehr spärliche zellige Elemente, am
reichlichsten noch in den vordersten Parthien. Es sind einzelne Rundzellen, meist
in mehr oder weniger vorgeschrittener schleimiger Degeneration. Der Strom der
Ernährungsflüssigkeit geht im Wesentlichen von hinten nach vorn gegen Linse
und hintere Augenkammer.

Schon bei verhältnissmäfsig leichten Choroidal- und Netzhauterkrankungen kann die Verbindung zwischen Hyaloidea und Limitans
interna eine innigere werden. Häufig kommt es im weitern Verlaufe

solcher Affectionen zur Verflüssigung der hintern Parthien des Glaskörpers, Synchysis corporis vitrei. Dies ist fast ausnahmslos der Fall in den schweren Formen von Myopie oder diffuser Choroiditis fundi oculi; totale Verflüssigung wird fast regelmäfsig einige Zeit nach Verletzungen des Auges mit erheblicherer Quetschung angetroffen, und dies ist zu beachten bei allenfalls nothwendig werdenden Linsenoperationen.

Glaskörperverflüssigung ist ophthalmoscopisch nicht sichtbar und manifestirt sich nur durch Schlottern der Irisperipherie bei Augenbewegungen (Iridodonesis). Leichte Grade von Iridodonesis kommen gelegentlich auch bei sonst normalen Augen vor, besonders im höheren Alter sowie bei hohen Graden von Myopie.

In andern Fällen von Choroidalentzündungen kommt es zur sogenannten hintern Glaskörperablösung: Die Hyaloidea löst sich von der Netzhaut ab, und der Raum zwischen beiden wird durch Flüssigkeit ausgefüllt; dies ist z. B. sehr häufig der Fall bei den leichten Formen der Myopie. Hierbei kann an der Grenze zwischen Hyaloidea und der Flüssigkeit bei der Spiegeluntersuchung ein eigenthümlicher Reflex auftreten, der von Weiss als characteristisch für beginnende Kurzsichtigkeit angesehen wurde. Bei Entzündungen im vordern Abschitt des Auges kann es auch zur vordern Ablösung des Glaskörpers kommen, Ablösung von der Pars ciliaris retinae vor der Ora serrata. Dies ist nach Pagenstecher häufig der Fall bei Glaucom.

Bei Ablösung wie Verflüssigung, die auch combinirt vorkommen, ist der Glaskörper immer reichlicher von Rundzellen durchsetzt, die aus Choroidea und Retina stammen. Bei stärkeren Entzündungsgraden sind dieselben zahlreicher; sie und ihre Degenerationsproducte können subjectiv und objectiv sichtbare Trübungen veranlassen. Nicht selten bilden sich bindegewebige Lagen auf der Innenfläche der Netzhaut, die durch narbige Schrumpfung zu Faltenbildung und Ablösung der Netzhaut, namentlich bei verflüssigtem Glaskörper, führen können.

Sehr häufig findet man bei anatomischer Untersuchung schwer entzündeter Augen den ganzen Glaskörper durch Einwirkung der Härtungsmittel fest geronnen, ohne dass sich die veränderte chemische Zusammensetzung durch besondern Spiegelbefund kennzeichnete. Bei reichlicher Zelleneinwanderung in den Glaskörper können auch dichtere umschriebene Bindegewebsstränge auf der Netzhaut sich bilden (z. B. bei gewissen specifischen Chorioretinitiden), oder es bilden sich bindegewebige Membranen und Fetzen, die im verflüssigten Glaskörper flottiren, oder es kann zu totaler Bindegewebsumbildung des Glaskörpers kommen, der auf einen kleinen Rest am hintern Linsenpol zusammenschrumpft; meist ist dann auch totale Netzhautablösung vorhanden.

Aus den bindegewebigen Schwarten auf der Innenfläche der Netzhaut (sog. Retinitis proliferans), oder auch aus der weniger veränderten Retina wachsen in seltenen Fällen kleine Gefässbüschel frei in den Glaskörper aus. Es ist dieses Vorkommniss nicht zu verwechseln mit der **Arteria hyaloidea persistens,** einer angeborenen Anomalie. Man sieht hier von einer Arterie auf der Papille einen Strang ausgehen, der im Verlauf des Centralcanals des Glaskörpers mehr oder weniger weit nach vorn reicht, manchmal bis zum hintern Linsenpol. In diesem bindegewebigen Strang **können** noch bluthaltige Gefässe, meist nur eine kurze Schlinge, angetroffen **werden.** Meist sind noch andere Augenanomalien gleichzeitig vorhanden, wie Linsentrübungen, **Colobome.** Aderhautanomalien u. dergl.

Trübungen im Glaskörper sind ein sehr häufiges Vorkommniss und machen je nach Grösse und Lage verschieden **grosse** Sehstörung. Feinen **Staub** in den hintersten Theilen des Glaskörpers haben wir als Theilerscheinung diffuser Retinitis (Seite **245)** kennen gelernt; nur bei schwacher Beleuchtung im durchfallenden **Licht kann** die anscheinend diffuse Trübung in einzelne **Punkte** zerlegt **werden.** Grössere Trübungen, punktförmige, fadenförmige, häutige, **schleierartige,** flockige, klumpige, werden bei den verschiedensten Choroidal- und Retinalkrankheiten beobachtet. Sie sind als mehr oder weniger dunkle bis schwarze Trübungen im Gesichtsfeld bei durchfallendem Licht sichtbar, wenn man das Auge nach verschiedenen Richtungen **sich bewegen** lässt, und zeigen fast immer eine mehr oder weniger freie Beweglichkeit **in** dem verflüssigten Glaskörper. **Liegen sie weit hinten,** so können **sie auch im** umgekehrten Bild, liegen sie **weit vorn,** z. B. bei Cyclitis, so können sie (besonders bei **Mangel der Linse)** gelegentlich mit blossem Auge bei seitlicher Beleuchtung **gesehen** werden. Zuweilen werden im Glaskörper zahlreiche flottirende **glitzernde** Punkte beobachtet (Synchysis scintillans) mit oder ohne **tieferes Leiden des Auges;** es sind theils Kalk-, oder Tyrosin- oder Cholestearinkrystalle, theils unkrystallisirte organische Concremente, die gewöhnlich nach einiger Zeit **von** selbst wieder verschwinden; meist sind Blutungen vorausgegangen. Letztere sind überhaupt eine der ergiebigsten Quellen für Glaskörpertrübungen vom eben wahrnehmbaren Punkt an bis zu **der den** ganzen Glaskörperraum **erfüllenden Hämorrhagie.** In seltenen Fällen **werden** periodische Glaskörperblutungen beobachtet, die vicariirend für **die** ausbleibende Menstruation eintraten; ähnliches kommt zuweilen bei Hämorrhoidariern vor.

Je nach Grösse und Dichte werden **die** Glaskörpertrübungen als bewegliche **Schatten und Wolken gesehen,** die das Sehvermögen entsprechend schädigen. Sind sie nur subjectiv sichtbar, so nennt man sie **fliegende Mücken** (Mouches volantes). Diese bestehen aus den gleichen Elementen, feinen Fibrinfädchen, degenerirenden Rundzellen, Pigment-körnern, Resten capillärer Hämorrhagien u. s. w. wie die gröberen Trübungen *). Im Allgemeinen nimmt man an, dass sie keine grosse Bedeutung haben, so lange sie nicht das Sehvermögen herabsetzen und objectiv gesehen werden können. Letzteres ist aber bei sorgfältiger Durchsuchung des Glaskörpers mit verschieden starken Linsen sehr viel häufiger möglich, als gewöhnlich angenommen wird. Mehrfach habe ich kleine pigmentirte Trübungen, offenbar aus einer capillären Blutung auf der Papille hervorgegangen, im Centralcanal des Glaskörpers all-mählich bis an den hintern Pol der Linse wandern und dort eine eigen-thümliche punktförmige hintere Polarcataract (im uneigentlichen Sinne) bilden sehen.

Die **Behandlung** und Prognose der Glaskörpertrübungen fällt mit der der Grundkrankheit zusammen. Bei frischen Blutungen nützen oft Eisumschläge; meist wird zur Aufsaugung eine Einwicklungs- oder Schwitzcur günstig wirken. Selten pflegen Glaskörpertrübungen völlig zu verschwinden; häufig recidiviren sie.

Von den Verletzungen des Glaskörpers war schon vielfach die Rede; Druckverminderung, Iris- und Linsenschlottern bei subconjunc-tivaler Scleralruptur und Glaskörperaustritt ist Seite 187, der Glas-körperfaden bei perforirenden Verletzungen Seite 233 besprochen. Häufig findet auf dem Wege des vorgefallenen Glaskörpers Infection des Augeninnern statt, die, wenn auch nicht jedesmal zur Vereiterung des Auges, so doch zu Cyclitis mit Glaskörperschrumpfung, Narbenzügen im Glaskörper, Netzhautablösung u. s. w. führen kann.

Nicht infectiöse **Fremdkörper** können im Glaskörper lange Zeit ruhig vertragen werden und nur sehr langsam, viel rascher, wenn sie sich senken und die Bulbuswände berühren, chronische Entzündungs-zustände herbeiführen; sie werden in neugebildetes Bindegewebe ein-gekapselt und können durch Glaskörperfäden schwebend erhalten werden. Um infectiöse Fremdkörper entwickelt sich ein Abscess aus — meist durch den Wundcanal — zugewanderten Zellen, und es kommt meist rasch zu Panophthalmie. Das Weitere siehe Seite 233.

---

*) Nicht zu verwechseln mit fliegenden Mücken sind die nur durch besondere Vorrichtungen entoptisch sichtbar zu machenden Bestandtheile des normalen Glas-körpers, die natürlich weiter keine Bedeutung haben. Selbstverständlich ist nicht immer eine scharfe Grenze zu ziehen.

Als seltenes Vorkommniss sind **Cysticercus**blasen im Glaskörper zu erwähnen; ihre Diagnose ist nur zu machen, wenn die Blase direct sichtbar ist. Da in kürzerer oder längerer Zeit das Auge mit Sicherheit zu Grunde geht, so ist ein Versuch zur Entfernung erlaubt, am besten mit grossem meridionalem Schnitt an der Stelle, wo der Parasit gerade sitzt, der im günstigen Falle in der Wunde gleich vorliegt und dann leicht entfernt werden kann. Ist dies nicht so, so mag man versuchen, ihn unter Leitung des Augenspiegels mit der Pincette auszuziehen, was aber sehr schwierig ist. Ausser im Glaskörper kommen Cysticerken auch subretinal und subchoroidal vor; die Diagnose ist dann noch viel schwieriger, auch wenn beim Patienten das Vorhandensein einer Taenia solium constatirt ist. Man hat sogar schon Cysticercusblasen in der vordern Kammer beobachtet, in welchem Falle Diagnose und Entfernung natürlich leicht war.

Die **Linse** wird von einer structurlosen (nicht aus elastischer, sondern aus Eiweisssubstanz bestehenden) **Kapsel** eingeschlossen und durch das **Strahlenbändchen**, die **Zonula Zinnii**, in ihrer Lage erhalten. Letzteres wird gebildet aus Fasern, die von der Ora serrata an aus der Limitans interna der Netzhaut entspringen*), vor der Pars ciliaris retinae liegen und von den Firsten der Ciliarfortsätze wesentlich zur Vorderfläche, aber theilweise auch zur Hinterfläche und zum Aequator der Linse verlaufen. Sie bilden die vordere Wand des sogenannten **Petit**'schen Canals, eines dreieckigen Spaltraumes, welcher zwischen den Ciliarfortsätzen und dem Aequator der Linse liegt. Die hintere Wand desselben wird ausserdem durch die Membrana hyaloidea des Glaskörpers dargestellt, welche an der Ora serrata **mit** der Limitans interna retinae verwachsen ist und in der tellerförmigen Grube normalerweise in ziemlich fester Verbindung mit der hintern Linsenkapsel steht.

Die **Linse** ist etwa 10 mm breit und 3.5—4 mm dick; man unterscheidet an ihr vordern **Pol** (im Pupillargebiet), hintern **Pol** (in der tellerförmigen Grube) und den **Aequator**, der den Firsten der Ciliarfortsätze zunächst liegt.

---

*) Der Ansatz der Zonula Zinnii auf der Vorderfläche der Linse entspricht dem Linsenaequator in frühem embryonalem Stadium; diese **Stelle** ist mit der eingestülpten primären Augenblase: Netzhaut und Pigmentepithel verwachsen. Das Wachsthum der Linse findet Anfangs wesentlich an der gefässhaltigen hintern Fläche statt, und dadurch rückt der Zonulaansatz im Wesentlichen auf die Vorderfläche der Linse. Durch das Wachsthum des Glaskörpers zieht sich die Verwachsungsstelle zwischen Linsenkapsel und bindegewebigem Theil der Netzhaut immer mehr aus, und wir können die Zonulafasern ganz gut in Analogie bringen mit den Müller'schen Radiärfasern der Netzhaut. Erst später sprossen aus der mit dem Sinnesepithel verwachsenen Uvea Ciliarkörper und Iris aus, die beide an ihrer Innenfläche mit einer doppelten Schichte von ursprünglichem Sinnesepithel bedeckt sind. Bei Colobom des Ciliarkörpers fehlt auch an der betreffenden Stelle die Zonula Zinnii.

Die Linsensubstanz ist ein durchaus epitheliales Gebilde und entsteht durch eine sich später abschnürende Einstülpung der Epidermis; die grosse Mehrzahl der sich reichlich vermehrenden Epithelzellen wachsen schon beim **Foetus** zu langen Fasern aus; **nur** an der Vorderfläche der Linse bleibt normalerweise **eine** einfache Lage polygonalen Epithels bestehen, das am Aequator in die sogenannte Kernzone übergeht, wo beim Erwachsenen die Wachsthumsvorgänge sich wesentlich **abspielen**. Die feingezähnten Linsenfasern bilden schalige Schichten und **umgreifen** sämmtlich den Aequator; sie sind **durch sehr** spärliche Zwischensubstanz **verbunden**, **die** nur an den beiden Linsenpolen **etwas** reichlicher vorhanden ist, wo **sie die** sogenannten **Linsensterne** bildet (vorn **als** umgekehrtes, hinten als aufrechtes **Y**).

Die **Linsenkapsel ist undurchgängig für zellige Elemente und feste Partikel;** wo solche in derselben gefunden werden, hat **vorher entweder** eine Eröffnung der Kapsel stattgefunden, **oder es** haben sich, z. B. **bei Pigment-** und Kalkkörnern, Niederschläge aus gelöst aufgenommenem Material gebildet. Das embryonale **Wachsthum** der Linse findet vorwiegend an der hintern Fläche statt, welche von einer später verschwindenden, reichliche Capillaren enthaltenden Membran bekleidet ist, die **ihr** Blut aus **der Arteria** centralis retinae durch die im Centralcanal des Glaskörpers verlaufende Arteria hyaloidea bekommt.*) **Das ganze** der hintern Kapsel anliegende Zellenmaterial wird zu Linsenfasern **verarbeitet**. Später findet das Hauptwachsthum der Linse **im Aequator statt**, der den sehr reichlich gefässhaltigen Ciliarfortsätzen am nächsten liegt. **Indem die** centraler gelegenen Schichten der Linse schrumpfen, **peripher** aber immer **neue** Fasern gebildet werden, findet eine langsame Volumszunahme der Linse **statt**. Nur die verhältnissmäfsig jungen Linsenschichten vermögen regressive Metamorphosen einzugehen; es kommt allmählich, etwa Mitte oder Ende der zwanziger Jahre zu einer Scheidung in relativ unveränderlichen **härteren** Kern und veränderungsfähige weichere Rindensubstanz, selbstverständlich ohne scharfe Grenze; eine chemische Umwandlung ist dabei **nicht** vor sich gegangen. Daraus ergibt sich, dass je älter **das** Individuum, **um so weniger** verschieblich die Linsensubstanz sein muss, was Abnahme der Accommodationsfähigkeit: Presbyopie (Seite 29) bedingt. In spätern **Jahren** nimmt der Linsenkern eine immer tiefer gelbe Farbe an, ohne erheblich an seiner Durchsichtigkeit **zu verlieren**; **doch** kann auch ohne Trübung im hohen Alter die Sehschärfe **etwa bis auf die Hälfte** der normalen herabsinken Zugleich muss nothwendigerweise die **Empfindlichkeit** für violettes Licht abnehmen. Eine wirkliche Trübung **in der Linse kommt** normalerweise auch im höchsten Alter nicht **vor**, kann aber bei Betrachtung mit blosem Auge und bei seitlicher Beleuchtung vorgetäuscht werden, dadurch, dass durch zunehmende **Verschiedenheit im Brechungs-** vermögen zwischen Kittsubstanz **der Linsensterne und Linsenfasern** erstere sehr viel deutlicher als scheinbare **graue Trübung sichtbar** wird. Ein Blick mit dem Augenspiegel im durchfallenden **Licht zeigt aber** sofort das Fehlen jeder umschriebenen Trübung.

Die Linsenkrankheiten **sind** einerseits Gestalts- und Lageveränderungen, andrerseits Trübungen **der** Linsensubstanz; letztere werden zusammengefasst **als grauer Staar oder** Cataract.

---

*) Die foetale Pupillarmembran **auf** der vordern Linsenfläche dient wesentlich dem **Wachsthum** und der Ernährung **der Hornhaut.**

Gestaltsanomalien, conische Form der Linse und Aehnliches kommen gelegentlich angeboren vor, gehören aber zu den grössten Seltenheiten. Häufiger wird eine Einkerbung des Linsenrandes gefunden bei Colobombildungen und verwandten Zuständen des Auges, wenn sie sich auf den ciliaren Theil der Choroidea und auf den Ciliarkörper erstrecken. In diesem Falle fehlt an der betreffenden Stelle die Zonula Zinnii und die Linse nimmt hier, ihrer natürlichen Elasticität überlassen, eine stärkere Wölbung an. Bei durchfallendem Licht ist an Stellen, wo die Iris fehlt, der Linsenrand als zum Hornhautrande concentrische scharfe schwarze Linie sichtbar, ähnlich dem Contour eines Fetttropfens unter dem Microscop. An Stellen, wo die Zonula fehlt, erscheint dieser schwarze Rand mehr oder weniger eingekerbt und breiter, weil hier die Linse kugliger ist. Wie schon erwähnt, ist gleichzeitig Colobom der Uvea vorhanden, in andern Fällen Verschiebung der Pupille nach der entgegengesetzten Seite, wobei letztere häufig Birngestalt hat (Ectopia pupillae). Wie alle angeborenen Colobome ist auch das der Zonula immer nach unten oder unten innen; zuweilen sind auch die Ränder der Zonula sichtbar. Derartige Fälle kommen häufig ererbt oder mehrfach in einer Familie vor. Im weitern Verlauf pflegt sich die Linse immer mehr loszulösen und schwankt sichtbar bei Augenbewegungen, ebenso wie die ihrer Unterstützung entbehrende Iris. An der Stelle, wo die Linse liegt, wird jene deutlich vorgedrängt, und die Kammer ist sichtbar weniger tief. Wegen Kugelgestalt der Linse besteht hochgradige Kurzsichtigkeit, oft mit starkem Astigmatismus. Allmählich rückt die Linse nach der dem Colobom entgegengesetzten Seite. Wenn nun der freie Rand in's Pupillargebiet kommt, tritt monoculäres Doppelsehen ein. Neben der Linse, im linsenlosen (aphakischen) Gebiet besteht Hypermetropie, in dem von der Linse noch bedeckten hochgradige Kurzsichtigkeit, und weil der freie Linsenrand zugleich als Prisma wirkt, fallen die beiden Bilder nicht auf, sondern neben einander. Ist die Linse erheblich getrübt, so kommt natürlich kein Doppeltsehen zu Stande. Früher oder später pflegt nämlich ausnahmslos die Linse sich zu trüben. Schliesslich (doch können hierüber Jahrzehnte vergehen) kann sich die Linse vollständig loslösen und liegt dann frei im Glaskörperraume auf dem Boden des Auges, von wo sie nur bei Augenbewegungen aufgewirbelt wird und an ihrer runden Form und den der Linsenstructur entsprechenden Trübungen leicht zu erkennen ist *). Diffuse und umschriebene choroiditische Veränderungen, Glas-

---

*) Zur Entscheidung, ob die Linse an Ort und Stelle ist, dienen die Purkinje'schen Linsenbilder, die bei seitlicher Beleuchtung leicht zu erkennen

körpertrübungen. Glaskörperverflüssigung werden in solchen Fällen nie
vermisst; die Linse kann sich schliesslich mit der Stelle, wo sie auf-
liegt. verlöthen und allmählich mehr oder weniger vollständig resorbirt
werden, wenn sie nicht durch Kalkablagerungen theilweise verkreidet.
Durch Fortleitung der schleichenden Entzündung weiter nach vorn
werden häufig chronisch glaucomatöse Zustände beobachtet. Viel acuter
treten letztere **auf.** wenn die Linse bei den Bewegungen des Auges sich
in die vordere Kammer begibt. was sich gar nicht selten zu ereignen
pflegt. Durch Rückenlage, Kopfschütteln u. dgl. erreicht **man** zwar
zuweilen den spontanen Rücktritt der Linse in den Glaskörper. besonders
wenn sie noch irgendwo festhängt: meist ist sofortige operative Hülfe
nöthig.

Die Behandlung ist Anfangs eine abwartende und beschränkt sich auf
die Correction der Refractionsanomalie durch Brillen. Bei weitgediehener
Loslösung der Linse ist der Patient auf eventuelle acute Glaucomanfälle
und die Nothwendigkeit sofortiger operativer Behandlung vorzubereiten.
Eine Heilung ist nur möglich durch Entfernung der Linse. Dieselbe
ist verhältnissmäfsig am leichtesten. wenn sie sich **in** der vordern Kammer
befindet. falls noch nicht Verwachsungen mit den Wandungen derselben
stattgefunden haben. Liegt die Linse im Glaskörperraume. so ist sie
am besten mittelst einer durch die Sclera eingestossenen Staarnadel
aufzuspiesen und gegen die Cornea anzudrücken. damit sie sofort nach
Vollendung des Hornhautschnittes entfernt werden kann. Mehr oder
weniger Ausfliessen von verflüssigtem Glaskörper wird selten zu vermeiden sein: ausserdem kann die meist schon eingeleitete chronische
Uvealentzündung auch nach glücklich vollendeter Operation noch nachträglich zum Verlust des Auges führen, z. B. durch Netzhautablösung.
Die Operation bleibt immer eine schwierige, und ihre Chancen sind.
einer gewöhnlichen Staaroperation gegenüber. weniger günstig: desshalb
ist häufig die Entscheidung schwierig. ob man **noch** zuwarten oder
operiren soll.

Bei jugendlichen Individuen habe ich mehrfach versucht. die Linse durch
Eröffnung der Kapsel zur Resorption zu bringen. Die flottirende Linse weicht aber
leicht aus. und die beigebrachten Kapselwunden klaffen nicht. wegen mangelnder
Spannung durch die Zonula, und heilen wieder zusammen.

Nach B e c k e r werden die angeborenen Ortsveränderungen als E c-
t o p i a l e n t i s bezeichnet. während **den** später eintretenden. oder durch

---

sind. ein aufrechtes von der vordern, und ein **viel** lichtschwächeres umgekehrtes
von der hintern Linsenfläche; letzteres kann auch zur Entscheidung benutzt werden.
ob eine Trübung vor oder hinter der Hinterfläche der Linse sich befindet. da es
nur in letzterem Falle sichtbar ist.

Trauma oder z. B. durch schrumpfende cyclitische Schwarten verur-
sachten der Name Luxatio lentis beigelegt wird. Andere brauchen
letzteren Namen für beide Formen. Von den Linsenluxationen durch
Verletzung, die in die vordere Kammer, unter die Conjunctiva, in den
Glaskörper, sogar durch einen äquatorialen Riss unter die Sclera stattfinden können, war schon die Rede; ebenso von denen in die vordere
Kammer durch cyclitische Schwarten. Gelegentlich reisst auch die
Zonula nur theilweise ein, und wir erhalten das Bild des Coloboms
derselben. Auch hier gilt als Regel, dass die aus ihrer normalen Lage
entfernte Linse sich früher oder später trübt und, wenn sie im Auge
zurückgeblieben ist, zu Entzündungsprocessen in der Uvea, besonders
glaucomatösen Formen führt. Was im einzelnen Falle zu geschehen
hat, hängt davon ab, wie weit die andern Theile des Auges durch die
Verletzung in Mitleidenschaft gezogen sind.

Bei den Linsentrübungen, dem sogenannten grauen Staar
oder der Cataract, unterscheidet man traumatische und spontan entstehende Formen. Die traumatischen Staare entstehen selten auf
die Art, dass sich bei unversehrter Linsenkapsel die Linsensubstanz
trübt (bei Blitzschlag, Glasbläsern u. s. w.); fast immer hat eine Eröffnung der Kapsel stattgefunden, woran sich dann die Staarbildung
anschliesst. Selbstverständlich kommen hier wesentlich Verletzungen
durch spitze Instrumente: Nadeln, Stahlfedern, Federmesser in Frage,
welche das übrige Auge verhältnissmäfsig unberührt lassen und nicht
infectiös sind. In solchen Fällen klafft die Kapselwunde, ihre Zipfel
schlagen sich nach aussen um, und es trübt sich der zunächst liegende
Theil der Rindensubstanz der Linse in Folge der ungehinderten Einwirkung des Kammerwassers. Zugleich quillt die getrübte Linsensubstanz und ragt als graulichschimmerndes pilzförmiges Gebilde in die
vordere Kammer, wo sie zerklüftet, auf den Boden derselben fällt und
allmählich resorbirt wird. In dem Mafse als dies geschieht, trüben
sich neue Theile der Linse, quellen gleichfalls aus der Kapselwunde
hervor und zerfallen, und es kann so geschehen, dass im Verlaufe von
Wochen und Monaten die ganze Linse durch eine relativ kleine Kapselwunde vollständig resorbirt wird. Doch kommt dies nur bei jugendlichen Individuen vor, so lange noch keine Kernbildung stattgefunden
hat. Je jünger das Individuum, um so rascher pflegt dieser Vorgang
abzulaufen: doch kann man auch im günstigsten Falle selten weniger
als zwei Monate rechnen. Der Zustand des Auges ist dann der der
Aphakie (Seite 35), und mit Staarbrillen kann vollkommen gutes
Sehvermögen vorhanden sein. Häufig tritt aber keine vollständige

Resorption ein, die Kapselwunde schliesst sich nach einiger Zeit, und es treten innerhalb der Kapsel Wucherungen der äquatorialen Zellen und der vordern Epithelzellen ein, die schliesslich zur Bildung streifigen narbenähnlichen Gewebes mit Verkalkung führen und eine mehr oder weniger dichte Trübung im Pupillargebiet zurücklassen. In andern Fällen wird durch rasche Quellung und Trübung der Linsensubstanz die Kapselwunde erweitert, und es können dann sehr stürmische Zustände eintreten mit starker Ciliarinjection und Druckerhöhung, die, wenn sie übersehen wird, zur Ausbildung von Sehnervenexcavation und Verlust des Sehvermögens führen kann. In andern Fällen schliesst sich die Kapselwunde von selber, nachdem nur wenig oder keine Linsensubstanz ausgetreten ist. Durch eingedrungenes Kammerwasser hat sich aber doch der Wundcanal getrübt und kann lange sichtbar sein; häufig tritt auch noch weiterhin Trübung der der Verletzung benachbarten Linsenschichten ein. Diese Trübungen können im Laufe von Monaten und Jahren ganz oder theilweise resorbirt werden, so dass die Linse — von der manchmal nur der Kern zurückbleibt — wieder annähernd normale Durchsichtigkeit erlangt. In Folge der Resorption eines grossen Theils derselben hat aber ihre Brechkraft bedeutend abgenommen; ein vorher emmetropisches Auge kann auf diese Weise eine Hypermetropie von 6—8,0 D und noch mehr erwerben; natürlich ist die Accommodation dabei aufgehoben.

Ist Iris und Linse gleichzeitig verletzt, so pflegt an der betreffenden Stelle eine hintere Synechie zu entstehen, die häufig zur Verlegung der Kapselwunde führt, die weitere Trübung verhindert und als willkommenes Zeichen aufgefasst werden muss. Bei inficirten Wunden verschlechtert Mitverletzung der Linse die Prognose erheblich, da die Entzündungserreger in der gequollenen Linsensubstanz einen äusserst günstigen Nährboden finden; meist wird dann schrumpfende Cyclitis oder Panophthalmie eintreten.

Nicht so gar selten wird traumatischer Staar durch Fremdkörper veranlasst, die entweder durch die Linse durchschlagen oder in ihr stecken bleiben. Sind sie nicht infectiös, so können sie lange Zeit in der Linse verweilen, ohne dass mehr als der Wundcanal und ihre unmittelbare Nachbarschaft sich trübt; in andern Fällen tritt aber auch progressive Trübung der Linse ein, und das Sehen ist erheblich gestört. Derartige Fremdkörper senken sich nicht selten im Laufe der Zeit, durchbohren von innen die Linsenkapsel und können dann, wenn sie Ciliarkörper oder Iris berühren, heftige cyclitische Entzündungserscheinungen hervorrufen. In andern Fällen bildet sich nur ein kleiner Abscess, durch den sogar der Fremdkörper — meist an Stelle der ursprünglichen Verletzung — spontan ausgestossen werden kann.

Ist der Fremdkörper von Eisen und klein, so kann er sich allmählich völlig in Eisenoxyd verwandeln, welches der Linse eine eigenthümliche Rostfarbe verleiht; bei grössern Eisensplittern tritt dies nur theilweise ein. Ebenso kann bei kupfernen oder messingenen Zündhütchenfragmenten eine grünliche Färbung auftreten. Dieses Verhalten kann unter Umständen zur Diagnose der Substanz des Fremdkörpers dienen und Anhaltspunkte für die Therapie geben, weil z. B. bei Kupfer der Magnet ohne jede Wirkung ist.

Ist die Linsenverletzung klein, die Trübung und Quellung langsam, so genügt ein ruhiges Verhalten des Auges und fortdauernde Beobachtung des Kranken. Atropin verwende man mit Vorsicht: Es begünstigt das Auftreten von Drucksteigerung und kann Synechien zum Reissen bringen, welche die Kapselwunde verlegt haben, demnach statt einer umschriebenen Linsentrübung eine Totalcataract veranlassen.

Werden die Erscheinungen stürmischer bei rascher Quellung eines umfangreichern Linsentheils, so ist Dunkelheit, Bettruhe und Eis anzuwenden; namentlich letzteres übt eine vorzügliche Wirkung aus, und unter consequenter Eisbehandlung sieht man oft die heftigsten Erscheinungen sich rasch beruhigen. Immer controllire man sorgfältig den Augendruck, sonst kann es geschehen, dass nach scheinbar friedlichem Verlauf nach Resorption der Linse Glaucomexcavation und Blindheit vorhanden ist. Bei Druckerhöhung hat man die gequollenen Linsenmassen zu entfernen, entweder indem man eine Iridectomie nach oben macht und gleichzeitig möglichst viel getrübte Linsenmasse herauslässt, oder durch sogenannte einfache Linearextraction. Man sticht nach Erweiterung der Pupille in der Mitte zwischen Centrum und äusserem Rand der Hornhaut mit einer Lanze ein, und lässt durch diese senkrechte, ca. 6 mm lange Wunde die getrübte Linsensubstanz austreten; unter Schlussverband pflegt in wenig Tagen Heilung einzutreten, und die Resorption nimmt ihren Fortgang. Fremdkörper, die reactionslos in der Linsensubstanz festsitzen, lässt man unberührt und controllirt nur von Zeit zu Zeit, ob sie keine Ortsveränderung eingehen. Ist letzteres der Fall und nähern sie sich der Kapsel, so ist die Linse zu entfernen, am besten in der unverletzten Kapsel. Führt die Verletzung zu starker und rascher Trübung der Linse, so ist gleichfalls die Entfernung der Linsensubstanz sammt Fremdkörper vorzunehmen. Zur Entfernung des letzteren benutze man womöglich keine Pincette, am ehesten noch eine solche mit löffelförmigen Branchen, sondern suche **mit** einem löffelförmigen Instrumente hinter denselben zu gelangen und **ihn** auf diese Weise heraus zu befördern. Ein metallener oder gläserner Fremdkörper weicht nämlich einer Pincette meist aus; geräth er hierbei in den Falz zwischen Iris und Cornea, so wird er unsichtbar und ist dann nur schwierig, oft gar nicht mehr aufzufinden. Bei Eisensplittern wird **der** Electromagnet sehr vortheilhaft sein; doch beachte man, dass Eisensplitter immer am Aussenrande **des** Magnetstäbchens sitzen (weil hier **die** magnetische Wirkung ein Maximum ist) und sich beim Herausziehen desselben leicht an **der** Wunde abstreifen. **Auch** bedenke man, dass ein Stahlsplitter selbst magnetisch sein kann, in welchem Falle er von einem Magnetpol abgestossen wird; folgt **er** demselben nicht, so ist der Strom umzukehren.

In einer Reihe von Fällen hat man bei Glasbläsern Staar auftreten sehen und auf directe Einwirkung der strahlenden Wärme zurückgeführt. Nach physischen Gesetzen wirkt aber strahlende Wärme auf durchsichtige Körper nur sehr wenig ein, wohl aber auf dunkle. Wir müssen also **den** Angriffspunkt wohl in die pigmenthaltigen Membranen des innern Auges verlegen, und **so** wäre die Staarbildung erst ein secundärer **Vorgang.** Aehnliches gilt von der Cataract nach Blitzschlag. **Auch hier** haben wir als Primäres Einwirkung der electrischen Entladung **auf die** Muskelfasern anzunehmen: Maximalste Contractur des Ciliarmuskels und der Gefässmusculatur. War die Einwirkung sehr heftig, so entwickelt sich Totalstaar: war sie weniger intensiv, so kann sich **die** Trübung **wieder** aufhellen; in letzterem Falle hatte offenbar nur abnorme Verschiebung **der** Linsenelemente gegeneinander stattgefunden, und die Trübung war Folge der Reflexion des Lichtes an den Grenzen zwischen Linsenfasern und Intercellularsubstanz. In andern **Fällen** kommt die Staarbildung nach Blitzschlag erst viel später zu Stande, nachdem vorher choroiditische Processe eingetreten waren, und in der gleichen Form wie bei andern Uvealerkrankungen.

Unter den **nicht traumatischen** Staaren unterscheidet man zwischen primären und secundären Formen. Von letzteren haben wir eine grosse Anzahl schon kennen gelernt. **Die vordere Polarcataract** (Seite 108) entsteht nach Perforation der Hornhaut im frühesten Kindesalter, eventuell sogar schon vor der Geburt; doch hat man sie auch in seltenen Fällen bei Hornhautgeschwüren sich entwickeln sehen, die nicht zum Durchbruch kamen.

Therapeutisch ist zu beachten, dass Entfernung der vorderen Polarcataract gleichbedeutend ist mit Eröffnung der Linsenkapsel. Ist nicht durch eine optische Iridectomie das Sehen genügend zu verbessern, was nur bei gut umschriebenen dichten, centralen Hornhauttrübungen der Fall sein dürfte, so ist eine Staaroperation vorzunehmen. Der häufig vorhandene Nystagmus zeigt Herabsetzung des Sehvermögens auch ohne Spiegelbefund an; desshalb gibt vordere Polarcataract verhältnissmäfsig selten Anlass zu einem operativen Eingriff.

Wenn nach langem Anliegen der Linse an der Hinterwand der Hornhaut erstere mit letzterer verwächst, so pflegt bei Erwachsenen später fast ausnahmslos mehr oder weniger vollständige Linsentrübung sich einzustellen (ebenso Trübung der Hornhaut). Auch beobachtet man zuweilen. dass die Linsensubstanz in der Nachbarschaft einer hinteren Synechie sich trübt; meist handelt es sich dabei um chronische iritische und cyclitische Processe, in deren weiterm Verlaufe mehr oder weniger vollständige Staarbildung eintritt. Eine Linsentrübung, bei welcher hintere Synechien bestehen, nennt man angewachsenen Staar — **Cataracta accreta.**

Die Staarbildungen nach Uveal- und Retinalkrankheiten sind sehr mannichfaltig. Im Allgemeinen kann man sagen, dass sie mit Vorliebe in der hintern Rindensubstanz der Linse beginnen und einigermafsen der Acuität des Processes entsprechen. Da bei Staaren, die Gegenstand einer Behandlung sein könnten, es sich lediglich um weniger intensive und meist sehr chronisch verlaufende Erkrankungen handelt, so wird auch die Staarbildung meist nur sehr langsam vorschreiten. Nicht selten findet man dabei auch die Innenfläche der hinteren Kapsel von einem mehr oder weniger regelmäfsigen Epithel überzogen. Während häufig die Entwicklung des Staares von der eines spontan entstehenden nicht wesentlich verschieden ist. müssen doch einige besondere Formen hervorgehoben werden.

Die **hintere Polarcataract** ist nicht immer Linsentrübung; in einer Reihe von Fällen handelt es sich um Auflagerungen auf die hintere Linsenkapsel. Es sind punktförmige oder grössere, rundliche, wolkige, meist scharf begrenzte Trübungen an der Stelle des hintern Linsenpoles. Wegen ihrer tiefen Lage ist meist Erweiterung der Pupille nöthig, um sie mit seitlicher Beleuchtung ordentlich zu sehen, während sie im durchfallenden Lichte sofort sichtbar werden (siehe Seite 24). Wegen der Lage am hintern Linsenpole. der nahezu dem Knotenpunkte des Auges. dem Kreuzungspunkte der Richtstrahlen entspricht. ist die Sehstörung immer eine sehr erhebliche; zuweilen wird bei Erweiterung der Pupille besser gesehen. Zur Unterscheidung. ob eine Trübung innerhalb oder ausserhalb der Linse liegt, kann öfters das Purkinje'sche Reflexbild der hintern Linsenfläche benutzt werden (Seite 274).

An die hintere Polarcataract schliesst sich meist früher oder später **hintere Corticalcataract** an; wir sehen dann sternförmige, der Structur der Linse entsprechende Trübungen, womit der Uebergang zu allgemeiner Linsentrübung gegeben ist. Oft dauert es sehr lange, bis auch die vordere Corticalis durchgängig getrübt, der Staar „reif" ist. Häufig trüben sich bei choroidalen und retinalen Staaren immer nur **einzelne** Parthien der Linsencorticalis, **während** die zwischenliegenden durchsichtig bleiben: wir bekommen dann ein Gitterwerk getrübter meridional verlaufender Streifen, durch welche hindurch der Augengrund noch recht gut zu erkennen ist, und die **oft noch** ein recht erträgliches Sehen gestatten. Man nennt diese Formen **Gitterstaar** (Cataracta stellata). Die einzelnen trüben Streifen **können** verschieden breit sein; je feiner sie sind, um so langsamer nimmt **die** Trübung zu. Es kommen alle Uebergänge vor zu den schmalstreifigen, äusserst langsam zunehmenden Staarformen, wie man sie namentlich bei Myopie so häufig antrifft.

Wie direct Choroiditis z. B. mit der Staarbildung in Zusammenhang steht, konnte ich an einem Falle beobachten, wo **bei einem** Individuum in mittleren Jahren der ganze Augengrund normal war, bis auf einen **grossen** atrophischen Heerd in der Choroidea, der innen unten ganz in der **Peripherie** lag. Nur im Meridian dieses Heerdes war sectorenförmig Staarbildung eingetreten, während die übrige Linse vollständig durchsichtig war. Desshalb beginnt auch bei Choroiditis und Chorioretinitis im Augengrund die Staarentwicklung fast immer am hintern **Pole** und in der hinteren Corticalis.

Bei Uvealaffectionen in der Pubertätszeit und den folgenden Jahren, die später ausheilen, namentlich bei Iritis serosa, entwickelt sich nicht selten eine leichte diffuse Trübung in der Corticalis, die später grösstentheils resorbirt **wird und** auf einzelne oder zahlreiche grauliche Punkte und oft tröpfchenähnliche Flecken **sich** reducirt, die sogen. **Cataracta punctata.** Sie kann lange **Zeit** unverändert **bestehen**, nimmt aber später doch meist zu; letzteres ist characterisirt durch das Auftreten strichförmiger Trübungen zwischen den punktförmigen und rundlichen. Die Mehrzahl der anscheinend spontan auftretenden Staare in den zwanziger, dreissiger und vierziger Jahren ist auf diese Aetiologie zurückzuführen. Es sind vorwiegend weibliche Individuen. Die Anamnese lässt bei dem nicht selten schleichenden und unmerklichen Verlauf der Iritis serosa häufig im Stich, und nur einzelne Pigmentpunkte auf der Hinterfläche der Hornhaut oder **eine** vereinzelte hintere Synechie gibt die nöthigen Anhaltspunkte.

Die Staarbildung nach Ectopie **und** Luxation der Linse ist schon oben besprochen worden (Seite 274). Bei cyclitischen Processen und Geschwulstbildungen im Auge findet man nicht selten die Linse ganz von neugebildetem Gewebe umgeben. Ausser Staarbildung wird hierbei nicht selten die Kapsel gesprengt oder usurirt, und es kann die ganze Linsenmasse mehr oder weniger durch eingewuchertes Geschwulst- oder Granulationsgewebe substituirt werden. Man hat mehrfach beobachtet, dass Granulationsgewebe innerhalb der Linse sich in wahre Knochensubstanz späterhin umgewandelt hat, doch kommt dies nur bei Eröffnung der Kapsel vor. Letztere ist für geformte Bestandtheile undurchgängig, und bei unverletzter Kapsel wird nur Verkalkung als Praecipitat aus gelöst aufgenommenen Stoffen beobachtet.

Eine eigenthümliche Form secundärer Cataract ist der sogenannte **Schichtstaar** (Cataracta zonularis). Er ist zuweilen schon angeboren; meist kommt er erst später, in den ersten Lebensjahren, zur Entstehung und Beobachtung. Derselbe besteht darin, dass eine umschriebene Schichte Linsensubstanz getrübt ist, während Kern und Corticalis durchsichtig sind. Bei genügend weiter Pupille sieht man im durchleuchteten Pupillargebiet eine vollkommen runde, ziemlich scharf begrenzte Trübung, die in der Mitte am lichtesten, am Rande am gesättigtsten ist. Bei seitlicher Beleuchtung überzeugt man sich, dass die Trübung nicht in den vordersten Linsenschichten ihren Sitz hat, sondern dass zwischen Irisrand und derselben ein merklicher Zwischenraum vorhanden ist. Zuweilen stecken zwei und mehrere solcher Schichtstaare in einander; es kann auch nur der innerste Kern getrübt sein (Kernstaar) oder ein grauer Faden vom vordern zum hintern Pole der Linse ziehen: Spindelstaar (Cataracta fusiformis).

Die Sehstörung entspricht der vorhandenen Trübung, die Accommodationsbreite ist eingeschränkt. Später kommt es häufig zur Entwickelung von Myopie, besonders von hochgradigen Formen mit Complicationen.

Schichtstaar kommt dann zu Stande, wenn vorübergehende Ernährungsstörungen der Linse eintreten, in deren Folge die jüngstgebildete Corticalis sich trübt; nach Hebung der Störung wird wieder normale Linsensubstanz erzeugt, und dieser Vorgang kann sich mehrfach wiederholen. Tritt die Ernährungsstörung schon früh im intrauterinen Leben ein, so bildet sich eine centrale Linsentrübung (Kernstaar, Cataracta nuclearis); verwächst diese mit vorderer und hinterer Kapsel, so zieht sie sich beim Wachsthume der Linse zu einem Faden aus (Spindelstaar). In späterer Zeit bleibt der Kern durchsichtig. Es ist demnach selbstverständlich, dass je jünger das

Individuum zur Zeit der Staarbildung ist, um so geringer der Durchmesser des Schichtstaares ist.

Im ersten Beginne ist die äusserste Corticalis getrübt, die Form des Schichtstaares wird erst später deutlich. So erinnere ich mich eines 12 jährigen Kindes mit typischem Schichtstaar, bei dem in früheren Jahren der Befund als Totalstaar gebucht worden war. In einem andern Falle hatte ein 30 wöchentlicher Säugling vor zwei Monaten an heftigen Krämpfen und Laryngismus gelitten; seitdem war Sehstörung bemerkt worden. Es fand sich beiderseits dichte hintere Corticalcataract und nur einzelne Streifen in der vorderen Corticalis. Die Linse war sichtlich gequollen. Sieben Wochen später war beiderseits completer, sehr dichter Schichtstaar vorhanden. Ein Theil der getrübten Linsensubstanz pflegt sich weiterhin zu resorbiren; manchmal bleibt nur ein feiner Schleier zurück oder nur punkt- und tropfenförmige, in einer concentrischen Schicht angeordnete Trübungen, ähnlich wie bei Cataracta punctata. Durch Resorption von Linsensubstanz leidet die zur Accommodation nöthige Verschieblichkeit derselben; auch würde die Refraction durch Abflachung der Linse abnehmen, wenn dies nicht gewöhnlich durch pathologische Axenverlängerung des Auges mehr als ausgeglichen würde.

Bei der Aetiologie des Schichtstaares spielt Rachitis eine grosse Rolle, nicht als Constitutionsanomalie, sondern durch die bei Schädelrachitis so häufigen Krämpfe (Gichter, Fraisen u. s. w.). Es ist nicht die Erschütterung des Körpers, die hierbei eintritt, sondern es sind heftige Krämpfe des Ciliarmuskels und der andern intraoculären, vielleicht auch Gefässmusculatur, die in Betracht kommen. Dass bei allgemeinen Convulsionen auch Ciliarmuskelkrämpfe vorkommen, habe ich mit dem Augenspiegel im epileptischen Anfalle nachweisen können. Einigermafsen analog wäre dann die Staarbildung nach Blitzschlag. Aehnliche Veränderungen werden häufig an einem genetisch aequivalenten Organe ebenfalls bei Rachitis gefunden, nämlich am Schmelz der bleibenden Zähne, namentlich der Schneidezähne. Dieselben zeigen horizontale Streifen, in welchen ungenügende oder keine Schmelzbildung stattgefunden hat, die mit Schmelzwülsten abwechseln (rachitische Zähne). Diese von Horner entdeckte Zahnanomalie führt früher oder später durch Caries zum Abbröckeln und Verlust der Zähne, lässt sich demnach in spätern Jahren meist nicht mehr nachweisen.

Dieser Zahnbefund bei Schichtstaar ist zwar recht häufig, aber nicht constant; auch lässt sich keinesweges immer Rachitis oder deren Reste nachweisen. Schichtstaarähnliche Trübungen kommen manchmal nach perforirenden Linsenverletzungen zu Stande, wenn die Kapselwunde sich bald wieder schliesst.

Der Schichtstaar an und für sich bleibt stationär und zeigt keine Neigung zu Fortschreiten der Trübung. Er rückt mit den Jahren etwas gegen das Centrum der Linse. sein Durchmesser nimmt etwas ab. sonst bleibt er aber unverändert. Ausgeschlossen ist jedoch eine weitere Staarbildung nicht; so gut wie bei einer normalen Linse können gelegentlich alle möglichen Staarformen sich zum Schichtstaar hinzugesellen. Der Aetiologie entsprechend ist der Schichtstaar meist doppelseitig.

Die **Therapie** des Schichtstaares wird später besprochen.

Die sogenannten primären oder spontanen Staare können zu jeder Zeit auftreten; vorwiegend ist dies jedoch im höheren Alter, etwa von der Mitte der fünfziger Jahre an. der Fall: **Greisenstaar,** Cataracta senilis.

Je nach dem Alter verhält sich die Staarbildung verschieden. **Angeborene Staare** sind totale Linsentrübungen, die grosse Neigung zu Schrumpfung und Verkalkung haben, und oft nur eine dünne, überall von der wellig geschrumpften Kapsel überzogene Platte darstellen: trockenhülsiger Staar, Cataracta arida siliquata. Bei näherer Untersuchung und nach Entfernung des Staares trifft man häufig choroiditische Complicationen an, die wohl als das Primäre anzusehen sind. Im Allgemeinen kann man daran festhalten. dass je jünger das Individuum ist. desto rascher und vollständiger Linsentrübung eintritt. Hat einmal Kernbildung stattgefunden, also etwa vom 30. Jahre an. so tritt nie mehr Totalstaar ein: der Kern bleibt immer mehr oder weniger durchsichtig.

Das erste, was bei Beginn der Staarentwickelung beobachtet wird. pflegt man als Separation des Kernes zu bezeichnen. Namentlich im schrägen durchfallenden Lichte sieht man als schichtstaarähnliche Trübung. nur weniger scharf und regelmäßig. die Grenze zwischen Kern und Rindensubstanz. als Zeichen, dass der Uebergang letzterer in den Kern nicht mehr in der normalen regelmäßigen Weise vor sich geht. Eine positive Trübung ist nicht vorhanden; das Licht wird lediglich unregelmäßig reflectirt an der Stelle. wo verschieden dichte Medien mit verschiedenem Lichtbrechungsvermögen unvermittelt an einander grenzen. Nach einiger Zeit. nach Wochen oder Monaten. beobachtet man, gewöhnlich zuerst im Aequator. das Auftreten von strichförmigen, punktförmigen, wolkigen Trübungen. die bei seitlicher Beleuchtung grau. im durchfallenden Lichte dunkel aussehen. Ihr Sitz ist zwischen Kern und Corticalis. Die Streifen sind von verschiedener Breite und schliessen sich der Linsenstructur an; sie werden zahlreicher, breiter, oft von eigenthümlich graulichem Seidenglanz, und rücken allmählich in vorderer und hinterer Corticalis in's Pupillargebiet vor, womit natürlich Sehstörung verbunden ist, die vorher vollständig fehlen konnte. Nicht immer verläuft der Process so regelmäfsig; es können vorwiegend einzelne Theile oder Sectoren der Linse sich an der Trübung betheiligen, **es können zeitweise lange Pausen in der Entwickelung** eintreten u. s. w. Im Allgemeinen kann man sagen, dass je breiter die getrübten Streifen **sind**, um so rascher progressiv (und um **so** weicher!) ist der Staar.

Im Anfange haben **die Trübungen, wie** gesagt, ihren Sitz zwischen Kern und Corticalis; man **kann z. B.** deutlich den Zwischenraum zwischen denselben **und dem** Pupillarrand erkennen: der freie Irisrand wirft bei schräger Beleuchtung einen Schatten auf die Trübung. Allmählich aber trübt sich die Corticalis vollständig, **der Schlagschatten der Iris** ist nicht mehr sichtbar zu machen; **man sagt, der Staar** ist **reif (Cataracta** matura). Natürlich kann man **die „Reife"** nur an der **vorderen Corticalis** beobachten, **doch pflegt** gewöhnlich zu dieser Zeit, meist schon vorher, **auch die hintere Corticalis** völlig getrübt zu sein.

Kernseparation und weit gediehene Aequatorialcataract können lange ohne jegliche Sehstörung bestehen; häufig macht sich schon zu dieser Zeit eine sehr lästige Blendung bemerklich, weil das in's Auge fallende Licht in der unregelmäfsig brechenden Linse zum Theil diffus zerstreut wird. **Tritt** Sehstörung im weitern **Verlaufe** ein, so muss dieselbe im Verhältnisse zu der sichtbaren Linsentrübung stehen. Man erwirbt mit **der Zeit grosse Uebung in** Beurtheilung **dieses** Verhältnisses, denn die Linsentrübungen hindern natürlich **die** Augenspiegeluntersuchung in eben dem Mafse, **wie** das Sehen des Staarkranken.

Im Beginne der Staarbildung, zuweilen noch **vorher, macht sich** nicht selten, namentlich bei jugendlichen Individuen und rasch progressiven Staarformen, eine auffallende **Blähung** mit Kugligwerden der Linse bemerkbar. **Die Iris** ist vorgedrängt, meist träg reagirend und leicht erweitert, und es tritt **Kurzsichtigkeit** auf. Die Refractionszunahme kann 6—10,0 D betragen. Presbyopische sind zuweilen hoch erfreut, dass sie wieder ohne Brille lesen können; doch ist die Freude meist von kurzer Dauer. Für den Arzt ist diese rasch auftretende Refractionszunahme ein sicheres Zeichen drohenden grauen Staares, auch **wenn** weder Kernseparation noch aequatoriale Trübungen zu sehen sind.

Bei reifem Staare werden gewöhnlich Finger nicht mehr gezählt; doch muss Handbewegung richtig erkannt und der Schein einer Kerzenflamme im verdunkelten Raume auf mindestens 6 Meter mit Sicherheit gesehen werden. Ausserdem muss im ganzen **Gesichtsfeld** das Licht einer Kerze richtig projicirt werden, sonst sind Complicationen vorhanden.

Vom gewöhnlichen Verlaufe kommen allerlei Abweichungen vor. Die getrübte Corticalis, die gewöhnlich eine breiige Masse darstellt, kann sich verflüssigen. Man erkennt dies an der gleichmäfsigen, keine Andeutung der Linsenstructur anzeigenden, bläulich oder gräulich weissen Trübung. War **bei** jugendlichen Individuen die ganze Linse cataractös, so stellt die **Kapsel** lediglich eine mit milchiger Flüssigkeit gefüllte Blase dar, **die bei** der Ruhe oft einen hypopyumähnlichen, mehr kreideweissen **Bodensatz** zeigt (Cataracta lactea, Milchstaar). Hatte schon Kernbildung stattgefunden, so liegt der Kern als gelblicher oder **bräunlicher**, mehr kugel- als linsenförmiger Körper am Boden **der mit** milchiger Flüssigkeit gefüllten Linsenkapsel. **Wenn** der Patient liegt, sinkt **er** zurück und ist nicht sichtbar; lässt man aber den Kopf vorwärts beugen, so ist er leicht zu erkennen: Morgagni'scher Staar (Cataracta Morgagniana).

Das Stadium der Reife ist für operatives Eingreifen das geeignetste, **weil** alle Corticalis getrübt und desshalb sichtbar ist, und man mit Sicherheit controlliren kann, ob alle Staarmasse entfernt ist. Die Consistenz zu dieser Zeit kann noch eine recht verschiedene sein: breiig, wachsweich, **hart** und bröcklig, und **ist** nicht immer mit Sicherheit vorher **zu erkennen**. Während bei jugendlichen Individuen breitstreifige Cataracten **schon** nach ¹⁄₂ Jahre völlige Reife erreichen können, kann dies bei sehr schmalstreifigen Jahrzehnte dauern, eigentliche Reife, d. h. völlige Trübung der Corticalis, bei solchen überhaupt nie eintreten. Meist werden 1—3 Jahre zwischen ersten subjectiven Symptomen und Reife vergehen.

Nach erlangter Reife pflegt allmählich mehr oder weniger Resorption der getrübten Parthien einzutreten, die immer härter und bröckliger werden. Dies manifestirt sich durch oft sehr deutliche Abflachung des überreifen Staares (Cataracta hypermatura). Im Laufe der Jahre — doch ist dies sehr selten, weil Leute mit vollendeter Altersstaarbildung nicht häufig noch sehr alt werden — kann gelegentlich eine erhebliche Aufhellung und ein leidliches Sehvermögen wieder eintreten. Gleichzeitig mit dieser Resorption und Schrumpfung lockert sich die Verbindung der Linse mit der Zonula Zinnii. Erst wird an der Irisperipherie Schwanken bei Augenbewegungen (Iridodonesis) beobachtet, später auch an der Linse selbst. **Letztere kann sogar** spontan ihren Ort verändern **und** im Auge zu Boden sinken, **worauf das** Pupillargebiet **frei** wird, und mit Staargläsern sogar sehr gutes Sehvermögen erlangt werden kann. Selbstverständlich sind aber jetzt **auch alle** Gefahren einer luxirten Linse vorhanden (Seite 275). Derartige Vorkommnisse bleiben aber immer grosse Seltenheiten.

Häufig dagegen treten bei überreifen Staaren Wucherungsprocesse im vordern Linsenepithel auf, die zur Bildung eines **sogen. Kapsel-staares**, Cataracta capsularis, führen. Dieselben zeigen sich **als kreide-weisse** Punkte, Flecken und Streifen unmittelbar hinter der **Kapsel**. **Treten** sie schon früher auf oder sind sie sehr entwickelt, so erregen sie immer Verdacht auf Complicationen choroiditischer und cyclitischer Natur.

In seltenen Fällen ereignet es sich, dass ohne je sichtbare umschriebene Trübungen die ganze Linse **sich** in Kernsubstanz verwandelt. Sie stellt dann eine grosse, dunkelbraune Masse, oft mit einem Stiche in's Rothe dar, die, wie der Augenspiegel zeigt, **nur sehr** wenig Licht in's **Auge** lässt (Cataracta nigra).

Die spontanen Staare sind meistens doppelseitig und zeigen auf beiden Augen ähnliches Verhalten; doch können lange Jahre zwischen der Erkrankung des **ersten** und zweiten Auges vergehen.

Anatomisch handelt es sich **bei** der Staarbildung zuerst um vermehrte Flüssig-keitsaufnahme zwischen **die** Faserzüge der Corticalis in die Intercellularsubstanz. Die Trübung ist zuerst nur eine optische durch Lichtreflexion an der Grenze zwischen den stärker brechenden Linsenfasern und der schwächer brechenden Flüssigkeit zwischen denselben. In diesem Stadium ist eine Wiederaufhellung möglich. Weiter-hin verändern sich die Corticalisfasern; dieselben erscheinen zuerst wie bestäubt und zerfallen dann in Myelinkugeln, Fetttröpfchen, Cholestearin- und andere Krystalle, dagegen bleiben das vordere Epithel und die aequatorialen Zellen unversehrt. Der Inhalt eines flüssigen Staares unterscheidet sich microscopisch nicht wesentlich von andern; der Kern bleibt unverändert. **Bei der** überreifen **Cataract treten** dann Wucherungsvorgänge im vordern Epithel **auf**, ähnlich **denen** bei **der vordern** Polarcataract. Die Zellen theilen und vermehren sich in unregelmäfsiger Weise, bilden Zellhaufen und Zellstränge, die später sich in faseriges Gewebe umwandeln und verkalken, während an andern Stellen der gleiche Process sich wiederholt. Die Kapsel wird in Falten zusammengezogen, sie selbst trübt sich aber nicht bei der sogenannten Kapselcataract. Nur zuweilen lässt sie unter dem Microscop eine fein-streifige Structur erkennen. Bei complicirten Staaren kann Kapselcataract auch schon vor der Reife auftreten. Höchst wahrscheinlich handelt es sich bei allen Staarformen um mehr oder weniger secundäre Processe, gerade wie bei den Glaskörperkrankheiten. Der regel-mäfsige Beginn **im** Aequator weist auf die Ciliarfortsätze und die Theile vor der ora serrata hin, gerade so, wie bei rein choroidalen Cataracten fast ausnahmslos in der hintern Corticalis die Staarbildung ihren Anfang nimmt. Die betreffende Gegend ist aber für den Augenspiegel unzugänglich, und anatomische Untersuchungen fehlen, so dass wir lediglich auf Vermuthungen angewiesen sind. Michel hat bei einseitigen Staaren nachgewiesen, dass auf der betreffenden Seite Carotisatherom vorhanden oder, wenn beiderseits, ausgeprägter war, als auf der andern; doch wird dies von Andern bestritten. Atherom der Carotis macht schwerlich Cataract: wir müssen dann wohl annehmen, dass intraoculäres Atherom auf der betreffenden Seite den Grund abgibt. Sehr peripher liegende Choroidalatrophie kann in ihrem Bezirk Aequatorialcataract veranlassen.

Constitutionelle Verhältnisse spielen gleichfalls eine Rolle, worauf schon die Doppelseitigkeit hinweist, und häufig wird die Disposition zur Staarbildung in einem gewissen Alter vererbt. Nicht selten wird gleichzeitig Albuminurie gefunden; doch ist dies bei dem Alter der betreffenden Patienten nichts Wunderbares. Dagegen ist von Wichtigkeit Diabetes, der in einem ziemlichen Procentsatz zur Staarbildung führt, die sich übrigens in Nichts von der bei Individuen ohne Diabetes im gleichen Alter unterscheidet. Da es sich meist um jüngere Leute handelt, so sind es gewöhnlich weiche, rasch progressive Staarformen, die im Anfangsstadium eine deutliche Linsenblähung zeigen. Bei chemischer Untersuchung enthielten die Augenflüssigkeiten meist deutlich Zucker; in der Linse selbst wurde er bald gefunden, bald vermisst. Der eigentliche Zusammenhang zwischen Diabetes und Staarbildung ist noch unklar.

Als Curiosität mag noch erwähnt werden das Zusammenvorkommen von Staar mit gewissen Hautdegenerationen bei mehreren Gliedern der gleichen Familie, da die Linse entwickelungsgeschichtlich ebenfalls ein Hautgebilde ist.

Diagnostisch ist zu beachten das Auftreten von Linsenquellung mit Myopie, sowie von Blendungserscheinungen schon vor dem Auftreten eigentlicher Trübungen. Die Untersuchung im durchfallenden Licht ist nie zu versäumen; eventuell sind auch Mydriatica zu Hülfe zu nehmen. Dieselben sind überhaupt sehr zweckmäfsig, um sich ein Urtheil über Grösse und Consistenz des Staares zu bilden. Je dunkler braun bei seitlicher Beleuchtung der Linsenkern erscheint, desto grösser und härter ist derselbe. Je breiter die getrübten Corticalissectoren sind, um so weicher pflegen sie zu sein.

Beim reifen Staare muss die Pupillenreaction auf Licht prompt sein; man vergesse nie, Lichtschein und Projection zu prüfen; bei Gesichtsfeldausfall nach unten ist wahrscheinlich Netzhautablösung, bei solchem nach innen oben Sehnervenexcavation vorhanden. Centrale Scotome, z. B. bei Maculaaffection, können leicht übersehen werden, da nur diffuses Licht in's Auge gelangt.

Prognostisch wichtig ist das Vorhandensein von Kapselstaar, das immer zu Vorsicht auffordert. Obschon im Allgemeinen schmalstreifige Staare langsamer vorschreiten, als breitstreifige, so ist es doch schwer, eine einigermafsen genaue Zeitdauer bis zur Reife anzugeben, bevor man nicht den Patienten einige Male in mehrmonatlichen Zwischen-

räumen untersucht hat. Man vergesse nie, eine Untersuchung des Gesammtzustandes des Patienten vorzunehmen und versäume nicht die
Prüfung des Urins auf Zucker und Eiweiss.

Eine causale Behandlung kommt eigentlich nur bei beginnendem diabetischem Staar in Frage, und in der That hat man zuweilen
mit der Besserung des Diabetes eine Wiederaufhellung der Linse eintreten sehen, wenn der Process noch in den ersten Anfängen war.

Im Beginne einer Cataract kann vorübergehend eine **Concavbrille** für die Ferne nöthig werden; gegen lästige Blendung lässt
man eine **blaue Schutzbrille** tragen. Bei umschriebenen Staaren
kann man nicht selten zeitweise durch Atropin, etwa alle 4 Tage
einen Tropfen, eine Besserung herbeiführen, wenn bei erweiterter Pupille
an der Trübung vorbeigesehen werden kann; dies gilt namentlich für
hintere Polar- und Corticalstaare. Ist die Trübung stationär und bei
erweiterter Pupille das Sehvermögen bedeutend gebessert, z. B. bei kleinen
Schichtstaaren, so kann eine optische Iridectomie (Seite 168) sehr
zweckmäfsig sein. Man sucht dann bei maximaler Mydriasis mit Hülfe
von Gläsern und einer stenopäischen Spalte, in welchem Meridian am
besten gesehen wird, und legt in der gefundenen Richtung die Iridectomie an; nach oben besser nicht, weil die künstliche Pupille vom
obern Lide verdeckt würde.

Ist auch bei maximaler Mydriasis kein genügendes Sehvermögen
zu erreichen, so muss die Linse aus dem Pupillargebiete auf operativem
Wege entfernt werden. Dies kann auf 4 Arten geschehen:

1. Die Linse wird mit einer Nadel nach rückwärts in den Glaskörperraum versenkt; dies kann von der Hornhaut und von der Sclera
aus geschehen: Depressio oder Reclinatio lentis.

2. Die Linsenkapsel wird künstlich eingeschnitten und die Linsensubstanz der Trübung und Resorption überlassen: Discissio lentis.
Auch diese kann von der Hornhaut und von der Lederhaut her ausgeführt werden.

3. Es wird eine Art Troicart durch die Hornhaut in die Linse ein-
gestossen, und der Inhalt der Linsenkapsel ausgesogen (Suctio lentis).

4. Die Linse wird durch einen mehr oder weniger grossen Schnitt
nach aussen befördert: Extractio lentis.

Depression und Reclination werden kaum mehr geübt, weil einmal
die versenkte Linse wieder aufsteigen, und dadurch der Erfolg vereitelt
werden kann, und dann, weil das Auge allen Gefahren einer luxirten
Linse (Seite 274) ausgesetzt ist. Die Discission eignet sich nur für
kernlose Staare, ist also nur bei jugendlichen Individuen anwendbar.

Auch die Suction ist nur in sehr beschränktem Umfang, bei total flüssigen Staaren, anwendbar und wird selbst da selten ausgeübt. Der Extraction sind alle Fälle vorbehalten, in denen die Discission nicht ausführbar ist.

Bei einseitigem Staar kann man es dem Patienten überlassen, ob er sich operiren lassen will, da ausser der Erweiterung des Gesichtsfeldes der Vortheil für ihn nicht gross ist. Er wird sich doch immer des linsenhaltigen Auges bedienen. Eine „Amblyopia ex anopsia" ist bei Erwachsenen nicht mehr zu fürchten. Ebenso wird man auch, wenn ein Auge glücklich operirt worden ist, es vom Patienten abhängen lassen, ob er auch auf dem andern operirt sein will; doch sind die Meinungen hierüber verschieden.

Zur Ausführung der Discission, die gegenwärtig ausschliesslich durch die Hornhaut gemacht wird, bedient man sich der sogen. Staarnadel (Fig. 4 d, Seite 8). Man sticht sie etwa in der Mitte zwischen Hornhautmitte und -rand ein und macht eine kleine Oeffnung oder einen Schnitt in die vordere Kapsel. Bei vorsichtiger Ausführung braucht nicht einmal das Kammerwasser abzufliessen; die kleine Hornhautwunde ist binnen 24 Stunden unter Verband geheilt. Der weitere Verlauf ist dann der gleiche, wie bei traumatischer Cataract (Seite 276), und ebenso die Behandlung. Schliesst sich die Kapselwunde wieder, so muss die Discission wiederholt werden, eventuell mehrere Male.

Auch kann bei reichlichem Austritte getrübter Linsenmasse der Verlauf durch einfache Linearextraction (Seite 278) abgekürzt werden. Die Heilungsdauer ist nach dem Alter und individuell verschieden und schwankt etwa zwischen einem und drei bis vier Monaten.

Für die Discission eignen sich alle weichen Staare jugendlicher Individuen, besonders auch die nur partiellen, wie der Schichtstaar. Da der Linsenkern schwer und jedenfalls nur sehr langsam resorbirt wird, so ist das 30. Lebensjahr die äusserste Grenze für die Ausführung der Operation. Bei über 20 Jahre alten Individuen, oder wenn man Complicationen fürchtet, empfiehlt es sich, etwa 6—8 Wochen vorher eine Iridectomie nach oben zu machen.

Die einfachste Form der Extraction, das Herauslassen getrübter Linsenmasse aus der vorderen Kammer oder die einfache Linearextraction, haben wir schon kennen gelernt. Im Allgemeinen unterscheidet man Extraction mit möglichst in einem grössten Kreise des Augapfels verlaufendem sogenanntem linearem Schnitte: Linearextraction, und solche mit Bildung eines mehr oder weniger hohen Lappens: Lappenextraction. Das Hauptcontingent für die Extractionen liefert die

Cataracta senilis, und wir werden in Folgendem lediglich von dieser **handeln.**

Die extremen Schnittformen sind allmählich ausser Uebung gekommen. Zwischen den extremsten Formen des Lappenschnittes **(Fig. 29 a)** und dem G r a e f e - J a c o b s o n'schen peripheren Linearschnitte (Fig. 29 b) sind schon alle möglichen (und einige unmögliche) Zwischenlagen gelegentlich empfohlen worden. Gegenwärtig wird ziemlich allgemein ein mäfsig hoher Lappenschnitt, **etwa** wie Fig. 29 c, (unter dem Namen Linearextraction) gemacht, bald nach **oben**, bald nach unten, bald im Bereiche der Sclera, bald noch **in** der Cornea, mit und ohne Conjunctivallappen, mit und ohne Iridectomie u. s. w. Es ist unmöglich, in's Einzelne **einzu-**

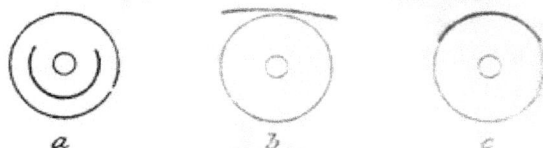

Fig. 29.

geben, **und** müssen wir **uns** auf die Angabe der ausschlaggebenden Momente beschränken. Der Unterschied zwischen Lappen- und Linearextraction hat wenig Bedeutung mehr; man kann geradezu sagen: wird die Operation mit dem G r a e f e - schen Messer (Fig. 4 a) und mit Iridectomie gemacht, so nennt man sie Linearextraction, wird sie mit dem B e e r'schen (Fig. 4 b) und ohne Iridectomie gemacht, so heisst sie Lappenextraction. In Frankreich spielt gegenwärtig die Staaroperation sogar eine politische Rolle, und die Linearextraction wird als méthode prussienne von **der** Lappenextraction, der méthode **française,** unterschieden.

Je linearer der Schnitt ist, **um** so weniger klafft derselbe und muss desshalb um **so** länger ausfallen; umgekehrt wieder klafft ein zu hoher Lappen allzuleicht und legt sich **schwer** an: alle extremen Schnittformen sind **also** zu verwerfen. Am empfehlenswerthesten dürfte eine Schnittform sein, ähnlich der Fig. 29 c, **ein** Lappenschnitt von 3—4 **mm** Höhe im Cornea-Scleralrande. Ihn noch peripherer zu legen ist nicht **zu** empfehlen; er kommt dann dem Ciliarkörper zu nahe, kann Blutung aus dem L e b e r'schen Venenplexus veranlassen und erleichtert entschieden cystoide Vernarbung und Glaskörpervorfall. Einen Conjunctivallappen zu bilden ist unnöthig und kann, namentlich bei Leuten mit venöser Hyperaemie **des** Kopfes, Kropf u. s. w. unangenehme Blutungen **zur Folge haben. Ist** Glaskörpervorfall zu befürchten: bei überreifen und traumatischen Cataracten, bei hochgradiger Myopie, bei Schlottern der Irisperipherie oder der Linse, so verlegt man den Schnitt mehr in die Cornea; **der** Lappen muss dann entsprechend höher werden. Für Staare mit kleinem Kerne genügt ein kürzerer Schnitt; doch sind

Täuschungen in der Beurtheilung der Grösse sehr leicht. Im Zweifelsfalle mache man den Schnitt lieber zu gross wie zu klein. Den Schnitt
nach oben zu verlegen, ist im Allgemeinen vorzuziehen; doch ist die
Operation nach unten weniger gewaltsam, gestattet schonende Besich-
tigung der Wunde nach der Operation und kann ohne Assistenz (auch
mit Iridectomie!) ausgeführt werden.

Unter allen Umständen rathe ich, eine Iridectomie zu machen; sie
braucht nicht gross zu sein, muss aber so vollständig als möglich gemacht werden, damit der Iristumpf nicht mit beiden Wundlippen ver-
kleben kann, weil sonst cystoide Vernarbung eintritt. Bei peripherem
Schnitte muss Iridectomie gemacht werden, bei intracornealer Lage
desselben ist sie nicht absolut nöthig. Da aber gegenwärtig, wo wir
Wundinfection ziemlich sicher vermeiden können, die Complicationen,
die durch Iriseinheilung entstehen, weitaus die schlimmste Rolle spielen,
und da Irisvorfall durch Sprengung der Wunde auch nach der Operation,
während der Nachbehandlung, sehr häufig vorkommt, so ist es unsere
Pflicht, dieser Eventualität möglichst vorzubeugen. Sind doch die
Hauptgründe gegen die Iridectomie cosmetischer Natur! Von optischen
Nachtheilen lässt sich wenig sagen; einzig unangenehm kann gelegentlich eine lange dauernde Irisblutung sein.

Der Staar kann mit und ohne Kapsel entfernt werden; ersteres
ist die radicalere, aber auch eingreifendere Operation, weil etwa in der
Hälfte der Fälle Glaskörper dabei austritt. Sie ist angezeigt bei allen
geschrumpften Staaren, deren Verbindung mit dem Glaskörper und der
Zonula gelockert ist, und bei nicht völlig getrübten Staaren, wenn deren
Entfernung nöthig ist, also namentlich bei beweglichen und bei allen
überreifen Staaren. Ausserdem ist sie sofort vorzunehmen, wenn
vor Vollendung der Staaroperation Glaskörper vorfällt. Man geht am
besten mit einem löffelförmigen Instrumente hinter die Linse und hebelt
sie heraus. Verlust von Glaskörper, namentlich wenn derselbe verflüs-
sigt ist, wird zwar oft ohne Schaden ertragen; wahrscheinlich aber ist
er in einer Reihe von Fällen doch der Ausgangspunkt für schleichende
Entzündungen, die nach Monaten noch zu Verlust des Auges führen
können, nachdem der unmittelbare Erfolg der Operation ein guter gewesen war.

Will man, wie gewöhnlich, die Kapsel nicht mit entfernen, so
muss sie eröffnet werden und zwar so, dass womöglich im Pupillargebiete keine Kapselreste bleiben, und dass Kapselfragmente nicht in
der Wunde einheilen können, was zu chronischen Reizzuständen und
Entzündungen Veranlassung geben kann. Die Kapseleröffnung kann

schon während der Schnittführung mit der Spitze des Staarmessers geschehen, falls man keine Iridectomie machen will; im anderen Falle benutzt man dazu ein besonderes Instrument, das Cystitom, Fig 4f. Seite 8, mit dem man die Kapsel an der beabsichtigten Stelle einreisst. Sehr vortheilhaft sind auch Instrumente, mit welchen man ein Stück der vorderen Kapsel herausschneidet; **doch** dürften dieselben noch handlicher construirt werden.

Da es nicht selten wünschenswerth ist, eine noch **unreife** Cataract zu entfernen, völlige Trübung der Corticalis aber die Chancen der Operation bessert, so hat man für solche Fälle vorgeschlagen, den Staar künstlich zur Reife **zu** bringen (Förster). Dies geschieht, indem man das Kammerwasser ablässt und das Auge bei eröffneter Kammer energisch reibt, entweder mit Hülfe des oberen Lides, oder direct mit einer Sonde **oder einem** Kautschuklöffel. Man **kann auch** durch energisches Reiben des Auges nach **der** Iridectomie einen unreifen Staar zu fast völliger Trübung bringen und dann extrahiren. Weniger zu empfehlen ist Discission des Staares und Extraction, wenn derselbe sich genügend getrübt hat; wegen der Gefahr glaucomatöser Zufälle muss ein solcher Kranker unter ständiger Ueberwachung bleiben, und die Extraction kann nothwendig werden, ehe noch genügende Trübung eingetreten ist.

Bei voraussichtlich schwierigen und gefährlichen Extractionen, sowie zu möglichst grosser Sicherheit, z. B. wo nur ein Auge vorhanden ist, kann man die Operation theilen, und die Iridectomie für sich allein 6 bis 8 Wochen vor **der** Extraction vornehmen, sog. praeparatorische Iridectomie. **Es ist** aber nicht nöthig, dies als allgemeine Regel für alle Staarextractionen einzuführen.

Chloroformnarcose wende **man** nur an, wenn es sich nicht anders machen lässt, dann aber **auch** möglichst tief und vollständig. Brechbewegungen vor Vollendung der Operation können durch Glaskörperblutung und -vorfall **den** Verlust des Auges herbeiführen; dies kann sogar noch unter einem sorgfältig angelegten Verbande stattfinden. Die Staaroperation **ist** nicht besonders schmerzhaft; das Unangenehmste **ist** das Einlegen des Lidhalters **und** das Fassen der Bindehaut. Beides kann durch Cocain so gut wie unempfindlich gemacht werden. Doch genügen von letzterem ein bis zwei Tropfen unmittelbar vor der Operation — etwa 3 Minuten vorher — eingeträufelt. Jedenfalls darf man keine Cocainmydriasis bekommen, weil dann die unempfindliche Iris sich nur schwer reponiren lässt und gern in die Wunde einheilt. Zu diesem Zwecke kann man auch das Cocain zusammen mit einem Mioticum, wie Morphin **oder** Eserin, anwenden.

Der Gang der Staarextraction **wäre etwa** folgender: Nachdem **vorher** alle Complicationen **von** Seiten der **Lider**, der Conjunctiva und

der Thränenwege geheilt sind, desinficire man sorgfältig die Umgebung
des Auges (Seite 6) und träufele dann ein bis zwei Tropfen Cocain
ein. Zuerst wird ein Sperrelevateur (Fig. 2, Seite 7) eingelegt. Beim
Schnitte nach oben ist Fassen der Conjunctiva mit der Fixirpincette
nicht gut zu entbehren, besonders wenn man iridectomiren will. Auch
muss der Patient schon vor der Operation daran gewöhnt werden, nach
abwärts zu sehen, wobei sich manche Individuen wunderbar ungeschickt
anstellen. Beim Schnitte nach unten ist dies nicht nöthig. Indes besteht absolut kein Grund, sich durch Unterlassen der Fixation die
Operation zu erschweren, ohne dass der Patient davon Vortheil hat.
Man führe dann den Schnitt in gewünschter Ausdehnung aus, beim
Beer'schen Messer in einem Zuge, beim Graefe'schen mit möglichst
langen sägeförmigen Zügen unter Vermeidung allzu plötzlichen Abflusses
des Kammerwassers. Jetzt kommt die Iridectomie an die Reihe. Hat
man sie vollendet, so träufele man wieder einige Tropfen Desinficiens
ein, und suche dann die Iris, wenn sie nicht von selbst zurückgeht,
durch sanftes Reiben der Cornea mit dem Kautschuklöffel zu reponiren.
Gelingt dies nicht, so muss man mit einem spatelförmigen Instrumente
(Fig. 4 i) die Wunde lüften und die Iris zurückbringen. Man schreite
nicht eher zur Kapseleröffnung, bevor nicht beide Irisecken vollständig
genau an ihrem richtigen Orte sind. Statt der Kapseleröffnung kann
jetzt auch die Extractio cum capsula ausgeführt werden. Die Kapseleröffnung mit dem Cystitom macht man am besten in querer Richtung
in der Nähe der Schnittwunde: die Linse kann leichter austreten und
es gelangen nicht leicht Kapselfetzen in die Wunde; letztere sind bei
ihrer Durchsichtigkeit während der Operation selten zu sehen und
machen sich erst beim Heilungsverlaufe unangenehm geltend. Durch
leichten Druck auf den, der Wunde gegenüberliegenden, Hornhautrand
bringt man den Linsenaequator in die Richtung der Operationswunde,
worauf der Linsenkern mit mehr oder weniger Corticalis austritt (Entbindung der Linse). Jetzt entfernt man Sperrelevateur und Fixations-
pincette — was man auch schon vor der Linsenentbindung, bei Extraction nach unten auch schon vor der Kapseleröffnung thun kann —
und lässt das Auge einige Augenblicke ausruhen, während welcher man
ein mit antiseptischer Lösung befeuchtetes Läppchen auflegt. Ist noch
Corticalis zurückgeblieben, was meistens der Fall sein dürfte, so ist
dieselbe durch vorsichtiges Streichen mit dem oberen oder unteren Augen-
lide nachträglich zu entfernen.

Je vollständiger dies gelingt, um so glatter und reiner wird der
Heilverlauf; man verwende desshalb grosse Sorgfalt darauf. Doch ist

es nicht nöthig, die Kammer mit antiseptischer Flüssigkeit (Sublimat 0,2 %/₀₀) förmlich auszuspülen, wie dies in neuester Zeit wieder empfohlen worden ist. Ist alle Corticalis nach Möglichkeit entfernt, so sehe man nach, ob die Irisschenkel richtig liegen, reponire sie wenn nöthig, entferne mit einer feinen Pincette alle entfernbaren Blutgerinnsel, spüle den Conjunctivalsack nochmals mit etwas antiseptischer Lösung aus und lege einen beiderseitigen Schutzverband an. Waren vorher infectiöse Conjunctival- oder Thränensackleiden vorhanden, so stäubt man etwas Jodoform ein.

Man thut immer gut, nach ausgeführter Toilette des Conjunctivalsackes und vor Anlegung des Verbandes eine vorläufige Sehprüfung zu machen, wenn dies der Zustand der Hornhaut gestattet. Ein Staaroperirter soll mindestens Finger in zwei Fuss Entfernung zählen können. Zuweilen wird subjectives Blausehen beobachtet, indem nach Entfernung eines tiefbraunen Kernes die Complementärfarbe auftritt.

Von üblen Zufällen bei der Operation seien erwähnt: zu kleiner Schnitt; derselbe muss sofort mit einer feinen Scheere erweitert werden. Schon nach Abfluss des Kammerwassers kann die Hornhaut faltig einsinken: häufiger geschieht dies erst nach der Linsenentbindung. Dies kommt vor bei sehr alten Leuten und als Zeichen vorzeitiger Senilität und verminderter Widerstandsfähigkeit der Gewebe auch schon bei jüngeren; namentlich bei letzteren wird die Erscheinung nicht gerne gesehen. Ursache ist Starrheit der Sclera, die in Folge davon ihre Elasticität verloren hat. Wegen der mangelnden Vis a tergo muss zur Entfernung der Linse bedeutend grösserer Druck auf das Auge ausgeübt werden. Die Hornhaut kann derartig einsinken, dass man eine Fingerspitze hineinlegen könnte. Wie bei einem eingedrückten Gummiballe wird eine Saugwirkung ausgeübt und dadurch intraoculare Blutung begünstigt. Auch wird nicht selten von aussen her Blut oder eine Luftblase in die vordere Kammer eingesaugt, was aber in einigen Tagen spurlos resorbirt wird. Meist hat trotz Allem das Einsinken der Hornhaut keine weiteren Nachtheile.

Blutungen können jederzeit während der Operation eintreten: solche aus der Conjunctiva (bei Bildung eines conjunctivalen Lappens) und aus der Iris können die Ausführung der Operation stören, und man muss zuweilen abwarten, bis sie aufgehört haben. Prognostisch sind sie von geringer Bedeutung. Blut in der vorderen Kammer wird in einigen Tagen resorbirt. Kleine Blutungen in den Glaskörper machen Glaskörperflocken, grössere dagegen können Netzhautablösung, selbst

Haemophthalmus (Seite 231) bewirken, was aber meist erst nach der Heilung entdeckt wird.

Glaskörpervorfall erfordert sofortige Beendigung der Operation durch Entfernung der Linse mit der Kapsel; man pudert etwas Jodoform ein und legt einen nassen antiseptischen Verband an, den man, wenn möglich, einige Tage liegen lässt. Zeigt sich nur Glaskörper in der Wunde, ohne dass die Hyaloidea gesprengt ist, so gelingt es zuweilen noch, nach Beseitigung von Elevateur und Fixirpincette die Operation normal zu Ende zu bringen; im anderen Falle ist ebenfalls Extraction mit der Kapsel zu machen. Namentlich bei verflüssigtem Glaskörper kann trotz grossen Glaskörperverlustes das Endresultat noch ein überraschend gutes werden; in anderen Fällen kommt es zu intraoculärer Blutung und Netzhautablösung. Unangenehmer ist Vorfall von wenig Glaskörper von normaler Consistenz, der sich nur sehr langsam abstösst, die Heilung verzögert und auch später noch chronische Uvealentzündung und Netzhautablösung veranlassen kann. Durch Abschneiden des vorgefallenen Glaskörpers kann die Heilung der Wunde beschleunigt werden.

Bei Cataracta Morgagniana (Seite 286) ist Extraction mit der Kapsel oft vortheilhaft, weil der in der Flüssigkeit schwimmende Kern fast rund ist und sich schwer in die Wunde einstellt. Bei Cataracta lactea (Seite 286) mache man einfache Linearextraction mit gleichzeitiger Eröffnung der Kapsel; discidirt man bloss, so werden durch den Bodensatz der Flüssigkeit die Maschen des Fontana'schen Raumes verstopft, was glaucomartige Zufälle veranlassen kann. Die Cataracta arida siliquata (Seite 284) wird ebenfalls durch einfache Linearextraction entfernt; man fasst sie mit einem Häkchen, zieht sie langsam und vorsichtig zur Wunde heraus und schneidet sie ab. Für Discission ist sie meist zu hart, weil verkalkt. Die Entfernung luxirter Staare ist schon Seite 275 besprochen.

Bei Cataracta accreta (Seite 280) ist, wenn sich die Verwachsungen nicht leicht lösen lassen, mit dem Irisschnitte zusammen ein Stück Linsenkapsel zu entfernen, was gewöhnlich so geschieht, dass der Schnitt gleich durch Hornhaut, Iris und Linse geführt wird.

Bei ganz normalem Heilverlaufe lässt man den Patienten etwa 6 Tage mit verbundenen Augen zu Bett; dann kann derselbe aufstehen, der Verband wird noch einige Tage aus Vorsicht für die Nacht angelegt, und nach 2 bis 3 Wochen kann die Entlassung stattfinden. Ueber Aphakie siehe Seite 35. Häufig ist Astigmatismus vorhanden, da der Hornhautlappen gegen die sclerale Wundlippe etwas vorsteht, die Hornhaut also im verticalen Meridian abgeflacht ist; doch pflegt derselbe später zu „verwachsen".

Von abnormem Heilverlaufe wäre zunächst die sogenannte Streifenkeratitis zu nennen. Es treten streifige grauliche Trübungen der Hornhaut auf, die im Allgemeinen in der Richtung von der Wunde zu der Stelle verlaufen, an der die Conjunctiva mit der Pincette gefasst wurde; sie können fast die ganze Hornhaut bedecken. Es handelt sich dabei nicht um zellige Infiltration, sondern nur um Flüssigkeitsansammlung zwischen den Hornhautlamellen (Becker, Laqueur): man würde die Affection demnach besser als streifiges Oedem bezeichnen. Es wird bedingt durch Quetschung der Hornhaut, besonders bei schwieriger Linsenentbindung, und kommt desshalb sehr viel häufiger bei der Extraction nach oben vor. So lange sich die Wunde noch nicht geschlossen hat, wird es nicht beobachtet, weil die intracorneale Flüssigkeit frei abfliessen kann (Horner). Die Prognose ist fast immer günstig, eine besondere Behandlung nicht nöthig.

Schlimmste Complication der Staaroperation ist Infection während derselben; in leichteren Fällen tritt nur plastische Iritis auf, die durch Atropin in Schranken gehalten werden kann; in anderen tritt Verlegung der Pupille ein, die ganz nach der Operationsnarbe verzogen wird. Ist dabei Lichtschein und Projection gut, so lässt sich nicht selten nach Ablauf der Entzündung durch Iridotomie helfen. Mit Graefe's Messer oder, nach vorheriger Eröffnung der Kammer, mit Wecker's Iridotom wird die Iris quer eingeschnitten, weil dem Narbenzuge entsprechend eine quere Wunde klafft.

In anderen Fällen kommt es zu infectiöser traumatischer Cyclitis (Seite 234), wobei Hornhaut und Iris die Eingangspforte sein kann. Wegen drohender sympathischer Entzündung kann sogar die Enucleation des operirten Auges nothwendig werden. Bei intensiver Infection kommt es zu Panophthalmie und Phthisis bulbi. Zuweilen gelingt es bei Beginn der infectiösen eitrigen Iritis durch Sprengung der Wunde, Entfernung des gerinnenden Kammerexsudates, sorgfältige Desinfection und Cataplasmen Heilung herbeizuführen; meist ist bei ausgesprochenen Formen die Therapie ohnmächtig.

Zurückgelassene Linsenreste resorbiren sich langsam; wenn hierbei auch nur die geringsten Reizerscheinungen vorhanden sind, muss das Auge unter steter Controlle bleiben, um auftretende Entzündung, meist Iritis, zweckentsprechend zu behandeln. Zu frühe Entlassung Staaroperirter rächt sich später nicht selten in unangenehmer Weise.

Seitdem sorgfältige Desinfection vor, während und nach der Extraction allgemeine Regel geworden ist, werden infectiöse Iritis und Cyclitis, früher die schlimmste Complication, immer seltener; häufiger sind die leichteren, plastischen Formen. Dagegen ist gegenwärtig unangenehmstes Ereigniss Iriseinheilung. Wo keine Iridectomie gemacht wird, tritt sie häufig ein; aber auch bei Iridectomie und sorgfältigster Reposition der Iris kommt sie vor, und zwar durch Wundsprengung während des Heilverlaufs. Vor definitivem Wundschluss kommt es nicht selten zu Ansammlung des Kammerwassers, das bei einem gewissen Druck die Wunde sprengt und spontan abfliesst. Hierbei können sehr leicht ein oder beide Iriswundwinkel in die Wundecken eingeschwemmt werden und einheilen. Wie beim Glaucom (Seite 214) tritt dann cystoide Vernarbung ein, die zu Reizzuständen des Auges führen, gelegentlich auch ernstere Entzündungen veranlassen und nachträglich noch operatives Eingreifen nöthig machen kann.

Es kann nicht Absicht sein, alle möglichen Vorkommnisse bei und nach der Staarextraction zu behandeln, sondern es wurden nur einige der wichtigsten hervorgehoben. Zum Zeichen, dass hierbei auch an entferntere Möglichkeiten gedacht werden muss, sei erwähnt, dass Staaroperirte nicht gerade selten wenige Tage nach der Operation an hypostatischer Pneumonie erkranken und sterben; wo dies zu befürchten ist, muss durch häufige Lageänderung und kräftige Kost vorgebeugt werden.

Auch nach glücklich abgelaufener Staaroperation kommt es nicht selten nachträglich noch zu Trübungen im Pupillargebiet, zum sogenannten Nachstaar (Cataracta secundaria). Es sind zum Theil kapselstaarähnliche Bildungen (Seite 287), zum Theil auch Präcipitate auf die Hinterwand der hinteren Kapsel, denn man findet nicht selten auch leichte choroiditische Erscheinungen. Der sogenannte Krystallwulst kommt weniger in Frage, da er zu peripher liegt. Mit diesem Namen bezeichnet man eine meist ringförmige Verdickung an Stelle des früheren Linsenäquators. Sie kommt zu Stande durch Wucherung der zurückgebliebenen äquatorialen Bildungszellen der Linse, die zu grossen, sich gegenseitig abplattenden, blasenförmigen, kernhaltigen und kernlosen Gebilden anschwellen. Zuweilen kann man sogar von förmlicher Neubildung von Linsensubstanz sprechen.

Der Nachstaar stellt eine mehr oder weniger getrübte Membran dar, die öfter mehr durch Fältelung und unregelmässige Lichtbrechung, als durch eigentliche Trübung Sehstörung veranlasst. Die Therapie besteht darin, dass bei erweiterter Pupille unter Cocain eine Oeffnung

im Nachstaar hergestellt wird. Dies kann mit der Discissionsnadel geschehen; bei derberen Membranen mit dem Gräfe'schen Messer oder
durch Zweinadeloperation (two needles operation). Bei letzterer
sticht man mit zwei Nadeln von entgegengesetzten Seiten der Hornhaut nach der nämlichen Stelle des Nachstaars, und sucht diesen durch
Entfernen der Nadeln zu zerreissen. Zerrung des Ciliarkörpers wird dadurch vermieden. Wäre der Nachstaar sehr dicht, so müsste man ihn,
wie eine Cataracta arida siliquata mit dem Häkchen ausziehen (Seite 296)
oder, wie bei einer Iridotomie (S. 297), zerschneiden. Bei genügenden
antiseptischen Cautelen wird die kleine Wunde in wenig Tagen heilen.
Bei einfacher Nadeldiscission kann schon nach 24 Stunden der Verband
weggelassen werden. Dagegen kommt es nicht selten vor, dass, wenn
nach der eigentlichen Staaroperation Entzündungserscheinungen eingetreten waren, die anscheinend längst geheilt sind, dieselben durch Nach-
staaroperationen wieder angefacht werden. Dies ist im einzelnen Falle
wohl zu berücksichtigen.

XI. Erkrankungen der Orbita.

Die Augenhöhle oder Orbita enthält ausser Fettgewebe die verschiedenen
vom und zum Auge gehenden Muskeln, Gefässe, Nerven und Lymphgefässe.
Fig. 30 gibt einen horizontalen Durchschnitt derselben in natürlicher Grösse.

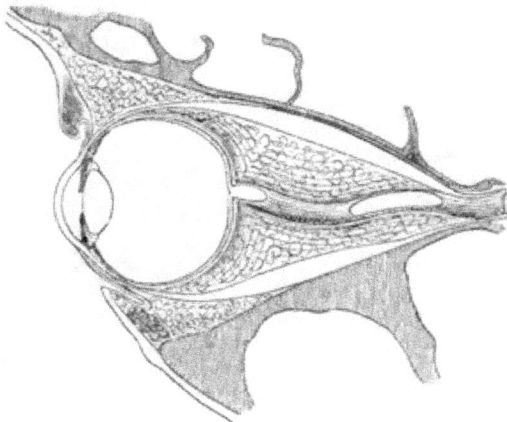

Fig. 30.

Die äussere Wand wird vom Jochbein und grossen Keilbeinflügel gebildet, die
obere vom Stirnbein, die innere vom Thränenbein. Stirnfortsatz des Oberkiefers

und der Lamina papyracea des Siebbeins. **Der Boden der Orbita** setzt sich aus
dem Oberkieferbein und dem Processus orbitalis des Gaumenbeins zusammen. Alle diese
Knochen sind von einem Periost überzogen, das am Foramen nervi optici in die
Dura mater übergeht und mit der Duralscheide des Sehnerven fest verwachsen ist.
Nach vorn ist die Orbita abgeschlossen durch eine Fascie, die von den freien Orbital-
rändern sich zu den Lidknorpeln begibt (ligamentum tarso-orbitale). Die Fissura
orbitalis inferior wird von einer Fascie überzogen, die reichlich glatte Muskelfasern
enthält; dieselben werden vom Sympathicus innervirt, und ihre Zusammenziehung
lässt das Auge etwas vortreten.

Sehnerv und Arteria ophthalmica treten durch das Foramen opticum, die
übrigen Gefässe und Nerven durch die Fissura orbitalis superior aus der Schädelhöhle in die Orbita.

Bei **Verletzungen** kommen nicht **selten** Brüche der Orbitalwände vor mit oder ohne gleichzeitige Verletzung der Weichtheile.
Man findet dann beim Betasten der knöchernen Orbitalwände eine
schmerzhafte Stelle; öfters wird auch Verschieblichkeit des Knochens
und Crepitation gefühlt. Ist gleichzeitig eine der benachbarten lufthaltigen Höhlen geöffnet, so tritt, wie wir schon bei den Lidkrankheiten
(Seite 85) gesehen haben, nicht selten Emphysem der Lider und
des Gesichtes ein. Dies kann von der Highmore'shöhle, Nasenhöhle, Stirnbeinhöhle, den Siebbeinzellen und dem Thränensack ausgehen.
Sehr selten dagegen ist Emphysem der Orbita; von einem blossen
Bluterguss unterscheidet es sich durch das plötzliche Entstehen unmittelbar nach Schneuzen, Niessen oder Erbrechen. Es kann sehr
schmerzhaft sein. Dass bei Schädelbasisfracturen häufig das Foramen
opticum **betroffen** wird, was zu Sehnervenatrophie führt, ist schon Seite
257 erwähnt.

Catarrh der Stirnhöhlen ist deshalb von Wichtigkeit, weil
er häufig **Ursache** von Supraorbitalneuralgie (Seite 84) ist.
Besteht **Empyem** der Stirnhöhlen und ist von der Nase aus durch
Sondiren kein Abfluss zu erreichen, so müssen dieselben von aussen
her geöffnet werden. Gesichert ist die Diagnose, wenn es zu Auf-
treibung des Knochens gekommen ist, oder wenn der Knochen usurirt
ist, und die ausgedehnte Schleimhautauskleidung cystenartig prominirt.
Zuweilen findet spontane Perforation statt und der Eiter entleert sich
nach aussen oder in die Orbita und später in den Conjunctivalsack (Stirn-
höhlenfistel).

Caries und umschriebene Periostitis der Orbitalknochen sind
keine seltene Erscheinung. Bei Scrophulösen, hereditär Syphilitischen,
selten bei sonst Gesunden bildet sich, meist dem untern Orbitalrand
entsprechend, eine diffuse geröthete Geschwulst, die langsam wächst,
später aufbricht und sich zur Fistel ausbildet; die Sonde stösst auf

cariösen Knochen. Oft ist die Erkrankung gummöser Natur. Die Behandlung ist wie bei Caries an anderen Orten. Tritt Heilung ein, so bildet sich eine oft tief eingezogene mit dem Knochen verwachsene Narbe, die zu umfänglicher Auswärtswendung der Lider führen kann und Veranlassung zu plastischen Operationen gibt (Seite 90).

Von Geschwülsten kommen an den Orbitalwänden vor: Exostosen, Gummata und metastatische Tumoren; letztere gewöhnlich in Folge von Netzhautgliomen. Das congenitale Atherom (oder Dermoidgeschwulst) sitzt dem Periost, an Stelle der Knochennäthe fest auf (Seite 75); an den gleichen Stellen wird gelegentlich Meningocele beobachtet.

Bei **Erkrankungen des eigentlichen Orbitalinhaltes** ist wichtigstes Symptom die Vortreibung des Auges, der Exophthalmus. Geringe Grade sind leicht zu übersehen, und starke Schwellung der Augenlider wird gelegentlich damit verwechselt. Man hat eine ganze Reihe von Instrumenten erfunden, um den Exophthalmus exact zu messen: Exophthalmometer. Alle leiden aber unter dem Uebelstand, dass schon physiologischerweise die Augen verschieden weit hervorragen; bei starker Anisometropie (Seite 43) kann dies mehrere Millimeter betragen. Am einfachsten misst man beiderseits mit einem Mafsstab, um wie viel Millimeter der Hornhautrand vor dem äusseren Orbitalrand hervorragt; viel genauer wird auch eine Exophthalmometermessung nicht.

Zugleich mit dem Exophthalmus ist gewöhnlich auch mehr oder weniger hochgradige Beweglichkeitsbeschränkung vorhanden, entweder gleichmäfsig nach allen Seiten oder in gewissen Richtungen bedeutender, woraus auf den Sitz der Krankheit geschlossen werden kann. Zugleich besteht meist vermehrte Resistenz beim Versuch, den Augapfel in die Orbita zurückzudrücken.

Ist die Hervortreibung des Auges hochgradig, so wird es beim Lidschlusse nicht mehr genügend bedeckt und ist allen Gefahren traumatischer Einwirkung ausgesetzt (Lagophthalmus Seite 82); in solchen Fällen müssen, wenn es angeht, wie bei neuroparalytischer Keratitis (Seite 166), die Lider vernäht werden. Ja es kommt sogar vor, dass das Auge vor die Lidspalte zu liegen kommt (Luxatio bulbi); die Reposition gelingt nicht immer.

Am Auge selbst wird ausserdem bei Orbitalerkrankungen beobachtet: Unempfindlichkeit der Hornhaut (die zu sogen. neuroparalytischer Keratis führen kann), Abflachung des Bulbus von hinten, wodurch gelegentlich Hypermetropie veranlasst wird, seitliche Verschiebungen des Auges, Muskellähmungen, Netzhautablösung. Neuritis und Stauungspapille, Sehnervenatrophie, Sehstörungen u. s. w. Häufig ist Oedem der Conjunctiva (Chemosis) und der Lider vorhanden; letzteres beschränkt sich genau auf den Umfang der Orbita, was von grosser diagnostischer Bedeutung ist. Auch können sehr heftige Schmerzen vorhanden sein. Alle diese Symptome können bei den verschiedensten Erkrankungen der Orbita vorkommen oder auch vermisst werden.

Blutungen in die Orbita sind Folgen von Verletzungen oder treten auch ohne solche auf, z. B. bei Keuchhusten. Es entwickelt sich dann mehr oder weniger rasch und hochgradig Exophthalmus. Nach einigen Tagen wird die Blutunterlaufung auch an der Conjunctiva und den Lidern sichtbar und sichert die Diagnose. Unter Anwendung von Eis wird das ergossene Blut am raschesten resorbirt.

Zellgewebsentzündungen und Orbitalabscesse kommen nach infectiösen Verletzungen vor, oder nach Perforation infectiöser Entzündungen aus benachbarten Höhlen, namentlich bei Empyem der Stirnhöhle, gelegentlich nach gewaltsamer Sondirung bei Thränensackleiden, nach Knochenerkrankungen in der Orbita u. s. w. Alle oben genannten Symptome können hierbei mehr oder weniger vollständig beobachtet werden: die Diagnose gründet sich auf das aetiologische Moment. Sobald sie sicher ist, hat man dem Eiter möglichst rasch Abfluss zu verschaffen. Fistelbildung kann hierbei lange bestehen bleiben, namentlich wenn zugleich ein Fremdkörper in die Orbita eingedrungen ist. Dies kann geschehen, ohne dass der Verletzte eine Ahnung davon hat. Bei lange dauernden Orbitalfisteln nach Verletzung achte man immer auf diese Möglichkeit.

Erysipel, das über die Augenlider wegzieht, hat schon mehrfach Eiterungen in der Orbita veranlasst, theilweise mit Ausgang in Sehnervenatrophie und Erblindung.

Venenthrombosen in der Orbita sind immer fortgeleitet, meist in Folge von Knochenerkrankungen der Nachbarschaft, oder sie sind Theilerscheinung von Thrombosen der Hirnblutleiter. Ausser hochgradigen Stauungserscheinungen, Lidschwellungen, Exophthalmus veranlassen sie Abscedirung in der Orbita; für die Diagnose ist wiederum die Aetiologie mafsgebend.

Bei der sogenannten Basedow'schen Krankheit ist eines der Cardinalsymptome, das aber gelegentlich auch fehlen kann, mehr oder weniger Exophthalmus. Derselbe kann so hochgradig sein, dass die Hornhaut geschwürig zu Grunde geht und das Auge vereitert. Die Affection ähnelt der neuroparalytischen Keratitis, um so mehr, weil häufig die Empfindlichkeit der Hornhaut dabei herabgesetzt ist.

Die Lidspalte ist meist deutlich erweitert, und beim Abwärtssehen folgt das obere Lid dem Auge nicht, wie im normalen Zustande (Graefe's Symptom); beides kann auf Krampfzustände im sogenannten Müller'schen Muskel (Seite 45) zurückgeführt werden, und zwar durch Reizung sympathischer Fasern. Letztere kann sogar einen Antheil am Exophthalmus haben durch Contraction der glatten Muskelfasern, die in der Fascie der Fissura orbitalis inferior enthalten sind (Seite 300).

Die Natur der Krankheit liegt noch im Unklaren. In neuerer Zeit wird es immer wahrscheinlicher, dass es sich um eine Erkrankung der Schilddrüse handelt (die dabei nicht nothwendigerweise vergrössert sein muss). Sie wäre gewissermafsen das Gegenstück zu der Cachexia strumipriva und dem sogenannten Myxoedem. Ihre Behandlung gehört in's Gebiet der inneren Medicin, resp. der Chirurgie, da es recht wohl gerechtfertigt wäre, in schweren Fällen die Schilddrüse zum grössten Theile zu entfernen. Gegenstand der Behandlung des Augenarztes kann die drohende Hornhautverschwärung werden; gelingt es nicht, die Lider über der Hornhaut zu vereinigen, so dürfte sie kaum aufzuhalten sein.

Die Geschwülste der Orbita sind entweder solche des Auges, welche die Sclera perforirt oder sich längs des Sehnerven weiterverbreitet haben (Aderhautsarcome und Netzhautgliome); oder sie haben sich aus der Nachbarschaft auch in die Orbita verbreitet, aus der Highmore's und andern Höhlen, Schädelbasisgeschwülste u. s. w.; oder es sind wahre Metastasen (selten), oder endlich sie sind primär in der Orbita entstanden.

Von den allgemeinen Symptomen der Orbitalerkrankungen sind namentlich Exophthalmus und Beweglichkeitsbeschränkung von Wichtigkeit: Der Bulbus wird nach der, dem Sitz der Geschwulst entgegengesetzten Seite vorgedrängt, und die Beweglichkeit ist hauptsächlich beschränkt nach der Seite des Tumors.

Es kommen vor als primäre Geschwülste: Exostosen der Orbitalwände, Dermoidcysten, cavernöse Tumoren, Teleangiectasien, Aneurysmen, Lymphangiome, Lymphome, Sarcome, Geschwülste der Thränendrüse und des Sehnerven. Gelegentlich wird auch ein Cysticercus beobachtet. Die Diagnose ist nicht immer mit Sicherheit zu stellen; häufig ist Digitaluntersuchung nöthig, wozu man gelegentlich die Chloroformnarcose nicht entbehren kann. -

Exostosen zeichnen sich durch ihre Knochenhärte aus. Bei Gefäss- und Lymphgefässgeschwülsten lässt sich das Auge bis zu einem gewissen Grade in die Augenhöhle zurückdrücken. Oft wird der Exophthalmus durch Bücken vermehrt, durch ruhige Rückenlage vermindert. Bei Aneurysmen ist häufig ein Pulsiren sichtbar, und beim Auscultiren hört man ein mit dem Puls gleichzeitiges Geräusch (sogenannter pulsirender Exophthalmus). Meist sind (Schuss-)Verletzungen die Ursache, doch kommt auch spontane Entstehung vor. Es kann die Arteria ophthalmica oder deren Aeste erkrankt sein, oder die Carotis interna im Sinus cavernosus. In letzterem Falle ist häufig der Nervus abducens gelähmt, der durch den Sinus cavernosus verläuft; auch der Nervus oculomotorius, der der oberen äusseren Wand des letzteren anliegt, kann mitbetheiligt sein.

Unterbindung der Carotis hat etwa in der Hälfte der Fälle Heilung herbeigeführt; natürlich darf man sie nur dann unternehmen, wenn bei Druck auf die Arterie Pulsiren und Aneurysmageräusch verschwinden.

Sarcome können in allen Formen vorkommen; als eine Besonderheit der Augenhöhle gilt das sogenannte Cylindrom oder Schlauchsarcom.

Gutartige Geschwülste entfernt man durch einen Schnitt, entsprechend ihrem Sitze längs des Orbitalrandes, womöglich mit Erhaltung des Auges. Bei bösartigen, wenn sie überhaupt operabel sind, wird letztere selten möglich sein. Es ist dann die Ausräumung der Orbita (Seite 238) vorzunehmen.

Bei Geschwülsten der Thränendrüse (Adenome, Carcinome, Sarcome, Cylindrome) ist die vergrösserte Drüse sicht- und fühlbar; das Auge ist nach innen unten verdrängt, die Beweglichkeit nach aussen verringert oder aufgehoben. Man entfernt sie durch einen der Geschwulst entsprechenden Schnitt längs des Orbitalrandes.

Geschwülste des Sehnerven (sowie solche, welche innerhalb des Muskeltrichters liegen) drängen das Auge nach vorn und etwas nach aussen in der Richtung der Orbitalaxe. Die Beweglichkeit ist allseits ziemlich gleichmässig beschränkt. Am Sehnerveneintritt findet man Stauung oder Atrophie; gelegentlich wird starke Hypermetropie durch Abflachung des Auges, Netzhautablösung, Choroiditis und dgl. beobachtet, wenn noch eine Spiegeluntersuchung möglich ist. Das Sehvermögen ist zu der Zeit, wo eine Diagnose gestellt werden kann, aufgehoben. Man entfernt die Sehnervengeschwülste am besten durch einen Schnitt längs des oberen Orbitalrandes; meist muss das Auge mitentfernt werden; doch gelang es einigemal, dasselbe zu erhalten, wenn die Geschwulst nicht zu gross war. Bei bösartigen Geschwülsten

kommt nur die Ausräumung der Orbita in Frage. Als Sehnervengeschwülste wurden bis jetzt beobachtet Fibrome, Neurome,
Myxome, Sarcome und Mischgeschwülste.

Bei angeborenem Fehlen des Auges (Anophthalmus congenitus)
lassen sich doch gewöhnlich Rudimente desselben in der sehr ver-
kleinerten Orbitalhöhle anatomisch nachweisen; zuweilen ist statt des
Auges eine mehr oder weniger grosse Cyste vorhanden. Auch der
ganze Conjunctivalsack kann vermisst werden, wobei dann auch von
Augenlidern nicht gesprochen werden kann.

Die Orbita passt sich in ihrem Wachsthum demjenigen des Auges
an; sie ist geräumiger bei verlängerten myopischen, kleiner bei hypermetropischen Augen. Dadurch wird häufig eine starke Asymmetrie
des Gesichtes bei Anisometropie bedingt, indem die myopische Seite
mehr hervorragt und gewissermafsen um die flachere hypermetropische
Seite herumgewickelt ist. Auch die Nase ist dann convex nach der
myopischen Seite, wodurch auf dieser leichter Verlegung des Thränennasengangs eintritt. Geht ein Auge in der Jugend verloren und kann
kein künstliches getragen werden, so bleibt die betreffende Orbita im
Wachsthum zurück.

Grossen Einfluss auf Asymmetrie der obern Gesichtshälfte hat
aber auch das Wachsthum des Gehirn's, dessen linke Hemisphaere
gewöhnlich stärker entwickelt ist.

Sach-Register.

A.

Abduction 30.
Ablatio retinae = Netzhautablö-
    sung 249.
Ablenkung, conjugirte 54.
— secundäre 53.
Ablösung des Glaskörpers, hin-
    tere 220, 269.
— — — vordere 216, 269.
— der Netzhaut 249.
Abrasio corneae 170.
Abrus precatorius 124.
Abscess der Hornhaut 144.
— der Iris 237.
— der Lider 85, 87.
— der Orbita 302.
Accommodation 25.
— Abnahme im Alter 29.
— bei Aphakie 35.
— binoculäre und monoculäre 26.
Accommodationsbereich 27.
— -breite 26.
— — relative 30.
— Beschränkung bei Glaucom 209.
— — sympathische 236.
— Krampf 49.
— — bei Hypermetropie 34.
— Lähmung 48, 231.
Acne rosacea 74.
— vulgaris 73.
Acnöse Keratitis 154.
Adduction 30.
Aderhaut 188.
— Anatomie 188.
— Atrophie 224.
— Blutung 231.

Aderhaut, Colobom 194.
— Drusen 192.
— Entzündung, s. Choroiditis 219.
— Riss 231
— Ruptur 231.
— Sarcom 238.
— Spiegelbefund 191.
— Tuberkel 238.
— Verletzungen 230.
Aegyptische Augenentzündung
    119.
Aggravatio 66.
Agraphie 264.
Albinismus 192.
Albuminurie, Cataract 288.
— Iritis 201.
— Muskellähmungen 51.
— Netzhautblutungen 243.
— Retinitis 246.
— Uraemische Sehstörung 264.
Alcaloide 2.
Alcaloidpapiere 5.
Alcoholamblyopie 256.
Alexie 264.
Alterssichtigkeit 29.
Altersstaar 284.
Altersveränderungen der Choroi-
    dea 191.
— der Hornhaut 143.
— der Linse 28, 273.
— der Pupille 192.
Amaurose = Blindheit 17.
Amaurosis partialis fugax = Flim-
    merscotom 264.
Amaurotisches Katzenauge 251.
Amblyopie 17.

Amblyopie, Intoxications- 256.
— aus Nichtgebrauch 266.
Ametropie 12.
Amotio retinae = Netzhautablö-
sung 249.
Ampulle des Sehnerven 254.
Amyloid der Conjunctiva 134.
— der Cornea 179.
Anaemie, Asthenopie 48.
— Choroiditis disseminata 222.
— Conjunctivalhyperaemie 102.
— Cyclitis 207.
Iritis serosa 204.
— Neuralgia bulbi 266.
Anaemie, perniciöse, Netzhautblutun-
gen 242, 243.
Anaesthetica 2.
Anaesthesia corneae 153, 157, 166,
190.
· retinae 264.
Aneurysmen der Orbita 304.
Angeborene Abnormitäten der
Augenmuskeln 54.
— — des Bulbus 195, 305.
— — der Choroidea 192.
— — der Conjunctiva 133.
— — der Cornea 179.
— — der Iris 192.
— — der Lider 75, 84, 91.
— — der Linse 274.
— — der Netzhaut 242.
— — des Sehnerven 241.
— — der Thränenorgane 93.
Anisometropie 43.
Ankyloblepharon 91.
Annulargeschwür der Hornhaut104.
Anophthalmus congenitus 195.
Antisepsis bei Operationen 6.
Aorteninsufficienz, Pulsation der Netz-
hautarterien 242.
Aphakie 35.
Aphasie, optische 264.
Aquocapsulitis = Iritis serosa 204.
Arachnoidalscheide des Sehner-
ven 240.
Arcus senilis 143.
Argyria conjunctivae 133.
Arlt'sche Salbe 202.

Arteria hyaloidea persistens 270.
Arterienpuls bei Aorteninsufficienz
242.
— bei Basedow'scher Krankheit 242.
— bei hochgradiger Chlorose 243.
— bei Druck aufs Auge 241.
— bei Glaucom 209.
Arthritis, Glaucom 212.
— Iritis 200.
— Scleritis 184.
Asphyxie, Spiegelbefund 242.
Astigmatismus 40.
— nach Staaroperationen 296.
Asthenopia accommodativa 29.
· anaemica = Accommodations-
schwäche 48, 266.
— conjunctivalis 101.
— muscularis 37, 54.
Atherom der Lider 75.
— der Netzhaut 243.
— der Orbita 301.
Atonie des Thränensacks 95.
Atrophie des Sehnerven, gelbe 220.
— — — graue 259.
— — — weisse 253.
Atropin 2.
— conjunctivitis 4, 117.
— Vergiftung 3.
Auge, Luxation 301.
— optische Constanten 11.
Augenbewegungen 46.
— distanz 31.
— druck 66.
— — bei Cyclitis 206.
— — bei Glaucom 208, 217.
— — bei Hornhautleiden 144, 173.
— — bei Iritis serosa 204.
— — bei Netzhautablösung 249.
— — Messung desselben 66.
— hintergrund 191, 240.
— höhle = Orbita 299.
— lider 67.
— muskeln 44.
— muskelkerne 46.
— operationen 6.
— salben 5.
— schwäche = Asthenopie.
— spiegel 18, 25.

Augentripper = Conjunctivitis gonorrhoica 111.
— tropfen 3.
— wasser 4.
Ausräumung des Auges = Exenteratio oculi 235.
— der Orbita 238.
Auswärtsschielen 57.
Auswärtswendung der Lider 90.
Axenmyopie 35.

B.

Bacillus der Xerose 132.
Bandförmige Keratitis 178.
Basedow'sche Krankheit 302.
— — Keratitis dabei 167.
— — Arterienpuls 242.
Beer'sches Staarmesser 8.
Beleuchtung bei Sehprüfung 16.
— seitliche 24.
Beschläge der Hornhaut 178. 204.
Bicylinder 42.
Bindehaut = Conjunctiva 100.
Binoculäre Loupe 178.
Binoculärer Nahepunkt 26.
Blasenbildung auf der Hornhaut 170. 211.
Blaugelbblindheit 65.
Blausehen nach Staaroperation 295.
Bleiincrustation der Hornhaut 170.
Bleivergiftung, Muskellähmungen 51.
— Netzhautaffectionen 246.
— Sehnervenleiden 256.
Bleiwasserumschläge 5.
Blennorrhoea neonatorum 106.
Blepharadenitis = Lidrandeczem 70.
Blepharitis ciliaris 70.
Blepharophimose 88.
Blepharoplastik 91.
Blepharospasmus 83.
Blickfeldmessung 52.
Blicklinie 32.
Blitzschlag 251. 279.
Blutegel 6.
Blutungen, Sehstörung danach 258.
Blutungen der Choroidea 231.
— der Conjunctiva 132.
— des Glaskörpers 270.
— der Lider 85.

Blutungen der Orbita 302.
— der Retina 243.
— des Sehnerven 257.
— der vorderen Kammer 231.
Bowman'sche Membran 141.
— Sonden 98.
Brand der Lider 77.
Brennpunkt des Auges 12.
Brechende Medien 11.
Brechzustand = Refraction 12.
Brillenkasten 17. 25.
Bügel bei Myopie 223.
Büschelförmige Keratitis 151.
Buphthalmus 179.
Burchardt's Phlyctaenencoccus 148.

C.

Calabarbohne, s. Eserin 2.
Calomel 5. 131.
Canalis Cloqueti = Centralkanal des Glaskörpers 268.
— Petiti 272.
Cancroid am Hornhautrand 135.
— der Lider 78.
Canthoplastik 88.
Canthus = Lidwinkel.
Carbunkel der Lider 77.
Caries der Orbita 300.
Carunkel 140.
Cataplasmen 4.
Cataracta accreta 280.
— arida siliquata 284.
— nach Blitzschlag 279.
— capsularis 287.
— diabetica 288.
— fusiformis 282.
— bei Glasbläsern 279.
— hypermatura 286.
— lactea 286.
— matura 285.
— Morgagniana 286.
— nigra 287.
— nuclearis = Kernstaar 282.
— polaris anterior 108, 279.
— — posterior 220. 280.
— punctata 281.
— secundaria 298.

Cataracta senilis 284.
— stellata = Gitterstaar 220. 281.
— traumatica 276.
— zonularis 282.
Catarrhus conjunctivae 102.
— siccus 101.
Centralcanal des Glaskörpers 268.
Chalazion 74.
Chemosis 133.
Chiasma 239.
Chinin, Sehstörung danach 258.
Chloroformnarcose 7.
— bei Staaroperation 293.
Chlorose, Arterienpuls 243.
— Asthenopie 48.
— Choroiditis disseminata 222.
· Iritis serosa 204.
Cholera, Xerosis corneae 167.
Cholestearin im Glaskörper 270.
— in der abgelösten Netzhaut 249.
Chorioretinitis 219, 221, 245.
Choroidea s. Aderhaut 188.
Choroiditis areolaris 221.
— diffusa 223.
— disseminata 221.
— embolische 230.
— nach Meningitis 230.
Chromhidrosis 84.
Ciliarinjection 106, 182.
— Differentialdiagnose 106.
— bei Scleritis 182.
Ciliarkörper 189.
— muskel 44.
— schmerzen 198, 206.
Cilien = Wimpern.
Circumcision der Hornhaut 171.
Cloquet'scher Kanal = Central-
  kanal des Glaskörpers 268.
Cocain 2.
Coccus der Phlyctaenen 148.
Collyrien = Augenwasser 4.
Colobom der Choroidea 194.
— des Ciliarkörpers 194. 274.
— der Iris 193.
— der Lider 85.
— der Linse 274.
— der Macula lutea 195.
— des Sehnerven 194, 241.

Commotio retinae 251.
Conjugirte Deviation 54.
Conjunctiva 100.
Conjunctivitis aegyptiaca 119.
— catarrhalis 102.
— crouposa 114.
  diphtheritica 115.
— eczematosa 129.
— follicularis 118.
— gonorrhoica 111.
— granulosa 119.
— lymphatica 129.
— militaris 119.
— phlyctaenulosa 129.
— scrophulosa 129.
Conus bei Myopie = Bügel 223.
Contractur, secundäre 53.
Corectopie = Ectopia pupillae 193.
Corelyse 203.
Cornea 141.
— entzündung s. Keratitis.
Corneascleralgrenze 141.
Cornu cutaneum 78.
Corpus ciliare 189.
Croup der Conjunctiva 114.
Cyclitis 206, 234.
Cylindergläser 40.
Cylinder om 304.
Cysten der Conjunctiva 115. 135.
— der Iris 237.
Cysticercus im Auge 272.
— der Lider 81.
— der Orbita 303.
Cystitom 8.
Cystoide Entartung der Netzhaut 241.
— Vernarbung nach Glaucomopera-
  tion 214.
— — nach Staaroperation 298.

D.

Dacryocystitis 94.
Dacryocystoblennorrhoe 95.
Dacryops 92.
Dacryostenose 99.
Daturin 2.
Depressio lentis 289.
Dermoid der Corneascleralgrenze 133.
Descemet'sche Membran 141.

Desmarres' **Lidhalter** 7.
Deviation. conjugirte 54.
Diabetes. Cataract 288.
  -- **Lähmungen** 51.
  — **Iritis** 201.
  — **Retinitis** 246.
  — Sehstörung ohne Befund 264.
Dialyse der Iris 231.
Dilatator pupillae 44.
Dioptrie 13.
Diphtheritis der Conjunctiva 115.
  — der Lider 69.
  — Lähmungen danach 48.
Diplococcus *Michel* 125. 126.
  — *Neisser* 114.
  — *Sattler* 125. 126.
Diplopie = Doppeltsehen.
Diplopia monocularis 44.
Discission 290.
Discissionsnadel 8.
Distanz der Augen 31.
Distichiasis = Form von Trichiasis,
      bei der die Wimpern theils ein-
      wärts, theils richtig stehen.
Doppelbilder bei Lähmungen 51.
  — bei Schielen 57.
Doppeltsehen, monoculäres 44. 274.
Druckfalten der Hornhaut 9.
Druckgangrän der Haut durch Ver-
      bände 9.
Druckschmerz bei **Cyclitis** 206.
Druckverband 9.
Druck s. auch Augendruck.
Drüsen. *Meibom'*sche 67.
  — *Krause'*sche 100.
Drüsen der Choroidea 192.
  — der Hornhaut 143.
Duralscheide des Sehnerven 240.

E.

Ectopia lentis 275.
  — **pupillae** 193.
Ectropium 90.
  — **sarcomatosum** 138.
Eczem der Conjunctiva 129.
  -- der Hornhaut 147.
  — der Lider 68.

Eczema hebraicum = sehr vernach-
      lässigtes Lidrandeczem.
Einstäuben 5.
Einstülpung der Iris 231.
Einwärtsschielen 55.
Einwärtswendung der **Lider** 88.
Eisumschläge 4.
Eiterauge = Panophthalmie 233.
Electromagnet 237.
Elephantiasis der Lider 81.
Embolie der art. centr. retinae 244.
Emmetropie 27.
Emphysem der Lider 85.
  — der Orbita 300.
Empyem der Stirnhöhlen 300.
Enophthalmus = Eingesunkensein
      des Auges.
Entropium 88.
Enucleation 235.
  — bei Glaucoma absolutum 214.
  -- bei Gliom 252.
  — bei Sarcom 238.
  — **bei** Staphylombildungen 172.
  — **nach** Verletzungen 235.
Entbindung der Linse 294.
Ephidrosis 84.
Epicanthus 84.
Epilepsie, Krampf des Ciliarmuskels 49.
  — — der äusseren Augenmuskeln 54.
  — optische Aura 262.
Epiphora = Thränenträufeln 90.
Epithelbläschen am Lidrand 76.
Epithelialcarcinom s. Cancroid.
Episcleritis 182.
Erbrechen, Sehstörung danach 258.
Erinnerungscentrum für Seheindrücke
      240.
Erysipel der Lider 77.
  — Sehnervenatrophie danach 77. 302.
Erythropsie = Rothsehen 265.
Eserin 2.
Essentielle Phthisis bulbi 219.
Eversion der Thränenpunkte 90. 93.
Excavation, glaucomatöse 210.
  — physiologische 241.
Exenteratio bulbi 235.
  — **orbitae** 238.
Exophthalmometer 301.

Exophthalmus 301.
— pulsirender 304.
Exsudat, gelatinöses bei Iritis 197.
Extraction von Fremdkörpern 236.
— der Linse 278. 290.
— -- — cum capsula 292.

F.

Facette der Hornhaut 145. 167.
Facialislähmung 82.
— Krampf 83.
Facultative Hypermetropie 33.
Farbenblindheit 63.
Farbensinn, normaler 62. 65.
Farbenstörung bei Chorioretinitis 245.
— bei Sehnervenleiden 256.
Fasciculäre Keratitis 151.
Fernpunkt des Auges 26.
Fibroma molluscum 78.
Filzläuse an den Wimpern 81.
Fistel der Hornhaut 145.
— der Thränendrüse 92.
— des Thränensacks, angeborene 93.
— — — erworbene 94.
Flarer's Operation 89.
Fleischvergiftung 48.
Fliegende Mücken 220.
Flimmerscotom 264.
Flügelfell 158.
Follicularblennorrhoe 119.
Follicularcatarrh 118.
Follikel der Conjunctiva 117.
Fontana'scher Raum 142.
Fremdkörper im Auge 236.
— im Conjunctivalsack 136.
— in der Hornhaut 160.
— in den Lidern 87.
— in der Linse 277.
— in der Orbita 302.
Frühjahrscatarrh 127.
Fusion, mangelnde 267.

G.

Gangrän der Lider 77.
— der Haut bei Verbänden 9.
Gelbsehen bei beginnendem Icterus 253.
— nach Santonin 253.
Gerontoxon = arcus senilis 143.
Gerstenkorn 73.

Gesichtsfeld, normales 59.
— bei Anaesthesia retinae 248.
— bei Cataract 288.
— bei Glaucom 210.
— bei Netzhautablösung 249.
— bei Sehnervenleiden 259.
Gesichtshallucinationen 262.
Gesichtswinkel 15.
Geschwülste der Conjunctiva 133.
— der Hornhaut 181.
— der Karunkel 140.
— der Lider 78.
— der Netzhaut 251.
— der Orbita 301. 303.
— der Sclera 186.
— des Sehnerven 261. 304.
— der Thränendrüse 93. 304.
— der Uvea 237.
Geschwüre s. Ulcus.
Gicht s. Arthritis.
Gifford's Phlyctaenencoccus 148.
Glaskörper 268.
— Ablösung, hintere 220. 269.
— — vordere 216, 269.
  Blutungen 220. 270.
— Gefässe 270.
— Kristalle 270.
— Schrumpfung 220. 269.
— Trübungen 270.
— Untersuchung 24.
— Verflüssigung 220. 269.
Glaucoma absolutum 211. 214.
— acutum 208.
— chronicum 209.
— fulminans 209.
— hämorrhagicum 212.
— malignum 213.
— secundarium 212, 217.
— simplex 211, 218.
— subacutum 209.
Gliom der Netzhaut 251.
Gonococcus Neisseri 114.
Graefe's Staarmesser 8.
Granulationen nach Diphtheritis 115.
— nach Enucleation 133.
— nach Schieloperation 58. 133.
Granulationsgeschwülstchen der
  Iris 201.

Granulom der Iris = Tuberculose.
— recidivirendes der Conjunctiva 134.
Granulosa **119.**
Gratiolet's Sehstrahlung 240.
Greisenbogen 143.
Greisenstaar 284.
Grünblindheit 63.
Gumma der Choroidea 237.
— der Cornea 181.
— der Iris 201, 237.
— der Lider 79.
— der Orbitalwände **301.**
— der Selera **187.**
— des Sehnerven **261.**
— der tractus **optici 261.**
Gürtelförmige **Keratitis 178.**

H.

Hämophthalmus 231.
Hämorrhagien s. Blutungen.
Hämorrhoiden, Glaskörperblutungen 270.
Hagelkorn 74.
Halbblindheit 61, 262.
Hallucinationen 262.
Halo 210.
Hasenauge 82.
Hauthorn 78.
Hautaffectionen, Staar dabei 288.
Hautverbrennungen, Netzhautblutungen danach 243.
Helmholtz' Farbentheorie 62,65.
Hemeralopie 59, 245, **247.**
Hemianopsie 61, 262.
Hemiopie 61, 262.
Hering's Farbentheorie **62, 65.**
Herpes febrilis der Hornhaut 152.
— — der Lider 76.
— zoster der Hornhaut 153.
— — der Lider **76.**
Heurteloup 6.
Hirnabscess, Stauungsneuritis 255.
Hirnhämorrhagie, Halbblindheit 263.
Hirnhautentzündung, Choroiditis 230.
— Lähmungen 51.
— **Muskelkrämpfe 54.**
— **Neuritis** 255.
Hirnkrankheiten, Agraphie **264.**
— Alexie 264.

Hirnkrankheiten Aphasie 264.
— Atrophie, graue 260.
— Conjugirte Deviation 54.
— Halbblindheit 262.
— Hallucinationen 262.
— Krämpfe 54.
— Lähmungen 48, 51.
— Neuritis 255.
— Nuclearlähmungen 47.
— Nystagmus 59.
— Seelenblindheit 264.
— Stauungsneuritis 255.
— Stauungspapille 254.
Hirntumor, Stauungspapille 254.
Homatropin 2.
Honiggeschwulst 74.
Hordeolum 73.
*Horner'*scher Muskel **68.**
— Zähne **283.**
Hornhaut 141.
— abschliff **145.**
— abscess 144.
— astigmatismus 40.
— beschläge 178.
— entzündung s. Keratitis.
— facette 145, 167.
— fistel 145.
— fleck 145, 167.
— geschwüre 144, 170.
— narben 170.
— staphylom 146, 171.
— trübung bei Iritis 178.
— — bei erhöhtem Druck 178.
*Hutchinson'*sche Zähne 176.
Hydromeningitis 204.
Hydrophthalmus 179.
Hyoscin 2.
Hyoscyamin **2.**
Hyperaemie **der Conjunctiva 101.**
— — Iris 196.
— — **Netzhaut 242.**
— — Sehnerv **242.**
Hypermetropie 32.
Hyperopie = Hypermetropie.
Hypertrophie der Karunkel 140.
— papilläre der Conjunctiva 104.
Hyphaema camerae anterioris 231.

Hyphaema conjunctivae 132.
Hypopyum, cyclitisches 206.
— keratitis. 163.
Hysterie, Neuralgia bulbi 266.
— Polyopia monocularis 44.
— Sehstörungen dabei 264. 266.

I.

Jaesche-Arlt's Operation 89.
Ichthyosis 81.
Icterus, Gelbsehen dabei 253.
Jequirity 124.
Inanitionsdelirien 262.
Infarct der *Meibom'*schen Drüsen 155.
Infectionskrankheiten, Acc. schwäche in der Reconvalescenz 48.
— Choroiditis exsudativa 230.
— Chorioretinitis 222.
— Conjunctivitis als Symptom 102.
— Cyclitis 206.
— Embolie der Choroidea 230.
— — der Netzhaut 244.
— Hornhauteczem in der Reconvalescenz 151.
— Iritis danach 201.
— Lähmungen 48. 51.
— Retinalblutungen 243.
— Retinitis albuminurica 246.
— Sehnervenleiden 258.
— Xerose der Cornea 167.
Influenza, Conjunctivitis dabei 102.
Insectenstiche der Lider 77.
Instrumentarium 7.
Insufficienz 54.
Intercalarstaphylem 186.
Intermarginaltheil des Lides **67.**
Intermittens s. Malaria.
Intoxicationsamblyopie 256.
Intraocularer Druck s. Augendruck.
Jodoform 5. 164.
Iridectomie bei Glaucom 213. 218.
— bei Iritis 203.
— optische 168.
— präparatorische 293.
— bei Staaroperation 292.
Irideneleisis = Surrogat der optischen Iridectomie, bei dem man die vorgefallene Iris nicht abschneidet, sondern in die Wunde einheilen lässt.

Irideremie 193.
Iridodesis s. Irideneleisis.
Iridodialysis 231.
Iridodonesis im Alter 289.
— bei Linsenluxation 274.
— bei Scleralwunden 232.
Iridotomie 297.
Iris, Abscess 287.
— Anatomie 189.
— Cyste 237.
— Einrisse 231.
— Einstülpung 231.
— Entzündung s. Iritis.
— Mangel 193.
— Prolaps 171.
— Schlottern s. Iridodonesis
— Vorfall 171.
Iritis 196.
— arthritica 200.
— gonorrhoica 200.
— gummosa 201.
— purulenta 197.
— rheumatica 200.
— serosa 204.
— specifica 200.
— traumatica 200.

K.

Kapselstaar 287.
Karbunkel der Lider 77.
Karunkel 140.
Kataracta s. Cataracta.
Katzenauge, amaurotisches **251.**
Kernseparation 284.
Kernstaar 282.
Keratitis acnosa 154.
— bandförmige (*Graefe*) 178.
— büschelförmige 151.
  bullosa 170. 211.
— eczematosa 147.
— fascicularis 151.
— gürtelförmige (*Arlt*) 178.
  gummosa 181.
— interstitialis diffusa 173.
— leprosa 181.
— luposa 154.
— mycotica = Xerosis corneae 167.
— neuroparalytica 166.

Keratitis parenchymatosa 173.
— phlyctaenulosa 147.
— pyaemica 177, 230.
— sclerosirende bei Scleritis 183.
— scrophulosa *(Arlt)* 173.
— syphilitica *(Hutchinson)* 173.
— vesiculosa 170, 211.
— xerotica 167.
Keuchhusten, Blutungen der Conjunctiva 132.
— — der Orbita 302.
Knapp's Lidklemme 8
Knotenpunkt 12.
Kohlensäurevergiftung, Augengrund 242.
Kopfhaltung bei Lähmungen 52.
Korectopie = Ectopia pupillae 193.
Korelyse 203.
Krämpfe der Accommodation 49.
— der äussern Augenmuskeln 54.
— der innern Augenmuskeln 49.
— des orbicularis palpebrarum 83.
— der Netzhautarterien nach Chinin 258.
Kräutersäckchen 5.
*Krause'*sche Drüsen 100.
Krebs s. Cancroid.
Kreuzungspunkt d. Richtstrahlen 12.
Krystallwulst 298.
Kurzsichtigkeit 35 s. auch Myopie.

L.

Lähmungen der Accommodation 48, 231.
— der äussern Augenmuskeln 51.
— des dilatator pupillae 50.
— des obern Lides 82, 86.
— des orbicularis palpebrarum 82.
— des sphincter pupillae 49.
Lagophthalmus 82.
Lamina cribrosa 181, 189.
Lanze, krumme 8.
Lappenextraction 290.
Latente Hypermetropie 33.
Leber's Venenplexus 141.
Lederhaut s. Sclera 181.
Lepra der Hornhaut 181.
— der Lider 81.
Leucoma 145, 167.
— adhaerens 145, 170.

Leukaemie, Augenhintergrund 242.
— Iritis 201.
— Retinitis 246.
— Tumoren der Lider 81.
Lichtempfindung, quantitative 17.
Lichtsinn 59.
Lider 67.
Lidhalter 7.
Lidklemme 8.
Lidoedem 81.
Lidspaltenerweiterung = Canthoplastik 88.
— fleck = Pinguecula 131.
— zone der Conjunctiva 100.
— — der Hornhaut 143.
Ligamentum canthi =
— palpebrarum ext. und int. 68.
— pectinatum 189.
— tarso-orbitale 300.
Linearextraction, einfache 278.
— periphere 290.
Linse 272.
— Colobom 274.
— Ectopie 275.
— Ernährung 273.
— Fremdkörper in derselben 277.
— Luxation 187, 276.
Linsensterne 273.
Loupe, binoculäre 178.
Lupus der Lider 79.
— der Conjunctiva 134.
— der Hornhaut 154.
Luscitas 55.
Luxatio bulbi 301.
— lentis 187, 276.
Lymphfollikel der Conjunctiva 117.
Lymphgefässe der Conjunctiva 131 Anm.
— der Choroidea 191.
— der Cornea 142.
— des Sehnerven 240.
Lymphom der Orbita 303.
— der Iris 237.

M.

Macula corneae 145, 167.
Macula lutea 239.
— — Colobom 195.
— — Choroiditis 226.

Macrocornea = Megalocornea.
Macropsie 49.
Magenblutungen, Sehstörungdanach258.
Malacia cornea = Keratitis xerotica
  167.
Malaria, Choroiditis 222.
— Keratitis danach 177.
— Supraorbitalneuralgie 84.
Manifeste Hypermetropie 33.
Markhaltige Nervenfasern der
  Netzhaut 242.
Markschwamm = Gliom 251.
Masern, Conjunctivitis 102.
— Gangrän der Lider 78.
— Keratitis eczematosa danach 151.
Massage bei Scleritis 184.
Megalocornea 179.
*Meibom'*sche Drüsen 67.
Melanome der Conjunctiva 135.
— der Carunkel 140.
— der **Uvea 237.**
Meliceris **74.**
Membran, *Bowman'*sche **141.**
— *Descemet'*sche 141.
Membrana hyaloidea 268.
— pupillaris perseverans 195.
Meningitis, Choroiditis danach 230.
— Lähmungen 51.
— Muskelkrämpfe **54.**
— **Neuritis** 255.
Meniscus bei Myopie 223.
Metamorphopsie 226, 231, **243.**
Micrococcus der Phlyctaenen 148.
Microcornea 179.
Microphtalmus 195.
Micropsie 48.
Migräne, Flimmerscotom dabei 265.
Milchstaar 286.
Milium der Lider 76.
Milzbrand der Lider 77.
Miosis 50.
Molluscum contagiosum der
  Lider 78.
Morbus maculosus, Netzhautblutungen
  243.
— **Basedowi s.** *Basedow'*sche Krank-
  heit 302.
— **Brighti** s. Albuminurie.

*Morgagni'*scher Staar 286.
Morphin 2.
Mouches volantes 220.
Mücken, fliegende 220.
*Müller'*scher Muskel 45. 68.
— sche Stützfasern 239.
Multiple Sclerose, graue Atrophie 260.
— — Lähmungen 48. 51.
— — Nystagmus 59.
Muttermäler 78.
Muskeln s. Augenmuskeln.
Muskel, *Horner'*scher 68.
— *Müller'*scher 50, 68.
Mydriatica 2.
Mydriasis 50.
Myopie, klinische Verhältnisse 223.
— optische Verhältnisse 35.
— traumatische 225.
Myosis = Miosis 50.
Myositis musculi recti 185.
Myxoedem 303.

N.

Nachstaar 298.
Nachtblindheit 59. 245, 247.
Naevus pigmentosus 78.
— vasculosus 78.
Nahepunkt, binoculärer 26.
— monoculärer 26.
Narben, cystoide **214,** 298.
Narbenstaphylom 172.
Narcose, allgemeine 7.
— örtliche 2. 7.
— bei Staaroperation **293.**
Naseneczem, Eczema **conjunctivae 131.**
— — **corneae 147.**
— **Thränensackleiden 96.**
Neisser's Gonococcus 114.
Nephritis s. Albuminurie
— Lidoedem dabei 81.
Nerven der Cornea 141.
— — **Lider** 67.
— — Uvea 190.
Nerveneinfluss bei neuropara-
  lytischer Keratitis 166.
— — Glaucom 217.
— — sympathischer Ophthalmie 236.
Nervenfasern, markhaltige 242.

Nervus opticus s. Sehnerv 239. 241.
Netzhaut 239, 240.
— Ablösung 249.
— — bei Cyclitis 207.
— — bei Geschwülsten 238.
— — bei Orbitaltumoren 302.
— Blutungen 243.
— Entzündung s. Retinitis.
— Pigmentirung 219. 247.
Neuralgia bulbi 266.
— supraorbitalis 84.
Neuritis 255.
— descendens 255.
— retrobulbaris 257.
Neurom, plexiformes der Lider 78.
Neuroretinitis 245. 255.
Neurotomia optico-ciliaris 235.
Nictitatio 83.
Noma 77.
Nubecula corneae 145.
Nuclearlähmungen 47.
Nyctalopie 59. 256.
Nystagmus 59.

O.

Occlusio pupillae = Verschluss der Pupille durch Exsudat auf die Vorderfläche der Linse.
Ochsenauge = Buphthalmus 179.
Oedem der Conjunctiva 133.
— **der Lider** 81.
— der Netzhaut 245. 251.
    des Sehnerven 254.
Operationen 6.
Ophthalmia aegyptiaca 119.
... militaris 119.
— sympathica 234.
Ophthalmomalacie = essentielle Phthisis bulbi 219.
Ophthalmoplegia externa 51.
— **interna** 50.
— progressiva 51.
Opticus s. Sehnerv 239. 241.
Orbita 299.

P.

Pannus 144, 171.
Panophthalmie 233.
Papille 241.

Papilläre Hypertrophie der Conjunctiva 104.
Parabolische Gläser 180.
Parallactische Verschiebung 23.
Paralyse s. Lähmung.
Paralyse, progressive s. progressive Paralyse.
Parese = unvollständige Lähmung.
Paternostererbse = Jequirity 124.
Pemphigus conjunctiva 131.
Perichoroidalraum = Suprachoroidalraum 181. 188.
Perimeter 60.
Periostitis orbitae 300.
Petit'scher Kanal 272.
— — Blut darin 231.
Phlyctaenen der Conjunctiva 129.
— der Cornea 147.
— Micrococcus dabei 148.
Phosphorvergiftung, Netzhautblutungen 243.
Phthiriasis der Wimpern 81.
Phthisis bulbi 233.
— essentielle 219.
Physostigmin 2.
Pialscheide des Sehnerven 240.
Pigmentepithel 189. 239.
— Rarefication 224.
Pigmentirung der Conjunctiva 133.
— der Netzhaut 219, 247.
— abnorme der Choroidea 192.
Pilocarpin 2.
Pinguecula 131.
Plica semilunaris 140.
Pneumonie, Herpes corneae dabei 152.
Polarstaar, hinterer 220. 280.
— vorderer 108. 279.
Polycorie 193.
Polyopia monocularis 44.
Presbyopie 29.
Prismen 30.
Probebuchstaben 15.
Prodromalerscheinungen bei Glaucom 209.
Progressive Myopie 36. 225.
Progressive Paralyse, graue Atrophie 260.
— Lähmungen 48. 51.

Progressive Paralyse, reflectorische Pupillenstarre 49.
Psammom des Sehnerven 261.
Pseudoisochromatische Tafeln
  65.
Pterygium 158.
— traumaticum 173.
Ptosis 82.
— adiposa 81.
— congenita 54, 82.
— cum Miosi 82.
— sympathica 82.
-- traumatica 86.
Puerperalfieber, Keratitis 177.
— embolische Choroiditis 230.
— — Retinitis 244.
Punctionsnadel = Punctionslanze 8.
Punktstaar 281.
Pupillenabschluss = ringförmige
  hintere Synechie.
— reaction, synergische 17.
— starre, reflectorische 49.
-- verschluss = occlusio pupillae.
Pupillarmembran, persistirende 195.
Parkinje's Linsenbilder 274.
Pustula maligna 77.
Pyaemie, Choroiditis 230.
— Keratitis 177.
— Retinitis 244.
— Netzhautblutungen 243.
Pyramidalstaar = grosse vordere
  Polarcataract 108, 279.

Q.
Quetschkeratitis 156.
— bei Staaroperation 297.

R.
Rachitis, Schichtstaar 283.
— Zähne dabei 283.
Radiärfasern, Müller'sche 239.
Raphe bei Colobom der Uvea 193.
Rarefication des Pigmentepithels 224.
Reclination 289.
Recurrenstyphus, Cyclitis danach 206.
Reife des Staars 285.
— — — künstliche 293.
Refraction 12.

Refraction, objective Bestimmung 18.
— subjective Bestimmung 14.
Refractionszustand = Refraction
  12.
Relative Hypermetropie 33.
Retina s. Netzhaut 239.
Retinitis 244.
— albuminurica 246.
— centralis 247.
— diabetica 246.
— leukaemica 246.
  pigmentosa 247.
— proliferans 247, 270.
— purulenta 244.
— specifica 247.
Rheumatismus, Iritis 200.
— Keratitis 177.
— Lähmungen 48, 51.
— Myositis 185.
-- Scleritis 184.
Ringabscess der Hornhaut 177.
Ringgeschwür der Hornhaut 104.
Ringstaphylom 224.
Rothblindheit 63.
Rothgrünblindheit 65.
Rothsehen als Flimmerscotom 265.
Rückenmarkskrankheiten s. Tabes.
Rücklagerung 58.
Ruptura choroideae 231.
— retina 250.
— sclerae 187.

S.
Sämisch's Spaltung bei Ulcus ser-
  pens 165.
Salicylsaures Natron, Sehstörung da-
  nach 258.
Santonin, Gelbsehen 253.
Sarcome der Choriodea 238.
— des Cornealrandes 135.
Scarificationen bei gonorrhoischer
  Conjunctivitis 113.
— bei Scleritis 184.
Scharlach, Hornhauteczem danach 151.
— Chorioretinitis 222.
— Retinitis albuminurica danach 246.
Schädelbasisbruch, Sehnervenatrophie
  danach 257.
Schichtstaar 282.

Schielen, alternirendes 55.
— concomitirendes 54.
— dynamisches 54.
— paralytisches 55.
— scheinbares 32.
— secundäres 56.
Schielhaken 8.
Schieloperation 58.
Schielwinkel 54.
Schlagschatten der Iris 285.
Schlemm'scher Kanal 141.
Schrumpfniere s. Albuminurie.
Schwachsichtigkeit 29 Anm.
Schwarte, cyclitische 207.
Schwefelkohlenstoff vergiftung 256.
Schwielen der Cornea 170.
Schwitzen, einseitiges 50. 84.
— farbiges 84.
Sclera 181.
Scleralstaphylom 185. 220.
Scleritis 182.
Sclerochoroiditis posterior =
     hinteres Staphylom 223.
Sclerose, multiple, graue Atropie 260.
— — Lähmungen 48. 51.
— — Nystagmus 59.
Sclerosirende Keratitis 183.
Sclerotomie 215. 218.
Scorbut, Netzhautblutungen 243.
Scotome 61.
Scrophulose, Conjunctivitis (Arlt) 129.
— Iritis (Arlt) 201.
— Keratitis 147.
— Lideczem 70.
Seborrhoea palpebrarum 71.
Seclusio pupillae = Pupillarabschluss
     = ringförmige hintere Synechie.
Secundäre Ablenkung 53.
— Contractur 53.
Secundärglaucom 212. 217.
Secundärschielen 56.
Seelenblindheit 264.
Sehcentrum 240.
Sehnerv 239. 241.
— Atrophie, gelbe 220.
— — graue 259.
— — weisse 253.
— Blutung 257.

Sehnerv, Colobom 241.
— Drusen 192.
— Embolie 244.
— Entzündung s. Neuritis.
— Excavation, glaucomatöse 210.
— — physiologische 241.
— Faserverlauf 239.
— Geschwülste 261. 304.
— Verfärbung 242.
— Wurzeln 240.
Sehproben 15.
Sehprüfung 15.
Sehpurpur 191. 240.
Sehschärfe 15.
Senile Veränderungen s. Alters-
     veränderungen.
Separation des Linsenkernes 284.
Septicaemie, Netzhautblutungen 243.
Simulation 65.
Snellen's Operation des Ectro-
     pium 89.
— — des Entropium 88.
Solutio retinae 249.
Sonden für den Thränengang 98.
Sonnenfinsterniss, Choroidalaffec-
     tion 237.
Spaltbildungen s. Colobome.
Spaltung nach Sämisch 165.
Spasmus s. Krampf.
Sperrelevateur 7.
Spindelstaar 282.
Staar, grauer = Cataract.
— grüner = Glaucom.
— schwarzer = Sehnervenatrophie.
Staarmesser 8.
Staarnadel = Discissionsnadel 8.
Staaroperation 278. 289.
Staphylom der Hornhaut 146. 171.
— hinteres 223.
— Intercalar- 186.
— der Sclera 185.
Staphylomoperation 172.
Stationäre Myopie 36.
Stauungsneuritis 253.
— papille 253.
Stenocarpin 3.
Stenopaeische Spalte 168.
Stenose des Thränengangs 99.

Sternstaar 220. **281.**

Strabismus s. Schielen.

— convergens 55.

— divergens 57.

Strahlenbändchen = zonula Zinnii 272.

Strieturender Thränenweges. Dacryostenose 99.

Sublatio retinae = Netzhautablösung 249.

Suction des grauen Staars 289.

Suprachoroidea 181. 188.

Supraorbitalneuralgie 84.

Symblepharon 139.

Sympathische Ophthalmie 234.

— Reizerscheinungen 235.

Synchysis = Verflüssigung.

— scintillans 270.

Synechie, hintere 198.

— ringförmige 199.

— vordere 145. 216.

Synergische Pupillenreaction 17.

Syphilis, angeborene.

— Iritis bei Kindern 201.

— Keratitis parenchymatosa 173.

— Scleritis u. sclerosirendeKeratitis 184.

— Zähne (Hutchinsons) 176.

Syphilis, erworbene.

— Atrophie, graue des Sehnerven 260.

— Caries der Orbita 300.

— Choroiditis disseminata 222.

— Cyclitis 207.

— Gummata s. dieses.

— Iritis 200.

— Iritis gummosa 201.

— Muskellähmungen 48. **51.**

— Tabes danach 260.

— Thränengangerkrankungen **96.**

— Ulcus durum der Lider 78.

T.

Tabaksamblyobie **256.**

Tabes dorsalis, graue Atrophie 260.

— — Lähmungen **48. 51.**

Tatowirung von Hornhautflecken 169.

Tagblindheit 59. 256.

Tarsus = Lidknorpel.

Teichoscopie = Flimmerscotom 264.

Teleangiectasien der Lider 78.

— der Orbita 304.

Tellerförmige Grube 268.

Tendinitis musculi recti 183.

*Tenon'*sche Kapsel 240.

Tenotomie 58.

Thränendrüse 92.

— Entzündung **92.**

— Fistel 92.

— Geschwülste 93. 304.

Thränenfistel, **angeborene 93.**

— — erworbene 94.

— kanälchen 92. **93.**

— nasengang 92.

— punkte 92.

— röhrchen 92.

— sack- 92.

— — Atonie 95.

— Ectasie 95.

— — Exstirpation 98.

— — Verödung 98.

Thränenträufeln 99.

Thrombose in der Orbita **302.**

— des sinus cavernosus 302.

Tonometer 66.

Torpor retinae 59. 245.

Totale Hypermetropie 34.

Totalstaar 284.

Trachom 119.

Tractus opticus 240.

Trichiasis 71. 78. 89.

Trichinose, Lidoedem 81.

Triefaugen 104.

Trigeminus-Keratitis = neuroparalytische 166.

— neuralgie = Supraorbitalneuralgie 84.

Trockenhülsiger **Staar 284.**

Tropfgläschen **3.**

Tuberculosis der Conjunctiva 134.

— **der** Choroidea 238.

— **der Iris 237.**

Tussis convulsiva, Blutungen der Conjunctiva 132.

— — — der Orbita 302.

Two needles operation 299.

Typhus, Cyclitis 206.

Tylosis 70.

U.

Ueberreifer Staar 286.

Uebersichtigkeit = Hypermetropie 32.

Ulcus durum 78.
— molle 79.
— rodens 165.
— serpens 163.
Umklappen des oberen Lides 5.
Umschläge 4.
Uvea, Anatomie 188.
Uveitis = Iridochoroiditis.

V.

Variola, Chorioretinitis 222.
— Lider 78.
— Hornhaut 154.
— Thränengang 96.
Venenpuls 241.
Verbände 9.
Verbrennungen der Choroidea 237.
— der Conjunctiva 138.
— der Cornea 157.
— der Lider 87.
Vergiftungen, Alcohol-Amblyopie 256.
— Atropin, Allgemeinerscheinungen 3.
— — Conjunctivitis 4, 117.
— Blei, Amblyopie 256.
— — Lähmungen 51.
— — Neuritis und Neuroretinitis 246.
— — Retinitis albuminurica 246.
— Chinin, Arterienkrampf 258.
— Fleisch (Ptomain) Lähmungen 48.
— Kohlensäure, Spiegelbefund 242.
— Natrum salicylicum, Sehstörung 258.
— Phosphor, Netzhautblutungen 243.
— Santonin, Gelbsehen 253.
— Schwefelkohlenstoff-Amblyopie 256.
— Tabaks-Amblyopie 256.
Verkalkung auf Leucomen der Hornhaut 146.
— der Linse 275, 282.
Verknöcherung von Choroidalexsudat 234.
— der Linse 282.
Verkürzung der Lidspalte 90.
Verletzungen der Choroidea 230.
— der Conjunctiva 136.
— der Cornea 155.
— der Iris 231.
— der Lider 85.
— der Linse 276.

Verletzuugen der Netzhaut 251.
— der Orbita 300, 302.
— der Sclera 187.
— des Sehnerven 257, 261.
— des Thränenapparates 100.
Vernarbung, cystoide nach Glaucomoperation 214.
— — nach Staaroperation 298.
Verrucositas conjunctivae 127.
Verschiebung, parallactische 23.
Verwachsungen s. Synechien und Symblepharon.
Vicariirende Menstruation, Glaskörperblutungen 270.
Violettblindheit 63, 65.
Vordere Kammer 142.
— — Blut 231.
— — Cysticercus 272.
— — Eiter 163.
Vorlagerung 58.
Vornähung 58.

W.

Wachsthum des Auges 27.
Wahrnehmungscentrum 240.
Warzen der Conjunctiva 127.
— am Lidrand 78.
Wechselfieber s. Malaria.
Weiss'-Reflex 229, 269.
Weitsichtigkeit = Presbyopie 29.
Winkel α 32.
Winkel γ = dasselbe.
Wunden s. Verletzungen.
Wundstaar = traumatische Cataract 276.
Wurzeln des Sehnerven 240.

X.

Xanthelasma 79.
Xanthopsie = Gelbsehen.
Xerosis conjunctivae 121, 132.
— corneae 121, 167.

Y.

Young-Helmholtz'-Farbentheorie 65.

Z.

Zolllinsen 13.
Zonula Zinnii 272.
Zweinadeloperation 299.

www.ingramcontent.com/pod-product-compliance
Lightning Source LLC
Chambersburg PA
CBHW021459210326
41599CB00012B/1065